国家林业和草原局职业教育"十三五"规划教材

林业有害生物控制技术

李艳杰 叶世森 宋微 主编

中国林业出版社
China Forestry Publishing House

图书在版编目(CIP)数据

林业有害生物控制技术 / 李艳杰，叶世森，宋微主编. —北京：中国林业出版社，2021.8(2025.6重印)
国家林业和草原局职业教育"十三五"规划教材
ISBN 978-7-5219-1227-2

Ⅰ.①林… Ⅱ.①李… ②叶… ③宋… Ⅲ.①森林植物-病虫害防治-高等职业教育-教材 Ⅳ.①S763.1

中国版本图书馆 CIP 数据核字(2021)第 115097 号

责任编辑：郑雨馨
电话：(010)83143611　　　　　　　　　　　传真：(010)83143516

出版发行　中国林业出版社(100009　北京市西城区德内大街刘海胡同7号)
　　　　　E-mail:jiaocaipublic@163.com　电话:(010)83143500
　　　　　http://www.forestry.gov.cn/lycb.html
印　刷　北京中科印刷有限公司
版　次　2021年8月第1版
印　次　2025年6月第6次印刷
开　本　787mm×1092mm　1/16
印　张　20
字　数　480千字
定　价　52.00元

数字资源

未经许可，不得以任何方式复制或抄袭本书之部分或全部内容。

版权所有　侵权必究

《林业有害生物控制技术》
编写人员

主　编：李艳杰　叶世森　宋　微
副主编：刘有莲　高景斌
编　者：（按姓氏笔画排序）
　　　　王怡然　辽宁生态工程职业学院
　　　　王淑荣　甘肃林业职业技术学院
　　　　叶世森　福建林业职业技术学院
　　　　刘　平　云南林业职业技术学院
　　　　刘有莲　广西生态工程职业学院
　　　　苏宏钧　国家林业和草原局森林和草原病虫害防治总站
　　　　苏　家　辽宁生态工程职业技术学院
　　　　杞　杰　山西林业职业技术学院
　　　　李艳杰　辽宁生态工程职业学院
　　　　应兴亮　福建林业职业技术学院
　　　　宋　微　江苏农林职业技术学院
　　　　周璐琼　甘肃林业职业技术学院
　　　　赵玉清　湖北生态工程职业学院
　　　　姜忠林　沈阳绿复隆科技有限公司
　　　　高景斌　安徽林业职业技术学院
　　　　诸慧琴　云南林业职业技术学院

前　言

控制有害生物发生与危害是农林生产主要工作任务之一，也是国家公共危机管理和减灾工程的重要内容。据国家林业和草原局2019年发布的权威预测，我国林业有害生物灾害将偏重发生，如若控制不当，发生面积仍有上升趋势。"林业有害生物控制技术"是高等职业教育林业技术专业的核心课程，多年来，承担着为国家和地方培养从事林业有害生物监测与防治高技术技能人才的重任，在培育优质苗木、保护森林植物健康成长、维护生态安全方面发挥着重要作用。

近几年，我国的高等职业教育事业不断发展，林业有害生物防治技术不断改进，信息化教学应用手段也不断提升。为适应高等职业教育和林业有害生物防治事业发展的新理念、新技术、新要求，进一步加强职业技能培养效果，提高学生的实际操作水平，2020年1月起，根据国家林业和草原局院校教材建设办公室的指导意见，由全国多家林业高职院校骨干教师和行业企业技术专家组成编写团队，组织了本次《林业有害生物控制技术》教材的编写工作。

本教材的编写是在尊重科学、尊重自然规律的前提下，引进先进的课程设计理念，打破学科体系，依据岗位对从业人员的职业要求和应具备的专业能力重新序化和构建教学内容，并以生产典型工作任务为载体，灵活采用多种教学方法，按照"教、学、做"一体化教学模式组织实施项目教学。具体体现以下几个方面特点。

①教材整体设计。按照学生认知规律、生物学规律和职业发展规律设计了三个递进式的教学模块，即基本技能模块、综合应用模块和拓展提升模块。学习内容由浅入深、由单一到综合、由简单到复杂，循序渐进，逐步加深，内容设置既与当前林业有害生物防治职业岗位工作任务相吻合，也与学生未来发展方向相衔接，体现了教材的科学性和发展性。

②教学内容选取。在充分调研基础上，根据实际生产岗位需求选取内容，将我国林业有害生物防治工作的新策略、新思路、新技术、新方法融入其中，并与国家最新发布的"林业有害生物防治员"国家职业标准接轨，体现了教材的先进性和实用性。

③教学组织形式。以项目为引领，以林业有害生物防治典型工作任务为载体，按照知识准备—计划制订—任务实施—知识拓展—任务评价—自测练习"六步教学法"，理实并重、教学做一体化，体现了教材以学生为本，突出技术技能培养的职教性。

④学习考核评价。对于重点任务学习完成后，设置了包括知识、过程、产品等各项指标的评价标准，对学生该具备的知识、能力、素质实施全面考核，体现教材注重过程培养，促进学生德技并修、全面发展的新理念。

前言

⑤数字资源辅助。以教材文本内容为基础，开发制作了与之配套的数字资源，包括教学设计、教学课件、课程习题、教学图片等，部分内容以微课、动画、虚拟仿真等辅助教学，体现了教材"数字化、信息化"教学手段的全面提升。

⑥区域应用特点。根据南北方因气候不同林业有害生物种类存在差异的特点，教材中凡涉及主要病、虫、鼠及防治的教学内容均以"南北合作、双师共建"方式，制作了双套多媒体课件，方便各校教学中选择性使用，体现了教材的全国适用性和教学的可选择性。

⑦合作开发团队。本教材编写成员汇集了东北、西北、华北、华东、华南、华中、西南等全国各地涉林高职院校的优秀教师以及行业、企业生产一线的技术专家，融合了集体智慧的结晶，体现了校企合作、工学结合的教材特色。

本书由李艳杰、叶世森、宋微担任主编；刘有莲、高景斌为副主编。具体编写分工为：高景斌负责绪论、项目2任务2.1编写；王淑荣、周璐琼负责项目1任务1.1编写；宋微、赵玉清负责项目1任务1.2编写；王怡然负责项目1任务1.3编写；李艳杰负责项目2任务2.2、项目7、项目9任务9.1编写；叶世森、姜忠林负责项目2任务2.3编写；杞杰负责项目3编写；刘有莲负责项目4任务4.1、项目6任务6.1编写；诸慧琴负责项目4任务4.2；刘平负责项目5任务5.1编写；应兴亮负责项目5任务5.2、项目6任务6.2编写；苏家负责项目8编写；苏宏钧负责项目9任务9.2编写。各任务的数字资源制作由相应的编者完成。全书由李艳杰统稿。

由于时间仓促加之水平有限，书中难免存在不足之处，望各位读者予以批评指正。另外，本教材引用了大量文献资料，在此谨对作者表示衷心的感谢。

编　者
2021年2月

目 录

前 言

绪 论 ·· 1
  任务 0.1　我国林业有害生物发生与危害概况 ·· 1
  任务 0.2　林业有害生物防控的发展历程 ·· 2
  任务 0.3　课程性质与任务 ·· 3
  任务 0.4　课程学习方法 ··· 3

模块一　基本技能　林业有害生物防治基本技术　/ 5

项目 1　认识林业有害生物 ·· 6
  任务 1.1　认识林木病害 ··· 6
  任务 1.2　认识森林昆虫 ·· 39
  任务 1.3　认识林业有害植物 ··· 78

项目 2　林业有害生物防治措施 ·· 85
  任务 2.1　林业有害生物防治原理与方法 ·· 85
  任务 2.2　农药的识别与使用 ·· 100
  任务 2.3　飞机防治林业有害生物 ·· 121

项目 3　林业有害生物一般性调查与监测预报 ·· 129
  任务 3.1　林业有害生物一般性调查 ·· 129
  任务 3.2　林业有害生物监测预报 ·· 143

模块二　综合应用　主要林业有害生物防治　/ 151

项目 4　林木根茎有害生物防治 ··· 152
  任务 4.1　林木根茎病害及防治 ·· 153
  任务 4.2　林木根茎害虫及防治 ·· 162

项目 5　林木枝干有害生物防治 ··· 177
  任务 5.1　林木枝干病害及防治 ·· 178
  任务 5.2　林木枝干害虫及防治 ·· 196

项目6 林木叶部有害生物防治 217
　　任务6.1 林木叶部病害及防治 218
　　任务6.2 林木叶部害虫及防治 234
项目7 林木种实有害生物防治 256
　　任务7.1 林木种实病害及防治 257
　　任务7.2 林木种实害虫及防治 263
项目8 林木害鼠害兔及防治 272
　　任务8.1 林业害鼠（兔）识别 272
　　任务8.2 林业鼠（兔）害防治 278

模块三　拓展提升　林业有害生物防治管理　/ 289

项目9 林业有害生物防治管理 290
　　任务9.1 林业有害生物灾害防治战略 290
　　任务9.2 林业有害生物灾害损失评估 299

参考文献 309

绪 论

所谓有害生物，根据《国际植物保护公约》中的表述，是泛指危害或可能危害植物或植物产品的任何生物有机体，它包括各种植物病原物及有关的传病媒介（如蚜虫、飞虱、木虱等昆虫）、植食性昆虫、螨类和软体动物、对植物有害的杂草等。林业有害生物是指危害或可能危害森林植物或森林产品的任何生物有机体，包括对林木有害的昆虫、真菌、细菌、植原体、病毒、线虫、螨类、鼠类、兔类及杂草等。

任务0.1 我国林业有害生物发生与危害概况

我国是林业有害生物发生最严重的国家之一，第三次全国森林病虫害普查（2014—2017 年），以危害为导向，对造成一定危害的林业有害生物进行了较为全面的调查，昆虫 9 目 212 科 5055 种，发生面积 1142.82×10^4 hm^2，占林业有害生物发生总面积的 60.23%，其中，鳞翅目 41 种，如美国白蛾、春尺蠖、马尾松毛虫、落叶松毛虫、云南松毛虫、黄褐天幕、舞毒蛾、刚竹毒蛾、微红梢斑螟、杨小舟蛾等；鞘翅目 31 种，如松褐天牛、栗山天牛、青杨楔天牛、光肩星天、星天牛、榆紫叶甲、纵坑切梢小蠹、红脂大小蠹、铜绿异丽金龟等；半翅目 19 种，如松突圆蚧、日本松干蚧、枣大球蚧等，这 3 个目的害虫约占有害昆虫总数的 92%，是造成虫害和虫灾的主要类群，是当前和今后一个时期防控工作的重点。病原微生物 772 种，发生面积 2700.74×10^4 hm^2，占林业有害生物发生总面积的 12.01%，如杉木炭疽病、杨叶锈病、杨黑斑病、杨树烂皮病、松赤枯病、松落针病等。植物线虫 6 种，发生面积 7.21×10^4 hm^2，占林业有害生物发生总面积的 0.38%，主要有松材线虫、南方根结线虫等。螨 76 种，发生面积 22.26×10^4 hm^2，占林业有害生物发生总面积的 1.17%，代表种类有六点始叶螨、朱砂叶螨、山楂叶螨等。林业鼠类有 15 种，发生面积 234.9×10^4 hm^2，占全国林业有害生物发生总面积的 12.4%；林业兔类有 3 种，发生面积 37.4×10^4 hm^2，占全国林业有害生物发生总面积的 2.0%。有害植物 29 目 53 科 240 种，发生面积 162.1×10^4 hm^2，占林业有害生物发生总面积的 8.54%，主要为禾本科、桑寄生科、豆科和菊科。2020 年全国主要林业有害生物持续高发频发，偏重发生，全年发生 1278.44×10^4 hm^2，为近十年发生面积最大，同比上升 3.37。其中，虫害发生 790.62 hm^2，同比下降 2.56%；病害发生 295.14×10^4 hm^2，同比上升 28.61%；林业鼠（兔）害发生 174×10^4 hm^2，同比下降 2.7%；林业有害植物发生 18.68×10^4 hm^2，同比上升 5.3%。

林业有害生物的发生特点主要是林木病虫害种类繁多、区域分布大。由于不同纬度、不同区域林木生长及分布种类差异大，导致林木病虫害种类、分布、种群优势及危害程度等存在较大差异，发生和危害情况复杂。林木病虫害的发生特点：①常发性林木病虫害发生面积居高不下，总体呈上升趋势；②偶发性林木病虫害易暴发成灾，损失严重；③危险性和外来检疫性病原及害虫不断出现，扩散蔓延迅速；④多种次要性病虫害在一些地方上升为主要病虫害，致使造成危害的种类增加。经过通过多年努力，全国林业有害生物防治工作发展迅速，但仍存在着基础设施薄弱、防治环境复杂及防治施工困难、防治手段落后、科技含量低等问题。随着全球经济贸易增多、物流更加快捷更加频繁等因素的影响，林业有害生物对森林生态安全依然构成严重威胁，特别是重大检疫性林业有害生物灾害还未得到彻底遏制，防治形势严峻、任务艰巨。

任务0.2　林业有害生物防控的发展历程

根据不同时期林业科技和社会发展的特点，林业有害生物防治的策略也不同。20世纪50年代至70年代中期，我国采取的是单纯依靠化学农药消灭林业有害生物的防治策略，相继提出了"治早、治小、治了""预防为主，积极消灭"等防治方针；20世纪70年代中期至90年代中期，由于化学农药的施用给环境带来的污染和危害人类健康，人们提出了林业有害生物综合防治策略(IPM)，其核心是从生态角度出发，通过利用多种技术的协调配合，控制有害生物的危害，而非单纯依靠化学农药。"预防为主，综合防治"成为林业有害生物防治的指导方针，林业有害生物综合治理策略在指导我国林业有害生物基础研究和防治工作方面发挥了极为重要的作用。

20世纪90年代后期，人类社会可持续发展理念逐渐被人们所接受，可持续治理策略成为林业有害生物防治的主导策略。它所寻求的是林业有害生物防治工作是既能满足当代社会对林业有害生物控制的需求，又不对满足今后社会对林业有害生物控制能力构成危害，它是一种经济、社会、生态效益相互协调的防治策略，是在综合治理基础上的一次飞跃。它强调以整个生态系统为基础，通过对整个生态系统的维护与调控，增强系统结构和功能的稳定性，发挥生态系统对林业有害生物的制衡作用。具体而言，林业有害生物的可持续治理是在充分了解森林生态系统结构与功能的基础上，综合运用各种生态调控手段，通过综合、优化，将多种防治措施融为一体，对森林生态系统及其森林植物—有害生物—天敌三者关系进行合理调节，变对抗为利用，变控制为调节，充分调动系统内各种生物因子的作用，实现对林业有害生物的调控与管理。在林业有害生物的治理工作中，既要考虑治理对象与被保护对象，也要考虑森林生态系统中其他生物资源；既要考虑当前林业有害生物的发生危害，也要考虑其将来的发展动态；既要考虑满足当代人对森林的多样化需求，也要考虑不破坏后人赖以生存的资源基础和环境条件。在可持续治理策略指导下，"预防为主，科学防控，依法治理，促进健康"成为了我国今后林业有害生物防治工作的指导方针。

国家林业局(现国家林业和草原局)制订的《全国林业有害生物防治建设规划(2011—

2020年)》指出,我国林业有害生物治理将采取"突出重点,分级管理、分类施策、分区治理"的防治策略,大力推行森林健康、工程治理、无公害防治等治理措施,全面加强主要林业有害生物治理,积极应对突发林业生物灾害,压缩主要林业有害生物发生范围和危害程度,控制危险性有害生物扩散蔓延,为逐步实现林业有害生物可持续控制奠定良好基础。综合考虑不同区域的基础设施现状和未来完成防治任务需要,建设以国家、省、市、县4级森防检疫站(局)为依托,构建以监测预警、检疫御灾、防治减灾和服务保障四大体系为主,网络完善、布局合理、运行高效的林业有害生物防治体系。

任务0.3 课程性质与任务

"林业有害生物控制技术"是高职院校涉林专业的一门核心专业课程,本课程通过3个递进式的模块学习,以认识林业有害生物为基础,通过开展项目教学和拓展学习,达到对林木根茎有害生物、林木枝干有害生物、林木叶部有害生物、林木种实有害生物、林木害鼠害兔等防治与管理能力的提升。

"林业有害生物控制技术"与林业其他技术融为一体,需要学生掌握相关基础知识,如《树木学》《森林植物》知识能够使学生正确识别危害或寄主林木的名称,《土壤学》《气象学》《森林生态》等知识能够使学生分析病虫害发生与环境的相互关系,加深对病虫害发生规律的理解,运用合理的防治技术,制定出切实可行的防治方案或防治历,取得较好的防治成效。

任务0.4 课程学习方法

"林业有害生物防控技术"是一门实践性较强的课程,为真正学好这门课程,要明确学习目的,热爱林业事业,建立保护森林生态安全的意识,了解我国林业发展现状和林业在环境保护中主体地位,立志在林业行业施展自己的聪明才华,担负起新时代赋予林业专业人才的职责使命。在学习过程中,要通过观察、动手、反复比较才能识别常见林木害虫、病原物、林业害鼠、害兔及有害植物的种类;要结合相关林业知识,善于归纳总结,才能分析林业有害生物的发生和变化规律;要勇于实践,将理论与实践相结合,在实践中总结经验,才能胜任面对复杂的林业有害生物,制订好防治方案;要注重培养生态环境保护意识,尊重自然、爱护自然,保护良好的生态环境和生物多样性,才能采用综合的防治方法,合理选用化学农药,规范运用,做到对环境最大程度保护。这样,一般都能够取得良好的学习效果,成为德品兼修的林业有害生物防治和管理人才。

模块一　基本技能

林业有害生物防治基本技术

本模块为林业有害生物控制基本技术，主要介绍林木病害诊断、森林昆虫鉴别、林业有害生物防治原理与措施、化学农药识别与使用、飞机防治病虫害作业、林业有害生物监测预报、病虫标本采集与制作等基本知识和基本技能。教学中，以校内多媒体教室、林业有害生物防治实训室及实训基地为依托，通过理论基础、实操训练、自测练习等环节学习和掌握上述基础知识和基本技能，为综合应用训练奠定良好基础。

项目1 认识林业有害生物

项目描述

能力目标

1. 能区分林木病害的症状类型，会区分病状与病征。
2. 能诊断林间发生的生理病害和侵染性病害。
3. 能识别森林昆虫外部形态特征。
4. 能识别森林昆虫的主要类群，会编制和使用昆虫检索表。
5. 会利用昆虫的生物学和生态学特性分析害虫的发生规律。

知识目标

1. 熟悉林木病害基本概念、症状类型、病原及侵染循环的基本知识。
2. 具备诊断林木病害的基本常识与基本知识。
3. 掌握昆虫外部形态与生物学特性的基本知识。
4. 了解昆虫分类及生态学的基本知识。

素质目标

1. 培养以森林资源保护、维护生态安全为己任的强烈责任感。
2. 培养运用基础知识与技能勇于探索和积极创新的工作意识。
3. 培养沟通协调和团结协作精神。
4. 提升运用辩证方法分析和解决问题的能力。

任务1.1 认识林木病害

在长期的进化过程中，植物自身进化出一整套适应环境的生存策略，形成了抵御外界不良因子侵袭的防护系统和自身内部相对于环境变化而进行调节的机制。只有当防护系统被击破以及内部调节机制受到干扰时，病害才可能成为一个问题。林木病害是植物病害的一个组成部分，认识林木病害，一方面要从理论上理解林木病害发生的原因和发展规律等；另一方面要在实践上预防、减轻和控制各种不利因素对林木造成的危害，保护它们正常生长发育。

📖 理论基础

1.1.1 林木病害相关概念

①林木病害和病变。在林木生长发育过程中，如果外界条件不适宜或遭受病原有害生物的侵染，就会使林木在生理上、组织上、形态上发生一系列反常的病理变化，导致林产品的产量降低、质量变劣，甚至导致局部或整株死亡，造成经济损失或影响生态平衡，这种现象称为林木病害。如杨树腐烂病常引起主干和枝条皮层腐烂，甚至全株死亡；杉木黄化病会引起杉木叶片发黄，生长缓慢，严重时也会造成死亡。

林木病害的发生有一定的病理变化过程，简称病变。

②林木损害（伤害）。如果林木由于虫咬、机械伤害、以及雹害、风害等在短时间内受到外界因素袭击造成的损害，受害林木在生理上没有发生病理变化过程，不能称为病害，而称为损害。

③病害和损害的区别。损害和病害是两个不同的概念，不能等同视之。但在实际情况中，二者又经常有紧密的联系。一是，损害可削弱植物的生长活力，降低它们对病害的抗性；伤口还可提供一些微生物入侵的通道，成为病害发生的开端。二是，有的环境因素既能对林木植物造成损害，也能造成病害。如高浓度的有毒气体的集中排放，往往造成植物叶片的急性损伤；而低浓度的缓慢释放，对植物的影响则是慢性的，引起病害。而且并不能从浓度、时间等方面明确区分两者。三是，损害和病害虽然是两个不同概念，但在实践中，有时还需要根据具体的情况来区别和判断。因此，研究和治理森林植物病害，同样不能忽视损伤。

④病变的不同形式。林木的病变首先表现在生理功能上，如呼吸和蒸腾作用加强，同化作用降低，酶活性改变，以及水分、养分吸收与运输失常等，称为生理病变；其次是内部组织的变化，如叶绿体减少或增加，细胞体积和数目增减或细胞坏死，细胞壁加厚等，称为组织病变；最后导致外形变化，如叶斑、枯梢、根腐、畸形等，称为形态病变。

生理病变是组织病变和形态病变的基础，组织病变和形态病变又进一步扰乱了林木正常的生理程序，互相影响的结果使病变逐渐加深。

1.1.2 林木病害的病原

病原是导致林木植物发生病变的原因。一般分两大类，即生物性病原（侵染性病原）和非生物性病原（非侵染性病原）。

①生物性病原及所致病害。是指引起林木植物病害的病原生物。主要有真菌、细菌、病毒、植原体、类病毒、寄生性种子植物、线虫和螨类等。病原物属菌类的称为病原菌。

这类由生物因子引起的植物病害都能相互侵染，有侵染过程，称为侵染性病害或传染性病害，也称寄生性病害。

②非生物性病原及所致病害。是指不适宜林木植物生长发病的环境条件。如温度过高引起灼伤；低温引起冻害；土壤水分不足引起枯萎；排水不良、积水造成根系腐烂，直至植株枯死；营养元素不足引起缺素症；空气和土壤中的有害化学物质及农药使用不当等。这类非生物因子引起的病害，不能互相传染，没有侵染过程，称为非侵染性病害或非传染性病害，也称生理性病害。

1.1.3 林木病害三要素

林木病害的发生必须具备三要素：病原物、寄主、适宜的环境条件。

①病原物和寄主。前者是指能引起林木病害的病原生物。后者是指受病原物侵染的植物。病原物与寄主双方既有亲和力，又具有对抗性，病原物要夺取寄主养料进行生活，寄主常产生自卫反应，抑制病原物的扩展，两者构成一个有机的寄主—病原物体系。

②适宜的环境条件。林木病害的进展快慢除取决于寄主、病原物外，环境条件也起重要的作用。当环境条件有利林木生长而不利于病原物，病害就难以发生发展；相反，林木病害就容易发生，林木受害也重。因此，林木病害是病原物、寄主、环境条件三要素共同作用的结果。在生产上，选育抗病品种，研究营林措施等对预防林木病害有着同等重要的意义。

1.1.4 林木病害的症状

林木感病后发病的顺序，首先是生理病变(如呼吸作用和蒸腾作用加强，同化作用降低，酶活性改变，以及水分和养分的吸收和运转异常等)，继而是组织变化(如叶绿体或其他色素增加或减少，细胞体积和数目增减，维管束堵塞，细胞壁加厚，以及细胞和组织坏死)，最后是形态变化(如根、茎、叶、花、果的坏死、腐烂、畸形等)。

发病林木经过一定的病理程序，最后表现出的病态特征，称为病害的症状。对某些侵染性病原引起的病害来说，病害症状包括寄主植物的病变特征和病原物在寄主植物发病部位上产生的营养体和繁殖体两方面的特征。发病林木在外部形态上发生的病变特征，称为病状。病原物在寄主植物发病部位上产生的繁殖体和营养体等结构，称为病征。所有的林木病害都有病状，但并非都有病征。由于病害的病原不同，对林木的影响也各不相同，所以林木的症状也千差万别，有的是病征显著，有的是病状显著。

1.1.4.1 病状

病状是寄主植物感病后，寄主植物本身所表现出的种种不正常状态，大致归纳为以下几种类型(图1-1)。

(1)变色

观察杨树花叶病毒病、栀子黄化病等标本。林木病部细胞内叶绿素的形成受到抑制或

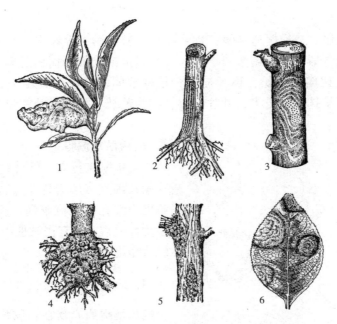

图1-1 常见病状类型（仿中南林学院）
1. 皱缩 2. 青枯 3. 干腐 4. 根癌 5. 溃疡 6. 叶斑

被破坏，其他色素形成过多，从而表现出不正常的颜色。常见的有褪绿、黄化、花叶、白化及红化等。叶片因叶绿素均匀减少变为淡绿或黄绿，称为褪绿；叶绿素形成受抑制或被破坏，使整叶均匀发黄，称为黄化，另外植物营养贫乏或失调也可以引起黄化；叶片局部细胞的叶绿素减少使叶片绿色浓淡不均，呈现黄绿相间或浓绿与浅绿相间的斑驳（有时还使叶片凹凸不平），称为花叶，花叶是林木病毒病的重要病状；叶绿素消失后，花青素形成过盛，叶片变紫或变红，称为红叶。

（2）坏死

观察杨树褐斑病、杨树灰斑病、柿树角斑病、苹果轮纹病等标本。仔细观察其形状、颜色、以及病斑上是否有霉点、小黑点等出现。林木病部细胞和组织死亡，但不解体的，称为坏死，常表现为斑点、叶枯、溃疡、枯梢、疮痂、立枯和猝倒等。斑点是最常见的病状，主要发生在茎、叶、果实等器官上。根据颜色不同，斑点一般分褐斑、黑斑、灰斑、白斑、黄斑、紫斑、红斑和锈斑等；根据形状分为圆斑、角斑、条斑、环斑、轮纹斑和不规则斑等。

（3）腐烂

观察松烂皮病、杨溃疡病、桃树腐烂病、银杏茎腐病等标本。病组织的细胞坏死并解体，原生质被破坏以致组织溃烂，称为腐烂。如根腐、茎腐、果腐、块腐和块根腐烂等。根据病组织的质地不同，有湿腐（软腐）、干腐之分。

（4）枯萎

观察榆树枯萎病、松材线虫枯萎病等标本。根部和茎部的腐烂都能引起枯萎，其中，典型的枯萎，是指植物茎部或根部的微管束组织受害后，大量菌体或病菌分泌的毒素堵塞或破坏导管，使水分运输受阻而引起植物凋萎枯死的现象。

(5) 畸形

观察杨树根癌病、泡桐丛枝病、桃缩叶病、松瘤锈病等标本。林木受病原物侵染后，引起植株局部器官的细胞数目增多，生长过度或受抑制而引起畸形。常见的畸形包括：病株生长比健株细长，称为徒长；植株节间缩短，分蘖增多，病株比健株矮小，称为矮缩；植株节短枝多，叶片变小，称为丛枝；根茎或叶片形成突出的增生组织，称为瘤肿。

(6) 流胶或流脂

观察桃树流胶病、针叶树流脂病等标本。感病植物细胞分解为树脂或树胶自树皮流出，常称之为流脂病或流胶病，该类病病原复杂，有生理性因素，又有侵染性因素，或是两类因素综合作用的结果。

1.1.4.2 病征

病征是指病原物在植物病部表面的特征，是鉴定病原和诊断病害的重要依据之一。但病征往往在病害发展过程中的某一阶段才出现；有些病害不表现病征，如生理性病害。病征主要有下列 6 种类型(图 1-2)。

(1) 霉状物

观察霜霉、青霉、黑霉、赤霉、绿霉等标本。病原真菌感染植物后，其营养体和繁殖体在病部产生各种颜色的霉层。

(2) 絮状物

观察紫纹羽病标本，病部产生大量疏松的棉絮状或蛛网状物。

(3) 粉状物

观察黄栌白粉病标本，病部产生各种颜色的粉状物。

图 1-2 常见病征类型(仿中南林学院)
1. 粉霉状物 2. 锈状物 3. 膜状物
4. 粒状物 5. 菌伞 6. 细菌在病组织上的溢脓

(4) 锈状物

观察苹—桧锈病标本。病部表面形成多个疱状物，破裂后散出白色或铁锈色粉状物。

(5) 点粒状物

观察柑橘炭疽病标本。病部产生黑色点状或粒状物，半埋或埋藏在组织表皮下，不易与组织分离；也有全部暴露在病部表面的，易从病组织上脱落。

(6) 脓胶状物

观察桃细菌性穿孔病标本。病部溢出含细菌的脓状黏液，称为菌脓，干后成黄褐色胶粒或菌膜。

1.1.5 各类病原及所致病害

1.1.5.1 非生物性病原及所致病害

1.1.5.1.1 营养失调
营养失调包括营养缺乏和营养过剩。①营养缺乏包括缺氮、磷、钾、钙、镁、硫、铁、锰、锌等。表现为老叶叶脉发黄、早衰，幼叶黄化、顶枯，叶色退绿或变色，生长迟缓，植株矮小，叶片出现斑点或皱缩、簇生，根系不发达等。②营养过剩会导致对林木的毒害，如钠、镁过量导致的碱伤害，使植株吸水困难；硼和锌过量导致植株退绿、矮化、叶枯等。

1.1.5.1.2 气候不适
气候不适包括温度、水分、光照、风等不适宜的环境。①高温容易造成灼伤，如树皮的溃疡和皮焦、叶片上产生白斑和灼环等。林木的日灼常发生在树干的南面或西南面。日灼造成的伤口为蛀干害虫和枝干病害病原的侵入打开了方便之门。低温的影响主要是冻害和冷害。低于10 ℃的冷害常造成变色、坏死和表面斑点，出现芽枯、顶枯；0 ℃以下的低温所造成的冻害，使幼芽或嫩叶出现水渍状暗褐斑，之后组织逐渐死亡。霜冻、冻拔是常见的低温伤害。②土壤水分过多，植物根部窒息，导致根变色或腐烂，地上部叶片变黄、落叶、落花；水分过少，引起植物旱害，植物叶片萎蔫下垂，叶间、叶缘、叶脉间或嫩梢发黄枯死，造成早期落叶、落花、落果，严重时植株凋萎，甚至枯死。③光照不足，导致植株徒长，植株黄化，结构脆弱，易倒伏；光照过强，一般伴随高温、干旱，引起日灼、叶烧和焦枯。④高温季节的强风加大蒸腾作用，导致植株水分失调，严重时导致萎蔫，甚至枯死。

1.1.5.1.3 环境污染
污染环境主要是指空气污染。其他还有水源污染、土壤污染等。空气污染主要来源是化工废气，如硫化物、氟化物、氯化物等。引起植物斑驳、退绿、矮化、枯黄、"银叶"、叶色红褐或黄褐、叶缘焦枯、小叶扭曲、早衰、提早落叶等。

1.1.5.1.4 林木药害
林木药害是指使用化学农药或激素不当对林木引起的伤害。表现为穿孔、斑点、焦灼、枯萎、黄化、畸形、落叶、落花、落果、基部肥大、生长迟缓等症状。

1.1.5.2 生物性病原及所致病害

1.1.5.2.1 真菌
真菌在自然界分布极为广泛，是一类庞大的生物类群。目前，世界上已描述的真菌有1万多属12万余种。大多数真菌是腐生的，少数真菌可以寄生在人类、动物或植物体上引起病害。

(1) 真菌的一般性状

真菌在自然界分布很广，空气、水、土壤中都有存在。有些真菌对人类是有益的，有些是有害的。在林业上，80%以上的林木病害是由真菌引起的。

真菌没有根、茎、叶的分化，不含叶绿素，不能进行光合作用，也没有维管束组织，有细胞壁和真正的细胞核，细胞壁由几丁质和半纤维素构成，所需营养物质全靠其他生物有机体供给，营异养生活，典型的繁殖方式是产生各种类型的孢子。

真菌的个体发育分为营养阶段和繁殖阶段。即真菌先经过一定时期的营养生长，然后形成各种复杂的繁殖结构，产生孢子。

(2) 真菌营养体

真菌进行营养生长的菌体，称为营养体。典型的营养体为纤细多枝的丝状体。单根细丝称为菌丝，菌丝可不断生长分枝，许多菌丝集聚在一起，称为菌丝体。菌丝通常呈管状，直径5~6 μm，管壁无色透明。有些真菌的细胞质中含有各种色素，菌丝体就表现不同的颜色，尤其老龄菌丝体。高等真菌的菌丝有隔膜，称为有隔菌丝。隔膜将菌丝分成多个细胞，其上有微孔，细胞间的原生质和养分能够流通。每个菌丝细胞有1~2个或几个细胞核。低等真菌的菌丝一般无隔膜，称为无隔菌丝，其菌体是1个多核的大细胞，但当它形成繁殖器官、受到损伤或营养不足时，也可产生隔膜，这种隔膜上没有微孔（图1-3）。有些真菌的营养体为卵圆形的单细胞，如酵母菌。

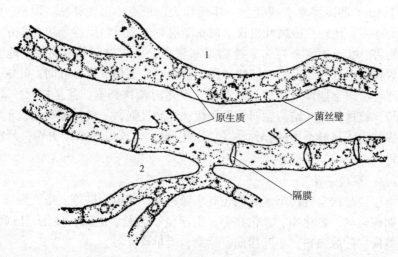

图1-3 真菌的营养菌丝
1. 无隔菌丝　2. 有隔菌丝（仿北京林业大学）

真菌的孢子萌发产生芽管，芽管继续生长形成菌丝。菌丝的顶端部分向前生长，它的每一部分都具有生长能力。菌丝的正常功能是摄取养分，并不断生长发育。寄生在林木上的真菌以菌丝从林木组织的细胞间或细胞内吸收营养物质。多数专性寄生菌如白粉菌、锈菌、霜霉菌等，能以菌丝上形成的特殊吸收器官——吸器，伸入寄主细胞内吸收养分。吸器的形状有瘤状、分枝状、掌状等（图1-4）。有些真菌可以形成根状分枝，称为假根。假根使真菌的营养体固着在基物上，并吸取营养。

有些真菌的菌丝在一定条件下发生变态，交织成各种形状的特殊结构，如菌核、菌索、菌膜和子座等。它们对于真菌的繁殖、传播，以及增强对环境的抵抗力有很大作用。

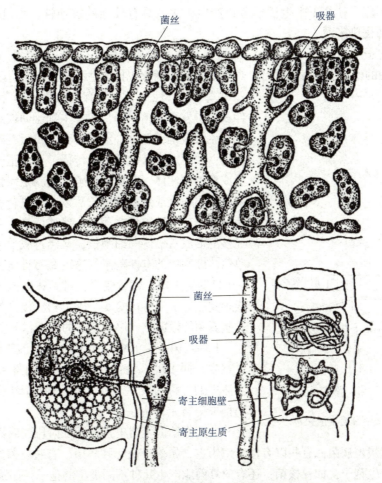

图1-4 真菌的3种吸器类型(仿北京林业大学)

(3) 真菌繁殖体

真菌在生长发育过程中,经过营养生长阶段后,即进入繁殖阶段,形成各种繁殖体。真菌繁殖的基本单位是孢子,其功能相当于高等植物种子。真菌的繁殖方式分无性和有性两种,无性繁殖产生无性孢子,有性生殖产生有性孢子。任何产生孢子的组织或结构统称为子实体,其功能相当于高等植物的果实。子实体和孢子形式多样,其形态是真菌分类的重要依据之一。

①真菌的无性繁殖。是指不经过两性配合过程直接由菌丝分化形成孢子的繁殖方式,所产生的孢子类型有游动孢子、孢囊孢子、分生孢子、芽孢子、厚垣孢子。无性孢子在1个生长季节中,可以重复产生、重复侵染,为再侵染来源,但其对不良环境的抵抗力很弱。

②真菌的有性繁殖。是指通过两性细胞或两性器官的结合而产生孢子的繁殖方式。性细胞称为配子,产生配子的母细胞称为配子囊。真菌的有性繁殖是配子或配子囊相结合。有性孢子形成的过程分为质配、核配和减数分裂3个阶段,所产生的孢子类型有接合子、卵孢子、接合孢子、子囊孢子、担孢子。低等真菌质配后随即进行核配,因此双核阶段很短;高等真菌质配后经过较长时间才进行核配,双核阶段较长。真菌的有性孢子一般在生

长季节末期形成。往往1个生长季节只产生1次，具有较强的抗逆性，可渡过不良环境，成为次年的初侵染来源。

真菌从孢子萌发开始，经过一定的营养生长和繁殖阶段，最后又产生同1种孢子的过程，称为真菌的生活史或发育循环。典型的真菌生活史包括无性阶段和有性阶段(图1-5)。

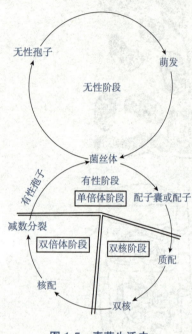

图1-5 真菌生活史

真菌的有性孢子在适宜的条件下萌芽，产生芽管，伸长后，发育成菌丝体，在寄主细胞间或细胞内吸取养分，生长蔓延，经过一定的营养生长后，产生无性繁殖器官，并生成无性孢子飞散传播，无性孢子再萌发，又形成新的菌丝体，并扩展繁殖，这就是无性阶段。当环境条件不适宜或是真菌生长后期，则进行有性繁殖。从菌丝体上产生配子囊或配子，经质配进入双核阶段，再经核配形成双倍体的细胞核，又经过减数分裂形成含有单倍体细胞核的有性孢子，这就是有性阶段。有性孢子1年只发生1次，数量较少，常是休眠孢子，经过越冬或越夏后，次年再行萌发，成为初次侵染的来源。也有一些真菌能以菌核、厚垣孢子的形态越冬。

1种真菌的生活史只在1种寄主上完成的，称为单主寄生；同1种真菌需在两种以上的寄主上才能完成生活史的，称为转主寄主。前一种植物成为寄主，后一种成为转主寄主。

有些真菌的生活史只有无性阶段，或极少进行有性繁殖，如泡桐炭疽病菌；有些以有性繁殖为主，如落叶松癌肿病菌；有些以菌丝体为主，不产生或很少产生孢子，如丝核菌；还有的真菌能产生几种不同类型的孢子，如锈菌。

综上所述，真菌的生活史是真菌的个体发育和系统发育的过程。研究真菌的生活史，在林木病害防治中有着重要的意义。

(4)真菌的主要类群及致病特点

①真菌的分类。其分类单位包括界(Kingdom)、门(Phylum)、纲(Class)、目(Order)、科(Family)、属(Genus)、种(Species)，必要时在两个分类单位之间还可以再加一级，如亚门(Subphylum)、亚种(Subspecies)等。界以下属以上的分类单位都有固定的词尾，如门(-mycota)、纲(-mycetes)、目(-ales)、科(-aceae)。

以禾柄锈菌为例，说明其分类地位：

真菌界(Fungi)

 担子菌门(Basidiomycota)

  冬孢菌纲(Teliomycetes)

   锈菌目(Uredinales)

    柄锈菌科(Puccaceae)

     柄锈菌属(*Puccinia*)

      禾柄锈菌(*Puccinia graminis* Pers.)

真菌分类一般是根据真菌的形态学、细胞学特性及个体发育和系统发育的资料，采取自然系统分类法，其中有性生殖和有性孢子的形态特征是重要的依据。随着科学技术的发展，特别是近年来分子生物学技术，如核酸杂交、氨基酸序列测定等的应用，将曾经分归为菌物的有机体现在被划分在3个不同的类群中，包括真菌界、假菌界和原生生物界。与森林植物病害相关的病原真菌就归属在这3个不同的类群中。

假菌界 Kingdom Stramenopila(Chromista)

  卵菌门(Oomycota)

  丝壶菌门(Hyphochytriomycota)

  网黏菌门(Labyrinthu lomycota)

原生生物界 Kingdom Protists(Protoctists)

  根肿菌门(Plasmodiophoromycota)

  网柱黏菌门(Dictyosteliomycota)

  集孢黏菌门(Acrasiomycota)

  黏菌门(Myxomycota)

真菌界 Kingdom of Fungi

  壶菌门(Chytridiomycota)

  接合菌门(Zygomycota)

  子囊菌门(Ascomycota)

  担子菌门(Basidiomycota)

  半知菌门(Deuteromycota)

真菌的分类阶元与高等植物相同，种是真菌最基本的分类单位。

②真菌的命名。采用国际通用的双名法，前1个名称是属名(第1个字母要大写)，后1个名称是种名，种名之后加定名人的姓氏(可以缩写)，如有更改学名者，最初的定名人应加括号表示。

国际命名原则中规定1种真菌只能有1个名称，如果1种真菌的生活史中包括有性阶段和无性阶段，按有性阶段命名是合法的。而半知菌中的真菌，只知其无性阶段，因而命名都是根据无性阶段的特征而定。如果发现其有性阶段，正规的名称应该是有性阶段的名称。不常出现有性阶段的真菌，还是应按其无性阶段的特征命名。

③森林植物病害密切相关的病原真菌类群。

a. 卵菌门(Oomycota)。除上述真菌类群外，与森林植物病害密切相关的病原菌还有假菌界的卵菌门(Oomycota)中的霜霉菌目(Peronosporales)。这类真菌多数生于水中，少数为两栖和陆生，潮湿环境有利于生长发育。其营养体多为无隔的菌丝体，少数为原质团或具细胞壁的单细胞。无性繁殖产生游动孢子，它是由菌丝顶端或孢囊梗顶端膨大形成囊状物——孢子囊，孢子囊内的液泡作网状扩展，将原生质分割成许多小块，每1小块就形成1个内生的游动孢子。游动孢子没有细胞壁，有1~2根鞭毛，能在水中游动，靠水传播。有性繁殖方式主要有2个游动配子结合产生接合子和2个大小不同的配子囊结合产生卵孢子。后者是在菌丝上长出2个形状和大小都不同的配子囊，大型的为藏卵器，小型的为雄器，相配合时雄器产生受精管伸入藏卵器内，随后雄器中的细胞质和细胞核通过受精管进入藏卵器，经过质配和核配，最后卵球发育成厚壁的卵孢子（图 1-6），其中引起花木病害的重要病原菌有腐霉属（*Pythium*）、疫霉属（*Phytophthora*）和霜霉属（*Peronospora*）等。

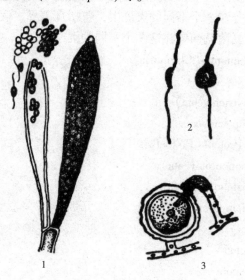

图 1-6　卵菌门孢子类型

1. 游动孢子囊及游动孢子　2. 接合子　3. 雄器、藏卵器和卵孢子

b. 接合菌门（Zygomycota）。此门真菌近 600 种，绝大多数为腐生菌，少数为弱寄生菌，引起林木病害的主要有根霉菌，引起林木种实霉烂等。

接合菌门的营养体多为无隔的发达菌丝体。无性繁殖大多产生孢子囊，产生不能游动的具细胞壁的孢囊孢子。有性繁殖是由 2 个形状相似、性别不同的配子囊相结合，融合成 1 个厚壁的大细胞，经过质配和核配，形成接合孢子（图 1-7）。

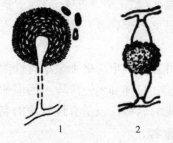

图 1-7　接合菌门孢子类型

1. 孢子囊和孢囊孢子
2. 配子囊产生接合孢子

c. 子囊菌门（Ascomycota）。此门真菌已知有 15 000 种，是较高等的真菌。大多数陆生，有寄生在植物和动物上的，也有腐生在各种基物上的。与林木病害关系密切的主要有白粉菌、核菌、腔菌和盘菌等，引起林木白粉病、煤污病、炭疽病、枯梢病、烂皮病及落叶病等。

子囊菌门真菌的营养体为有隔的分枝的菌丝体。菌丝体时常交织在一起成为疏丝组织或拟薄壁组织，从而形成菌核、子座等变态类型。菌核是菌丝体纵横交织成鼠粪形、圆形、角形或不规则形外部坚硬，内部松软的变形物。菌核对高温、低温和干燥的抵抗力较强，是渡过不良环境的休眠体。当环境适宜时，菌核可以萌发产生菌丝体或直接生成繁殖器官。子座是由菌丝体或菌丝体与部分寄主组织结合而成的一种垫状物，上面或内部形成产生孢子的器官。子座是真菌从营养阶段到繁殖阶段的中间过渡形式，还有渡过不良环境的作用。

子囊菌门真菌的无性繁殖，是指在特化菌丝形成的分生孢子梗上产生各种各样的分生孢子，分生孢子梗分枝或不分枝，散生或丛生，着生形式多样（详见半知菌门）。分生孢子着生在分生孢子梗顶端、侧面或串珠状地形成；单胞、双胞或多胞；圆形、卵形、棍棒形、圆柱形、线形、镰刀形或腊肠形；无色或有色。

子囊菌门的真菌有性繁殖，是指产生子囊和子囊孢子。子囊是由2个形状不同的配子囊——雄器和产囊体相结合，在产囊体上长出许多产囊丝，在产囊丝顶端形成的，子囊内通常形成8个内生孢子，称为子囊孢子。

子囊棍棒形、椭圆形、圆筒形、圆形等，有的裸生于菌丝体上或寄主植物表面，有的着生在由菌丝形成的固定形状的子实体——子囊果中。子囊果分为4种类型(图1-8)。

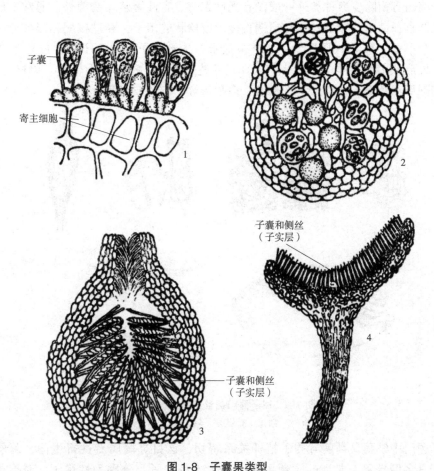

图 1-8　子囊果类型
1. 裸露的子囊果　2. 闭囊壳　3. 子囊壳　4. 子囊盘(仿北京林业大学)

闭囊壳。子囊果球形，无孔口，完全封闭。

子囊壳。子囊果烧瓶形，有明显的壳壁组织，有侧丝，子囊为单壁，顶端有孔口。

子囊腔(假囊壳)。子囊着生在由子座形成的空腔内，可有假侧丝，子囊双层壁，子囊果发育后期形成孔口。

子囊盘。开口成盘状、杯状或碗状。

d. 担子菌门(Basidiomycota)。担子菌门真菌是最高级的一类真菌，已知有12 000种。全部为陆生菌，有寄生和腐生，其中包括可供人类食用和药用的真菌。与林木病害关系密切的有锈菌、黑粉菌和层菌等，引起林木锈病、竹类黑粉病、根腐及木材腐朽等。

担子菌门真菌的营养体多为有隔双核的发达菌丝体，它可以在基物里吸收养分大量增长，构成白色、暗光、锈色和橙色的菌丝体，有的形成菌核、菌膜、菌索等变态结构。其中菌膜是由菌丝体交织而成的丝片状物，常见于腐朽木的木质部；菌索是菌丝体平行排列或互相缠绕集结成的绳索状物，与树根相似，粗细不一，长短不同，可抵抗不良环境条件，条件适宜时，在菌索顶端处又恢复生长和对寄主的侵染力。

担子菌门真菌除少数种类外一般没有无性繁殖。有性繁殖除锈菌外，通常不形成特殊分化的性器官，而由双核菌丝体在顶端直接形成棒状的担子，经过核配和减数分裂在担子上产生4个小梗，每个小梗上产生1个担孢子。高等担子菌的担子散生或聚生在担子果上。担子果形状多种多样，如蘑菇、木耳、云芝等都是。担孢子为单胞、单核、单倍体，形状有椭圆形、圆形、狭长形、香蕉形、多角形等，有色或无色（图1-9）。

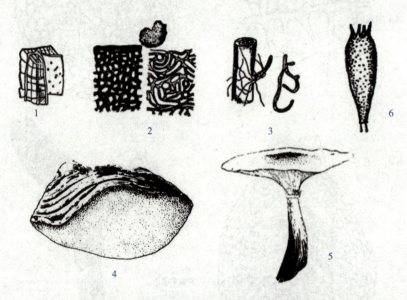

图1-9 担子菌门菌丝组织体及担子果
1. 菌膜 2. 菌核 3. 菌索 4~5. 担子果 6. 担子

担子菌门中锈菌目真菌与林木植株关系密切，该目真菌属专性寄生菌，菌丝发达有隔，孢子具多型现象，典型的锈菌可顺序产生5种孢子，分别为性孢子、锈孢子、夏孢子、冬孢子、担孢子。有些锈菌真菌必须在分类上并不完全相同的植物上完成其生活史，这种现象称为转主寄生。而有些锈菌在一株植物上即可完成其生活史，这种现象称为同主寄生或单主寄生。所有锈菌所致病害统称为锈病，常见的林木锈病有红松疱锈病、松针锈病、落叶松杨锈病、梨桧柏锈病等。

e. 半知菌门（Deuteromycota）。半知菌门真菌已知有15 000种。其在个体发育中，不进入有性阶段或有性阶段很难看到，我们只发现其无性阶段，所以称为半知菌。有些长期未发现有性阶段的半知菌，一旦发现有性孢子后，多数属于子囊菌，少数属于担子菌。半知菌陆生，腐生或寄生。林木病原真菌，约有半数左右属于半知菌。引起种实霉烂和苗木枯死、叶斑、炭疽和疮痂，树木枝条枯死及主干溃疡等病害。

半知菌门的真菌是有隔膜且分枝的发达菌丝体。无性繁殖从菌丝体上形成分化程度不同的分生孢子梗，梗上产生分生孢子。分生孢子梗散生或聚生。聚生者可形成分生孢子梗束和分生孢子座，前者是1束排列较紧密的直立的分生孢子梗，顶端或侧面产生分生孢子，后者是由许多聚集成垫状的短梗形成，顶端产生分生孢子。有些半知菌形成盘状或球状的孢子果，称为分生孢子盘或分生孢子器(图1-10)。分生孢子盘由菌丝体组成，上面有成排的短分生孢子梗，顶端产生分生孢子。分生孢子器是有孔口和拟薄壁组织的器壁，其内壁形成分生孢子梗，顶端着生分生孢子，分生孢子器生在基质的表面或埋于基质及子座内。孢子果在外表上为黑色小点，其中，孢子果内的分生孢子常具胶质物，潮湿条件下，常结成卷曲的长条，称为分生孢子角。分生孢子以风、雨水和昆虫为主要传播媒介。

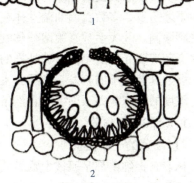

图1-10　半知菌门孢子果
1. 分生孢子盘　2. 分生孢子器

不着生在孢子果内的分生孢子常见有4种类型：分生孢子：在由菌丝特化而成的分生孢子梗上的某一部位以断裂等方式形成的孢子。节孢子：由一丛短菌丝在细胞分隔处收缩断裂而形成的短柱状孢子。芽孢子：从1个细胞生芽而形成，当芽长到正常大小时，脱离母细胞，或与母细胞相连接，继续发生芽体，形成假菌丝。厚垣孢子：由菌丝或分生孢子中的个别细胞原生质浓缩，细胞壁变厚，形成的休眠细胞，能适应不良环境和越冬(图1-11)。

(5) 真菌的生理生态特性

真菌都是异养生物，必须从外界吸收糖类作为能量来源。碳是构成真菌细胞成分的主要元素，氮是构成活细胞的基本物质。真菌还需要一些无机盐类及微量元素，如钾、磷、硫、镁、锌、锰、硼和铁等，但真菌不需要钙。真菌菌丝分泌各种水解酶，将寄主细胞中不溶性的脂肪、蛋白质、糖类等高分子的有机物分解为可溶性物质，然后靠菌丝管壁的透性、弹性和细胞的高渗透压吸收利用。

真菌的生长发育还与温度、湿度、光和酸碱度(pH)等外界环境条件有关。①真菌对温度的要求，有一个最低、最高和最适的范围。超出这个范围，真菌就不能正常生长和繁殖。植物病原真菌多为喜温菌，最适温度为20~25 ℃，最低为2 ℃，最高为40 ℃。某些木材腐朽菌可在50 ℃

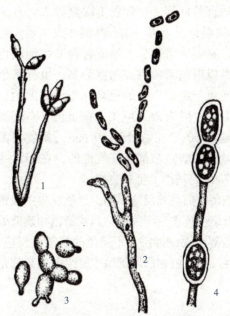

图1-11　半知菌门孢子类型
1. 分生孢子　2. 节孢子　3. 芽孢子　4. 厚垣孢子

条件下生长。多数真菌对高温比较敏感，而对低温忍受能力强，很多真菌能耐-40 ℃以下低温而不死。但真菌孢子萌发的最适温度为 10~30 ℃。温度对真菌繁殖的影响很大，通常在生长季节进行无性繁殖，在温度比较低时进行有性繁殖。有些真菌的有性繁殖需要冰冻的刺激，其有性孢子往往在越冬以后才产生。②真菌是喜湿的生物，整个生活史几乎离不开水。大多数真菌的孢子萌发时空气中的相对湿度在90%以上，有的孢子必须在水滴或水膜中才萌发。多数真菌的菌丝体在相对湿度为75%时生长最好，因湿度太高会使氧的供应受到限制。③大多数真菌菌丝体在散光下和黑暗中生长一样好，只是在产生子实体时，有些真菌需要光照的刺激。紫外光的短时间照射常常可以促进人工培养下的真菌产生子实体。多数真菌孢子的萌发与光照关系不大。④真菌适宜于在微酸性的基质中生长，有些真菌对酸度的适应能力很强。在自然条件下，酸碱度不是影响孢子萌发的决定因素。

1.1.5.2.2 细菌

(1) 细菌的一般性状

林业有害细菌都是原核生物界的薄壁菌门和厚壁菌门的一些类群。一般没有荚膜，也不形成芽孢。植物病原细菌全部都是杆状菌，大小为 $(1~3)$ μm×$(0.5~0.8)$ μm。绝大多数植物病原细菌从细胞膜长出细长的鞭毛，伸出细胞壁外，是细菌运动的工具。鞭毛通常为 3~7 根，最少为 1 根。生在菌体一端或两端的，称为极毛，着生在菌体周围的，称为周毛(图1-12)。鞭毛的有无、数目和着生位置是细菌分类的重要依据之一。

细菌的繁殖方式很简单，一般是裂殖，即细菌的细胞生长到一定限度时，在菌体中部产生隔膜，随后分裂成2个大小相似的新个体。细菌繁殖的速度很快，在适宜条件下 1 h 分裂 1 次至数次；有的只要 20 min 就能分裂 1 次。细菌都能在人工培养基上生长繁殖。在固体培养基上形成各种形状和颜色的菌落。通常以白色和黄色的菌落为多，也有褐色的。菌落的颜色与细菌产生的色素有关。细菌生长繁殖的最适温度一般为 26~30 ℃，耐低温，对高温较敏感，通常在 50 ℃ 左右处理 10 min，多数细菌死亡。大多数植物病原菌都是好气性的，在中性或微碱性(pH 7.2)的基物上生长良好。

不同的细菌对染料的反应不同。染色反应中最重要的是革兰氏染色反应。细菌用结晶紫染色和碘液处理后，再用乙醇或丙酮冲洗，不褪色的是阳性反应，褪色的是阴性反应。植物病原细菌中，绝大多数都是革兰氏阴性反应，只有棒杆菌属是阳性反应。

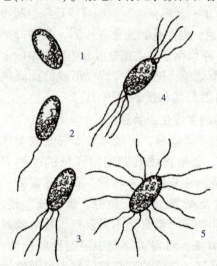

图 1-12 细菌形态及鞭毛
1. 无鞭毛 2. 单极鞭毛 3. 单极多鞭毛
4. 双极多鞭毛 5. 周生鞭毛

(2) 细菌病害的症状特点

林木细菌病害的病症不如真菌病害明显，通常只有在潮湿的情况下，病部才有黏稠状的菌脓溢出。细菌性叶斑病的共同特点是：病斑受叶脉限制多呈多角形，初期呈水渍状，后变为褐色至黑色，病斑周围出现半透明的黄色晕圈，空气潮湿时有菌脓溢出。腐烂型病害，常有恶臭味。枯萎型的病害，在茎的断面可看到维管束组织变褐色，并有菌脓从中溢出。切取一小块病组织，制成水压片在显微镜下检查，如有大量细菌从病组织中涌出，则为细菌病害。根据这一症状特点，可以对植物细菌病害做出初步的诊断。若进一步鉴定细菌的种类，除要观察形态和纯培养性状外，还要研究染色反应及各种生理生化反应，以及它的致病性和寄主范围等特性。

细菌所致林木病害的症状主要有4种类型：

①斑点。主要发生在叶片、果实和嫩枝上。由于细菌侵染，引起植物局部组织坏死而形成斑点或叶枯。如杉木细菌性叶枯病、核桃黑斑病；有的叶斑病后期，病斑中部坏死组织脱落而形成穿孔，如桃树细菌性穿孔病。还有寄生在树干韧皮部引起溃疡斑的杨树细菌性溃疡病。

②腐烂。植物幼嫩、多汁的组织被细菌侵染后，通常表现腐烂症状。常见的有花卉的鳞茎、球根和块根的软腐病，如鸢尾细菌性软腐病。这类症状表现为组织解体，流出带有臭味的液汁。

③枯萎。有些细菌侵入寄主植物的维管束组织，在导管内扩展破坏了输导系统，引起植株萎蔫。如杨树细菌性枯萎病。

④畸形。有些细菌侵入植物后，引起根或枝干局部组织过度生长形成肿瘤；或使新枝、须根丛生；或枝条带化等多种畸形症状。如冠瘿病。

1.1.5.2.3 病毒

(1)病毒的一般性状

植物病毒是一种不具细胞结构和形态的寄生物，体积极小，只有在电子显微镜下才可观察到。病毒粒子结构简单，其形状主要有杆状、丝状、弹状和球状；大小以 nm(1 nm = 10^{-9} cm)计算。病毒粒子是由蛋白质和核酸两部分组成。蛋白质在外形成衣壳，核酸在内形成心轴，没有包膜。病毒是活氧生物，只存在于活体细胞中，迄今还没有发现能培养病毒的合成培养基。病毒具有很高的增殖能力，它的增殖方式显然不同于细胞的繁殖，而是采取核酸样板复制的方式。首先是病毒本身的核酸(RNA)与蛋白质衣壳分离，在寄主细胞内可以分别复制出与它本身在结构上相对应的蛋白质和核酸，然后核酸进入蛋白质衣壳中形成新的病毒粒子。病毒在增殖的同时，也破坏了寄主正常的生理活动，从而使植物表现症状。

(2)病毒病害的症状特点

①植物病毒病大部分属于系统侵染的病害，植物感染病毒后，往往全株表现症状。植物病毒病的症状大致分为3类：

a. 变色。变色可发生在叶片、花瓣、茎及果实和种子上。花叶是最常见的变色类型，变色区与不变色区界限分明，变色部分呈近圆形，界限不很分明的，称为斑驳；花叶和斑驳症状发生在花瓣上的，称为碎锦病；有的病叶叶脉明亮，多属于花叶症的前期症状。

b. 坏死与变质。最常见的坏死症状是枯斑，主要是寄主对病毒侵染的过敏性坏死反应引起的，有的表现为条斑坏死、同心坏死或坏死环、叶脉网纹样环及顶端坏死等。果实或木本植物表皮木栓化后，中央呈星状开裂或纵裂即为变质。

c. 畸形生长。是指植物感染病后，表现的各种反常的生长现象。一种是生长减缩，表现为矮缩或矮化，前者是指病株部分节间缩短，后者是指全株按比例都缩小变矮。另一种是叶、茎(枝干)及根部的畸形生长。叶上常见的有卷叶、线叶、皱缩、蕨叶、小叶症状，还有叶脉上长出耳状突起物，称为耳突。

②植物病毒病症状的另一重要特点是只有明显的病状，而始终不出现病征。这在诊断上有助于将病毒和其他病原物引起的病害区分开来。但是植物病毒病的病状却往往容易同非侵染性病害，特别是缺素症、药害、空气污染等相混淆。因为非侵染性病害也不表现病征，病状表现有的也很相似。但二者在自然条件下有不同的分布规律。感染病毒病的植株在田间的分布多是分散的，病株四周还会有健康的植株，并且不能因改善环境条件和增施营养元素或排除污染后，可以使有些病株逐步恢复健康。

1.1.5.2.4 植原体

(1) 植原体的一般性状

植原体(类菌原体，MLO)是指原核生物界软壁菌门柔膜菌纲植原体属(*Phytoplasma*)的一类生物。软壁菌门中与植物病害有关的统称为植原体，共包括植原体属和螺原体属(*Spiroplasma*)，后者基本形态为螺旋形，只有3个种，寄生于双子叶植物。植原体属与林业关系密切，常见的泡桐丛枝病、枣疯病等均为本属所致。

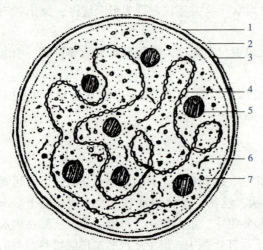

图 1-13　植原体模式图
1~3.3层单位膜　4.核酸链
5.核糖体　6.蛋白质　7.细胞质

植原体外层无细胞壁，只有3层结构的单位膜组成的原生质膜包围，厚度7~8 nm，菌体大小为200~1000 nm，其形态在寄主细胞内为球形或椭圆形，繁殖期可以是丝状或哑铃状，但在穿过细胞壁上的胞间连丝或寄主植物筛板孔时，可以变成丝状、杆状或哑铃状等变形体状(图1-13)。在实验室内，它也能透过细菌滤器，没有革兰氏染色反应。由于没有细胞壁，也不会合成肽聚糖和胞壁酸等，对青霉素等抗生素也不敏感，但对四环素类药物相当敏感。细胞内只有原核结构，包括颗粒状的核糖体和丝状的DNA。植原体大量存在于韧皮部疏导组织筛管中，通过筛板孔移动，从而侵染整个植株。在人工培养基上不能培养，以裂殖、出芽繁殖或缢缩断裂法繁殖。

(2) 植原体的致病特点

植原体造成的植物病害都是系统侵染的病害。它们侵入植物后，主要寄生在植物韧皮部的筛管和伴胞细胞中，有时也在韧皮部的薄壁细胞中发现。植原体病害的症状是全株性的，危害林木的主要症状类型是丛枝(包括丛芽、花变叶)，其次是黄化以及带化、瘿瘤、僵果等。

植原体的传播和病毒相似，可以通过带病的无性繁殖材料、嫁接或菟丝子传播和传染。但在自然条件下，植原体则主要是由介体昆虫传播。介体昆虫中最主要的是叶蝉，它能传播大多数植原体病害，少数是木虱、蜡象、飞虱等，如茶翅蝽传播泡桐丛枝病等。

1.1.5.2.5 林业有害线虫

(1)林业有害线虫的形态特征及习性

线虫属于线形动物门、线虫纲。在自然界分布广,种类多。一部分可寄生在植物上引起植物线虫病害。同时,线虫还能传播其他病原物,如真菌、病毒、细菌等,加剧病害的严重程度。此外,还有利用线虫捕食真菌、细菌的。

线虫体呈圆筒状、细长、两端稍尖,形如线状,多为乳白色或无色透明。植物寄生性线虫大多虫体细小,需要用显微镜观察。线虫体长一般为 0.5~2 mm,宽 0.03~0.05 mm。雌雄同型线虫的雌成虫和雄成虫都是线形的,雌雄异型线虫的雌成虫为柠檬形或梨形,但它们在幼虫阶段都是线状的。通常有卵、幼虫和成虫 3 个虫态。卵通常为椭圆形,半透明,产在植物体内、土壤中或留在卵囊内;幼虫有 4 个龄期,1 龄幼虫在卵内发育并完成第 1 次脱皮后从卵内孵出,再经 3 次脱皮发育为成虫。植物线虫一般为两性生殖,也有孤雌生殖。多数线虫完成 1 代只要 3~4 周的时间,在 1 个生长季中可完成若干代。

植物寄生线虫大多生活在 15 cm 以内的耕作层内,特别是根围。在土壤中的活动性不强,每年迁移的距离不超过 1~2 m,被动传播是线虫的主要传播方式,包括水、昆虫和人为传播。最适于线虫发育的温度为 20~30 ℃,最适宜的土壤温度为 10~17 ℃,多数线虫在砂壤土中容易繁殖和侵染植物。

植物病原线虫多以幼虫或卵在土壤、病株、残体、带病种子(虫瘿)和无性繁殖材料等场所越冬,在寒冷和干燥条件下还可以休眠或滞育的方式长期存活。低温干燥条件下,多数线虫的存活期更长。

(2)林业有害线虫的致病特点

由于大多数种类的线虫在土壤中生活,所以线虫病害多数发生在植物的根和地下茎上。最常见的症状是根系上着生许多大小不等的肿瘤,即根结,若将根结剖开,可见到白色的线虫。或者根系因生长点被破坏而使生长受到抑制;或者根系和地下茎腐烂坏死。当根系和地下茎受害后,反映到全株上,则使植株生长衰弱,矮小,发育缓慢,叶色变淡,甚至萎黄,类似缺肥造成的营养不良现象。

有些线虫也能危害植物的地上部分,如茎、叶、芽、花、穗部等,造成茎叶卷曲或组织坏死(如枯斑),幼芽坏死,以及形成叶瘿或穗瘿(种瘿)等。有的线虫可危害树木的木质部,破坏疏导组织,使全株萎蔫直至枯死。这同细菌和个别真菌引起的枯萎病基本相似,如松材线虫病。危害林木的重要有害线虫有根结线虫、松材线虫等。

1.1.5.2.6 林业害螨

螨类的形态特征与生物学特性介绍如下。

螨类属于节肢动物门、蛛形纲、蜱螨目。它们与昆虫的主要区别是:体分节不明显,无头、胸、腹三段之分;无触角;无复眼;无翅;仅有 1~2 对单眼;有 4 对足(少数只有 2 对);一生经过卵、幼螨、若螨和成螨 4 个发育阶段。

螨类体长小于 1 mm,常为圆形或椭圆形,一般分为前体段和后体段。前体段又分为颚体段和前肢体段;后体段分后肢体段和末体段。颚体段(相当于昆虫的头部),与前肢体段相连,着生有口器,口器由于食性不同分咀嚼式和刺吸式 2 类;肢体段(相当于昆虫的胸部)一般着生 4 对足,着生前 2 对足的即为前肢体段,着生后 2 对足的为后肢体段。末体段(相当于昆虫的腹部)与后肢体段紧密联系,很少有明显分界,肛门和生殖孔一般开口于该体段的腹面(图1-14)。

螨类一般卵生。多为两性生殖,也有行孤雌生殖的。发育阶段雌雄有别:雌虫经过卵、幼虫、第1若虫、第2若虫及成虫期;雄虫没有第2若虫期。幼虫期足有3对,若虫期以后有4对足。螨类繁殖很快,1年最少2~3代,多达20~30代。危害林木的螨类主要包括叶螨和瘿螨。

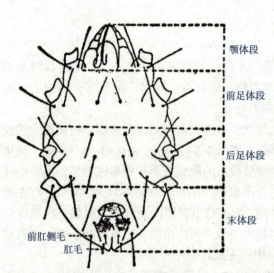

图1-14 螨类体躯分段

a. 叶螨科(Tetranychidae)。体微小,长 1 mm 以下,圆形或椭圆形。雄螨腹部尖削。体通常为红色、暗红色。口器刺吸式。背刚毛24或26根成横排分布。植食性,只危害叶片,常群聚于叶背吸取汁液。

b. 瘿螨科(Eriophyidae)。体极微小,长约0.1 mm,蠕虫形,狭长。刺吸式口器。成螨、若螨只有2对足,位于体躯前部。前肢体段背板成盾状;后肢体段延长,具许多环纹。植食性,多在叶、芽或果实上吸取汁液,常引起畸形或形成虫瘿,有的危害部位隆起似1层毛毡(俗称毛毡病)。

1.1.5.2.7 寄生性种子植物

根据对寄主的依赖程度不同,寄生性种子植物可分为2类。一类是半寄生种子植物,有叶绿素,能进行正常的光合作用,但根多退化,导管直接与寄主植物相连,从寄主植物内吸收水分和无机盐,如寄生在林木上的槲寄生;另一类是全寄生种子植物,没有叶片或叶片退化成鳞片状,因而没有足够的叶绿素,不能进行正常的光合作用,导管和筛管与寄主植物相连,从寄主植物内吸收全部或大部养分和水分,如菟丝子。

有害植物常见类群介绍如下。

(1)菟丝子(*Cuscuta* spp.)

①分布及危害。菟丝子是菟丝子科(Cuscutaceae),菟丝子属(*Cuscuta*)植物的通称,又称黄鳝藤、无根草、金线草,是攀缘寄生的草本植物,有着植物"吸血鬼"之称。菟丝子在全世界广泛分布,我国各地均有发生。我国已发现的菟丝子约有11种,常见有日本菟丝子和中国菟丝子,在木本植物上以日本菟丝子发生危害较为普遍;寄主范围广,主要寄生于豆科、菊科、蓼科、杨柳科、蔷薇科、茄科、百合科、伞形科等木本和草本植物上,危害多种林木。被害植株黄色,有细藤缠绕,枝叶紊乱不伸展,枝条常有缢痕。幼苗被害严重时,可全株枯死。

菟丝子除本身对植物有害外,还能传播植原体和病毒,引起多种植物病害。

②鉴别特征。藤本,无根和叶,或叶退化成鳞片,不具叶绿体;茎线形,细长分枝,缠绕于其他物体上,黄色、黄白色或红褐色;花小,白色、黄色或粉红色,无梗或具短梗,穗状、总状或簇生成头状花序;蒴果球形或卵形,周裂或不规则破裂;种子2~4粒,

胚乳肉质，种胚弯曲线状或螺旋形，无子叶或稀具细小的鳞片状遗痕。

③生物学特性。菟丝子以成熟种子脱落在土壤中休眠越冬，在南方也有以藤茎在被害寄主上过冬。以藤茎过冬的，翌年春温湿度适宜时即可继续生长攀缠危害。经越冬后的种子，次年春末初夏，当温湿度适宜时种子在土中萌发，长出淡黄色细丝状的幼苗。随后不断生长，藤茎上端部分作旋转向四周伸出，当碰到寄主时，便紧贴在上缠绕，不久在其与寄主的接触处形成吸盘，并伸入寄主体内吸取水分和养料。此期茎基部逐渐腐烂或干枯，藤茎上部分与土壤脱离，靠吸盘从寄主体内获得水分、养料，不断分枝生长，开花结果，不断繁殖蔓延危害。

夏秋季是菟丝子生长高峰期，开花结果于11月份。菟丝子的繁殖方法有种子繁殖和藤茎繁殖两种。每株菟丝子可产生2500~3000粒种子。靠鸟类传播种子，或成熟种子脱落土壤，再经人为耕作进一步扩散；另一种传播方式是借寄主树冠之间的接触由藤茎缠绕蔓延到邻近的寄主上，或人为将藤茎扯断后有意无意抛落在寄主的树冠上。

(2) 槲寄生（*Viscum* spp.）

①分布与危害。槲寄生为桑寄主科的寄生性绿色灌木或亚灌木。我国常见的有槲寄生、枫香寄生等。国内除新疆外，各地均有分布。在用材林、经济林、防护林、果园、四旁树上均有发生，南方林木受害较重。寄主范围很广，涉及壳斗、蔷薇、杨柳、桦木、胡桃、槭树、松、柏等多科植物。

②鉴别特征。为半寄生常绿小灌木，茎具明显的节，圆柱状或扁平；叶对生具基出脉，或退化呈鳞片状，雌雄异株或同株，花单生或丛生于叶腋内或枝节上，花药阔，无柄，柱头无柄或近无柄，垫状；果肉质，果枝有黏胶质，球形或椭圆形。

③生物学特性。槲寄生是寄生在其他植物上的植物，可以从寄主植物上吸取水分和无机物，进行光合作用制造养分。它四季常青，开黄色花朵，入冬结出各色的浆果。槲寄生主要通过种子繁殖，每年秋冬季节，槲寄生的枝条上结满了橘红色的小果，以槲寄生的果实为食的鸟类冬天会聚集在结有果实的槲寄生丛周围，一边嬉戏一边取吃果实。由于槲寄生果的果肉富有黏液，它们在吃的过程中会在树枝上蹭嘴巴，这样就会使果核粘在树枝上；有的果核被它们吞进肚子里，就会随着粪便排出来，粘在树枝上。这些种子一般经过3~5年会长出新的小枝，对树木造成危害。

1.1.6 林木病害的发生过程

1.1.6.1 接触期

接触期是指从病原物被动或主动地传播到植物的感病部位到侵入寄主为止的一段时间。它是病害发生的一个条件。

接触的概率受寄主植物和生态环境的影响。如病原所在地与寄主的距离同传播体的降落量成反比，林分的迎风面比背风面接触风传孢子的机会多；纯林比混交林接触病原物的机会多。

接触期的长短因病害种类而异。病毒、植原体和从伤口侵入的细菌，接触和侵入是同时实现的，没有接触期。大多数真菌的孢子在具备萌芽条件时，几小时便完成侵入，最多不超过 24 h，而桃缩叶病菌的孢子在芽鳞间越冬，至次年春新叶初发才萌芽侵入，接触期有几个月。

寄主体表环境影响病原物的生存和活动。许多真菌孢子要求高湿度，由于植物的蒸腾作用，叶面的温度常比大气的低，湿度比大气高，无疑这对孢子的萌芽和芽管的生长是有利的。植物体表的外渗物质，有的可作为孢子萌芽的辅助营养，有的则对孢子萌芽有抑制作用。植物体表微生物群落对病原物的颉颃作用更有不可忽视的影响。

1.1.6.2 侵入期

侵入期是指从病原物侵入寄主到建立寄生关系为止的一段时间。林木病害的发生都是从侵入开始的。

(1) 侵入途径

①直接穿透侵入。有些真菌(以侵入丝穿透角质层溶解表皮细胞侵入寄主)、寄生性种子植物(吸根穿透力强)、线虫(口针穿刺)是直接穿透侵入的。

②自然孔口侵入。有些林木病原细菌和真菌是从自然孔口侵入的。植物体表有气孔、水孔、皮孔和蜜腺等自然孔口，其中尤以气孔的关系最大。由于自然孔口含有较多的营养物质和水分，所以病原菌侵入自然孔口，一般认为是趋化性和趋水性的作用。

③伤口侵入。植物表面的伤口有自然伤口、病虫伤口和人为伤口等，有些植物病毒、细菌、真菌和线虫是从伤口侵入的。从伤口侵入的病毒，伤口只是作为它们侵入细胞的途径。而有的细菌和真菌除将伤口作为侵入途径外，还可利用伤口的营养物质营腐生生活，而后进一步侵入健全组织。伤口侵入对枝干溃疡病菌和立木腐朽病菌特别重要。因为树木较大枝干没有自然孔口，皮层很厚也不容易直接穿透侵入。

一般直接穿透侵入的病原物亦可从自然孔口和伤口侵入，而伤口侵入的多不能直接穿透或从自然孔口侵入。

(2) 影响侵入的环境条件

真菌孢子萌发和侵入对外界条件有一定要求，其中影响最大的是湿度和温度。湿度决定孢子能否萌芽和侵入，温度则影响孢子萌芽和侵入的速度。

大多数真菌孢子，尤其是气流传播的孢子，只有在水滴中才能很好地萌芽，即使在饱和湿度下萌芽率也极低。细菌在水滴中最适宜于侵染。而白粉菌的分生孢子，因其细胞质稠，吸水性强，孢子萌芽时不膨大，需水量少，并且萌芽时需要氧气，故能在很低的相对湿度下萌芽。土传真菌，孢子在土壤中萌芽，若土壤湿度过高，造成土壤缺氧，对孢子萌芽和侵入不利。各种真菌孢子都有最低、最适和最高的萌芽温度，在最适温度下，孢子萌芽率高，萌芽快，芽管也较长。

在林木生长期间，尤其在其中某一阶段内，温度的变化是不大的，而湿度变化则很大，所以湿度是影响病原侵入的主要条件，但这也不是绝对的，因为从孢子萌芽到完成侵入，不但需要一定的温度和湿度，而且还需要一段时间。林分内饱和湿度和叶面结露一般只在降雨或夜间才能遇到。因此，从入夜到次日早晨，若气温低，侵入时间就要延长，如果超过所需保湿时间，则侵入就不能完成。

外界温、湿度不仅作用于病原菌，而且也影响寄主植物的抗病性，因而间接地对病原菌的侵入发生作用。如苗木猝倒病在幼苗出土后遇到寒潮，使幼苗木质化迟缓，容易发病。

在防治侵染性病害上，侵入期是个关键时期，一些主要防治措施，多在于阻止病原物的侵入。

1.1.6.3 潜育期

从病原物与寄主建立寄生关系开始到表现症状为止的这一段时期，称为潜育期。在此期间除极少数外寄生菌外，病原物都在寄主体内生长发育，消耗寄主体内养分和水分，并分泌多种酶、毒素、生长激素等，影响寄主的生理代谢活动，破坏寄主组织结构，并诱发寄主发生一系列保护反应。因此，潜育期是病原物与寄主矛盾斗争最激烈的时期。

病原物在寄主体内有主动扩展和被动扩展两种形式。前者是借病原物的生长和繁殖，如真菌主要依靠菌丝的生长，病毒、植原体、细菌等则依靠繁殖增加数量。后者是借寄主输导系统流动，寄主细胞分裂和组织生长而扩展。病原物在寄主体内的扩展范围，有的是局限在侵入点的附近，形成局部侵染，如多种叶斑病、溃疡病、苗木茎腐病、根腐病、根结线虫病，以及寄生性种子植物所致的病害。但是对寄主的影响不一定是局部性的，如苗木白绢病菌只寄生在根部皮层上，但是由于造成根部皮层腐烂，导致全株枯死。有的则从侵入点向各个部位扩展，甚至扩展到全株，形成系统性侵染，如病毒病、植原体病和枯萎病等。系统性病害的症状，有的在全株表现，如病毒病；有的则在局部表现，如泡桐丛枝病的早期病状。

不同病害潜育期的长短差别很大，叶斑病一般几天至十几天，枝干病害有的十几天至几十天，松瘤锈病为 2~3 年，活立木腐朽病则为几年至几十年。抗病树种和生长健壮的植物感病后，潜育期延长，发病也较轻。外界温度对潜育期影响很大，在适温下潜育期最短。潜育期缩短会增加再侵染次数，使病害加重。

有些病原有潜伏侵染的现象，即在不适于发病的条件下，暂时不表现症状，如苹果树腐烂病，这在植检和防治上是不可忽视的问题。

1.1.6.4 发病期

潜育期结束后，就开始出现症状。从症状出现到病害进一步发展的一段时期，称为发病期。

1.1.7 林木病害的侵染循环

林木病害的发展过程包括越冬、接触、侵入、潜育、发病、传播和再侵染等各环节，而病害侵染循环是指侵染性病害从一个生长季节开始发病到下一个生长季节再度发病的过程(图 1-15)。一般包括病原物的越冬、病原物的传播、初侵染和再侵染等环节。

1.1.7.1 病原物的越冬

病原物的越冬场所是林木下一个生长季节病害的初侵染来源。病原物在此时呈休眠状态，且有一定的场所，是病原物的薄弱环节，为防治的关键时期。

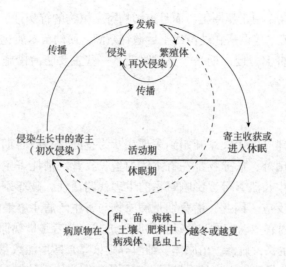

图 1-15 林木病害侵染循环示意图(仿中南林学院)

(1)病株

病株(包括其他林木、转主寄生)是林木病害最重要的越冬场所。林木是多年生的,绝大多数病原物都能在病枝干、病根、病芽、病叶等组织内外越冬,成为下一个生长季节的初侵染来源。枝干和根部病害病部的病原物,往往是这类病害多年的侵染来源。

(2)病残体

绝大多数非专性寄生的真菌、细菌都能在生病的枯立木、倒木、枯枝、落叶、落果、残根等病残体内存活。寄生性强的病原物在病残体分解以后,不久就逐渐死亡,而腐生性强的病原物脱离病残体之后,可以继续营腐生生活。

(3)土壤

病原物随着病残体落到土壤里成为下一季节的初侵染来源,根病尤其如此。

(4)种苗和其他繁殖材料

种子带菌不是引起林木病害的主要途径。苗木、插条、接穗、种根和其他繁殖材料的内部和表面均可能带有病原物,而成为侵染源。此外,还可以随着苗木和繁殖材料的调运,将病害传播到新的地区。

各种病原物的越冬场所不一定相同。有些病原物的越冬场所不止一处,不同越冬场所所提供的初侵染源数量不同,因此要找到它们的主要越冬场所,以便采用经济有效的方法进行防治。

1.1.7.2 病原物的传播

各种病原物的传播方式是不同的。细菌和真菌的游动孢子可在水中游动,真菌菌丝的生长,线虫的爬行,菟丝子茎的生长等均可转移位置。但依靠病原物主动传播的距离有限,只起传播开端作用,再依传媒传到远处。病原物传播的主要途径是借助气流、雨水、动物和人为传播。

(1)气流传播

有些真菌孢子产生在寄主体表,易于释放,或者在子实体内形成,借各种方法将孢子释放空中作较长距离的传播。如霜霉菌的孢子囊、接合菌的孢囊孢子、以缝裂或盖裂方式放射的子囊孢子、担子菌的担孢子、锈菌的夏孢子和锈孢子、半知菌丝孢目的分生孢子等。风也能将病原物的休眠体或病组织，吹送到较远的地方。

由气流传播的病原物传距较远，病害在林间分布均匀，防治比较复杂，除注意消灭当地侵染源外，还要防治外地传入的病原侵染。

(2) 雨水传播

林木病原细菌、黑盘孢目和球壳孢目的分生孢子都黏聚在胶质物内，必须利用雨水把胶质溶解，才能从病组织中或子实体中散出，随雨滴的飞溅而传播。游动孢子和以子囊壁溶解的方式放射的子囊孢子，也由雨水传播。土壤中的病原物还能随着灌溉水传播。病残体也能在流水中漂浮至远方。

雨水传播的方式虽多，但因受水量和地形的限制，传播距离一般不会很远。

(3) 动物传播

能传播病原物的动物种类很多，有昆虫、螨类、线虫、鸟类、啮齿类等，但其中主要的是昆虫。昆虫传播病菌的方式分体外带菌和体内带菌两种，体外带菌是非专化性的，只是机械地携带，一般是接触传播；体内带菌一般为专化性的，是损伤传播。

传染病毒和植原体的昆虫，绝大多数是刺吸式口器，如蚜虫、叶蝉等。传毒昆虫有的获毒之后即可传染，但保持传毒时间较短，由蚜虫传染的大都属于此类；有的获毒之后要经过一个时期的循回期方可传毒，而且保持传毒时间较长，有的吸毒一次可以终身带毒，甚至可以传递给后代。

由于昆虫食性关系可将病原物传带到同一种植物，甚至同一个器官上去，所以虫传的效率较高。

(4) 人为传播

人们在育苗、栽培管理及运输的各种活动中，常常无意识地帮助了病原物的传播，特别是调运种苗或其他繁殖材料，以及带有病原物的植物产品和包装材料，都能使病原物不受自然条件和地理条件的限制，而作远距离的传播，造成病区的扩大和新病区的形成。

1.1.7.3 初侵染和再侵染

越冬后的病原物，在植物生长期引起的首次侵染，称为初侵染。在初侵染的病株上又可以产生孢子或其他繁殖体，进行再次传播引起的侵染，称为再侵染。在同一生长季节中，再侵染可能发生多次，病害的侵染循环，按再侵染的有无分为两种类型。

(1) 多病程病害

在一个生长季节中发生初侵染后，还有多次再侵染。这类病害的病原物一年发生多代，潜育期短，侵染期长。多病程病害种类最多，如多数真菌，全部细菌、病毒、植原体、根结线虫和菟丝子等引起的病害，防治比较复杂，除注意防治初侵染外，还要解决再侵染问题。

(2) 单病程病害

在一个生长季节中只有一次侵染过程，没有再侵染。这类病害有的是因为病原物一年只产生一次传播体;有的是侵入期固定,如毛竹枯梢病菌虽可产生子囊孢子和分生孢子,但它们只能在竹子发叶期,从嫩枝腋处侵入,因而不可能进行再侵染;有的是由于传播病害的昆虫一年仅有一代。这类病害防治比较容易,只要消灭初侵染来源或防治初侵染,就可以预防该类病害的发生。

1.1.8 林木病害的流行

林木病害在一个时期或一个地区大面积发生,造成经济上的严重损失,称为病害流行。

病害的侵染过程反映个体发病规律,病害流行规律则是群体发病规律。个体发病规律是群体发病规律的基础,而群体发病规律才是我们需要掌握的整体规律。防治病害的目的在于保护林木群体不因病害大量发生而减产,除检疫对象外,一般只要求防止流行,而不要求绝对无病。

1.1.8.1 病害流行的类型

病害流行一般根据病原物的性状和病害侵染循环的不同,大致可分为两种类型:

①积年流行病。它们有的一年只形成一次传播体,有的侵入期是固定的,或传病昆虫一年一代,所以一年只侵染一次,属于单病程病害(在一个生长季节中只有一次侵染过程)。每年流行程度主要决定于初侵染的菌量,若菌量逐年积累,病害则逐年加重,如此经过若干年后,病害才能达到流行程度。这类病害防治比较容易,只要消灭初侵染来源或防治初侵染,就可以预防该类病害的发生。

②当年流行病。它们的侵染期长,有再侵染,属于多病程病害(在一个生长季节中发生初侵染后,还有多次再侵染)。每年开始发病时是少量而零星的,如果具备发病条件,病害即可迅速扩展蔓延造成当年病害的流行。每年流行程度与初侵染的菌量有关,其发展速度与再侵染次数多少有关。再侵染次数决定于完成一个病程所需要的时间,它受寄主抗性、病原物生长、发育速度及繁殖力、肥水条件、林分内湿度和温度等因素的制约。若完成一个病程的时间越短,生长季节中重复侵染的次数越多,病害发展速度越快。

1.1.8.2 林木病害的流行条件

林木病害的流行需要大量的高度感病的寄主植物、大量的致病力强的病原物和有利于不断进行侵染的环境条件。三者缺一不可,必须同时存在。

(1)寄主植物

林木一般是多系的集合种群,同类树种的种群之间存在抗病性差异。因此感病树种的数量和分布,是决定病害能否流行和流行程度轻重的因素。

林木抗病性和感病性在不同的发育期(甚至年龄不同的器官),表现不同。若寄主植物的易感期和病原物的侵染期相吻合则易造成病害的流行,反之则病害发生较轻。林木的发育期大致分为苗期、幼龄期、壮龄期和成熟期。如苗木猝倒病和茎腐病是苗期发生的病害;溃疡病主要危害幼树;木腐病则是过熟林特有的病害。

寄主的活力，也影响它的抗病性，一般在植物活力强时，抗病力也强，反之则弱。对于弱寄生生物所致病害，这种趋势最为明显。如苹果树腐烂病，活力衰弱的植株易于感染，而活力强的植株则有很强的抗病力。

营造大面积同龄纯林易引起病害的流行。因为感病个体大量集中，又都处于同一个生长时期，一旦某种病害流行，损失就很大。

一些寄生范围广的病原物，除主要寄主植物以外的其他寄主植物的数量及感病程度，对于菌量的积累也起着重要的作用。

(2) 病原物

在病害流行以前，有大量致病性强的病原物存在是病害流行的必备条件。病原物的致病性和寄主的感病性相联系而存在的，寄主是病原物的居住和取食场所，因而对病原物的致病性变异有重大影响，这种情况在一些寄生性较强的病原物中是常见的。病原物还可以通过杂交，或某些环境条件的直接影响而发生致病力的变异，致使一个地区优势树种不断更迭。此外，外地传入的新病原物，由于本地栽培的寄主植物对它缺乏抗病力，因而导致病害的流行。

病原物的数量，主要是指在病害流行前病原的基数。每处的病原基数不同，对每年病害流行所造成的威胁形势就不同。病原基数的数量，是由病原物的越冬能力和越冬后的条件是否有利于病原物的保存、蓄积和发展的情况所决定的。

病原物的数量与病害流行的关系，因病害种类而异。对于单病程病害，只要树种是感病的，那么流行程度主要决定于初侵染菌量。对于多病程病害，在树种抗性相似的前提下，初侵染菌量决定中心病株的数量，而再侵染的发展速度，则受潜育期、病原物繁殖能力的侵染率，以及寄主抗性和环境条件的影响。

病原物的传播效率取决于寄主寿命、风速、风向、传病昆虫的活动能力。

(3) 环境条件

在病害流行之前，寄主的抗性、面积、分布、病原物的致病性、数量、质量等因素均已基本肯定，病害能否流行，要看是否具备适宜的发病条件，以及适宜条件保持时期的长短。

病害流行的气象因素有其严格的时间性，多半是在病害流行发展初期阶段。在这一时期内，若气象条件满足了病害发展的要求，便打下了病害流行的基础。过了此时期，即使以后出现有利于发病的环境条件，因病害流行时期推迟，其危害可能不会很严重。

1.1.8.3 林木病害流行的决定因素

林木各种流行性病害，由于病原寄生性、专化性及繁殖特性、寄主抗性不同，它们对环境条件的要求和反应也不同，所以不同病害或同一种病害在不同地区、不同时间造成流行的条件不是同等重要的。在一定时间、空间和地点已经具备的条件，相对稳定的因素为次要因素，最缺乏或变化最大的因素为决定性因素。对于具体病害，应分析其寄主、病原和环境条件各方面的变化，找出决定性因素，为制定防治策略和措施提供依据。

1.1.9　林木病害的诊断

1.1.9.1　诊断方法与步骤

(1)林木病害的田间观察

根据症状特点区别是虫害、伤害还是病害，进一步区别是侵染性病害或非侵染性病害，侵染性病害在田间可看到由点到面逐步扩大蔓延的趋势。虫害、伤害没有病理变化过程，而林木病害却有病理变化过程。注意调查和了解病株在田间的分布，病害的发生与气候、地形、地势、土质、肥水、农药及栽培管理的关系。

(2)林木病害的症状观察

症状观察是首要的诊断依据，虽然简单，但需在比较熟悉病害的基础上才能进行。诊断的准确性取决于症状的典型性和诊断者的经验。观察症状时，注意是点发性症状还是散发性症状；病斑的部位、大小、长短、色泽和气味；病部组织的特点。许多病害有明显的病状，当出现病征时就能确诊，如白粉病。有些病害外表看不见病征，但只要认识其典型症状也能确诊，如病毒病。

(3)林木病害的室内鉴定

许多病害单凭病状是不能确诊的，因为不同的病原可产生相似病状，病害的症状也可因寄主和环境条件的变化而变化，因此有时需进行室内病原鉴定才能确诊。一般说来，病原室内鉴定是借助放大镜、显微镜、电子显微镜、保湿保温器械设备等，根据不同病原的特性，采取不同手段，进一步观察病原物的形态特征、生理生化特点等。新病害还须请分类专家确定病原。

(4)林木侵染性病原生物的分离培养和接种

有些病害在病部表面不一定能找到病原物，同时，即使检查到微生物，也可能是组织失活后长出的腐生物，因此，病原物的分离培养和接种是林木病害诊断中最科学最可靠的方法。接种鉴定又称为印证鉴定，就是通过接种使健康的林木产生相同症状，以明确病原。这对新病害或疑难病害的确诊很重要。

(5)提出诊断结论

根据上述各步骤的观察鉴定结果进行综合分析，提出诊断结论，并根据诊断结论提出防治建议。

1.1.9.2　诊断要点

(1)非侵染性病害的诊断要点

非侵染性病害除了植物遗传性疾病之外，主要是由不良的环境因子所引起的。若在病植物上看不到任何病征，也分离不到病原物，且往往大面积同时发生同一病征，没有逐步传染扩散的现象，则大体上可考虑为非侵染性病害。大体上可从发病范围、病害特点和病史几方面分析确定病因。下列几点有助于诊断其病因：

①病害突然大面积同时发生。发病时间短，只有几天。大多是由于大气污染、三废污

染或气候因子异常引起的病害,如冻害、干热风、日灼所致。

②病害只限于某一品种发生。多有生长不良或系统性症状一致的表现,则多为遗传性障碍所致。

③有明显的枯斑或灼伤。枯斑或灼伤多集中在植株某一部分的叶或芽上,无既往病史。大多是农药或化肥使用不当所致。

(2)侵染性病害的诊断要点

侵染性病害常分散发生,有时还可观察到发病中心及其向周围传播、扩散的趋向,侵染性病害大多有病征(尤其是真菌、细菌性病害)。有些真菌和细菌病害及所有的病毒病害,在植物表面无病征,但有一些明显的症状特点,可作为诊断的依据。

①真菌病害。许多真菌病害,如锈病、黑穗(粉)病、白粉病、霜霉病、灰霉病以及白锈病等,常在病部产生典型的病征,依照这些特征和病征上的子实体形态,即可进行病害诊断。对病部不易产生病征的真菌病害,可以用保湿培养镜检法缩短诊断过程。即摘取植物的病器官,用清水洗净,于保湿器皿内,适温(22~28 ℃)培养1~2昼夜,促使真菌产生子实体,然后进行镜检,对病原体作出鉴定。有些病原真菌在植物病部的植物内产生子实体,从表面不易观察,需用徒手切片法,切下病部组织作镜检。必要时,则应进行病原的分离、培养及接种实验,才能做出准确的诊断。

②细菌病害。植物受细菌侵染后可产生各种类型的症状,如腐烂、斑点、萎蔫、溃疡和畸形等;有的在病斑上有菌脓外溢。一些产生局部坏死病斑的植物细菌性病害,初期多呈水渍状、半透明病斑。腐烂型的细菌病害,一个重要的特点是腐烂的组织黏滑,且有臭味。萎蔫型细菌病害,剖开病茎,可见维管束变褐色,或切断病茎,用手挤压,可出现浑浊的液体。所有这些特征,都有助于细菌性病害的诊断。切片镜检有无"喷菌现象"是简单易行,又可靠的诊断技术,即剪取一小块(4 mm^2)新鲜的病健交界处组织,平放在载玻片上,加蒸馏水一滴,盖上盖玻片后,立即在低倍镜下观察。如果是细菌病害,则在切口处可看到大量细菌涌出,呈云雾状。在田间,用放大镜或肉眼对光观察夹在玻片中的病组织,也能看到云雾状细菌溢出。此外,革兰氏染色、血清学检验和噬菌体反应等也是细菌病害诊断和鉴定中常用的快速方法。

③植原体病害。植原体病害的特点是植株矮缩、丛枝或扁枝、小叶与黄化,少数出现花变叶或花变绿。只有在电镜下才能看到植原体。注射四环素以后,初期病害的症状可以隐退消失或减轻,但对青霉素不敏感。

④病毒病害。病毒病的特点是有病状,没有病征。病状多呈花叶、黄化、丛枝、矮化等。撕去表皮镜检,有时可见内含体。在电镜下可见到病毒粒体和内含体。感病植株,多为全株性发病,少数为局部性发病。田间病株多分散,零星发生,无规律性。如果是接触传染或昆虫传播的病毒,分布较集中。病毒病症状有些类似于非侵染性病害,诊断时要仔细观察和调查,必要时还需采用枝叶摩擦接种、嫁接传染或昆虫传毒等接种实验,以证实其传染性,这是诊断病毒病的常用方法。此外,血清学诊断技术等可快速做出正确的诊断。

⑤线虫病害。线虫病害表现虫瘿或根结、胞囊、茎(芽、叶)坏死、植株矮化、黄化或类似缺肥的病状。鉴定时,可剖切虫瘿或肿瘤部分,用针挑取线虫制片或用清水浸渍病组

织，或做病组织切片镜检。有些植物线虫不产生虫瘿和根结，可通过漏斗分离法或叶片染色法检查。必要时可用虫瘿、病株种子、病田土壤等进行人工接种。

1.1.9.3 注意事项

林木植物病害的症状是复杂的，每种病害虽然都有自己固定的典型特征性症状，但也有易变性。因此，诊断病害时，要慎重注意如下几个问题：①不同的病原可导致相同的症状，如萎蔫性病害可由真菌、细菌、线虫等病原引起；②相同的病原在同一寄主植物的不同发育期、不同的发病部位表现的症状不同，如炭疽病在苗期表现为猝倒，在成熟期危害茎、叶、果、表现斑点型；③相同的病原在不同的寄主植物表现不同的症状；④环境条件可影响病害的症状，如腐烂病在潮湿时表现为湿腐型，在干燥时表现为干腐型；⑤缺素症、黄化症等生理性病害与病毒、支原体引起的病害症状类似；⑥在病部的坏死组织上，可能有腐生菌，容易混淆误诊。

实操训练

实训一　林木病害症状识别

一、实训目标

通过本实训，使学生认识林木病害症状类型，会利用肉眼或放大镜区分病状与病症。

二、实训条件

实训室，配备多媒体设备以及放大镜、镊子、剪枝剪等用具。

供试材料：各种症状类型的林木病害标本。

三、实训模式

课前给学生布置自主学习任务，让学生到野外采摘病叶和病枝，课堂上学生将采集到的标本整理分类并加以观察，教师以启发式教学方式归纳出林木病害的相关知识。现场教学与实验观察相结合，学生分组操作，在教师的指导下完成林木病害的识别任务。

四、实训内容

方法提示：用肉眼或放大镜观察每种标本的症状，仔细观察各种病害标本，区分每种病害的病状和病症。

（一）斑点类

常出现于果实或叶片上，分为灰斑、褐斑、黑斑、漆斑、圆斑、角斑和轮斑等。后期在病斑上出现霉层、小黑点。斑点即为病状，后期出现的霉层、点（粒）状小黑点即为病征。代表种类有杨树黑斑病、松针褐斑病等。

（二）白粉病类

白粉病是植物上发生普遍的病害，主要危害叶片、叶柄、嫩茎、芽及花瓣等幼嫩部位，被害部位初期产生近圆形或不规则形粉斑，其上布满白粉状物，即病菌的菌丝体、分生孢子梗和分生孢子。后期白粉变为灰白色或浅褐色，病叶上形成黑褐色小点，即病菌的闭囊壳。粉斑即为病状，白色粉状物及后期出现的暗色小点即为病征。代表种类有阔叶树白粉病。

（三）锈病类

锈病可危害植株的芽、叶、叶柄及幼枝等部位。发病初期在叶片正面出现淡黄色斑点即为病状；后期病斑上出现锈黄色或暗褐色粉状物、毛状物或疱状物即为病征。如春杨叶锈病等。

（四）煤污病类

煤污病又称煤烟病，在花木上发生普遍，发病初期是在叶面、枝梢上形成黑色小霉斑，后扩大连片，使整个叶面、嫩梢上布满黑霉层。霉斑即为病状，黑煤层或煤烟状覆盖物为病征。代表种类有桑树煤污病。

（五）炭疽类

叶、果或嫩枝受病部多形成轮状而凹陷的病

斑。后期病斑上出现小黑点。病斑即为病状,后期出现的点(粒)状小黑点即为病征。代表种类有榆树炭疽病。

（六）溃疡病类

受病枝干皮层的局部坏死,病部周围常隆起,中央凹陷开裂,后期于发病部位出现小黑点。溃疡即为病状,后期出现的点(粒)状小黑点即为病征。代表种类有杨树水泡型溃疡病。

（七）腐烂病类

在根、枝、干上,枝干皮部腐烂解体,边缘隆起不明显。后期于发病部位出现霉状物或小黑点。腐烂即为病状,后期出现的霉层和点(粒)状小黑点即为病征。代表种类有杨树烂皮病、松树烂皮、板栗疫病。

（八）腐朽病类

根、干或木材腐朽变质,可分为白腐、褐腐、海绵状腐朽和蜂巢状腐朽等,发病后期于发病部位出现伞状、木耳状及马蹄状等大型真菌,称为蕈体。腐朽即为病状,后期出现的蕈体即为病征。代表种类有木材根朽病。

（九）枯萎病类

枝条或整个树冠的叶片凋萎、脱落或整株枯死,后期于病部出现霉状物或菌核等。枯萎即为病状,后期出现的霉状物及菌核即为病征。代表种类有苗木（猝倒）立枯病、落叶松枯梢病等。

（十）丛枝病类

枝叶细弱,丛生。此症状一般由植原体导致,有病状,无病征。代表种类是泡桐丛枝病。

（十一）肿瘤病类

在枝、干或根部形成大小不等的瘤状物。后期于发病部位可发现菌脓或线虫体。肿瘤即为病状,菌脓和线虫体为病征。代表种类是杨树根癌病。

（十二）变形病类

叶片皱缩、叶片变小、果实变形等,后期于病部出现白色粉状物。变形为病状,白色粉状物为病症。代表种类为桃树缩叶病。

（十三）流脂、流胶病类

树干上有脂状物或胶状物,病处常出现小黑点。流脂、流胶即为病状,小黑点即为病征。代表种类有桃树流胶病。

五、实训成果

每人完成一份实训报告,以表格形式列出每种病害的症状类型、危害部位,区分病症与病状。

项目1 认识林业有害生物

实训二 林木病害病原识别

一、实训目标

通过本实训,使学生学会使用显微镜观察各种病原,并学会病原物的制片技术。

二、实训条件

校内实训室,配备多媒体、显微镜等设备以及载玻片、盖玻片、滴管、放大镜、镊子、解剖针、解剖刀、剪枝剪、蒸馏水、吸水纸、擦镜纸、挑针、刀片、小木板等用具。

供试材料:具有病原物的林木病害实物标本和玻片标本。

三、实训模式

现场讲解、教师示范与实验练习相结合,学生分组操作,在教师的指导下利用显微镜识别真菌营养体和繁殖体,并学会病原物制片技术。

四、实训内容

方法提示:在学习病原物鉴定之前必须熟练掌握显微镜的使用技术,值得注意的是显微镜必须轻拿轻放,按规程操作,保存时应置于干燥、无灰尘、无酸碱蒸气的地方,特别应做好防潮、防尘、防霉、防腐蚀的保养工作。

（一）显微镜的使用技术

(1)认识显微镜的基本构造

显微镜的类型很多,虽有单目显微镜、双目

显微镜、自然光源显微镜、电光源显微镜之分，但其基本结构相同。常用的有 XSP-3CA 显微镜。它们的基本结构都是由镜座、镜臂、镜体、目镜、物镜、调焦螺旋、紧固螺丝和载物台等组成，其中 4 个物镜镜头分别为 4 倍、10 倍、40 倍、100 倍（油镜）。

（2）使用显微镜的操作步骤

①取镜。用右手把持镜臂，左手托住镜座，拿取或移动，勿使震动。

②放置。显微镜应放在身体左前方的平面操作台上。镜座距台边 3~4 cm，镜身倾斜度不大。

③检查。用前应检查部件是否完整，镜面是否清洁，若有问题及时调换、整理擦净。

④调光。先用低倍镜调光，若用自然光源，光线强可用平面反光镜，光线弱可用凹面反光镜。检查不染色标本时宜用弱光，可将聚光器降低或缩小光圈，检查染色标本时宜用强光，可将聚光器升高或放大光圈。

⑤观察。应将标本片放在载物台上用弹簧夹固定，先用低倍镜找出适宜视野，然后转换为高倍镜观察。要求姿势端正，两眼同时睁开，左眼观察，右眼绘图。

⑥归位。显微镜用后应提高镜筒，取出标本，并将镜头旋转呈八字形，放下镜筒检查无误后入箱内锁好。

（二）真菌营养体繁殖体识别

方法提示：真菌营养体、孢子及子实体特征是真菌分类的重要依据，在观察实物标本的基础上，可利用玻片标本进行观察识别。

（1）真菌营养体观察

分别挑取腐霉菌（或黑根霉菌）和炭疽菌菌丝少许制成待检玻片，镜下观察菌丝体，比较无隔菌丝和有隔菌丝的形态特征；观察苗木茎腐病的菌核、伞菌的菌索、腐朽木材上的菌膜和国槐腐烂病或竹赤团子病标本上的子座等各种营养体变形特征。

（2）真菌繁殖体观察

①无性孢子的观察。分别从炭疽菌和黑根霉的纯培养菌落中，以及白粉病的菌丝体上挑取少许孢子、菌丝和小球状物，制成待检玻片，依次观察厚垣孢子、孢囊孢子、分生孢子的形态特征。

②有性孢子的观察。以腐霉菌黑根霉、盘菌、伞菌等玻片标本为观察对象，对照教材识别卵孢子、接合孢子、子囊孢子和担孢子的形态特征。

（3）真菌子实体观察

以白粉病、腐烂病、腐朽病实物标本和玻片标本为观察对象，识别闭囊壳、子囊壳、子囊腔、子囊盘等几种子实体的形态特征。

（三）病原徒手制片方法

方法提示：根据病害表现的症状选取不同的制片方法，一般病部出现粉层、霉层等病症的可选用挑取或刮取法制片；病部出现点（粒）状物的可进行切取制片，操作过程注意安全，防止受伤。

（1）挑取或刮取制片法

①将采集到的新鲜真菌病害标本放在桌上，选好病原体。

②取一载玻片用纱布擦净横放在桌上，在截玻片中央滴 1 滴蒸馏水。

③将解剖针（或解剖刀）尖蘸点蒸馏水，右手持解剖针（或解剖刀）向 1 个方向挑取或刮取病原体。

④取一干净载玻片，其上滴上一小滴蒸馏水，将挑取的病原体移入载玻片的水滴中，将盖玻片从一侧慢慢落下，以防产生气泡。

⑤将临时制片放在显微镜载物台上观察。

（2）切取制片法

①选取病部，切成 3 mm×5 mm 的小块，若组织坚硬可先以水浸软化再切；

②将病组织小块置于小木片上，左手食指按紧材料，右手持刀片像切面条那样，把材料切成薄片；

③取一干净载玻片，其上滴上一小滴蒸馏水，将挑取的病原体移入载玻片的水滴中，将盖玻片从一侧慢慢落下，以防产生气泡；

④将临时制片放在显微镜载物台上观察。

五、实训成果

①每人完成一份实训报告，绘制观察的真菌菌丝及孢子形态图。

②徒手制成两种玻片标本。

自测练习

一、名词解释

1. 林木病害；2. 病程；3. 症状；4. 病征；5. 生物病原；6. 非生物病原；7. 生理病害；8. 真菌的菌丝体；9. 吸器；10. 子实体；11. 真菌的生活史；12. 转主寄生；13. 单主寄生；14. 病害流行。

二、填空题

1. 在林木生长发育过程中，如果（　　）或遭受（　　）的侵染，就会使林木在生理上、组织上、形态上发生一系列反常的病理变化，导致林产品的产量降低、质量变劣，甚至导致局部或整株死亡，造成经济损失或影响生态平衡，这种现象称为林木病害。

2. 植物病害有一定的病变过程，首先是（　　）病变、然后（　　）病变，最后是（　　）病变。

3. 引发植物病害的病原主要有（　　）和（　　）两大类。由（　　）病原引起的病害，称为侵染性病害，也称（　　）；由（　　）病原引起的，称非侵染性病害，也称（　　）。

4. 林木病害的发生必须具备三要素，分别是（　　）、（　　）和（　　）。

5. 真菌的营养生长阶段主要靠（　　）来吸收养分。真菌繁殖的基本单位是（　　）。

6. 真菌菌丝体的特殊结构有（　　）、（　　）、（　　）和（　　）。

7. 真菌从孢子萌发开始，经过一定的营养生长和繁殖阶段，最后又产生同 1 种孢子的过程，称为真菌的（　　）。典型的真菌生活史包括（　　）和（　　）。

8. 植物病原真菌主要包括（　　）、（　　）、（　　）、（　　）和（　　）5 个门。其中，最低等的真菌门是（　　），最高等的真菌门是（　　）。

9. 接合菌无性繁殖形成（　　）孢子，有性繁殖形成（　　）孢子，菌丝为（　　）菌丝。

10. 真菌侵入林木的途径有（　　）、（　　）、（　　）。

11. 子囊果的类型有（　　）、（　　）、（　　）和（　　）。

12. 一种真菌的生活史只在一种寄主上完成的，称为（　　）；同一种真菌需在两种以上的寄主上才能完成生活史的，称为（　　）。一种植物称为寄主，另一种植物称为（　　）。

13. 典型的锈菌顺序产生的 5 种类型的孢子，即（　　）、（　　）、（　　）、（　　）和冬孢子。

14. 对于病害的发生侵染过程，人为地将其划分为 4 个时期，分别为（　　）、（　　）、（　　）和（　　）。

15. 植物的细菌性病害一般由（　　）状细菌导致，主要以（　　）传播。

三、选择题

1. 下列不能度过不良环境的菌丝体结构为（　　）。

A. 菌核　　　　B. 菌索　　　　C. 吸器　　　　D. 厚垣孢子
2. (　　)是真菌为度过不良环境，而产生的繁殖体。
A. 菌核　　　　B. 菌索　　　　C. 菌丝　　　　D. 子囊孢子
3. 真菌繁殖体的基本单位是(　　)。
A. 菌丝　　　　B. 孢子　　　　C. 芽管　　　　D. 菌丝体
4. 引起非侵染性病害的因素有(　　)。
A. 真菌　　　　B. 营养不良　　C. 线虫　　　　D. 类病毒
5. 影响真菌孢子萌发的最大因素是(　　)。
A. 温度　　　　B. 光照　　　　C. 湿度　　　　D. pH 值
6. 典型病原细菌的形状为(　　)。
A. 球状　　　　B. 杆状　　　　C. 螺旋状　　　D. 线状
7. 典型的锈病可产生5种类型的孢子，其中担孢子的产孢器官是(　　)
A. 担孢子体　B. 直接生在冬孢子上　C. 直接生在夏孢子上　D. 散生于锈孢子器中
8. 半知菌无性阶段产生(　　)。
A. 接合孢子　　B. 子囊孢子　　C. 分生孢子　　D. 游动孢子
9. 花叶病一般是由(　　)引起的。
A. 细菌　　　　B. 真菌　　　　C. 植原体　　　D. 病毒
10. 由病毒引起的病害(　　)。
A. 有病征无病状　B. 有病征有病状　C. 无病征无病状　D. 无病征有病状

四、判断题

1. 植物病原细菌可通过寄主细胞壁直接进入寄主体内。　　　　　　　　(　　)
2. 由植物病毒和植原体引起的病害只表现病状而没有病征。　　　　　　(　　)
3. 由非侵染性病原导致的病害，既表现病状又表现病征。　　　　　　　(　　)
4. 病原物与寄主建立寄生关系到寄主开始表现症状，称为发病期。　　　(　　)
5. 所有的锈菌都能够产生5种孢子。　　　　　　　　　　　　　　　　(　　)

五、简答题

1. 什么是林木病害？试举出当地林木的主要真菌病害2~3种。
2. 林木病害的病状、病征各有哪些类型？
3. 简述生理性病害的诊断要点。
4. 简述真菌病害的病状特点。
5. 列表比较病原真菌5个门的主要分类特征。

六、论述题

试述林木病害的诊断方法与步骤。

项目1　认识林业有害生物

任务 1.2　认识森林昆虫

昆虫是林业有害生物中及其重要的类群，但并不是所有昆虫都危害森林植物，对植物有害的称危害虫，直接或间接对人类有益的称为益虫，昆虫在长期的演化过程中，为适应环境条件的变化形成了各自不同的形态结构，本任务通过对昆虫的认知，掌握昆虫体躯分段分节特点，熟知昆虫分类的依据和方法，识别常见昆虫类群，了解它们的生物学与生态学特点，为更好地保护益虫，防治害虫奠定基础。

理论基础

1.2.1　昆虫纲特征

昆虫是动物界中最大的1个类群，分布最广、种类繁多。现已知昆虫的种类有100多万种，约占所有动物种类的80%。在分类学上的地位属于节肢动物门、昆虫纲。它们具有节肢动物的共同特征：身体由系列体节组成，整个体躯备有几丁质的外骨骼，有些体节具有分节的附肢；体腔就是血腔，循环系统位于身体背面，神经系统位于身体腹面。昆虫除具有节肢动物所共有的特征外，昆虫纲与其他动物最主要的区别是：成虫体躯分头、胸、腹3部分；胸部具有3对足，通常还有2对翅；在生长发育过程中，需要经过一系列内部结构及外部形态上的变化，即变态；具外骨骼。以蝗虫为例观察昆虫纲特征（图1-16）。

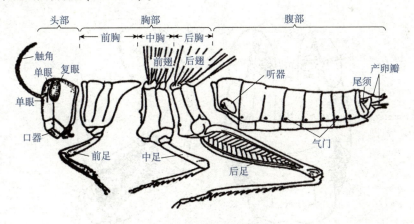

图1-16　蝗虫体躯侧面图

节肢动物门中，与昆虫相近的几个主要纲有甲壳纲、蛛形纲、甲壳纲、唇足纲和重足纲，特征比较见表1-1。

昆虫与人类的关系比较密切，大部分昆虫种类对植物造成危害，但也有部分昆虫对人类有贡献，如蜜蜂能酿造蜜、蚕能吐丝等；还有的昆虫能帮我们消灭害虫，如螳螂、蜻

— 39 —

蜓、异色瓢虫等，我们把这些称为益虫。因此，我们在生产实践中要正确区分害虫和益虫，对害虫要加积极消灭，对益虫要加以保护。

表1-1 节肢动物门主要纲的区别

纲 名	体躯分段	复眼	单眼	触角	足	翅	生活环境	代表种
昆虫纲	头、胸、腹	1对	0~3个	1对	3对	2对或0~1对	陆生或水生	蝗虫
蛛形纲	头胸部、腹部	无	2~6对	无	2~4对	无	陆生	蜘蛛
甲壳纲	头胸部、腹部	1对	无	2对	至少5对	无	水生、陆生	虾、蟹
唇足纲	头部、胴部	1对	无	1对	每节1对	无	陆生	蜈蚣
重足纲	头部、胴部	1对	无	1对	每节2对	无	陆生	马陆

1.2.2 昆虫外部形态识别

1.2.2.1 昆虫的头部

昆虫头部位于身体最前端，以膜质的颈与胸部相连。一般呈圆形或椭圆形。在头壳的形成过程中，由于体壁内陷，表面形成一些沟和缝，因此将头壳分成头顶、颊、额、唇基、后头等几个区域（图1-17）。头部的附器有触角、复眼、单眼和口器，是昆虫的感觉和取食中心。

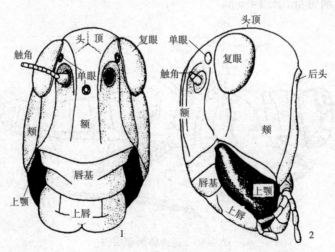

图1-17 昆虫头部的构造
1. 正面 2. 侧面

昆虫的头部是由于口器着生的位置不同，可分为3种头式：①下口式：口器向下，头部和体躯纵轴差不多成直角，如蝗虫、蟋蟀、蝶蛾类幼虫等，大多见于植食性昆虫；②前口式：口器向前，头部和体躯纵轴差不多平行，如步甲虫，大多见于捕食性昆虫；③后口式：口器向后，头部和体躯纵轴成锐角，如蝉、蚜虫等，多为刺吸式口器昆虫。

(1) 昆虫的触角

昆虫除少数种类外，头部都有 1 对触角。触角一般着生于额两侧，由许多环节组成。基部 1 节称为柄节；第 2 节为梗节；梗节以后的各小节统称鞭节（图 1-18）。

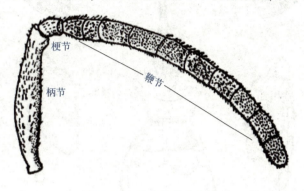

图 1-18　触角的基本构造

触角是昆虫重要的感觉器官，表面上有许多感觉器，具嗅觉和触觉的功能，昆虫借以觅食和寻找配偶。例如，蚜小蜂用触角敲打蚧虫，以确定该蚧虫是否适宜寄生；地老虎对发酵的糖、醋、酒表现出较强的正趋性；不少昆虫的雌成虫活动能力差，甚至无翅，但却能分泌性引诱物质吸引雄虫前来交配，这些都与触角的作用有关。

昆虫触角的形状因昆虫的种类和雌雄不同而多种多样。常见类型有：丝状或线状、念珠状、棒状或球杆状、锯齿状、栉齿状或羽状、膝状或肘状、锶片状、环毛状、刚毛状、具芒状等。

(2) 昆虫的口器

口器是昆虫的取食器官。各种昆虫因食性和取食方式的不同，在口器构造上有种种不同的类型。取食固体食物的为咀嚼式，取食液体食物的为吸收式，兼食固体和液体两种食物的为嚼吸式。吸收式口器按其取食方式又可分为把口器刺入林木或动物组织内取食的刺吸式、锉吸式、刮吸式，以及吸食暴露在物体表面的液体物质的虹吸式、舐吸式。下面介绍常见的口器类型。

①咀嚼式口器。是昆虫最基本、最原始的口器类型，基本构造由上唇，上颚，下颚，下唇及舌 5 个部分组成，其他口器类型都是由咀嚼式口器演化而来（图 1-19）。

许多鞘翅目（甲虫）、鳞翅目（蝶蛾类）和膜翅目（叶蜂和茎蜂）的幼虫，它们的口器也是咀嚼式的，但某些构造因适应其生活和取食方式发生了变化。

具有咀嚼式口器的害虫，其典型的危害症状是构成各种形式的机械损伤。有的能把植物叶片食成缺刻，花蕾残缺不全，穿孔或啃叶肉留叶脉，甚至把叶全部吃光（如金龟子、叶蜂幼虫及蛾蝶类幼虫）；有的钻入叶中潜食叶肉（如潜叶蛾幼虫）；有的是吐丝缀叶、卷叶（如卷叶蛾、螟蛾幼虫）；有的在枝干内或果实中钻蛀危害（如天牛、木蠹蛾幼虫）；有的咬断幼苗根部或啃食皮层，使幼苗萎蔫枯死（如蛴螬）；有的咬断幼苗根颈部后将其拖走（如大蟋蟀、地老虎）。

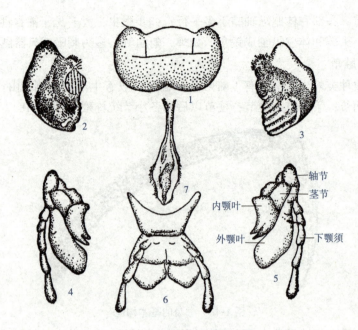

图 1-19 蝗虫的咀嚼式口器
1. 上唇 2~3. 上颚 4~5. 下颚 6. 下唇 7. 舌

对于具有咀嚼式口器的害虫，在进行化学防治时，可用胃毒剂喷洒植物被害部位，或制成毒饵使用。

②吸式口器。昆虫用以吸食动植物汁液的口器，如蚜虫、蝉、蚧壳虫、蟓象等的口器，是由咀嚼式口器演化而成的。这类口器，能刺入动物或植物组织内吸取血液及细胞液。与咀嚼式口器相比，这类口器构造有很大的特化，其不同点在于：上唇很短，呈三角形小片，贴于口器基部；下唇延伸成分节的喙，有保护口器的作用；上颚与下颚变成细长的口针，包在喙里面，外面1对是上颚口针，末端有倒刺，是刺破植物的主要部分；内面1对是下颚口针，两下颚口针里面各有2个沟槽，并且互相嵌合形成食物道和唾液道，取食时借肌肉动作将口针刺入组织内，吸取汁液，而喙留在植物体外。循着唾液道将唾液注入植物组织内，经初步消化，再由食物道吸取植物的营养物质进入体内（图1-20）。

刺吸式口器昆虫取食时，以喙接触植物表面，其上、下颚口针交替刺入植物组织内，吸取植物的汁液，常使植株呈现褐色的斑点，卷曲、皱缩、枯萎或变为畸形或因局部组织受刺激，使细胞增生，形成局部膨大的虫瘿；多数刺吸式口器昆虫还可以传播病害，如蚜虫、叶蝉、蟓象等。

内吸性杀虫剂是防治刺吸式口器害虫的一类十分有效的药剂。如氧化乐果、吡虫啉等。

③锉吸式口器。这种口器为蓟马类昆虫所特有。蓟马的头部向下突出，具有1个短小的喙，由上唇、下唇等组成。喙内藏有舌和上颚、下颚口针，但右上颚退化或消失，仅左上颚发达，下颚须和下唇须存在，但很小。上颚口针较粗大，是主要的穿刺工具，两下颚口针组成食物道，舌与下唇间组成唾液道。取食时，先以上颚口针锉破寄主表皮，然后以

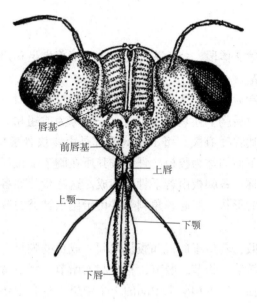

图 1-20　蝉的刺吸式口器

喙密接伤口，靠唧筒的抽吸作用吸取植物汁液。

④虹吸式口器。这种口器为鳞翅目昆虫所特有，上颚退化，下颚的外颚叶特别延长，变成卷曲的喙，内部形成一个细长的食物管道，用以吸取液体食料。下唇为小型的薄片，着生发达的下唇须，如蝶、蛾类成虫口器。具有这类口器的昆虫，除一部分夜蛾能危害果实外，一般不造成危害。

除上述几种口器外，还有嚼吸式口器(蜜蜂)、刮吸式口器(牛虻)、舐吸式口器(家蝇)等。

了解昆虫口器的构造，在识别与防治害虫上均有很大意义。我们可以根据口器类型，判断不同被害症状，同时亦可根据被害症状，来确定是哪一类害虫，为选择杀虫农药提供依据。

(3) 昆虫的眼

眼是昆虫的视觉器官，在昆虫的取食、栖息、繁殖、避敌、决定行动方向等各种活动中起着重要作用。

昆虫的眼有 2 种：一种称为复眼，1 对，位于头的两侧，是由 1 至多个小眼集合形成，是昆虫的主要视觉器官，复眼仅成虫和不完全变态的若虫所具有，低等昆虫及穴居和寄生的昆虫复眼常退化或消失；另一种称为单眼，根据树数目和着生的位置的不同又可分为背单眼和侧单眼两类；背单眼成虫和不完全变态的若虫所具有，与复眼同时存在，通常 3 个(极少 1 个)，排列成倒三角形；侧单眼为全变态类幼虫所具有，位于头部的两侧，数目 1~7 个不等，单眼只能分辨光线强弱和方向，不能分辨物体和颜色。

昆虫对物体形状的分辨能力，一般只限于近距离的物体，对颜色的分辨，很多昆虫表现出一定的趋绿或趋黄反应，如蚜虫在飞翔过程中，往往选择在黄色的物体上降落。一些地方利用黄色粘虫板诱蚜，就是这个原理，昆虫对 330~400 nm 的紫光波有很强的趋性，因此生产上利用黑光灯、双色灯、卤素灯等诱集昆虫。

1.2.2.2 昆虫的胸部

胸部是昆虫体躯的第2体段,位于头部之后。胸部着生足和翅,是昆虫的运动中心。

(1) 胸部的基本构造

胸部由前胸、中胸和后胸3个体节组成。各胸节均具足1对,分别称为前足、中足和后足。大多数昆虫在中、后胸上还具有1对翅,分别称为前翅和后翅。胸节的发达程度与其上着生的翅和足的发达程度有关。每1个胸节都是由4块骨板构成,背面的称为背板,左右两侧的称为侧板,下面的称为腹板。骨板按其所在胸节部位而命名,如前胸背板、中胸背板、后胸背板等名称,各胸板由若干骨片构成。这些骨片亦各有名称,如盾片,小盾片等。有些骨板和骨片的形状、突起、角刺等常用于昆虫种类的鉴定。

(2) 昆虫的足

足是昆虫胸部的附肢,着生于侧板和腹板之间。成虫的胸足,一般分为6节,由基部向端部依次称为基节、转节、腿节、胫节、跗节和前跗节。胫节常具成行的刺,端部多具能活动的距;前跗节包括1对爪和两爪中间的1个中垫。爪和中垫是用来抓物体的。有的两爪下方各有1个爪垫,中垫则成为1个刺状的爪间突,如家蝇。昆虫跗节的表面具有许多感觉器,当害虫在喷有触杀剂的植物上爬行时,药剂也容易由此进入虫体,使其中毒死亡(图1-21)。

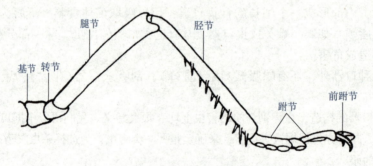

图1-21 昆虫胸足的基本构造

昆虫的足大多数是用来行走的,有些昆虫由于生活环境和生活方式不同,因而在构造和功能上发生了相应的变化,形成各种类型的足。如步行足、跳跃足、捕捉足、开掘足、游泳足、抱握足、携粉足等(图1-22)。

(3) 昆虫的翅

昆虫是惟一具翅的无脊椎动物。也是整个动物界中最早获得飞行发能力的动物。昆虫的翅由胸部背板侧缘向外延伸演化而来,通常呈三角形,为一层双层的膜质构造,两层间留下软化的气管构成翅脉,翅脉支撑着翅面起骨架作用。并有血液循环于管道中。昆虫获得了翅,大大扩大了它们的活动范围,从而有利于它们的觅食、求偶和避敌等生命活动。

①翅的分区。昆虫的翅常呈三角形,有3条边和3个角。翅展开时靠近前面的一边称为前缘,后面靠近虫体的1边称为内缘或后缘,其余1边称为外缘;前缘基部的角称为肩角,前缘与外缘间的角称为顶角,外缘与后缘间的角称为臀角;翅面还有一些褶线将翅面划分成3~4个区(图1-23)。

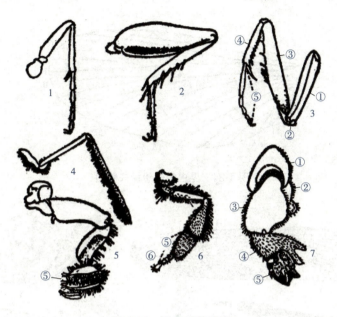

图 1-22　昆虫足的类型

1. 步行足　2. 跳跃足　3. 捕捉足　4. 游泳足　5. 抱握足　6. 携粉足　7. 开掘足
①基节　②转节　③腿节　④胫节　⑤跗节　⑥爪

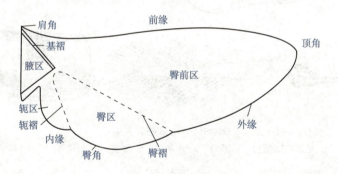

图 1-23　昆虫翅的分区

②翅脉。昆虫翅面分布着许多的脉纹称为翅脉。翅脉有纵脉和横脉之分。纵脉是由翅基部伸到边缘的脉；横脉是横列在纵脉间的短脉。标准序脉和纵横脉都有一定的名称和缩写代号。翅脉在翅上的数目和分布形式称为脉序（脉相）。

不同类群的昆虫脉相有一定的差异，而同类昆虫的脉序又相对稳定和相似。所以，脉序是研究昆虫分类和系统发育的依据。为了便于比较研究，人们对现代昆虫和古代化石昆虫的翅脉加以分析比较、归纳、概括出假想模式脉相，作为鉴别昆虫脉序的科学标准（图 1-24）。

③翅的类型。翅的主要功能是飞行，但是各种昆虫为适应特殊的生活环境，其翅的功能有所不同，因而在形态上也发生了种种变异，归纳起来有以下几种类型，如膜翅、鳞翅、缨翅、覆翅、鞘翅、半鞘翅、平衡棒等（图 1-25）。

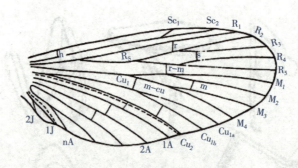

图1-24 昆虫的假想模式脉相

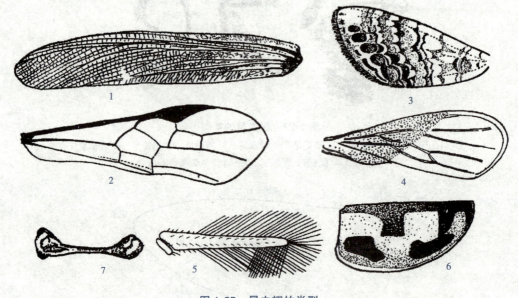

图1-25 昆虫翅的类型
1. 复翅 2. 膜翅 3. 鳞翅 4. 半鞘翅 5. 缨翅 6. 鞘翅 7. 平衡棒

1.2.2.3 昆虫的腹部

腹部是昆虫体躯的第3体段，紧连于胸部。腹部除末端几节具有尾须和生殖器外，一般没有附肢，第1~8腹节两侧常各有气门1对。昆虫的消化道和生殖系统等内脏器官及组织都位于其中，所以腹部是昆虫代谢和生殖的中心。

腹部一般呈长筒形或椭圆形，但在各类昆虫中常有很大变化。成虫的腹部一般由9~11节组成。腹部除末端有外生殖器和尾须外，一般无附肢。腹节的构造比胸节简单，有发达的背板和腹板，但没有像胸部那样发达的侧板，两侧只有膜质的侧膜。腹节可以互相套叠，后一腹节的前缘常套入前一腹节的后缘内，节与节之间有膜连接，因此能伸缩，扭曲自如，并可膨大和缩小，有助于昆虫的呼吸、蜕皮、羽化、交配、产卵等活动。

昆虫外生殖器是用来交尾和产卵用的器官。雌虫的外生殖器称为产卵器。可将卵产于植物表面，或产入植物体内、土中以及其他昆虫体内。雄虫的外生殖器称为交配器，主要用于与雌虫交配(图1-26、图1-27)。

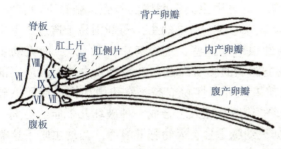

图 1-26 雌性产卵器基本构造

图 1-27 蝗虫雌性外生殖器

1.2.2.4 昆虫的体壁

昆虫属节肢动物，它的骨骼长在身体的外面，而肌肉却着生在骨骼的里面，所以昆虫的骨骼系统称为外骨骼，也称为体壁。体壁的功能包括：构成昆虫的躯壳，着生肌肉，保护内脏，阻止水分过量蒸发和外物侵入的屏障，是十分重要的保护组织。此外，体壁很少是光滑的，常常向外突出或向内凹入，形成体壁的外长物，如疣状突起、点刻、脊起、毛、刺、鳞片等与外界环境取得广泛的联系。昆虫的前、后肠，气管和某些腺体，也多由体壁内陷而成。

(1) 体壁的基本结构

昆虫的体壁可分为 3 个主要层次，由外向里为表皮层，皮细胞层和底膜（图 1-28）。

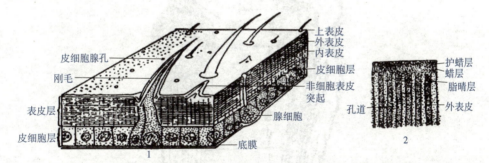

图 1-28 昆虫体壁的构造
1. 体壁的纵切 2. 上表皮的纵切

①底膜。是紧贴在皮细胞层下的 1 层薄膜，由表皮细胞分泌而成。

②皮细胞层。是 1 个连续的单细胞层，排列整齐，具有再生能力，可形成新的表皮。昆虫体表的刚毛、鳞片、刺、距以及陷入体内的各种腺体都是由皮细胞特化成的。

③表皮层。在皮细胞层的上方，是由皮细胞层向外分泌而成。昆虫的表皮由内表皮、外表皮和上表皮 3 层组成，其上表皮从内向外还分为表皮质层、蜡层和护蜡层。表皮层主要成分为几丁质、蛋白质、脂类及多元酚等物质。

(2) 体壁结构性能与防治的关系

昆虫的体壁结构及性能与杀虫剂有着密切的联系，认识昆虫体壁特性，目的是设法打破其保护性能，提高农药穿透体壁的能力，杀灭害虫。一般体壁坚厚，蜡层特别发达的，药剂不易在表面黏附而且难以穿透。例如，许多甲虫具有坚厚的外壳，鞘翅下面有空隙，药剂不能由背面进入虫体；相反，体壁比较软的蝶、蛾类幼虫，药剂则易于透过体壁中毒致死。就同一种昆虫而言，幼龄比老龄幼虫体壁薄些，更容易中毒致死。"消灭幼虫于3龄之前"，就是根据这个原理。同一昆虫体躯的膜质部位药剂易进入虫体。表皮层的蜡层和护蜡层，是疏水性的，油乳剂杀虫效果比可湿性粉剂高。农药中加惰性粉能擦破表皮，使昆虫失水而死。近来人们根据体壁的构造特性人工合成一种破坏几丁质的药剂，具有抗脱皮激素的作用，称为灭幼脲类，如灭幼脲Ⅰ号、灭幼脲Ⅱ号等。当幼虫吃下这类药剂后，体内几丁质的合成受到阻碍，不能生出新表皮，因而使幼虫蜕皮受阻而死。近期研究发现，调节昆虫表皮和围食膜中几丁质的完整性和含量是很好的害虫防治策略，加之高等动物和林木均不含几丁质，以其为靶标的杀虫剂有着极为广阔的前景。

1.2.3 昆虫主要内部器官系统及与防治的关系

1.2.3.1 消化系统

消化系统包括消化道和唾腺。昆虫的消化道是一条从口到肛门、纵贯在体腔中央的管子，分为前肠、中肠和后肠3部分(图1-29)。

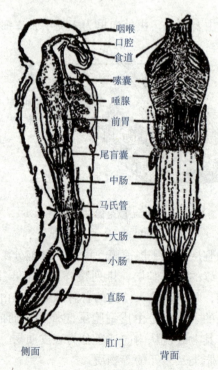

图1-29 蝗虫的消化系统

前肠由口开始，经过咽喉、食道、嗉囊终止于前胃，前肠是食物通过或暂存的管道。中肠在前肠之后，又称为胃，是消化食物和吸收养分的主要部分。后肠前端以马氏管着生处与中肠分界，后端开口于肛门。后肠的主要功能是吸收水分，排除食物残渣。

中肠的消化作用，必须在稳定的酸碱度条件下进行，所以昆虫中肠液常有较稳定的pH 值。一般蛾蝶类幼虫中肠 pH 值在 8～10。胃毒杀虫剂的作用与昆虫中肠 pH 值有密切关系，因为药剂在中肠内的溶解，与中肠内酸碱度有关。因此了解中肠液的 pH 值，有助于正确选用胃毒剂。

1.2.3.2 呼吸系统

大多数昆虫靠气管系统进行呼吸。气管系统由许多富有弹性和排列方式固定的气管组成，由成对的气门开口在身体两侧。纵贯体内两侧的是两条气管主干，主干间有横走气管相连，最终由气管末端的微气管将氧气直接输送到身体各部分(图 1-30)。

图 1-30　气管系统

气门是气管在体壁上的开口，成虫一般在中、后胸和腹部第 1~8 节各有 1 对，共 10 对；多数幼虫有气门 9 对，在前胸及腹部第 1~8 节各有 1 对。气管是富有弹性的管状物，内壁由几丁质螺旋丝作螺旋状加厚，保持气管扩展并增加弹性，有利于体内气体的流通。

昆虫的呼吸主要是靠空气扩散作用由气门进入虫体的。当空气中含有一定的有毒气体时，毒气同样可随空气进入虫体，使其中毒而死，这就是熏蒸杀虫剂应用的基本原理。熏蒸剂的毒杀效果与气门关闭情况有密切关系。在一定温度范围内，温度越高，昆虫越活跃，呼吸作用越强，气门开放也越大，此时施药效果好。此外，在空气中二氧化碳增多的情况下，会迫使昆虫呼吸加强，引起气门开放。在气温低时，使用熏蒸剂防治害虫，除了提高温度外，还可采用输送二氧化碳的办法，刺激害虫呼吸，促使气门开张，提高熏杀效果。同时昆虫的气门一般是疏水性的，水滴本身的表面张力又较大，因此水滴不易进入气门，而油类制剂就比较容易渗入，油乳剂除能直接穿透体壁外，还能由气门进入虫体，如煤油。有些杀虫剂的辅助剂如肥皂水、面糊水等，能堵塞气门，使昆虫窒息而死。

1.2.3.3 神经系统

昆虫的一切生命活动都受神经系统的支配。昆虫的神经系统由中枢神经系统、交感神经系统和周缘神经系统构成，其中最主要的是担负着感觉、联系和运动协调中心的中枢神经系统，包括脑和腹神经索等部位；交感神经系统受中枢神经系统支配，控制前肠、背血管、后肠和生殖器官的活动；周缘神经系统位于昆虫体壁下面，是传递外部刺激到中枢神经系统和由中枢神经系统传出"命令"至反应器的传递网络(图1-31)。

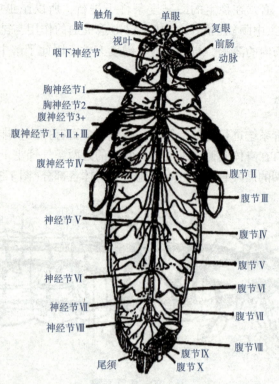

图1-31 神经系统

昆虫对外界环境的刺激,首先由感受器接受,经感觉神经纤维将兴奋传导到中枢神经系统,中枢神经系统的冲动由运动神经纤维传导到反应器(肌肉或腺体)作出反应。神经冲动的传导依靠乙酰胆碱的释放与分解而实现。目前用来防治害虫的大多数农药,如氨基甲酸酯类和有机磷杀虫剂均为神经毒剂,因为能抑制胆碱酯酶的作用,使乙酰胆碱不能水解消失,神经长期过度兴奋,导致虫体过度疲劳而死亡。

1.2.3.4 生殖系统

生殖系统是繁殖后代的器官。昆虫的雌、雄生殖器官,都位于腹部消化道的两侧或背侧面。雌性生殖器官包括1对卵巢以及输卵管、受精囊和附腺等部分。雄性生殖器官包括1对精巢(或称睾丸),以及输精管、贮精囊和附腺等部分。可使用化学不育剂,影响昆虫的内生殖器官发育以及精子和卵的活力,使昆虫绝育。

还可用辐射线(X射线或γ射线)处理雄虫使其性腺受破坏而绝育,或利用遗传工程,使害虫携带某种不育因子或有害基因,将其释放到林地,使其与正常的防治对象交尾,可造成害虫种群的自然削减。

1.2.3.5 内分泌器官

内分泌系统主要包括脑神经分泌细胞群、咽下神经节、心侧体、咽侧体、前胸腺以及某些神经节、绛色细胞、睾丸顶端分泌细胞以及脂肪体等,分泌具有高度活性的化学物质，称为激素。激素分两类：一类统称内激素，经血液分布到作用部位，在不同的生长发育阶段，对昆虫的生长、发育、变态、滞育、交配、生殖和一般生理代谢作用等起调节和控制作用；另一类称外激素或信息素，是一类昆虫个体间的信息化合物，散布到虫体外，作个体间通讯用，可调节或诱发同种昆虫间的特殊行为，如雌、雄虫间的性引诱、群体集结、标迹追踪、告警自卫等。

目前已经明确的主要有3种内激素：①脑激素，主要由昆虫前脑侧区的神经分泌细胞产生，主要作用是激活前胸腺产生蜕皮激素；②蜕皮激素，由昆虫前胸内的前胸腺产生，它有控制昆虫蜕皮与变态的功能；③保幼激素，由咽喉两侧的咽侧体产生，它有维持幼虫特征、阻止变态发生的作用。若在昆虫幼虫期摄入保幼激素，则可引起幼虫期的延长，成为长不大的老幼虫而没有生命力趋向死亡，这在生产实践中有重要意义。目前已经发现的昆虫信息激素主要有：性信息素、聚集信息素、示踪信息素、报警信息素等，而研究最多的是性信息素。人工合成昆虫信息素作为特异杀虫剂已用于虫情调查与测报、大量诱捕或诱杀降低虫口密度、迷向干扰交配、海关检疫外来入侵虫种、驱避害虫等。

1.2.4 昆虫生物学特性

昆虫的一生包括昆虫的生长发育、各个虫期的特点及生活习性等，对于昆虫的这方面研究属于昆虫的生物学。因此，昆虫的生物学是研究昆虫的个体发育史，包括昆虫的繁殖、发育、变态，以及从卵开始到成虫为止的生活史等方面的生物学特性。通过研究昆虫生物学，可以进一步了解昆虫共同的活动规律，对害虫的防治和益虫的利用都有重要意义。

1.2.4.1 昆虫的生殖方式

大多数昆虫为雌雄异体，进行两性生殖，也有若干种特殊的生殖方式。

（1）两性生殖

昆虫经过雌雄交配后，产下的受精卵直接发育成新个体的生殖方式，称为两性生殖，又称为卵生。如蝗虫、天牛、蛾、蝶等，这是绝大多数昆虫所具有的生殖方式。

（2）孤雌生殖

雌虫所产的卵不经过受精而发育成新个体的现象，称为孤雌生殖，又称为单性生殖。大致可分3种类型：偶发性的孤雌生殖　在正常情况下行两性生殖，偶尔出现未经受精的卵而发育成新个体的现象。如家蚕；经常性的孤雌生殖，正常情况下行孤雌生殖，偶尔发生两性生殖。膜翅目蜜蜂、蚂蚁等昆虫，受精卵发育成雌虫，未受精卵发育成雄虫；周期性的孤雌生殖，孤雌生殖和两性生殖随季节变迁而交替进行。如蚜虫从春季到秋季连续若干代都以孤雌生殖繁殖后代，只在冬季将来临时才产生雄蚜，进行两性生殖，雌雄交配产卵越冬。

（3）多胚生殖

1个成熟的卵可以发育成2个或2个以上个体的生殖方式，称为多胚生殖。常见于膜翅目的小蜂、细蜂等寄生性昆虫。

1.2.4.2 昆虫的发育

昆虫的个体发育可分为胚胎发育和胚后发育两个阶段。胚胎发育，是指从卵受精开始到幼虫破卵壳孵化为止，是在卵内进行的。胚后发育，是指幼虫自卵中孵化出到成虫性成熟为止，出现了变态现象。

1.2.4.3 昆虫的变态

昆虫从小到大在外部形态、内部器官、生活习性和环境等方面会发生一系列变化，此现象即为昆虫变态。昆虫经过长期的演化，随着成虫、幼虫分化程度不同以及对环境长期适应的结果，形成了不同的变态类型，主要包括不完全变态和完全变态。

(1) 不完全变态

昆虫一生经过卵、幼虫、成虫3个虫态(图1-32)。不完全变态分为3个亚型：

①渐变态。观察蝗虫、蜡象、蝉等昆虫的生活史标本，其幼虫与成虫形态、习性和生活环境相似，仅体小、翅和附肢短，性器官不成熟，其幼虫称"若虫"。

②半变态。观察蜻蜓的生活史标本或视频，其成虫陆生，幼虫水生，幼虫在形态和生活习性上与成虫明显不同，其幼虫称"稚虫"。

③过渐变态。观察粉虱和雄性介壳虫的生活史标本或视频，其幼虫在转变为成虫前有1个不食不动的类似蛹的时期，是昆虫从不完全变态向完全变态演化的过渡类型。

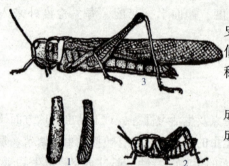

图1-32 昆虫的不完全变态
1. 卵袋及其剖面 2. 若虫 3. 成虫

(2) 完全变态

观察甲虫、蛾、蝶、蜂、蚁、蝇等的生活史标本，这些昆虫一生经过卵、幼虫、蛹、成虫4个虫态。完全变态昆虫的幼虫不仅外部形态和内部器官与成虫很不相同，而且生活习性也完全不同(图1-33)。从幼虫变为成虫过程中，口器、触角、足等附肢都需经过重新分化。因此，在幼虫与成虫之间要历经"蛹"来完成剧烈的体型变化。

1.2.4.4 昆虫各虫态特点

(1) 卵

卵期是昆虫个体发育的第1个时期，是指卵从母体产下后到孵化出幼虫所经历的时期。卵是1个不活动的

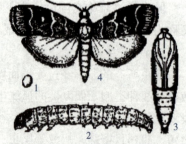

图1-33 昆虫的完全变态
1. 卵 2. 幼虫 3. 蛹 4. 成虫

虫态，所以昆虫对产卵和卵的构造本身都有特殊的保护性适应。昆虫卵是一个大型细胞，卵的外面包被较坚硬的卵壳，卵壳下为1层薄膜，称为卵黄膜，包围着原生质和丰富的卵黄。昆虫卵大小不一，一般1~2 mm，较大的如蝗虫卵长达6~7 mm，螽斯卵长9~10 mm，

小的如寄生蜂卵长仅 0.02~0.03 mm。昆虫卵的形状是多种多样的。常见的卵是圆形或肾形,如蝗虫的卵。此外,还有球形的(如甲虫)、桶形的(如蝽象)、半球形(如夜蛾类)、带有丝柄的(如草蛉)、瓶形(如粉蝶)等。卵的表面有的平滑,有的具有华丽的饰纹。昆虫的产卵方式随种类而异,有的散产,如天牛、凤蝶;有的聚产,如螳螂、蝽象;有的裸产,如松毛虫;有的隐产,如蝉、蝗虫等。

(2) 幼虫

幼虫期是昆虫个体发育的第 1 个时期。从卵孵化出来后到出现成虫特征(不完全变态类变成虫或完全变态化蛹)之前的整个发育阶段,称为幼虫期(或若虫期)。幼虫期的明显特点是大量取食,积累营养,迅速增大体积。昆虫幼虫期对林木的危害最严重,因而常常是防治的重点时期。

①孵化。昆虫在胚胎发育完成后,幼虫破卵而出,称孵化。初孵化的幼虫,体壁中的外表皮尚未形成,身体柔软,色淡,抗药能力差,此时是化学防治的有利时期。

②幼虫的生长和脱皮。在幼虫的发育过程中,每隔一定时间常要将旧的表皮脱去,幼虫脱去旧表皮的过程称为脱皮。脱下的旧表皮则称为蜕。昆虫每经脱一次皮,身体显著增大,食量相应增多。脱皮的次数在各种昆虫中是很不相同的,但同一种昆虫的脱皮次数,一般来说是相当稳定的。幼虫的生长往往呈阶段性,即取食→生长→脱皮→取食→生长,循环进行,在正常情况下,幼虫生长到一定程度就要脱一次皮,所以它的大小或生长进程(即所谓虫龄)可以用脱皮次数来作指标。初孵的幼虫称为 1 龄幼虫;脱 1 次皮后称为 2 龄幼虫,每脱 1 次皮就增加 1 龄,幼虫生长到最后一龄,称为老熟幼虫或末龄幼虫。虫龄计算公式:

$$虫龄 = 脱皮次数 + 1 \tag{1-1}$$

相邻两次脱皮之间所经过的时间,称为龄期。

③幼虫的类型。完全变态类昆虫的幼虫由于食性、习性和生活环境十分复杂,幼虫在形态上的变化极大,根据幼虫足的数目可分成以下几类(图 1-34)。

a. 原足型。像 1 个发育不完全的胚胎,腹部分节或不分节,胸足和其他附肢只是几个突起。如膜翅目寄生蜂的初龄幼虫。

b. 多足型。幼虫具有 3 对胸足,2~8 对腹足。观察枯叶蛾、尺蛾和叶蜂幼虫的腹足数目及位置各有何不同,各属何类幼虫。

c. 寡足型。幼虫只具有 3 对胸足,没有腹足和其他附肢。观察步甲、金龟甲、叩头甲的幼虫体形特征,注意它们胸部和腹部的附肢是否相同;根据它们的体形和胸足发达程度,说明各属何类型幼虫。

d. 无足型。幼虫既无胸足也无腹足。观察天牛、象甲、大蚊、蝇、虻等幼虫的体形特征,注意它们的胸腹部有何附肢,比较它们各属哪种头式的幼虫。

(3) 蛹

自末龄幼虫脱去表皮至变为成虫所经历的时间,称为蛹期。蛹是完全变态类昆虫由幼虫变为成虫的过程中必须经过的虫态。老熟幼虫在化蛹前停止取食,呈安静状态,称为前蛹期。末龄幼虫脱去最后的皮,称为化蛹。

根据翅、触角和足等附肢是否紧贴于蛹体上及蛹的形态,通常分为 3 类(图 1-35)。

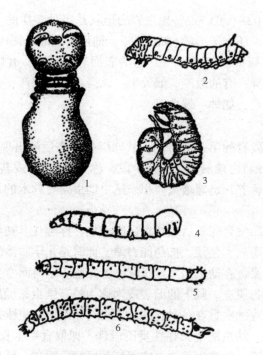

图1-34 完全变态类幼虫的类型
1. 原足型 2. 多足型 3. 寡足型 4. 无足型(无头) 5. 无足型(半头) 6. 无足型(全头)

①离蛹(裸蛹)。触角、足等附肢和翅不贴附于蛹体上，可以活动。
②被蛹。触角、足、翅等附肢紧贴蛹体上，不能活动。
③围蛹。蛹体实际上是离蛹，但蛹体外面有末龄幼虫所脱的皮形成的蛹壳所包围。

蛹是个不活动的虫期，蛹期不取食，也很少进行主动的移动，缺少防御和躲避敌害的能力，而内部则进行着激烈的器官组织的解离和生理活动，要求相对稳定的环境来完成所有的转变过程。因此不同的昆虫的化蛹场所和方式也是多种多样的，有的吐丝作茧，有的在树皮缝中或在地下作土室，有的在蛀道内或卷叶内等。

(4) 成虫

成虫是昆虫个体发育的最后一个时期。成虫期雌雄性的区别已显示出来，复眼也出现，有发达的触角，形态已经固定；有翅的种类，翅也长成。所以昆虫的分类

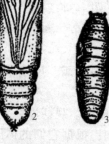

图1-35 蛹的类型
1. 离蛹 2. 被蛹 3. 围蛹

以成虫为主要根据。

①成虫的羽化。成虫从它的前一虫态脱皮而出的过程，称为羽化。初羽化的成虫色浅而柔软，待翅和附肢伸展，体壁硬化后，便开始活动。

②性成熟与补充营养。有些昆虫在羽化后，性器官已经成熟，不需取食即可交尾、产卵。这类成虫口器一般都退化，寿命很短。大多数昆虫羽化为成虫时，性器官还未完全成熟，需要继续取食，才能达到性成熟，如金龟子和不完全变态类等昆虫，这种性细胞发育

不可缺少的成虫期营养,称为补充营养。

③性二型。同一种昆虫,雌雄个体除生殖器官等第一性征不同外,其个体的大小、体型、颜色等也有差别,这种现象称为性二型(雌雄二型)。如蓑蛾的雌虫无翅,雄虫具翅;马尾松毛虫雄蛾触角羽毛状,雌蛾为栉齿状;雄蚱蝉具发音器而雌虫没有等都是显而易见的雌雄差别。

④性多型现象。同种昆虫同一性别具有两种或两种以上个体的现象,称为性多型现象。如蜜蜂有蜂王、雄蜂和不能生殖的工蜂;白蚁群中除有"蚁后""蚁王"专司生殖外,还有兵蚁和工蚁等类型(图1-36)。

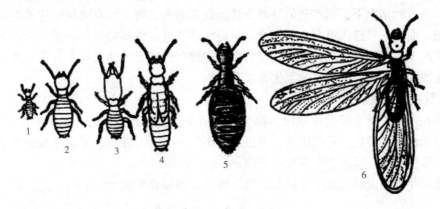

图1-36 白蚁的性多型
1. 若虫 2. 工蚁 3. 兵蚁 4. 生殖蚁若虫 5. 蚁后 6. 有翅型

1.2.4.5 昆虫生活史

(1) 昆虫的世代

昆虫自卵或幼体离开母体到成虫性成熟产生后代为止的个体发育周期,称为1个世代。各种昆虫完成1个世代所需的时间不同,在1年内完成的世代数也不同,如竹笋夜蛾、红脚绿金龟子、樟蚕1年发生1代;棉卷叶野螟等1年内完成5个世代;桑天牛等需2年才完成1个世代;有的甚至十几年才能完成1个世代,如美洲十七年蝉完成1个世代需17年。昆虫完成1个世代所需的时间和1年内发生的代数,除因昆虫的种类不同外,往往与所在地理位置、环境因子有密切的关系。

1年发生多代的昆虫,由于成虫发生期长和产卵期先后不一,同一时期内,在1个地区可同时出现同一种昆虫的不同虫态,造成上下世代间重叠的现象,称为世代重叠。

对1年发生2代和多代的昆虫,划分世代顺序均以卵期开始,依先后出现的次序称为第1代、第2代,……,但应注意跨年虫态的世代顺序,习惯上是凡以卵越冬的,越冬卵就是次年的第1代卵。如梧桐木虱,1990年秋末产卵越冬,卵至次年4~5月孵化,这越冬卵就是1991年的第1代卵。以其他虫态越冬的都不是次年的第1代而是前一年的最后一代,称为越冬代。如马尾松毛虫1990年11月中旬以4龄幼虫越冬,这越冬幼虫称为1990年的越冬代幼虫。

(2) 昆虫的休眠与滞育

昆虫在一年的生长发育过程中，常出现暂时停止发育的现象，即通常所谓的越冬和越夏，这种现象从其本身的生物学和生理学特性来看，可分为休眠和滞育两类。

①休眠。是指由于不良环境条件直接引起的，当不良环境条件解除后，即可恢复正常的生命活动。休眠发生在炎热的夏季称为夏蛰（或越夏），发生在严冬季节称为冬眠（或越冬）。各种昆虫的休眠虫态不一。如小地老虎在北京以蛹越冬，在长江流域以蛹和老熟幼虫越冬，在广西南宁以成虫越冬。

②滞育。是指由温度和光周期等环境条件和昆虫的遗传特性引起的生长发育暂时停止的现象。在自然情况下，当不利的环境条件还远未到来之前，具有滞育特性的昆虫就进入滞育状态，而且一旦进入滞育，即使给以最适宜的条件，也不能解除滞育，所以滞育是昆虫长期适应不良环境而形成的种的遗传特性。如樟叶蜂以老熟幼虫在7月上、中旬于土中滞育，至翌年2月上、中旬才恢复生长发育。

(3) 昆虫的年生活史

昆虫在1年中发生经过的状况，称为年生活史。包括越冬虫态，1年中发生的世代，越冬后开始活动的时期，各代历期、各虫态的历期、生活习性等。了解害虫的生活史，掌握害虫的发生规律，是防治害虫的可靠依据。

昆虫的年生活史除用文字进行叙述外，也可以用图表来表示（表1-2）。

表1-2　核桃扁叶甲生活史

代次	1月 上中下	2月 上中下	3月 上中下	4月 上中下	5月 上中下	6月 上中下	7月 上中下	8月 上中下	9月 上中下	10月 上中下	11月 上中下	12月 上中下
越冬代	⊕⊕⊕	⊕⊕⊕	⊕⊕⊕ +++	++								
第1代			•	••• --- ○○	- ○○○ +++	+	+					
第2代					••• --- ○○	•• --- ○○○ +++ △△	△△△	+++	+			
越冬代								••• --	•• -- ○○ +++ ⊕⊕⊕	⊕⊕⊕	⊕⊕⊕	⊕⊕⊕

注：•卵；-幼虫；○蛹；+成虫；⊕越冬成虫；△越夏成虫。

1.2.4.6 昆虫的习性

绝大多数昆虫的活动，如飞翔、取食、交配、卵化、羽化等，均有它的昼夜节律。这些都是种的特性，是对该种有利于生存、繁育的生活习性。我们可把在白昼活动的昆虫称为日出性或昼出性昆虫；夜间活动的昆虫称为夜出性昆虫；还有一些只在弱光下——如黎明时、黄昏时活动的，则称为弱光性昆虫。许多捕食性昆虫，如蜻蜓、虎甲、步行虫等，为日出性昆虫，都是同它们的捕食对象的日出性有关的；蝶类都同它们乐于寻找花的开放有关。绝大多数的蛾类是夜出性的，取食、交配、生殖都在夜间。在夜出性的蛾类中，也有以凌晨或黄昏为活动盛期的。如舞毒蛾的雄成虫多在傍晚时分围绕树冠翩翩起舞。蚊子是在弱光下活动的。

由于自然界中昼夜长短是随季节变化的，所以许多昆虫的活动节律也有季节性。一年发生多代的昆虫，各世代对昼夜变化的反应也会不同。

(1) 食性

各种昆虫在自然界的长期活动中，逐渐形成了一定的食物范围。

①按照取食的对象划分。

a. 植食性昆虫。以活的植物的各个部位为食物的昆虫。大多数是农林业害虫，如马尾松毛虫、刺蛾、叶甲等；少数种类对人类有益，如柞蚕、家蚕等。

b. 肉食性昆虫。以其他动物为食物的昆虫。如瓢虫、螳螂、食虫虻、胡蜂等；寄生在害虫体内的寄生蝇、寄生蜂等；对人类有害的蚊、虱等。

c. 腐食性昆虫。以动物、植物残体或粪便为食物的昆虫，如粪金龟子等。

d. 杂食性昆虫。既以植物或动物为食，又可腐食，如蜚蠊。

②按取食的种类划分。

a. 单食性昆虫。只以1种或近缘种植物为食物的昆虫，如三化螟、落叶松鞘蛾等。

b. 寡食性昆虫。以1科或几种近缘科的植物为食物的昆虫，如菜粉蝶、马尾松毛虫等。

c. 多食性昆虫。以多种非近缘科的植物为食物的昆虫，如刺蛾、棉蚜、蓑蛾等。

(2) 趋性

趋性是指昆虫对各种刺激物所引起的反应，趋向刺激物的活动，称为正趋性；避开刺激物的活动，称为负趋性。各种刺激物主要有光、温度、化学物质等。因而趋性也就有趋光性、趋温性、趋化性等。

①趋光性。是指昆虫视觉器官对光线刺激所引起的趋向活动。

②趋化性。是指昆虫嗅觉器官对化学物质刺激所引起的嗜好活动。

③趋温性。是指昆虫感觉器官对温度刺激所引起的趋性活动。

利用昆虫的趋性可设置黑光灯诱杀有趋光性的昆虫，如马尾松毛虫、夜蛾等；用糖醋液诱杀地老虎类也是利用了其趋化性。另外，可利用昆虫的趋性进行预测预报，采集标本。

(3) 群集性和社会性

①群集性。同种昆虫的大量个体高密度聚集在一起的现象，称为群集性。如马尾松毛虫1~2龄幼虫、刺蛾的幼龄幼虫、金龟子一些种类的成虫都有群集危害的特性。再如榆蓝叶甲的越夏，瓢虫的越冬，天幕毛虫幼虫在树杈结网栖息等。了解昆虫的群集性可以在害虫群集时进行人工捕杀。

②社会性。是指昆虫营群居生活,一个群体中个体有多型现象,有不同分工。例如,蜜蜂分蜂王、雄蜂、工蜂;白蚁分蚁王、蚁后、有翅生殖蚁、兵蚁、工蚁等。

(4) 假死性

有一些昆虫在取食爬动时,当受到外界突然震动惊扰后,往往立即从树上掉落地面、卷缩肢体不动或在爬行中缩做一团不动,这种行为称为假死性。如象甲、叶甲、金龟子等成虫遇惊即假死下坠,3~6 龄的松毛虫幼虫受震落地等。可利用害虫的假死习性进行人工扑杀、虫情调查等。

(5) 拟态和保护色

一种生物模拟另一种生物或模拟环境中的其他物体从而获得好处的现象,称为拟态。这种现象可见于卵、幼虫(若虫)、蛹和成虫各虫态。拟态对昆虫的取食、避敌、求偶有重要的生物学意义。如竹节虫、尺蛾幼虫,其形态与植物枝条极为相似,从而获得了保护自己的好处的现象。

保护色是指某些昆虫具有同其生活环境中的背景相似的颜色,这有利于躲避捕食性动物的视线而得到保护自己的效果。如蚱蜢、枯叶蝶、尺蠖成虫的体色。

1.2.5 森林昆虫与环境关系

昆虫的发生发展除与本身的生物特性有关外,而且与环境条件有密切关系,影响昆虫种群数量的环境因素主要有气候因子、土壤因子、生物因子和人为因素等。

1.2.5.1 气候因子对昆虫的影响

气候因素与昆虫的生命活动的关系非常密切。气候因素包括温度、湿度、光照和风等,其中以温度和湿度对昆虫的影响最大,各个条件的作用并不是孤立的,而是综合起作用的。

(1) 温度与昆虫

①昆虫对温度的一般反应。温度是影响昆虫的重要环境因子,也是昆虫的生存因子。任何一种昆虫的生长发育、繁殖等生命活动,都要求一定的温度范围,这一温区范围称适温区(有效温区),一般为 8~40 ℃。适温区的下限,即最低有效温度,是昆虫开始能够生长发育的温度,所以又称发育起点温度;适温区的上限,即最高有效温度,是昆虫因温度过高而生长发育开始被抑制的温度,所以又称临界高温;在适温区内,最利于昆虫生长发育和繁殖的温度范围称最适温区。一般昆虫在发育起点温度以下或临界高温以上的一定范围内并不致死,因温度过低而呈冷眠状态或温度过高而呈热眠状态,温度恢复到适温区范围内时,昆虫仍可恢复活动。因此,在发育起点温度以下,还可分出 1 个停育低温区;在临界高温以上还可划出 1 个停育高温区。至于真正使昆虫致死的温度,还远在发育起点温度以下和停育高温之上,即致死低温区(一般在 -40~-10 ℃)和致死高温区(一般在 45~60 ℃)。昆虫因高温致死的原因,是体内水分过度蒸发和蛋白质凝固所致;昆虫因低温致死的原因,是体内自由水分结冰,使细胞遭受破坏所致。

②昆虫生长发育的有效积温法则。昆虫和其他生物一样,在其生长发育过程中,完成一定的发育阶段(1 个虫期或 1 个世代)需要一定的温度积累,亦即发育所需时间与该时间

的温度乘积理论上应为一常数。

$$K = NT \tag{1-2}$$

式中：K、N、T——依次为积温常数、发育日数、温度。

由于昆虫必须在发育起点温度以上才能开始发育，因此，式中的温度(T)应减去发育起点温度(C)，即

$$K = N(T - C) \quad 或 \quad N = \frac{K}{T - C} \tag{1-3}$$

昆虫完成某一个发育阶段所需时间的倒数称为发育速率(V)。即 $V = 1/N$，代入上式，则得

$$T = C + KV \tag{1-4}$$

这个说明温度与发育速度关系的法则，称有效积温法则。积温的单位常以日度表示。积温法则的应用有如下几方面：推算昆虫发育起点温度和有效积温数值；估测某昆虫在某一地区可能发生的世代数；预测害虫发生期；控制天敌昆虫发育期。有效积温对于了解昆虫的发育规律、害虫的预测、预报和利用天敌开展防治工作具有重要意义。

应当指出，有效积温法则是有一定局限性的。因为：有效积温法则只考虑温度条件，其他因素如湿度、食料等也有很大影响，但没考虑进去；该法则是以温度与发育速率呈现直线关系作为前提的，而事实上，在整个适温区内，温度与发育速率的关系是呈"S"形的曲线关系，无法显示高温延缓发育的影响；该法则的各项数据一般是在实验室恒温条件下测定的，与外界变温条件下生活的昆虫发育情况也有一定的差距；有些昆虫有滞育现象，所以对某些有滞育现象的昆虫，利用该法则计算其发生代数或发生期就难免有误差。

(2) 湿度、降水与昆虫

昆虫对湿度的要求依种类、发育阶段和生活方式不同而有差异。最适范围一般在相对湿度70%~90%，湿度过高或过低都会延缓昆虫的发育，甚至造成死亡。如松干蚧的卵，在相对湿度89%时孵化率为99.3%；36%以下绝大多数卵不能孵化；而相对湿度100%时卵虽然孵化，但若虫不能钻出卵囊而死亡(表1-3)。昆虫卵的孵化、脱皮、化蛹、羽化，一般都要求较高的湿度。但一些刺吸式口器害虫如蚧虫、蚜虫、叶蝉及叶螨等对大气湿度变化并不敏感，即使大气非常干燥，也不会影响它们对水分的要求，天气干旱时寄主汁液浓度增大，提高了营养成分，有利害虫繁殖，所以这类害虫往往在干旱时危害严重。一些食叶害虫，为了得到足够的水分，常于干旱季节猖獗危害。

表1-3 大地老虎卵在不同温湿度组合下的死亡率 单位:%

温度(℃)	相对湿度(%)		
	50	70	90
20	36.67	0	13.5
25	43.36	0	2.5
30	80.00	7.5	97.5

降雨不仅影响环境湿度,也直接影响害虫发生的数量,其作用大小常因降雨时间、次数和强度而定。春季雨后有助于一些在土壤中以幼虫或蛹越冬的昆虫顺利出土;而暴雨则对一些害虫如蚜虫、初孵蚜虫以及叶螨等有很大的冲杀作用,从而大大降低虫口密度;阴雨连绵不但影响一些食叶害虫的取食活动,且易造成致病微生物的流行。

冬季降雪在北方形成地面覆盖,有利于保持土温,对土中和地表越冬昆虫起着保护作用。

(3)温湿度对昆虫的综合作用

在自然界中温度和湿度总是同时存在、相互影响、共同作用于昆虫的。不同温湿度组合,对昆虫的孵化、幼虫的存活、成虫羽化、产卵及发育历期均有不同程度的影响。例如,大地老虎的卵在高温高湿和高温低湿下死亡率均大;温度20~30℃、相对湿度50%的条件下,对其生存均不利,而其适宜的温湿度条件为温度25℃、相对湿度70%左右(表1-4)。

表1-4 日本松干蚧卵的孵化与湿度的关系

相对湿度(%)	卵的孵化率(%)	相对湿度(%)	卵的孵化率(%)
低于36	绝大部分不能孵化	89	99.3
54.6	72.4	100	卵虽能孵化,但若虫均死于卵囊中
70.3	95.7		

所以,我们在分析害虫消长规律时,不能单根据温度或相对湿度某一项指标,而要注意温湿度的综合影响作用,一般常采用温湿系数和气候图来表示。

①温湿系数。相对湿度与平均温度的比值,或降水量与平均温度比值,称温湿系数。

$$Q = \frac{RH}{T} \quad \text{或} \quad Q = \frac{M}{T} \tag{1-5}$$

式中:Q——温湿系数;
RH——相对湿度;
M——降水量;
T——平均温度。

温湿系数可以作为一个指标,用以比较不同地区的气候特点,或用以表示不同年份或不同月份的气候特点,以便分析害虫发生与气候条件的关系。

②气候图。气候图是在坐标纸上,以纵轴代表月平均温度,横轴代表月降水量或平均相对湿度,找出各月的温湿度结合点,用线条按月顺序接连起来所形成的图。可根据一年或数年中各月温湿度组合绘制。

比较一种害虫的分布地区和非分布地区的气候图,或猖獗发生年份和非猖獗发生年份的气候图,以及猖獗地区和非猖獗地区的气候图,往往可以找出该害虫生存的温湿度条件,以及有利或不利该种害虫的温湿度条件在一年中出现的时期。在实际应用中,常将气候图分成4个区域,左上方为干热型,右上方为湿热型,左下方为干冷型,右下方为湿冷型。这样,可以用气候图分析昆虫在新区分布的可能性,也可预测不同年份昆虫发生量。

(4) 光对昆虫的影响

昆虫对光的反应主要体现在光的性质、光强度和光周期方面。昆虫的视觉能感受 700~250 nm 的光,但多偏于短波光,许多昆虫对 400~330 nm 的紫外光有强趋性,因此,在测报和灯光诱杀方面常用黑光灯(波长 365 nm)。还有一种蚜虫对 600~550 nm 黄色光有反应,所以白天蚜虫活动飞翔时利用"黄色诱盘"可以诱其降落。

光强度对昆虫活动和行为的影响,表现于昆虫的日出性、夜出性、趋光性和背光性等昼夜活动节律的不同。例如,蝶类、蝇类、蚜虫喜欢白昼活动;夜蛾、蚊子、金龟子等喜欢夜间活动;蛾类喜欢傍晚活动;有些昆虫则昼夜均活动,如天蛾、大蚕蛾、蚂蚁等。

光周期是指昼夜交替时间在一年中的周期性变化,对昆虫的生活起着一种信息作用。许多昆虫对光周期的年变化反应非常明显,表现于昆虫的季节生活史、滞育特征、世代交替以及蚜虫的季节性多型现象。光照时间及其周期性变化是引起昆虫滞育的重要因素,季节周期性影响着昆虫的年生活史的循环。昆虫滞育,受到温度和食料条件的影响,主要是光照时间起信息的作用,已证明近百种昆虫的滞育与光周期变化有关。试验证明,许多昆虫的孵化、化蛹、羽化都有一定的昼夜节奏特性,这些特性与光周期变化有密切相关。

(5) 风对昆虫的影响

风对环境的温湿度有影响,可以降低气温和湿度,从而对昆虫的体温和水分发生影响。但风对昆虫的影响主要是昆虫的活动,特别是昆虫的扩散和迁移受风影响较大,风的强度、速度和方向,直接影响其扩散和迁移的频度、方向和范围。有资料表明,许多昆虫能借风力传播到很远的地方,如蚜虫可借风力迁移 1200~1440 km 的距离;松干蚧卵囊可被气流带到高空随风而去;在广东危害严重的松突圆蚧,在自然界主要是靠风力传播。

1.2.5.2 土壤因子对昆虫的影响

土壤是昆虫的一个特殊生态环境,很多昆虫的生活都与土壤有密切的关系。如蝼蛄、金龟子、地老虎、叩头甲、白蚁等苗圃害虫,有些终生在土壤中生活,有些大部分虫态是在土中度过的。许多昆虫一年中的温暖季节在土壤外面活动,而到冬季即以土壤为越冬场所。

土壤的理化性状,如温度、湿度、机械组成、有机质成分及含量以及酸碱度等,直接影响在土中生活的昆虫生命活动。一些地下害虫往往随土壤温度变化而上下移动,以栖息于适温土层。秋天土温下降时,土内昆虫向下移动;春天土温上升时,则向上移动到适温的表土层;夏季土温较高时,又潜入较深的土层中。在一昼夜之间也有其一定的活动规律,如蛴螬、小地老虎夏季多于夜间或清晨上升到土表危害,中午则下降到土壤下层。生活在土中的昆虫,大多对湿度要求较高,当湿度低时会因失水而影响其生命活动。

总之,各种与土壤有关的害虫及其天敌,各有其最适于栖息的土壤环境条件。人们掌握了这些昆虫的生活习性之后,可以通过土壤垦复、施肥、灌溉等多种措施,改变土壤条件,达到控制害虫的目的。

1.2.5.3 生物因子对昆虫的影响

(1) 食物对昆虫的影响

食物直接影响昆虫的生长、发育、繁殖和寿命等。食物如果数量足，质量高，昆虫生长发育快，自然死亡率低，生殖力高，相反则生长慢，发育和生殖均受到抑制，甚至因饥饿引起昆虫个体大量死亡。昆虫发育阶段不同，对食物的要求也不一样，一般食叶性害虫幼虫在其发育前期需较幼嫩的、水分多的、含碳水化合物少的食物，但到发育后期，则需含碳水化合物和蛋白质丰富的食物。因此，在幼虫发育后期，如遇多雨凉爽天气，由于树叶中水分及酸的含量较高，对幼虫发育不利，会引起幼虫消化不良，甚至死亡。相反，在幼虫发育后期如遇干旱温暖天气，植物体内碳水化合物和蛋白质含量提高，能促进昆虫生长发育，生殖力也提高。一些昆虫成虫期有取食补充营养的特点，如果得不到营养补充，则产卵甚少或不产卵，寿命亦缩短。

(2) 天敌对昆虫的影响

在自然界昆虫染病致死或被其他动物所寄生、捕食的现象是相当普遍的。每一种昆虫都存在大量的捕食者和寄生物，这些自然界的敌害被称为天敌。天敌是影响害虫种群数量的一个重要因素。天敌种类很多，大致可分为下列各类。

①病原生物。包括病毒、立克次体、细菌、真菌、线虫等。这些病原生物常会引起昆虫感病而大量死亡。

②捕食性天敌昆虫。包括的种类很多，常见的有螳螂、猎蝽、草蛉、瓢虫、食虫虻、食蚜蝇等。利用捕食性天敌昆虫防治害虫取得成功的例子是不少的，例如，引进澳洲瓢虫防治吹绵蚧，七星瓢虫防治棉蚜等。

③寄生性天敌昆虫。主要有膜翅目的寄生蜂和双翅目的寄生蝇。例如，用松毛虫赤眼蜂防治马尾松毛虫。

④其他有益动物。在自然界中有不少蜘蛛、鸟类、青蛙都可用来防治害虫。

1.2.5.4 人为因素对昆虫的影响

人为因素对昆虫的繁殖、活动和分布影响很大。归纳起来表现在4个方面：

①改变一个地区的生态系统，人类从事林业生产中的植树、种草、小流域治理、立体经营、引进推广新品种等，可引起当地生态系统的改变及其中昆虫种群的兴衰。

②改变一个地区昆虫种类的组成，人类频繁地调引种苗，扩大了害虫的地理分布范围，如湿地松粉蚧由美国随优良无性系穗条传入广东省台山市红岭种子园并迅速蔓延；相反，有目的地引进和利用益虫，又可抑制某种害虫的发生和危害，并改变了一个地区昆虫的组成和数量。如引进澳洲瓢虫，成功地控制了吹绵蚧的危害。

③改变害虫和天敌生长发育和繁殖的环境条件，人类通过中耕除草、灌溉施肥、整枝、修剪等林业措施，可增强植物的生长势，使之不利害虫而有利于天敌的发生。

④直接杀灭害虫，采用林业的、化学的、生物的，以及物理的等综合防治措施，可直接消灭大量害虫，以保障林木的正常生长发育。

1.2.6 昆虫种群数量的变动与害虫大发生

1.2.6.1 昆虫种群数量的变动

(1) 种群的特征

种群是指在一定的空间(或区域)内,同种个体的集合群。例如,小蠹虫种群、松毛虫种群等。种群内的个体并非简单的叠加,而是通过种内关系组成一个有机体。种群具有与个体相类比的生物学属性。如在个体水平上的出生、死亡、寿命、性别、年龄、基因型、繁殖、滞育等属性;在种群水平上也包含有群体的统计指标,如出生率、死亡率、平均寿命、性比、年龄组配、繁殖率、滞育率等。此外,种群还具备个体所不具备的特征,如密度和数量变动,以及因种群的扩散或聚集等习性而形成的种群空间分布型、种群密度调控机制等。

自然种群的种群数量具有两个重要的特征:一是波动性,在每一段时间之间(年、季节、世代)种群数量都有所不同;二是稳定性,尽管种群数量有这种波动,大部分种群不会无限制地增长或下降而发生灭绝,因此种群数量在某种程度上维持在特定的水平上,在一定的范围内波动。

种群在一定空间上的数量分布是由种群的特性及其栖息地内生物群落的组成和环境条件间的矛盾为转移的。在自然界经常可以看到一种害虫在其分布区域内不同区间种群密度差异很大。有些害虫在某一地区常年发生较多,种群密度常维持在较高水平,猖獗危害频率很高。而另一些地区该种害虫密度常年维持在较低水平。介于两者之间的为种群密度波动区,即有的年份发生多,有的年份发生很少。这种现象即为昆虫种群在不同栖息地的数量分布动态。

昆虫的种群密度也随自然界季节的演替而起伏波动。这种波动在一定的空间内常有相对的稳定性,从而形成种群的季节性消长。一年发生一代的昆虫,其季节消长比较简单,且较稳定,一年发生多代的昆虫则比较复杂,并且因地理条件和在当地发生代数的不同,种群消长变化较大。主要害虫的季节消长动态可分为:①单峰型,即一年内昆虫种群数量只出现一次高峰期,如小地老虎。②双峰型,即在生长季前、后期(春、秋季)各出现一次高峰,中期(夏季)常下降,也称马鞍型,如桃蚜等。③多峰型,即昆虫种群数量逐季递增,在全年出现多次峰期,又称波浪型,如棉铃虫。

(2) 种群数量变动的原因

种群数量动态,是指种群数量变动的特征和原因。昆虫种群数量是由种群存活率、生殖率和扩散迁移等因素相互作用的结果。而这些因素是受种群内遗传特性和外在环境因素的综合影响。因此,种群的数量动态取决于种群的内在因素和外在环境在一定空间与时间内的相互作用。内部因素主要是指决定种群繁殖特性(内禀增长率)的因素,外部因素包括影响种群动态的食物、天敌、气候等。

①内部因素。包括出生率、死亡率、迁入率、迁出率、年龄结构和性比等特征,是种群统计学的重要特征,它们影响着种群的动态。但是,每一个单独的特征都不能说明种群

整体动态问题。

自然界的环境条件不断变化，不可能对种群始终有利或始终不利，而是在两个极端情况之间变动。当条件有利时，种群的增长能力是正值，种群数量增加；当条件不利时，种群增长能力是负值，种群数量下降。因此，在自然界中种群实际增长率是不断变化着的。内禀增长率是指具有稳定年龄结构的种群，在食物与空间不受限制、同种其他个体的密度维持在最适水平、环境中没有天敌、并在某一特定的温度、湿度、光照和食物性质的环境条件组配下，种群的最大瞬时增长率。

种群内禀增长率是种群增殖能力的一个综合指标，它不仅考虑到生物的出生率、死亡率，同时还将年龄结构、发育速率、世代时间等因素也包括在内；它是物种固有的，由遗传性所决定，因此是种群增长固有能力的唯一指标；它可以敏感地反映出环境的细微变化，人们可以视之为特定种群对环境质量的反应的一个优良指标。

②外部因素。

a. 食物。食物对种群的生育力和死亡率有着直接或间接的影响，主要通过种内竞争的形式体现。在食物短缺的时候，种群内部必然会发生激烈的竞争，并使种群中的很多个体不能存活或生殖。如果食物的数量和质量都很高，种群的生殖力就会达到最大，但当种群增长达到高密度时，食物的数量和质量就会下降，结果又会导致种群数量下降。

b. 天敌。从理论上讲，天敌的数量和捕食效率如果能够随着猎物种群数量的增减而增减，那么，天敌就能够调节或控制猎物的种群大小。

c. 气候。对种群影响最强烈的外部因素是气候，特别是极端的温度和湿度条件。超出种群忍受范围的环境条件可能对种群产生灾难性的影响，因为它会影响种群内个体的生长、发育、生殖、迁移和散布，甚至会导致局部种群的毁灭。一般说来，气候对种群的影响是不规律的和不可预测的。种群数量的急剧变化常常直接同温度、湿度的变化有关。

1.2.6.2 森林害虫大发生的条件和过程

某种林木害虫种群数量剧增，达到猖獗危害的程度时，常称为森林害虫的大发生，其前提是要有虫源、发生基地(空间条件)，并经历一段过程。探讨害虫大发生的规律，在防治上具有重要意义。

(1) 森林害虫大发生的条件

①害虫的来源。一般有3个途径：第一是当地原有虫种。生物在历史演化中，在一定的地域形成一定的昆虫区系，如果长期大量使用化学农药，虽然某种森林害虫得到了抑制，但天敌昆虫也随之一扫而光，破坏了生态平衡，会使一些次要害虫转化为主要害虫。例如，山东的杨尺蛾、青海的榆黄蛱蝶等曾造成严重危害。第二是从其他寄主转移而来。例如，刺槐荚螟危害豆科植物，当大面积种植刺槐林后，刺槐荚螟就会从其他豆科植物转移到刺槐上来，从而有可能大发生。第三是从外地传播而来。随着林业事业的发展，种苗交换频繁，害虫就会随同寄主的运输而传播到本来没有这种害虫的地方。例如，美国白蛾、红脂大小蠹、松突圆蚧、杨干象等都是从国外传进我国的世界性检疫害虫。

②害虫发生基地。害虫在其分布区内，是以种群形式存在的。同一种群可能被分成许多亚种群，分别栖息在各自的生活小区(如丘陵、谷地等)内。对于害虫来说，这些生活小

区的生活环境条件是不完全相同的。某些生活小区有利于害虫的大量繁殖,经常保持相当大的虫口密度,再逢大发生条件(如适宜的温湿度,充足的食物,天敌又不多),害虫便首先爆发,成灾后再向周围扩大蔓延,这种具备害虫大量繁殖的环境,称危害虫发生基地(发源地)。例如,赤松毛虫在海拔 400 m 以下、四面环山的谷地、或三面环山的马蹄形山谷、10 余年生油松密林首先成灾,以后再向外蔓延。若及早掌握害虫发生基地情况,采取根治措施,就会节省很多人力、物力、财力和时间,减少损失。

(2)害虫大发生的过程

对于周期性大发生的森林害虫而言,每次大发生都是由少到多,由小到大种群数量的积累过程,具体可划分为以下阶段:

①准备阶段。虫口密度不大,天敌不多,食料充足,幼虫生长正常,繁殖率和存活率逐渐提高,虫口密度上升,而森林尚未受其严重危害,常不易引起重视。

②增殖阶段。害虫数量显著增加并继续上升,雌虫多于雄虫,森林被害征兆明显,害虫开始外迁,受害面积渐大,天敌向害虫发生地集中。

③猖獗阶段。虫口密度极度增加,可以使种群密度迅速增加到十倍至数千倍,几乎充满其栖境,食物开始趋向不足,幼虫生长发育受到抑制,繁殖率和存活率显著下降,雌虫比例减少,天敌数量增多,害虫数量转向衰退。

④衰退阶段。由于食物不足,天敌增多,致使害虫数量急剧下降,害虫繁殖力处于极低水平,危害盛期结束,天敌向周围迁移。

1.2.7 森林昆虫主要类群

自然界中昆虫的种类很多,人们要识别它们,首先必须逐一加以命名和描述,并按其亲缘关系的远近,归纳成为一个有次序的分类系统,才便于正确地区分它们,并进而阐明它们之间的系统关系。同时昆虫分类在生产实践上也有极其重要的意义。

1.2.7.1 昆虫分类单元

昆虫的分类阶元包括界、门、纲、目、科、属、种,种是分类的基本单位。昆虫分类学家从进化的观点出发,将那些形态性状、地理分布、生物、生态性状等相近缘的种类集合成属,将近缘属集合成科,将近缘科集合成目,将各目集合成纲,即昆虫纲。在分类等级中,通常还采用一些中间等级。如纲下设亚纲,目下设亚目,科下设亚科等。下面以马尾松毛虫为例,表示分类等级的顺序:

动物界　(Animalia)
　节肢动物门　(Arthropoda)
　　昆虫纲　(Insecta)
　　　有翅亚纲　(Pterygota)
　　　　鳞翅目　(Lepidoptera)
　　　　　异角亚目　(Heterocera)
　　　　　　蚕蛾总科　(Bombycoidea)

枯叶蛾科 （Lasiocampidae）

松毛虫属 （*Dendrolimus*）

马尾松毛虫 （*Dendrolimus punctatus* Walker）

1.2.7.2 昆虫命名法

按照国际动物命名法规，昆虫的科学名称采用林奈的双名法命名。

不同种或不同类群的生物，在不同国家或不同地方，都有其不同名称的使用，多局限于一定范围，多属于地方性的，一般将其称为俗名，俗名无法在国际上通用。为方便国际间科学资料、科学知识的交换及免除错误混乱起见，用拉丁文或拉丁化的文字去组成动物名称和分类单位，这种名称被称之为学名。

每一种昆虫的学名均由属名和种名组成，属名在前，种名在后，这种由双名构成学名的方法称为"双名法"。在学名后面附有命名者的姓，如马尾松毛虫（*Dendrolimus punctatus* Walker）。学名中属名第一个字母大写，种名第一个字母小写，命名者第一个字母大写。若是亚种，则采用"三名法"，将亚种名排在种名之后，第一个字母小写。如天幕毛虫（*Malacosoma neustria testacea* Motsh.），是由属名、种名、亚种名组成，命名者的姓置于亚种名之后。

凡是用现成学名首次记载本国或本地区的种类或类群，并在正式刊物上发表得到公认的，均称为国家或地区"新记录"。凡一个物种在世界上首次被记载，并发表在国家正式刊物上得到公认者，称为"新种"。"新种"一旦发表，又有他人用别的学名记载此种时，后来的学名一律作为"同物异名"处理，而不被采用。这种以最早名称为有效的规定称为"优先律"。

记载新种所采用的标本，称为"模式标本"。模式标本是定立新种的物质依据，它提供鉴定种的参考标准，必须妥善保存，以供长期使用。另选一个与正模相对性别的标本为配模，除正模外，记载新种时所依据的其余同种标本，称为副模。

昆虫纲各目的分类是根据翅的有无及其特征、变态类型、口器的构造、触角形状、足跗节及古昆虫（化石昆虫）的特征等。昆虫分类系统不断发展变化，各个分类学家分目各不相同。本书在34个目的分类系统基础上，将等翅目并入蜚蠊目，同翅目并入半翅目。

林业生产常见的昆虫主要类群包括直翅目、蜚蠊目、半翅目、缨翅目、鳞翅目、鞘翅目、膜翅目和双翅目等。

1.2.7.3 昆虫检索表

（1）昆虫检索表的类型

检索表是昆虫分类的重要工具，昆虫的鉴定主要根据昆虫的外部形态特征，结合查阅检索表进行。常用的检索表形式有单项式和两项式两种类型。

①单项式。这种形式的检索表比较节省篇幅，但相对性状相离很远，是其缺点。检索表的总序号数=2×(需检索项目数-1)。格式如下所示：

1(8)翅2对。

    2(7)前翅膜质。

```
3(6) 前翅不被鳞片。
    4(5) 雌腹部末端有蜇刺 ························································ 膜翅目
    5(4) 雌腹部末端无蜇刺 ························································ 脉翅目
  6(3) 前翅密被鳞片 ·································································· 鳞翅目
7(2) 前翅角质 ········································································· 鞘翅目
  8(1) 翅 1 对 ········································································· 双翅目
```

②两项式。这是目前最常用的形式。优点是每对性状互相靠近，便于比较，篇幅也节省；缺点是各单元的关系有时不明显。检索表的总序号数＝需检索项目数－1。格式如下所示：

```
1. 口器咀嚼式，适宜咬和咀嚼 ·················································· 2
1. 口器刺吸式，适宜吸收 ······················································· 5
 2. 前、后翅均为膜质 ························································· 3
 2. 前翅革质或角质，后翅膜质 ·············································· 4
  3. 第 1 腹节并入后胸，1、2 节间紧缩成柄状；触角丝状或膝状 ········ 膜翅目(Hymenoptera)
  3. 第 1 腹节不并入后胸；触角线状或念珠状，少数棒状 ··············· 脉翅目(Neuroptera)
   4. 前翅为复翅，触角丝状，通常有听器和发音器 ···················· 直翅目(Orthoptera)
   4. 前翅为鞘翅，体躯骨化而坚硬，触角形式多样 ···················· 鞘翅目(Coleoptera)
    5. 有翅 1 对，后翅特化为平衡棒 ···································· 双翅目(Diptera)
    5. 有翅 2 对，前翅半鞘质或质地均一，刺吸式口器由头的前或后方伸出 ········· 半翅目(Hemiptera)
```

(2) 昆虫检索表的编制

昆虫检索表编制原则：检索表应选用最明显的外部特征，而且要用绝对性状；检索表中同一序号下所列举的应是严格对称的性状，要一一对应，非此即彼，不能用重叠的性状；表述昆虫特征要简洁、明了、准确。

(3) 昆虫检索表的使用

使用下列昆虫纲成虫分目双项式检索表检索出供试标本所属目。

```
1. 无翅，或具极退化的翅 ······················································· 2
1. 有翅，或具发育不全的翅 ···················································· 9
 2. 口器咀嚼式，适宜咬和咀嚼 ·············································· 3
 2. 口器吸收式，适宜刺螯和吸收 ··········································· 8
  3. 腹部第 1 节并入后胸，第 1 和第 2 节之间紧缩或成柄状 ········ 膜翅目(Hymenoptera)
  3. 腹部第 1 节不并入后胸，也不紧 ····································· 4
   4. 后足腿节增大，适宜跳跃 ··········································· 直翅目(Orthoptera)
   4. 后足正常，并不特化为跳跃足 ······································ 5
    5. 前胸显著伸长，前足适宜捕捉 ·································· 螳螂目(Mantodea)
    5. 前胸不显著伸长，前足正常 ····································· 6
     6. 没有尾须，体躯骨化而坚硬，触角通常 11 节 ············· 鞘翅目(Coleoptera)
     6. 有尾须 ····························································· 7
      7. 跗节 5 节，体躯成棒状或叶状，触角丝状 ············· 竹节虫(Phasmida)
      7. 跗节 4 节，体躯不为棒状或叶状，触角念珠状 ········ 蜚蠊目(Blattaria)
       8. 跗节末端有泡状器，爪不很发达 ······················ 缨翅目(Thysanoptera)
       8. 跗节末端没有泡状器，有发达的爪 ··················· 半翅目(Hemiptera)
  9. 有翅 1 对，后翅特化为平衡棒 ·········································· 10
  9. 有翅 2 对 ································································· 11
```

10. 跗节5节 ··· 双翅目(Diptera)
　　10. 跗节仅1节(雄介壳虫) ··· 半翅目(Hemiptera)
　　11. 前后翅质地不同,前翅加厚,革质或角质,后翅膜质 ······································· 12
　　11. 前后翅质地相同,都是膜质 ·· 16
　　12. 前翅基部加厚,常不透明,端部膜质;口器适宜于穿刺及吸收 ······· 半翅目(Hemiptera)
　　12. 前翅质地全部一样 ··· 13
　　13. 前翅坚硬,角质化,没有翅脉,有覆盖后翅的保护作用 ············· 鞘翅目(Coleoptera)
　　13. 前翅革质或羊皮纸状,有网状脉,后翅在前翅下方,折叠成扇状 ························ 14
　　14. 后足腿节增大,适宜跳跃,或后足正常,前足变阔,
　　　　适宜开掘;静止时翅折叠成屋脊状;通常有听器和发音器 ······· 直翅目(Orthoptera)
　　14. 后足腿节正常;静止时翅平置在体躯上;没有发音器 ····································· 15
　　15. 前胸极度伸长,前足为捕捉足 ·· 螳螂目(Mantodea)
　　15. 前胸短,各足形状相同,体躯如棒状或叶状 ··························· 竹节虫目(Phasmida)
　　16. 翅面全部或部分有鳞片,口器为虹吸式或退化 ······················ 鳞翅目(Lepidoptera)
　　16. 翅面无鳞片,口器不为虹吸式 ·· 17
　　17. 口器刺吸式 ·· 18
　　17. 口器咀嚼式、嚼吸式或退化 ·· 19
　　18. 下唇形成分节的喙,翅缘无长毛 ·· 半翅目(Hemiptera)
　　18. 无分节的喙,翅极狭长,翅缘有长毛 ································· 缨翅目(Thysanoptera)
　　19. 前后翅相差大,后翅前缘有一排小的翅钩列,
　　　　用以和前翅相连 ··· 膜翅目(Hymenoptera)
　　19. 前后翅几乎相同,后翅前缘无翅钩列 ·· 20
　　20. 翅基部各有一条横的肩缝,翅易沿此缝脱;
　　　　触角念珠状 ·· 蜚蠊目(Blattaria)
　　20. 翅无肩缝;触角一般丝状 ··· 脉翅目(Neuroptera)

实操训练

实训三　昆虫外部形态识别

一、实训目标

通过本实训,使学生掌握昆虫体躯分段分节特点,识别各体段主要附器的基本结构和基本类型。

二、实训条件

可供40人操作的实训场所,具备新鲜的蝗虫标本和肢体及附器健全的各种昆虫标本以及双目体视显微镜、放大镜、镊子、培养皿、解剖针、解剖剪、蜡盘、昆虫针、标签等用具。

供试材料:蝗虫、虾、蜘蛛、步甲、蟑、蜻蜓、天牛、金龟甲、小蠹虫、蝶、叩头虫、白蚁、芫菁雄虫、大蚕蛾雄虫、蜜蜂、蝇、雄蚊、蝼蛄、螳螂、龙虱、蛾蝶幼虫及昆虫口器、触角、足、翅类型模式标本。

三、实训模式

以学习小组为单位组织教学。教师通过实物标本、蝗虫仿真模型及多媒体课件演示与讲授相结合,使学生理解昆虫外部形态相关知识,在此基础上,每个学习小组的学生利用为其提供的一套昆虫模式标本,借助实体显微镜、放大镜等工具观察实物并展开讨论,教师给予点评指导。

四、实训内容

(一)识别昆虫纲特征

方法提示:以蝗虫为例观察昆虫纲特征,对照虾、蟹、蜘蛛、蜈蚣等,比较昆虫纲与其他节肢动物的主要区别。

观察昆虫体躯分段分节特点：体分头、胸、腹部。头部分节现象消失，为一完整坚硬的头壳，其上生有1对复眼，3个单眼，两复眼内侧还着生有1对触角；胸部分前、中、后胸3节，每一胸节有4块骨板，即背板、腹板和两块侧板，各胸节具胸足1对，分别称前、中、后足，在背面有两对翅，前翅着生于中胸，后翅着生于后胸；腹部共11节，每节仅两块骨板——背板和侧板，节与节之间以膜相连，雌性蝗虫第8~9节的腹板上生有凿状产卵器。

（二）识别昆虫头式

方法提示：以蝗虫、步行虫和蜻象昆虫为例，观察3种昆虫头式特征。

(1) 下口式

口器向下着生，头部的纵轴与身体的纵轴大致呈直角。

(2) 前口式

口器在身体的前端并向前伸，头部纵轴与身体纵轴呈一钝角甚至平行。

(3) 后口式

口器由前向后伸，几乎贴于体腹面，头部纵轴与身体纵轴呈锐角。

（三）识别昆虫触角

方法提示：用镊子将蜜蜂的触角从基部取下，放置解剖镜下观察柄节、梗节和鞭节的特征；观察各种昆虫供试标本，对照下列类型特征进行识别。

(1) 丝状

细长，基部1、2节稍大，其余各节大小、形状相似，逐渐向端部缩小。

(2) 刚毛状

短小，基部1、2节较粗，鞭节突然缩小似刚毛。

(3) 念珠状

鞭节各节大小相近，形如小珠，触角好像1串珠子。

(4) 锯齿状

鞭节各节向1侧突出成三角形，像锯齿。

(5) 栉鞭状

鞭节各节向1侧突出很长，形如梳子。

(6) 鞭状

基部膨大，第2节小，鞭节部分特长，较粗如鞭。

(7) 羽毛状

鞭节各节向两侧突出，形似羽毛。

(8) 球杆状

鞭节细长如丝，端部数节逐渐膨大如球状。

(9) 锤状

鞭节端部数节突然膨大，形状如锤。

(10) 鳃片状

端部3~7节向1侧延展成薄片状叠合在一起，可以开合，状如鱼鳃。

(11) 具芒状

一般3节，短而粗，末端1节特别膨大，其上有1根刚毛状结构，称为触角芒，芒上有时还有细毛。

(12) 环毛状

鞭节各节有1圈细毛，近基部的毛较长。

(13) 膝状

柄节特别长，梗节短小，鞭节由大小相似的节组成，在柄节和鞭节之间成膝状弯曲。

（四）识别昆虫口器

方法提示：用镊子将口器各部分依次逐步取下，放在白纸上，详细观察各部分形态。

(1) 咀嚼式口器

观察蝗虫的口器，上唇是位于唇基下方的一块膜片；上颚1对，为坚硬的锥状或块状物；下颚1对，具下颚须，下唇左右相互愈合为1片，具有下唇须，舌位于口的正中线中央，为一囊状物。

(2) 刺吸式口器

观察蝉的口器，触角下方的基片为唇基，分为前、后两部分，后唇基异常发达，易被误认为是"额"；在前唇基下方有1个三角形小膜片，即上唇；喙则演化成长管状，内藏有上、上颚所特化成的4根口针。

(3) 虹吸式口器

观察粉蝶的口器，可看到一卷曲的似钟表发条一样的构造，它是由左、右下颚的外颚叶延长特化、相互嵌合形成的一中空的喙，为蛾、蝶类昆虫所特有。

（五）识别昆虫足

方法提示：用镊子将蝗虫后足从基部取下，置于解剖镜下观察基节、转节、腿节、胫节、跗节和前跗节的特点；观察各种昆虫供试标本，根据下列特点判别其足的类型。

(1) 步行足

没有特化，适于行走。

(2) 开掘足

一般由后足特化而成。胫节扁宽，外缘具坚硬的齿，便于掘土。

(3) 跳跃足

一般由后足特化而成，腿节发达，胫节细长，适于跳跃。

(4) 携粉足

后足胫节端部宽扁，外侧凹陷，凹陷的边缘密生长毛，可以携带花粉，称为花粉篮。第1节跗节膨大，内侧有横列刚毛，可以梳集黏附体毛上的花粉，称为花粉刷。

(5) 游泳足

一般由中足和后足特化而成。各节扁平，胫节和跗节边缘着生多数长毛，适于游泳。

(6) 捕捉足

由前足特化而成，基节延长，腿节的腹面有槽，胫节可以弯折嵌合于内，用以捕捉猎物。有的腿节还有刺列，用以抓紧猎物。

(7) 抱握足

其跗节特别膨大，上有吸盘结构，借以抱握雌虫。

(六) 识别昆虫翅

方法提示：取夜蛾前翅，认识翅的三缘、三角、四区。用镊子小心取下夜蛾、粉蝶、蜜蜂的前、后翅，注意观察它们的翅间连锁方式。然后，将夜蛾翅置于培养皿中，滴几滴煤油浸润，用毛笔在解剖镜下将鳞片刷去，观察翅脉；观察供试标本，根据下列特点判断翅的类型。

(1) 复翅

翅形狭长，革质。

(2) 膜翅

薄而透明或半透明，翅脉清新。

(3) 鳞翅

膜质的翅面上布满鳞片。

(4) 半鞘翅

翅基半部角质或革质硬化，无翅脉，端半部膜质有翅脉。

(5) 鞘翅

质地坚硬，无翅脉或不明显。

(6) 平衡棒

后翅退化成棒状，起平衡作用。

五、 实训成果

①每人绘蝗虫体躯侧面图，并注明各部分名称。

②将剖蝗虫和蜡口器，按次序贴于白纸上，并注明各部分名称。

③写出供试标本口器、触角、足、翅的基本类型。

实训四 识别昆虫的变态类型及习性

一、实训目标

通过本实训，使学生掌握昆虫的变态类型，识别昆虫个体发育习性与特点。

二、实训条件

可供40以上人操作的实训实，并配有培养器、指形管、玻璃瓶、养虫缸、养虫笼、放大镜、镊子、蜡盘等用具。

供试材料：各种昆虫生活史标本。

三、实训模式

课上采用实验观察法，学生分组操作，在教师指导下完成昆虫变态类型识别；成立课外学习小组，通过对昆虫进行饲养，观察记录昆虫个体发育过程及习性。

四、实训内容

方法提示：以小组为单位，野外采集易室内饲养的昆虫，描述昆虫个体发育特点及习性，及时填写观察记录。

(一) 识别昆虫变态类型

(1) 不完全变态类型

①渐变态。以蝗虫、蜡象的生活史标本为例，注意若虫和成虫在形态上的差异。

②半变态。以蜻蜓生活史标本为例，注意稚虫与成虫的区别。

③过渐变态。观察雄性介壳虫生活史标本，注意观察类似"蛹"的特征。

(2)完全变态

以蛾蝶类、甲虫类等生活史标本为材料，观察卵、幼虫、蛹、成虫的特点，注意与不全变态类型的区别。

(二)昆虫的生活史观察

(1)采集昆虫

根据当地季节情况，在野外采集1~2种容易室内饲养的昆虫。

(2)饲养昆虫

根据所饲养昆虫的生活习性，设置相应的饲养环境。要求室内光线充足、空气流通、温湿适宜、清洁卫生。每天根据昆虫取食特性，供给新鲜的寄主食物，确保所饲养昆虫能正常生长发育。

(3)昆虫个体发育及习性观察

在昆虫饲养过程中，小组轮流值班，应认真仔细观察，随时把虫体每天的变化及活动情况，包括孵化、蜕皮、化蛹、羽化、交配、产卵及各虫态的发育历期等记录下来。

(4)资料整理

汇总整理昆虫生物学特性报告。

五、实训成果

以小组为单位完成所饲养昆虫的生物学特性报告。

实训五　昆虫主要类群识别

一、实训目标

能正确使用和保养双目实体解剖镜；识别与林业相关的主要昆虫目及科特征，学会昆虫检索表的编制与运用方法。

二、实训条件

可供40人操作的实训场所，每人一台双目实体解剖镜，具备镊子、解剖针、蜡盘等用具和直翅目、蜚蠊目、半翅目、鞘翅目昆虫分科标本。

三、实训模式

课前布置任务，学生以小组为单位到野外各种昆虫标本，训练时，先让学生对自己采集的昆虫进行观察，结合供试标本，根据昆虫检索表进行分类鉴别，教师予以指导并归纳总结。

四、实训内容

方法提示：利用肉眼、放大镜或双目实体解剖镜观察虫体大小、颜色、翅的有无及其特征、变态类型、口器的构造、触角形状、足跗节及生殖器等特点，利用昆虫检索表识别昆虫所属目和科。

(一)直翅目及主要科的识别

直翅目(Othoptera)通称为蝗虫、蟋蟀、蝼蛄等。体中至大型。口器咀嚼式。复眼发达，通常具单眼3个。触角丝状。有翅或无翅，前翅狭长为复翅，后翅膜质。后足为跳跃足或前足为开掘足；跗节2~4节。雌虫多具发达的产卵器，呈剑状、刀状或凿状。雄虫通常有听器或发音器。渐变态。多数植食性。常见下列各科。

(1)蝗科(Acrididae)

俗称蝗虫或蚂蚱。触角丝状或剑状。多数种类有2对翅，亦有短翅或无翅种类。跗节3节。听器在腹部第1节的两侧。产卵器短锥状。为典型的植食性昆虫。常见的有黄脊竹蝗(Ceracris kiangsu Tsai)、棉蝗[Chondracris rosea(De Geer)]。

(2)蟋蟀科(Gryllidae)

体粗壮，色暗。触角比体长，丝状。听器在前足胫节基部。跗节3节。产卵器细长，矛状。尾须长。植食性，穴居，危害各种苗木的近地面部分。如大蟋蟀(Brachytrupes portentosus Lichtenstein)。

(3)蝼蛄科(Gryllotalpidae)

触角较体短。前足为典型的开掘足。前翅短，后翅宽并纵卷。听器在前足胫节上。产卵器不外露。植食性。常见的有华北蝼蛄(Gryllotalpa unispina Saussure)和东方蝼蛄(G. orientalis Burmeister)。

(二)蜚蠊目及主要科的识别

蜚蠊目下以白蚁与林业关系最为密切，以白蚁为对象进行观察。体长3~10 mm。触角念珠状。口器咀嚼式。有翅型前后翅大小形状和脉序都很相似。跗节4~5节。尾须短。

白蚁为多型性营社会性的昆虫，有较复杂的"社会"组织和分工。1个群体具有繁殖蚁和无翅无生殖能力的兵蚁与工蚁共同生活。"蚁王""蚁后"专负责生殖。工蚁在群体中的数量最多，其职能是觅食、筑巢、开路、饲育蚁王、蚁后、幼蚁和兵蚁，照料幼蚁、搬运蚁卵、培养菌圃等。兵蚁一般头部发达，上颚强大，有的有分泌毒液的额管，兵蚁的职能是保卫王宫、守巢、警卫、战斗等。

渐变态，卵呈卵形或长卵形。生殖蚁包括雌雄两性，具翅，每年春夏之交即达性成熟。大多数在气候闷热、下雨前后，从巢内飞出，群集飞舞，求偶交配，落到地面交配，翅在爬动中脱落，钻入土中，建立新蚁落。

白蚁按建巢的地点可分木栖性白蚁、土栖性白蚁、土木两栖性白蚁3类。主要分布于热带、亚热带，少数分布于温带。我国近年来分布较为普遍，危害较重。常见的有黑翅土白蚁[*Odontotermes formosanus* (Shiraki)]。常见下列各科。

(1)鼻白蚁科（Rhinotermitidae）

头部有囟。前胸背板扁平，狭于头。前翅鳞显然大于后翅鳞，其顶端伸达后翅鳞。尾须2节。土木两栖。常见的有台湾乳白蚁（*Coptotermes formosanus* Shiraki）。

(2)蚁科（Termitidae）

头部有囟。前翅鳞仅略大于后翅鳞，两者距离仍远。尾须1~2节。土栖为主。常见的有黑翅土白蚁等。

(三)半翅目及主要科的识别

体小至大型。口器刺吸式，渐变态。大多陆生，少数水生。捕食性或植食性。体微小至大型，触角刚毛状或丝状。口器刺吸式，从头部腹面的后方伸出，喙通常3节。前翅革质或膜质，后翅膜质，静止时平置于体背上呈屋脊状，有的种类无翅。有些蚜虫和雌性介壳虫无翅，雄介壳虫后翅退化成平衡棒，渐变态，而粉虱及雄蚧为过渐变态。两性生殖或孤雌生殖，植食性，刺吸植物汁液，造成生理损伤，并可传播病毒或分泌蜜露，引起煤污病。观察观察缘蝽、网蝽、猎蝽、盲蝽、蝉、叶蝉、蜡蝉、木虱、粉虱、蚜、蚧等昆虫实物或标本，识别各科形态特征。

(1)蝽科（Pentatomidae）

小至大型。触角5节，部分种类4节。有单眼。喙4节。小盾片发达，三角形至少超过爪片长度。前翅膜片上一般有5条纵脉，多从1条基横脉上分出。跗节3节。常见的有荔枝蝽（*Tessaratoma papillosa* Drury）、麻皮蝽[*Erthesina fullo* (Thunberg)]等危害许多森林植物。

(2)缘蝽科（Coreidae）

中型至大型。体狭长至椭圆形。触角4节，具单眼，喙4节。小盾片不超过爪片的长度，膜片上有许多条平行的翅脉。有时后足腿节粗大，具瘤状或刺状突起，胫节成叶状或齿状扩展。植食性。如危害竹类的竹缘蝽属（*Notobitus*）等。

(3)网蝽科（Tingidae）

小型、体扁平。触角4节，第3节极长。头部、前胸背板及前翅上有网状纹。跗节2节。植食性。常见的有梨网蝽（*Stephanitis nashi* Esaki et Takeya）等。

(4)盲蝽科（Miridae）

体小至中型。触角4节，无单眼，喙4节，第1节与头部等长或略长。前翅具楔片，膜片仅有1~2个翅，纵脉消失。大多植食性。常见的有绿盲蝽（*Lygocoris lucorum* Meyer-Dür）等。

(5)猎蝽科（Reduviidae）

小至中型。头窄长，眼后部分缢缩如颈状。喙3节，弓状。前胸腹板两前足间有具横皱的纵沟。前翅膜片具2翅室，端部伸出1长脉。捕食性。如黑红猎蝽[*Haematoloecha nigrorufa* (Stal)]。

(6)蝉科（Cicadidae）

中至大型。触角刚毛状。单眼3个，呈三角形排列。翅膜质透明，脉较粗。雄虫具发音器，雌虫具发达的产卵器。成虫与若虫均刺吸植物汁液，若虫在土中危害根部，成虫危害还表现在雌虫产卵于枝条中，导致枝条枯死。常见的有蚱蝉[*Cryptotympana atrata* (Fabricius)]。

(7)叶蝉科（Cicadellidae）

体小型，狭长。触角刚毛状。单眼2个。后足胫节有1~2列短刺。叶蝉善跳，有横走习性。常见的有大青叶蝉[*Tettigoniella viridis* (Linnaeus)]、小绿叶蝉[*Empoasca flavescens* (Fabricius)]。

(8)蜡蝉科（Fulgoridae）

中至大型，体色美丽。额常向前延伸而多少

呈象鼻状。触角3节，基部两节膨大如球，鞭节刚毛状。常见的有碧蛾蜡蝉 [*Geisha distinctissima* (Walker)]、斑衣蜡蝉 [*Lycorma delicatula* (White)] 等。

(9) 木虱科 (Psyllidae)

体小型。触角较长，9~10节，末端有2条不等长的刚毛。单眼3个。翅两对，前翅质地较厚。跗节2节。若虫椭圆形或长圆形，许多种类被蜡丝。常见的有柑橘木虱 (*Diaphorina citri* Kuwayama)、蒲桃木虱 (*Trioza syzygii* Li et Yang) 等。

(10) 粉虱科 (Aleyrodidae)

体小型。触角7节，第2节膨大。翅膜质，被有蜡粉。跗节2节。幼虫、成虫腹末背面有管状孔。过渐变态。3龄幼虫蜕皮而"化蛹"，容易与介虫混淆。常见的有黑刺粉虱 (*Aleurocanthus spiniferus* Quaintance)、柑橘粉虱 [*Dialeurodes citri* (Ashmead)] 等均危害多种林木。

(11) 蚜总科 (Aphidoidea)

小型多态昆虫，同种有无翅和有翅型。触角丝状，3~6节。前翅比后翅大，前翅有翅痣，径分脉，中脉分叉。腹部第6腹节背侧有一对管状突起称为"腹管"，末节背板和腹板分别形成尾片和尾板。繁殖方式有两性生殖和孤雌生殖，卵生或卵胎生。生活周期复杂，一般在春、夏两季进行孤雌生殖，而在秋冬时期进行两性生殖。

被蚜虫危害的叶片，常常变色，或卷曲凹凸不平，或成虫瘿，或使植物长成畸形。蚜虫还可传播病毒。蚜虫分泌的蜜露，可诱发植物的煤污病。常见的有棉蚜 (*Aphis gossypii* Glover)、桃蚜 (*Myzus persicae* Sulzer) 等。

(12) 蚧总科 (Coccoidea)

通称介壳虫。形态奇特，雌雄异型。雌虫无翅，口器发达，喙短，1~3节，多为1节，口针很长。触角、复眼和足通常消失。体壁上常被蜡粉或蜡块，或有特殊的介壳保护。雄虫体长形，有1对薄的膜质前翅，后翅退化成平衡棒。触角长念珠状。口器退化。寿命短。卵圆球形或卵圆形，产在雌虫体腹面、介壳下或体后的蜡质袋内。雌虫为渐变态，雄虫为过渐变态。孤雌生殖或两性生殖，卵生或卵胎生，1年1代或多代。全世界已知5000多种。常见的有吹绵蚧 (*Icerya Purchasi* Maskell)、日本松干蚧 [*Matsucoccus matsumurae* (Kuwana)]。

(四) 鞘翅目及主要科的识别

通称甲虫，是昆虫纲中最大的1个目。体微小至大型，体壁坚硬。复眼发达，一般无单眼。触角一般11节，形状多样。口器咀嚼式。前翅坚硬、角质为鞘翅，后翅膜质。跗节数目变化很大。完全变态。幼虫寡足型或无足型，口器咀嚼式。蛹多为裸蛹。植食性、捕食性或腐食性。

观察步甲、叶甲、瓢甲、象甲、金龟甲、天牛、小蠹虫等实物或标本，识别其形态特征。

(1) 步甲科 (Carabidae)

通称步行甲。体小至大型，体黑色或褐色而有光泽。头小于胸部，前口式。触角丝状，着生于上颚基部与复眼之间，触角间距离大于上唇宽度。跗节5节。多生活于地下，落叶下面。成虫、幼虫均为肉食性。常见的属有步行甲属 (*Carabus*)、胫步甲属 (*Calosoma*) 等。

(2) 瓢甲科 (Coccinellidae)

体呈半球形或椭圆形，腹面扁平，背面拱起，外形似瓢。头小，后部隐藏于前胸背板下。触角锤状。跗节"似为3节"。多数肉食性，成虫和幼虫都捕食蚜虫、蚧虫、粉虱、螨类等害虫，如七星瓢虫 (*Coccinella septempunctata* Linnaeus)。少数植食性，如二十八星瓢虫 (*Epilachna vigintioctomaculata* Motschulsky)。

(3) 叶甲科 (Chrysomelidae)

体小至中型，成虫常具有金属光泽。触角丝状，一般短于体长之半，不着生在额的突起上。复眼圆形，不环绕触角。跗节"似为4节"。幼虫肥壮，具3对胸足。植食性。常见的有泡桐叶甲 [*Basiprionota bisignata* (Boheman)]。

(4) 天牛科 (Cerambycidae)

体长圆筒形。触角长，常超过体长，至少超过体长的一半，着生于额的突起上。复眼环绕触角基部，呈肾形。跗节"似为4节"。幼虫体肥胖，无足。主要以幼虫进行危害，钻蛀树干、树根或树枝，为重要的蛀干害虫。常见的有星天牛 (*Anoplophora chinensis* Forster)、桑天牛 (*Apriona germari* Hope) 等。

(5) 金龟总科 (Scarabaeoidea)

通称金龟子。体粗壮。触角鳃片状，末端3~

8节呈叶片状。前足开掘式，跗节5节。腹部可见5~6节。幼虫寡足型，体成"C"形弯曲，俗称蛴螬。多数种类植食性，取食植物的叶、花、果等部位，幼虫取食植物幼苗的根、茎。此外，还有腐食性及粪食性。常见的有红脚绿金龟（*Anomala cupripes* Hope）、小青花金龟[*Oxycetonia jucunda*（Faldermann）]等。

（6）象甲科（Curculionidae）

通称象鼻虫。小至大型。头部前方延长成象鼻状。触角膝状，末端膨大为锤状。幼虫无足型。成虫和幼虫均为植食性。常见的有绿鳞象甲（*Hypomeces squamosus* Fabricius）等。

（7）小蠹科（Scolytidae）

体长0.8~9 mm，圆筒形，色暗。触角短而呈锤状。头后部为前胸背板所覆盖。前胸背板大，常长于体长的1/3，且与鞘翅等宽。足短粗，胫节强大。幼虫无足型。成虫和幼虫蛀食树皮和木质部，构成各种图案的坑道系统。如脐腹小蠹（*Scolytus scheryrevi* Semenov）、松纵坑切梢小蠹（*Tomicus piniperda* Linnaeus）等。

（五）鳞翅目及主要科的识别

鳞翅目包括蝶类和蛾类（表1-5）。全世界已知约20万种，是昆虫纲中的第2大目。体小至大型，翅展3~265 mm。口器虹吸式，喙由下颚的外颚叶形成，不用时卷曲于头下。翅一般2对，前后翅均为膜质，翅面覆盖鳞片。幼虫多足型，俗称毛毛虫。具有3对胸足。一般有2~5对腹足。腹足端部常具趾钩。幼虫体表常具各种外被物。蛹主要为被蛹。完全变态。大多为植食性。

表1-5 蝶类与蛾类的区别

名称	蝶类	蛾类
触角	锤状、球杆状	丝状、羽毛状等
翅形	大多数阔大	大多数狭小
腹部	瘦长	粗壮
前后翅联络	无连接器	有特殊连接器
停栖时翅位	四翅竖立于背	四翅平展呈屋脊状
成虫活动时间	白天	晚上

（1）木蠹蛾科（Cossidae）

中型至大型，体肥大，翅面常有黑色斑纹。喙退化。M脉主干在中室内分叉，R_4、R_5共柄，有径副室。幼虫粗壮，多为红色或黄白色。如柳蠹蛾（*Holcocerus vicarius* Walker）等。

（2）蓑蛾科（Psychidae）

雌雄异型，雄具翅，翅上稀被毛和鳞片。触角双栉状。雌蛾无翅，触角、口器和足退化。幼虫胸足发达。幼虫吐丝缀叶，造袋囊隐居其中，取食时头胸伸出袋外。常见的有大袋蛾（*Clania variegata* Snellen）、小袋蛾（*C. minuscula* Butler）等。

（3）尺蛾科（Geometridae）

又名尺蠖科。体细长。翅大而薄，前后翅颜色相似并常有波纹相连，前翅R_3~R_5常共柄，后翅$Sc+R_1$与Rs在中室基部接近或并接。幼虫只有2对腹足。常见的有油茶尺蛾（*Biston marginata* Shiraki）等。

（4）枯叶蛾科（Lasiocampidae）

中至大形，体粗壮多毛。触角双栉齿状。喙退化。无翅缰，M_2近M_3，前翅R_4长而游离，R_5与M_1共柄。后翅肩角扩大，有1~2条肩脉。幼虫多长毛，中后胸具毒毛带，腹足趾钩2序中带。常见的有马尾松毛虫[*Dendrolimus pnnctatus*（Walker）]等。

（5）天蛾科（Sphingidae）

大型蛾类，体粗壮呈梭形。触角末端弯曲成钩状。喙发达。前翅狭，外缘倾斜。后翅小。幼虫肥大，第8腹节背中央有一尾角。常见的有霜天蛾[*Psilogramma menephron*（Cramer）]等。

（6）螟蛾科（Pyralidae）

小至中型，体瘦长。触角丝状。前翅狭长，无1A，后翅$Sc+R1$与Rs在中室外平行或合并，M1与M2基部远离，各出中室两角。幼虫体无次生毛，趾钩多为双序缺环。常见的有黄杨绢野螟（*Diaphania perspectalis* Walker）等。

（7）刺蛾科（Eucleidae）

中型蛾子，体粗壮多毛。喙退化。触角线状，雄蛾为栉齿状。翅宽而密被厚鳞片，多呈黄、褐色或绿色。幼虫蛞蝓型。头内缩，胸足退化，腹足吸盘状。体常被有毒枝刺或毛簇。化蛹在光滑而坚硬的茧内。常见的有黄刺蛾[*Cnidocampa flavescens*（Walker）]。

(8) 毒蛾科 (Lymantriidae)

体中型。喙退化。触角栉状或羽状。休止时，多毛的前足向前伸出。有的种类雌蛾无翅。前翅 M_2 近 M_3，后翅 $Sc+R_1$ 与 Rs 在中室中部并接或接近。幼虫生有毛瘤或毛刷，第 6、7 腹节背面中央各有 1 个翻缩腺。常见的有古毒蛾 [Orgyia antiqua (Linnaeus)]、乌桕黄毒蛾 [Euproctis bipunctapex (Hampson)] 等。

(9) 夜蛾科 (Noctuidae)

中至大型，体翅多暗色，常具斑纹。喙发达。前翅 M_2 近 M_3，后翅 $Sc+R_1$ 与 Rs 在中室基部并接。幼虫体粗壮。光滑少毛，颜色较深。腹足 3~5 对，第 1、2 对腹足常退化或消失。趾钩为单序中带。常见的有小地老虎 [Agrotis ypsilon (Rottemberg)]、斜纹夜蛾 [Prodenia litura (Fabricius)] 等。

(10) 灯蛾科 (Hypercompe)

一般小至中型，少数大型。体色较鲜艳，通常具红色或黄色斑纹，有些种类为白底黑纹，形如虎斑。成虫休息时将翅折叠成屋脊状，多在夜间活动，趋光性较强，如遇干扰，能分泌黄色腐蚀性刺鼻的臭油汁，有些种类甚至能发出爆裂声以驱避敌害。灯蛾幼虫体长而密的毛簇，体色常为黑色或褐色。腹足 5 对。卵圆球形，表面有网状花纹。蛹有丝质茧，茧上混有幼虫体毛。常见种类美国白蛾 [Hlyphantria cunea (Drury)]、花布灯蛾 (Camptoloma interiorata Walker) 等。

(11) 凤蝶科 (Papilionidae)

中至大型，颜色鲜艳。后翅外缘呈波状或在 M_3 处外伸成尾突，前翅 R 分 5 支。幼虫的后胸显著隆起，前胸背中央有一臭丫腺，受惊时翻出体外。如柑橘凤蝶 (Papilio xuthus Linnaeus)、玉带凤蝶 (P. polytes Linnaeus) 等。

观察粉蝶、蛱蝶、凤蝶、木蠹蛾、枯叶蛾、透翅蛾、刺蛾、卷蛾、毒蛾、螟蛾、袋蛾、舟蛾、夜蛾、尺蛾、灯蛾、蚕蛾、天蛾、松毛虫等昆虫实物或标本，识别各科形态特征。

(六) 膜翅目及主要科的识别

通称蜂、蚁。体微小至大型。触角多于 10 节，有丝状、膝状等。口器咀嚼式或嚼吸式。翅两对，膜质，翅脉少。跗节 5 节，有的足特化为携粉足。腹部第 1 节常与后胸连接，胸腹间常形成细腰。雌虫产卵器发达，高等种类形成针状构造。完全变态。幼虫多足型、寡足型和无足型等。蛹为离蛹。捕食性、寄生性或植食性。全世界有 10 万种以上，我国已知 2000 种，分为 2 个亚目。

(1) 三节叶蜂科 (Argidae)

体小而粗壮。触角 3 节，第 3 节最长。前足胫节具 2 端距。幼虫自由取食，具 6~8 对腹足。如蔷薇叶蜂 (Arge nigrinodosa Motschulsky) 等。

(2) 叶蜂科 (Tenthredinidae)

触角丝状或棒状，7~15 节，多数为 9 节。翅上具 1~2 个径室。前足胫节有 2 个端距。小盾片后方具一后小盾片。幼虫具 6~8 对腹足。常见的有樟叶蜂 (Mesoneura rufonota Rohwer) 等。

(3) 姬蜂科 (Ichneumonidae)

触角长丝状。足细长，转节 2 节。前翅具翅痣，前翅有 2 个回脉，3 个盘室。产卵器长，常外露。如松毛虫黑点瘤姬蜂 (Xanthopimpla pedator Krieher)。

(4) 茧蜂科 (Braconidae)

体小至中型。体长一般不超过 12 mm。触角丝状。前翅只有 1 条回脉即第 1 回脉，2 个盘室。前胸腹节大，具刻点或分区。腹部圆筒形或卵形，基部有柄或无柄。产卵器自腹部末端之前伸出，长短不等，甚至有超过体长数倍的。卵产于寄主体内，幼虫内寄生，有多胚生殖现象。在寄主体内、体外或附近，结黄色或白色小茧化蛹。常见的有寄生于蚜虫的桃瘤蚜茧蜂 (Ephedrus persicae Frogg)，寄生于松毛虫、舞毒蛾等的松毛虫绒茧蜂 [Apanteles ordinarius (Ratzeburg)]。

(七) 双翅目及主要科的识别

通称蚊、虻、蝇。微小至大型。触角线状、具芒状、环毛状等。口器刺吸式、刮吸式或舐吸式等。仅生一对前翅，膜质，后翅退化成平衡棒。幼虫无足型，一般头小且内缩。围蛹 (蝇) 或被蛹 (蚊)。完全变态。食性复杂，有植食性、腐食性、捕食性和寄生性等。全世界有 90 000 多种，分为 3 个亚目。

观察食蚜蝇、寄蝇等昆虫实物或标本，识别各科形态特征。

(1) 食蚜蝇科(Syrphidae)

触角具芒状。体形似蜜蜂，具蓝、绿等金属光泽或各种斑纹。翅上 R 与 M 脉之间有一纵褶称"伪脉"。成虫活泼。幼虫可捕食蚜虫，常在蚜虫密集处可见到。常见的种类有黑带食蚜蝇(*Episirphus balteatus* De Geer)。

(2) 寄蝇科(Tachinidae)

大多中型，多长刚毛及鬃，暗灰色，带褐色斑纹。触角芒光裸或具微毛。前翅 M_{1+2} 脉向前弯曲。后胸盾片很发达，露出在小盾片外成一圆形突起，从侧面看特别明显。腹末多刚毛。幼虫蛆形，前端尖，末端平截，前气门小，后气门显著。成虫产卵在寄主体表、体内或寄主食物上。幼虫多寄生于鳞翅目幼虫及蛹，亦寄生于鞘翅目、直翅目和其他昆虫上。常见的种类有松毛虫狭颊寄蝇(*Carcelia rasella* Baranov)等。

五、实训成果

每人完成一份实训报告，根据所观察的各科特征编制昆虫检索表。

> 自测练习

一、名词解释

1. 孵化；2. 龄期；3. 羽化；4. 补充营养；5. 孤雌生殖；6. 变态；7. 世代；8. 年生活史；9. 世代重叠；10. 休眠；11. 滞育；12. 性二型；13. 多型现象；14. 趋性。

二、填空题

1. 昆虫的头部是(　　)中心，胸部是(　　)中心，腹部是(　　)中心。

2. 昆虫最原始的口器类型是(　　)，危害植物后，会造成的危害状是(　　)。

3. 刺吸式口器是由(　　)进化而来，危害植物后，会造成的危害状是(　　)。

4. 昆虫的足一般分为(　　)节，分别是(　　)。

5. 昆虫的触角一般分为(　　)节，分别是(　　)。

6. 昆虫的发育分为(　　)和(　　)两个阶段。

7. 昆虫生殖方式分为(　　)、(　　)和(　　)。

8. 昆虫的变态类型有(　　)和(　　)。

9. 全变态昆虫一生经历(　　)、(　　)、(　　)和(　　)4个虫态。

10. 昆虫幼虫的主要类型有(　　)、(　　)、(　　)和(　　)。

11. 昆虫食性按食物性质分可分为(　　)、(　　)、(　　)和(　　)。

12. 昆虫的习性主要有(　　)、(　　)、(　　)等，用糖醋液来诱杀害虫是利用了害虫的(　　)性，利用黑光灯诱杀害虫，是利用了害虫的(　　)性。

13. 昆虫生长发育的最适温区为(　　)℃，最适宜的相对湿度为(　　)左右。

三、单项选择题

1. 下列属于昆虫的是(　　)。

A. 蝗虫　　　B. 蜘蛛　　　C. 蜈蚣　　　D. 螨类

2. 具有开掘足的昆虫是(　　)。

A. 蝼蛄　　　B. 蝗虫　　　C. 蝇类　　　D. 步行虫

3. 下列昆虫中，(　　)属于鳞翅目昆虫。
   A. 天牛　　　　B. 蝼蛄　　　　C. 刺蛾　　　　D. 梨网蝽

4. 有些害虫能诱发煤污病，(　　)属于此类害虫。
   A. 蚜虫　　　　B. 黄刺蛾　　　C. 桑天牛　　　D. 小地老虎

5. 蚜虫于腹部的第6腹节背侧，具有1对(　　)。
   A. 翻缩腺　　　B. 刺突　　　　C. 毛瘤　　　　D. 腹管

6. 昆虫纲中最大的目是(　　)。
   A. 鳞翅目　　　B. 半翅目　　　C. 鞘翅目　　　D. 直翅目

7. 下列昆虫中属于半翅目昆虫的是(　　)。
   A. 刺蛾　　　　B. 蝼蛄　　　　C. 梨网蝽　　　D. 天牛

8. 花上出现缺刻、孔洞的被害状，这种害虫的口器一般是(　　)。
   A. 刺吸式　　　B. 咀嚼式　　　C. 虹吸式　　　D. 锉吸式

9. 金龟子的幼虫称为(　　)。
   A. 金针虫　　　B. 地蛆　　　　C. 哈虫　　　　D. 蛴螬

10. 下列昆虫中，属于植食性的是(　　)。
    A. 蝗虫　　　　B. 粪金龟子　　C. 寄生蝇　　　D. 胡蜂

11. 下列昆虫中营孤雌生殖方式的是(　　)。
    A. 大蓑蛾　　　B. 刺蛾　　　　C. 天牛　　　　D. 蚜虫

12. 下列昆虫成虫中雌雄性二型明显的是(　　)。
    A. 大蓑(袋)蛾　B. 金龟子　　　C. 桑天牛　　　D. 刺蛾

13. 昆虫完成胚胎发育后，幼虫破卵而出的现象，称为(　　)。
    A. 孵化　　　　B. 羽化　　　　C. 脱皮　　　　D. 化蛹

14. 落叶毛虫幼虫脱4~5次皮食量最大，危害最严重，此时幼虫的虫龄为(　　)龄。
    A. 4~5　　　　B. 3~4　　　　C. 5~6　　　　D. 3~5

15. 下列昆虫中属于寄生性的是(　　)。
    A. 瓢虫　　　　B. 猎蝽　　　　C. 赤眼蜂　　　D. 寄蝇

16. 下列昆虫中具捕食性的是(　　)。
    A. 螳螂　　　　B. 周氏啮小蜂　C. 赤眼蜂　　　D. 寄蝇

17. 下列昆虫中属于完全变态的是(　　)。
    A. 蝼蛄　　　　B. 叶蝉　　　　C. 蚜虫　　　　D. 家蝇

18. 昆虫幼虫的足有很多类型，天牛幼虫属于(　　)。
    A. 原足型　　　B. 无足型　　　C. 寡足型　　　D. 多足型

四、多项选择题

1. 下列属咀嚼式口器的昆虫有(　　)。
   A. 叶蝉、蜜蜂　B. 虻、蓟马　　C. 天牛、叶甲　D. 蝗虫、蝼蛄

2. 下列属直翅目的昆虫有(　　)。
   A. 螳螂　　　　B. 蝼蛄　　　　C. 蟋蟀　　　　D. 螽斯

3. 下列昆虫的触角为锤状的有(　　)。
   A. 小蠹虫　　　B. 郭公虫　　　C. 瓢甲　　　D. 金龟子
4. 刺吸式口器昆虫造成的危害状有(　　)。
   A. 黄化　　　　B. 皱缩　　　　C. 卷缩　　　D. 褪色
5. 下列昆虫中属于完全变态的有(　　)。
   A. 天牛、蚂蚁　B. 家蝇、象甲　C. 蝼蛄、金龟甲　D. 介壳虫、蓟马
6. 下列昆虫中具有捕食性的有(　　)。
   A. 天牛　　　　B. 粪金龟　　　C. 步甲　　　D. 猎蝽

五、判断题

1. 蝼蛄的前足为步行足。　　　　　　　　　　　　　　　　　　　　(　　)
2. 蚂蚁属于膜翅目昆虫。　　　　　　　　　　　　　　　　　　　　(　　)
3. 尺蛾的幼虫腹足是3~5对。　　　　　　　　　　　　　　　　　　(　　)
4. 并不是所有的鳞翅目昆虫都具有翅。　　　　　　　　　　　　　　(　　)
5. 昆虫的世代划分是从成虫开始的。　　　　　　　　　　　　　　　(　　)
6. 昆虫在一年中发生的状况，称为世代。　　　　　　　　　　　　　(　　)
7. 天蛾幼虫蜕皮2次属于3龄幼虫。　　　　　　　　　　　　　　　　(　　)
8. 全变态昆虫一生经过卵、若虫、成虫3个虫态。　　　　　　　　　　(　　)

六、简答题

1. 简述昆虫纲特征。
2. 举例说明昆虫常见的口器、触角、足和翅的类型。
3. 简述咀嚼式口器和刺吸式口器的危害状有何不同，各有什么防治方法。
4. 简述根据哪些特征可以把鳞翅目蛾类幼虫与膜翅目叶蜂的幼虫区分开。
5. 举例说明昆虫的变态类型。
6. 简述昆虫的主要习性及在生产防治中的意义。

七、论述题

试述林业生产常见昆虫目的特征、代表性昆虫及危害特点。

任务1.3　认识林业有害植物

　　林业有害植物是一类对林木生长造成严重威胁的植物，多为一年生或多年生杂草，多为寄生植物、菊科植物，大多为外来种，繁殖能力强。其对林业的危害不仅仅局限在苗圃地，在人工林、天然次生林中也有发生：一些有害植物攀缘或寄生在寄主植物上，缠绕、覆盖林木，阻碍林木的光合作用及营养的输送，直接影响林木生长；一些有害植物通过侵害林地，降低了林地有效利用率；一些有害植物抑制本地植物生长，破坏林地生境条件，

对林地生物多样性和生态平衡造成了干扰。近年来，我国林业有害植物危害逐年加剧，呈现出不断扩散蔓延的趋势，尤其是外来入侵的林业有害植物危害日趋严重，引起了人们的重视。

理论基础

1.3.1 林业有害植物概述

1.3.1.1 林业有害植物概述

林业有害植物是指在一个特定地域的林业生态系统中，外来物种通过不同的途径传入，并可以在自然状态下能够生长、繁殖和爆发，同时对林业生态系统健康和森林生态系统的恢复造成危害的植物。这些植物在天然林、人工林或苗圃地，因环境条件的自然变化或人类干扰大量繁殖，与林木、幼苗争光、争肥、争水，致使林木或幼苗生长不良，甚至死亡，对森林生态系统的多样性构成严重威胁，对林业生产造成损失。

中国林业有害植物不仅种类多，危害的类型也多样，大体可划分为寄生和非寄生两大类别。寄生性植物是依靠其他植物生存的植物，有的根系或叶片退化，有的缺乏叶绿素，难以进行自养生活，只能从寄主体内获得必要的物质如水分、无机盐和有机物质。根据寄生性植物对寄主的依赖程度和获得营养成分的方式可将其分为全寄生和半寄生。从寄主植物上获取所有需要的物质的寄生植物称为全寄生植物。这类寄生植物的叶片退化、叶绿素消失，根系蜕变为吸根，如菟丝子属于全寄生。只从寄主植物体内获取水分和无机盐，自身可进行光合作用，能够合成碳水化合物的寄生植物称为半寄生植物，这类寄生植物的茎和叶片含有叶绿素，如桑寄生[*Taxillus chinensis* (DC.) Danser.]。寄生性植物一般在热带分布较多，如独脚金[*Striga asiatica* (L.) O. Kuntze]，也有的种类分布于温带，如菟丝子(*Cuscuta chinensis* Lam.)，还有的种类分布在冷凉干燥的高纬度或高海拔地区，如列当属(*Orobanche* spp.)，上述3种寄生性有害植物已被列入农业检疫性有害生物名单。

非寄生性有害植物是指那些侵占林地资源或以占领高等植物生态位的方式对林木生长构成损害或威胁的有害植物。此类植物往往没有经济和生态价值或价值很低，多为入侵植物，繁殖能力强，生长迅速，建立起单优生物群落，与林木争夺养分、水分和阳光，严重影响林木生长，对当地生物多样性和生态系统造成严重干扰，防治难度比较大，是目前林业有害植物重点防治对象，如紫茎泽兰(*Eupatorium adenophorum* Spreng.)、薇甘菊(*Mikania micrantha* H. B. K.)、加拿大一枝黄花(*Solidago canadensis* L.)等。

1.3.1.2 林业有害植物的特点

①林业有害植物自身可形成大量繁殖体，且繁殖体的传播能力强。通过有性或无性繁

殖，有害植物能产生大量的后代或种子，或繁殖时代较短。如紫茎泽兰每株可产种子3万~5万粒，多的可达10万粒。

②林业有害植物的种子往往具有特殊结构，提高其传播能力。如种子小而有翼或刺、可以随风和流水传播、可通过鸟类或其他动物远距离传送等。此外，有害植物的种子可在极其贫瘠的土壤上生存，适生范围非常广，可在多种生态系统中生存，一旦遇到适宜的环境便可呈指数增长，从而造成爆发性大面积危害。

1.3.2 林业有害植物危害

林业有害植物对当地森林生态系统的结构与功能有着巨大影响，主要表现在两个方面。一方面，林业有害植物影响了当地森林的初级生产力，改变了土壤营养水平、水分平衡、林相结构和小气候等多个因素，进而影响到整个生态系统的健康。另一方面，一些林业有害植物往往是入侵植物，由于缺乏天敌、繁殖速度快等原因可在短时间内形成单优势种群，对本地植物物种造成挤压，甚至导致本地某些物种的灭绝，使生态系统的物种组成和结构发生改变，对生物多样性造成影响，扰乱当地生态平衡。

1.3.3 林业代表性有害植物

1.3.3.1 薇甘菊

(1) 发生与危害

薇甘菊又名小花假泽兰，为菊科假泽兰属多年生藤本植物。薇甘菊原产南美洲、中美地区，1949年，印度尼西亚的茂物植物园从巴拉圭引入薇甘菊。1956年，其作为垃圾填埋场的土壤覆盖植物遍布印度尼西亚，随后扩散到整个东南亚、太平洋地区及印度、斯里兰卡、孟加拉国等国家和地区，现已广泛传播到亚洲各个地区。20世纪80年代末，薇甘菊传入我国海南岛、香港地区及珠江中的内伶仃岛，在珠江三角洲3年间便广泛扩散，形成以香港、深圳、东莞为中心，东部向潮汕方向，西部向四川、云南方向进一步蔓延的趋势，目前分布于广东、海南、四川、云南、香港、澳门。

薇甘菊是世界十大有害植物之一，也是危害我国最严重的外来入侵植物之一。其种子量大，繁殖力强，其茎节处可随时生根，长成新的植株，每节叶腋都可长出1对新枝，侧枝和主枝一样，生命力强，生长极其迅速，因此能够快速传播并形成入侵。薇甘菊生长后，通过竞争或他感（化感）作用抑制自然植被和作物的生长，对森林和农田土地造成巨大影响，危害对象包括天然次生林、风景林、水源保护林，经济林等多种林分类型，尤其对一些郁闭度小的林分危害最为严重。

薇甘菊种子细小而轻，且基部有冠毛，因而易借风力、水流、动物、昆虫以及人类的活动而远距离传播，也可以通过与土壤接触的节间繁殖扩散蔓延；还可随带有种子、藤整的载体、交通工具等进行人为传播，已被列为世界上最有害的100种外来入侵物种之一。目前尚无有效的防治方法，国内外正在开展化学和生物防治的研究。由于薇甘菊危害性极大,且扩散蔓延速度极快,在2004年、2012年被列入我国林业检疫性有害生物名单。

(2)形态特征

薇甘菊属于攀缘藤本植物,茎圆柱状,平滑至多柔毛,管状,具棱。叶薄,淡绿色,卵心形或戟形,叶子基部至顶部渐尖,茎生叶大多箭形或戟形,具深凹刻,近缘有粗的波状齿,或牙状齿,长5~13 cm,宽3~10 cm,自基部起具3~7条脉,几乎无毛,或叶脉处具短柔毛,稀具长柔毛;叶柄细长、常被毛,基部具环状物,有时其形成狭长的近膜质的托叶。圆锥花序顶生或侧生,复花序聚伞状分枝;头状花序小,大多长4~5.5 cm,包片披针状,锐尖。花冠白色,细长管状,长1.5~1.7 mm,喉部钟状,隆起约1 mm,具长小齿,弯曲;瘦果长1.7 mm,表面分散有粒状突起物,冠毛鲜时白色。

(3)习性特征

薇甘菊喜光,好湿,常生长于林地边缘、荒弃农田、路边、疏于管理的果园、水库、湿地边缘等,特别是在土壤潮湿、疏松、有机质丰富、阳光充足的生境(如山谷、河溪两侧的湿地)生长迅速,危害严重。薇甘菊四季常绿,3~4月萌发,7~9月为生长盛期,10月进入现蕾期,茎生长速度减缓,11月上旬进入开花期,茎停止生长,12月至翌年1月为盛花期,12月中旬结籽,1~2月为结籽盛期,2月为种子成熟期,2~3月开花枝枯。薇甘菊可种子繁殖,还可通过茎进行无性繁殖。

1.3.3.2 紫茎泽兰

(1)发生与危害

紫茎泽兰为菊科紫茎泽兰属、多年生丛生型半灌木草本植物,繁殖能力强,生态适应性广泛,生长速度极快。原产于中、南美洲的墨西哥至哥斯达黎加一带,1865年作为观赏植物引进到美国、英国、澳大利亚等地栽培。20世纪40年代由缅甸传入我国滇南,并以每年约20 km的速度由西南向东北方向传播蔓延,目前已在云南、贵州、四川、广西、西藏等地广泛分布,且不断向我国北部和东部蔓延。

在紫茎泽兰的群体建设中,往往会消耗大量土壤氮、磷、钾,造成土壤肥力下降,从而导致了生态系统组成和结构的完全改变,影响土地的利用。紫茎泽兰入侵农田、林地、牧场后,与农作物、牧草和林木争夺肥、水、阳光和空间,并分泌克生性物质抑制周围其他植物的生长,常形成单种优群落,对农作物和经济植物产量、草地维护、森林更新等方面有极大影响。紫茎泽兰全株有毒性,具有带纤毛的种子和花粉,可引起马属动物的哮喘病和人类过敏性疾病,还常造成牲畜误食中毒死亡,危害畜牧业;花粉及冠毛亦能引起人畜过敏性疾病。此外,紫茎泽兰还会堵塞水渠,阻碍交通。目前可采用生物防治方法,泽兰实蝇对植株高生长有明显的抑制作用,野外寄生率可达50%以上,也可采用化学防治,2,4-D、草甘膦、敌草快、麦草畏等除草剂对紫茎泽兰地上部分有一定的控制作用,但对于根部效果较差。

(2)形态特征

多年生草本或半灌木状。根茎粗壮,横走。茎直立,高30~200 cm,分枝对生、斜上,被白色或锈色短柔毛。叶对生叶片质薄,卵形、三角形或菱状卵形,两面被稀疏的短柔毛,基部平截或稍心形,顶端急尖,基出三脉,边缘有稀疏粗大而不规则的锯齿,在花序下方则为波状浅锯齿或近全缘；叶柄长 4~5 cm。头状花序小，在枝端排列成伞房或复伞房花序，花序直径为 2~4 cm。总苞宽钟形，约含 40~50 朵小花；管状花两性，白色，长约 3.5 mm 花药基部钝。果实黑褐色，冠毛白色，纤细，沿棱有稀疏白色紧贴的短柔毛。

(3) 生活习性

花期 11 月至翌年 4 月，11 月下开始孕蕾，12 月下旬现蕾，2 月中旬始花，新枝萌发 5 月开始，5~9 月为生长旺期，7、8 月份最快，植株平均月增高量 10 cm 以上。果期 3~4 月。适应能力极强，干旱、瘠薄的荒坡隙地，甚至石缝和楼顶上都能生长，尤喜定植裸地或间歇裸地，且在坡度等于或大于 20°的坡地上生长最盛。种子主要以种子繁殖，每株可年产瘦果 1 万粒左右，大量种子沿着河谷及公路沿线传播，风、流水、车辆、人畜等是其传播媒介。根茎能生长不定根进行无性繁殖。根部分泌化感作用物质，抑制其个体周围其他植物的生长发育，从而形成单种群。

1.3.3.3 加拿大一枝黄花

(1) 发生与危害

为菊科一枝黄花属多年生草本植物，原产北美洲。国外分布于美国、加拿大、英国、德国、荷兰、瑞士、丹麦、瑞典，波兰、匈牙利、捷克、克罗地亚、俄罗斯、以色列、印度和澳大利亚。1935 年作为庭院观赏植物从北美洲引进上海栽植，各地作为花卉引种，20 世纪 80 年代扩散蔓延成为杂草。目前在浙江、上海、安徽、湖北、湖南、江苏、江西等地已对生态系统形成危害。

加拿大一枝黄花以种子和根状茎繁殖，繁殖力极强，传播速度快，生长迅速，生态适应性广，从山坡林地到沼泽地带均可生长。常入侵城镇庭园、郊野、荒地、河岸高速公路和铁路沿线等处，还入侵低山疏林湿地生态系统，严重消耗土壤肥力，其生长区里的其他作物、杂草则一律消亡，严重破坏本土植物的多样性和生态平衡。此外，该植物花期长、花粉量大，可导致花粉过敏症。目前主要的防治方法是手工拔除并彻底根除其根状茎，并采用草甘膦等除草剂进行喷施防除。

(2) 形态特征

具根状茎。茎直立，全部或仅上部被短柔毛。叶互生，离基三出脉，披针形或线状披针形，表面粗糙，边缘锐齿。头状花序小，在花序分枝上排列成蝎尾状，再组合成开展的大型圆锥花序。总苞具 3~4 层线状披针形的总苞片。缘花舌状，黄色，雌性；盘花管状，黄色，两性。瘦果具白色冠毛。

(3) 生活习性

每年 3~4 月种子萌发开始；4~9 月为营养生长；7 月初，植株通常高达 1 m 以上；最早在 9 月中下旬开始开花和产生新的根状茎；花果期 7~11 月，11 月底至 12 月中旬果实成熟。花期结束后一部分的新根状茎会继续生长，直到 11 月上旬，或停止生长，或弯曲形成一个小型叶状丛生。成熟的根状茎和叶状丛生可越冬。翌年春天继续生长并且萌芽长成无性系小株。加拿大一枝黄花喜好生长在偏酸性、低盐碱的砂壤土和壤土中，尤其在水分和阳光充足且肥沃的生境中生长最佳。生态适应性强，从山坡林地到沼泽地均可以生长，常见于农田、城镇庭院、郊野、荒地、河岸、高速公路和铁路沿线等处。

1.3.3.4 豚草（*Ambrosia artemisiifolia* L.）

(1) 发生与危害

豚草为菊科豚草属一年生草本，原产北美洲，在世界各地区归化。1935年发现于杭州，目前我国主要分布于东北、华北、华中和华东等地。

豚草为一种恶性杂草，侵入裸地后一年即可成为优势种，具有极强的生命力，并能释放出多种化感物质，对禾本科、菊科等植物有抑制、排斥作用，侵入农田后导致作物减产。此外，豚草花粉也是人类花粉病的主要病原之一。目前使用豚草卷蛾、豚草条纹叶甲进行生物防治有良好效果，苯达松、虎威、克芜踪、草甘膦等也可有效控制豚草生长，用紫穗槐、沙棘等进行替代控制也有良好的效果。

(2) 形态特征

一年生草本，高20~150 cm；茎直立，上部有圆锥状分枝，有棱，被疏生密糙毛。下部叶对生，具短叶柄，二次羽状分裂，裂片狭小，长圆形至倒披针形，全缘。上面深绿色，被细短伏毛或近无毛，背面灰绿色，被密短糙毛。雄头状花序半球形或卵形，径4~5 mm，具短梗，下垂，在枝端密集成总状花序。总苞宽半球形或碟形；花冠淡黄色，长2 mm，有短管部，上部钟状，有宽裂片。瘦果倒卵形，无毛，藏于坚硬的总苞中。

(3) 生活习性

豚草再生力极强，茎、节、枝、根都可长出不定根，扦插压条后能形成新的植株，经铲除、切割后剩下的地上残条部分，仍可迅速地重发新枝。生育期参差不齐，交错重叠。出苗期从3月中下旬开始一直可延续到11月下旬。豚草生于荒地、路边、沟旁或农田中，适应性广，种子产量高，每株可产种子300~62 000粒。瘦果先端具喙和尖刺，种子具二次休眠特性，抗逆力极强，主要靠水、鸟和人为携带传播（图1-37）。

图1-37 豚草形态

1.3.4 林业有害植物防治途径

近年来，我国林业有害植物的危害逐年加剧，呈现出不断扩散蔓延的趋势，尤其是外来入侵林业有害植物的日趋猖獗，对我国森林生态系统、湿地生态系统和荒漠生态系统以及生物多样性构成不同程度的危害，制约着我国生态文明建设和林业经济可持续发展。因此查清林业有害植物的种类、分布、危害现状和对社会的影响，并采取合适的方法和策略进行预防和防治对于林业可持续发展具有十分重要的意义。目前对于有害植物的防治措施主要包括机械方法、理化防治、生物防治和替代栽植四种途径。

机械方法是指人工利用机械力量或人工力量将一些林业有害杂草拔除，这种方法要求工作人员对植物有一定的识别基础，以免将正常生长的植物误认成有害植物拔除。整体上看，效率较低，较费时。理化防治是指使用物理化学方法对有害植物进行处理，如喷洒敌草快、麦草畏等除草剂去除紫茎泽兰。理化防治方法有时只能去除有害植物地上部分，且

模块一 基本技能 林业有害生物防治基本技术

有一定程度的土壤环境污染风险。生物防治是指使用有害植物天敌或竞争种对其进行防治的方法，例如，可用豚草条纹叶甲对豚草进行生物防治。生物防治对环境污染较小，且一旦形成稳定生态关系，可长久控制有害植物，但需要注意避免引进的一些控制生物本身再次成为入侵物种，对生态造成影响。替代栽植是指使用优良的乡土树种取代原本有害植物进行栽种。这种方法可以提高当地生态系统的稳定性和乡土物种的竞争力，避免有害植物肆意生长，例如，可利用紫穗槐替代控制豚草。综上所述，对于不同的有害植物要根据实际情况，采取人工、机械、理化和生物防治相结合的防治手段，目前林业有害植物控制技术还在不断发展中。

> **自测练习**

一、名词解释

1. 林业有害植物；2. 全寄生植物；3. 半寄生植物；4. 非寄生性有害植物。

二、填空题

1. 中国林业有害植物不仅种类多，危害的类型也多样，大体可划分为（　　　　）和（　　　　）两大类别。
2. 目前对于有害植物的防治措施主要包括（　　　　）、（　　　　）、（　　　　）和（　　　　）4种途径。
3. 生物防治是指使用有害植物天敌或竞争种对其进行防治的方法，例如，可用（　　　　）对豚草进行生物防治。
4. 替代栽植是指使用优良的乡土树种取代原本有害植物进行栽种，例如，可利用（　　　　）替代控制豚草。

三、选择题

1. 以下哪一种不是我国常见的林业有害植物（　　　　）。
   A. 豚草　　　B. 加拿大一枝黄花　　　C. 薇甘菊　　　D. 金银忍冬
2. 以下哪一种植物是寄生植物（　　　　）。
   A. 桑寄生　　　B. 豚草　　　C. 红松　　　D. 紫丁香

四、简答题

1. 简述林业有害植物的危害。
2. 简述林业有害植物控制途径。

项目2 林业有害生物防治措施

  项目描述

本项目主要包括3个学习任务,即林业有害生物防治原理与方法,农药识别与使用、飞机防治林业有害生物等,教学中,以校内多媒体教室、实训室及校外合作企业为依托,通过课堂教学,多媒体演示、实操训练及现场观摩等方式,使学生掌握林业有害生物防治基本原理与方法,学会农药的识别与使用,熟悉飞机防治林业有害生物作业流程与安全管理等。

能力目标

1. 会识别化学农药,能正确选择和施用化学药剂。
2. 会使用和维护林业生产常用的防治器械。

知识目标

1. 掌握正确选择和使用化学农药的基本知识。
2. 熟悉林业有害生物防治原理分析与方法选择。
3. 熟悉飞机防治林业有害生物作业原理与操作流程。
4. 了解常用防治器械工作原理与保养的基本知识。
5. 了解飞机防治林业有害生物作业原理与操作知识。

素质目标

1. 遵守防治原则,树立安全意识。
2. 培养实践训练中的沟通协调和团结协作精神。
3. 提升辩证方法分析和解决问题的能力。

任务2.1 林业有害生物防治原理与方法

在森林生态系统中,树木与其周围环境中的其他植物、脊椎动物、昆虫、微生物等生物成分和水、光、气、热、土等非生物成分通过食物链紧密地结合起来,形成相互联系、相互依赖和相互制约的平衡关系。当有害生物和寄主之间，有害生物和天敌之间的自我调控能力超过维持平衡的最大限度时，有害生物种群数量升高，就会对森林植物造成危害。因此，需要林业工作者，在遵循"预防为主、科学防控、依法治理、促进健康"的指导思想下，协调应用林业、生物、物理、化学等综合治理措施，将有害生物控制在经济危害允许水平以下，从而促进森林健康可持续发展。

理论基础

现代有害生物防治的基本策略主要是综合治理（integrated pest management，IPM），或称综合防治（integrated pest control，IPC），联合国粮农组织有害生物综合治理专家组对综合治理下了如下定义：病虫综合治理是一种方案，它能控制病虫的发生，它避免相互矛盾，尽量发挥有机的调和作用，保持经济允许水平之下的防治体系。它从森林生态系的总体出发，根据有害生物和环境之间的相互关系，充分发挥自然控制因素的作用，因地制宜、协调应用必要的措施，将有害生物的危害控制在经济损失水平之下，以获得最佳的经济效益、生态效益和社会效益，达到"经济、安全、简便、有效"的准则。根据综合治理定义所包含的生态学观点、辩证观点、经济学观点和环境保护学观点，结合林业有害生物的特点，林业有害生物综合治理的概念可归纳为："在预防为主的思想指导下，从森林生态系统出发，充分利用森林具有的稳定性、复杂性和自控能力以及森林生物群落相对稳定的客观规律，创造不利害虫发生而有利于林木及有益生物繁殖的环境条件，掌握害虫的发生动态，合理地、因地制宜地协调运用营林、生物、物理和化学等防治措施，长期把害虫数量控制在经济允许水平之下，使森林的经营管理取得最大的经济效益、社会效益和生态效益。"因此，林业有害生物的综合治理即综合考虑生产者、社会和环境利益，在投入与效益分析的基础上，从森林生态系统的整体性出发，协调应用林业、生物、化学、物理等多种有效防治技术，将有害生物控制在经济危害允许水平以下。它的主要特点是不要求彻底消灭有害生物；强调防治的经济效益、环境效益和社会效益；强调多种防治方法的相互配合；高度重视自然控制因素的作用。

综合治理的控制指标是获得最佳的经济效益、环境效益和社会效益。综合治理首先引进经济危害允许水平和经济阈值来确保治理的经济效益。

经济危害允许水平（economic injury level，EIL），又称经济损害水平，是森林能够容忍有害生物危害的界限所对应的有害生物种群密度，在此种群密度下，防治收益等于防治成本。经济危害允许水平是一个动态指标，它随着受害植物的品种、补偿能力、产量、价格、所使用防治方法的防治成本的变化而变动。一般可以先根据防治费用和可能的防治收益确定允许经济损失率，而后在根据不同有害生物在不同密度情况下可能造成的损失率，最后确定经济危害允许水平。

经济阈值（economic threshold，ET），又称控制指标（control action threshold），是有害生物种群增加到造成林业经济损失而必须防治时的种群密度临界值。确定经济阈值除需考虑经济危害允许水平所要考虑的，还需要考虑防治措施的速效性和有害生物种群的动态趋势。经济阈值是由经济危害允许水平衍生出来的，两者的关系取决于具体的防治情况。如采用的防治措施可以立即制止危害，经济危害允许水平相同。如采用的防治措施不能立即制止有害生物的危害，或防治准备需要一定的时间，而种群密度处于持续上升时，经济阈值要小于经济危害允许水平。当考虑到天敌等环境因子的控制作用，种群处于下降时，经济阈值常大于经济危害允许水平。此外，有一些危害取决于关键期的有害生物，如松材线虫和松突圆蚧等，一旦侵染必然会对松树的产量或品质造成严重影响。对于这类有害生物，需要根据其侵染期，制定在特定时段和种群密度下需要进行防治的所谓时间经济阈值(time economic threshold)，也就是防治适期及其控制指标。显然，经济危害允许水平可以指导确定经济阈值，而经济阈值需要根据经济危害允许水平和具体防治情况而定。

利用经济危害允许水平和经济阈值指导有害生物控制是综合治理的基本原则，它不要求彻底消灭有害生物，而是将其控制在经济危害允许水平以下。因此，它不仅可以保证防治的经济效益，同时可以取得良好的生态效益和社会效益。首先，据此进行有害生物防治，不会造成防治上的浪费，也不会使有害生物危害造成大量的损失。其次，保留一定种群密度的有害生物，有利于保护天敌，维护森林生态系统的自然控制能力。第三，在此基本原则指导下的防治有利于充分发挥非化学防治措施的作用，减少用药量和用药次数，减少残留污染，延缓有害生物抗药性的发生和发展。

2.1.1　森林植物检疫

林业有害生物防治的基本方法包括森林植物检疫、林业技术防治、生物防治、物理机械防治和化学防治等。

2.1.1.1　森林植物检疫的概念

森林植物检疫又称为法规防治，是指一个国家或地区用法律或法规形式，禁止某些危险性的病虫、杂草人为地传入、传出，或对已发生及传入的危险性病虫、杂草，采取有效措施消灭或控制蔓延的一种措施。森林植物检疫与其他防治技术具有明显不同。首先，森林植物检疫具有法律的强制性，任何集体和个人不得违规。其次，森林植物检疫具有宏观战略性，不计局部地区当时的利益得失，而主要考虑全局长远利益。第三，森林植物检疫防治策略是对有害生物进行全面的种群控制，即采取一切必要措施，防止危险性有害生物进入或将其控制在一定范围内或将其彻底消灭。所以，森林植物检疫是一项根本性的预防措施，是林业有害生物控制的一项主要手段。

2.1.1.2　森林植物检疫的任务与管理机构

森林植物检疫在控制外来有害生物入侵，维护本国、本地区林业生产和森林生态系统的安全有着非常重要的意义。它的主要任务包括4个方面：第一是对外检疫，即禁止危险性病、虫、杂草随着林木及其产品由国外传入或由国内输出。一般是在口岸、港口、国际机场等场所设立检疫机构，对进出口货物、旅客携带的植物及邮件等进行检查。按照国际惯例，凡是输往我国的植物或植物产品，由输出国的植物检疫机关，按照我方的植物检疫要求，出具植物检疫证书。对那些引进的或旅客随身携带的植物或植物产品，在抵达我国口岸时，必须经过我国口岸植检机关的检疫查验。经检疫合格的放行，不合格的依法处理。对从国外引进的可能潜伏有危险性病虫的种子、苗木和其他繁殖材料，都必须隔离试种。第二是对内检疫，即将在国内局部地区发生的危险性病、虫、杂草封锁，使它不能传到无病区，并在疫区将其消灭。第三是当危险性病、虫、杂草侵入到新区时，应立即采取措施控制其蔓延或彻底消灭之。第四是保障林木及其产品的正常流通。

全国森林植物检疫工作由国家林业和草原局负责，县级以上地方林业主管部门所属的森林植物检疫机构负责执行本行政区的森林植物检疫任务。经省级以上林业主管部门确认的国有林业局所属的森林植物检疫机构负责执行本单位的森林植物检疫任务。国家动植物检疫局和各口岸动植物检疫局负责进出境植物检疫。

2.1.1.3 森林植物检疫法规依据

植物检疫法规是以植物检疫为主题的法律、法规、规章和其他规范性文件的总称。植物检疫法规，根据其制订的权力机构和法规所起法律作用的地位或行政范围，可分为国际性的，如《国际植物保护公约》；全国性的，如《植物检疫条例》；地方性的，如省级的《植物检疫实施办法》。我国现行的植物检疫法规分外检法规和内检法规两类，分述如下。

(1) 外检法规

1991年第七届全国代表大会常务委员会第二十二次会议通过，1992年实施的《中华人民共和国进出境动植物检疫法》。1992年，由农业部颁布实施的《中华人民共和国进出境植物检疫危险性病、虫、杂草名录》《中华人民共和国进境植物检疫禁止进境物名录》。

(2) 内检法规(林业部分)

2017年，国务院《关于修改部分行政法规的决定》第二次修订的《植物检疫条例》；1994年，由林业部(1998年改称国家林业局，现国家林业和草原局)重新修订发布实施的《植物检疫条例实施细则(林业部分)》，2005年，国家林业局修订的《国内森林植物检疫性有害生物和应施检疫的森林植物、林产品名单》。各省、自治区、直辖市制定的《森林植物检疫实施办法》《森林植物检疫性有害生物补充名单》及国家有关部门制定、公布实施的检疫技术规程、收费办法以及其他规定、通知。各级地方政府发布的有关植物检疫的通知、通告、规定等。

2.1.1.4 林业检疫性有害生物与检疫范围

2013年1月9日，国家林业局发布了14种全国林业检疫性有害生物名单。按类别划分，有10种为有害昆虫，3种为有害微生物，1种为有害植物，名单见表2-1。

表2-1 林业检疫性有害生物名单

中文名	学 名	中文名	学 名
松材线虫	*Bursaphelenchus xylophilus*	美国白蛾	*Hyphantria cunea*
苹果蠹蛾	*Cydia pomonella*	红脂大小蠹	*Dendroctonus valens*
双钩异翅长蠹	*Heterobostrychus aequalis*	杨干象	*Cryptorrhychus lapathi*
锈色棕榈象	*Rhynchophorus ferrugineus*	青杨脊虎天牛	*Xylotrechus rusticus*

(续)

中文名	学 名	中文名	学 名
扶桑绵粉蚧	*Phenacoccus solenopsis*	红火蚁	*Solenopsis invicta*
枣食蝇	*Carpomlia vesuviana*	落叶松枯梢病菌	*Botryosphaeria laricina*
松疱锈病菌	*Cronartium ribicola*	薇甘菊	*Mikania micrantha*

检疫范围即应施检疫的植物和植物产品，也包括根据疫情应施检疫和除害处理的包装材料、运输工具、土壤等。目前，我国执行的是林业部1996年1月5日公布的应施检疫的森林植物及产品名单：

①林木种子、苗木和其他繁殖材料。

②乔木、灌木、竹子等森林植物。

③运出疫情发生县的松、柏、杉、杨、柳、榆、桐、桉、栎、桦、槭、槐、竹等森林植物的木材、竹材、根桩、枝条、树皮、藤条及其制品。

④栗、枣、桑、茶、梨、桃、杏、柿、柚、梅、胡桃、油茶、山楂、苹果、银杏、石榴、荔枝、猕猴桃、枸杞、沙棘、杜果、肉桂、龙眼、橄榄、腰果、柠檬、八角、葡萄等森林植物的种子、苗木、接穗，以及运出疫情发生县的来源于上述森林植物的林产品。

⑤花卉植物的种子、苗木、球茎、鳞茎、鲜切花、插花。

⑥中药材。

⑦可能被检疫性有害生物污染的其他林产品、包装材料和运输工具。

2.1.1.5 森林植物检疫内容与程序

(1) 疫区与保护区的划定

疫区和保护区是省级人民政府用行政手段划定的区域。根据《植物检疫条例》，局部发生检疫性有害生物的，应将发生区划为疫区，采取封锁、消灭措施，防止植物检疫性有害生物传出。发生地区已比较普遍的，则应将未发生的地区划为保护区，防止植物检疫性有害生物传入。

(2) 无检疫性有害生物种苗基地的建立

建立无植物检疫性有害生物的种苗繁育基地是生产健康种苗，防止检疫性有害生物和危险性病虫侵害，确保林业生产安全的基础。我国《植物检疫条例实施细则（林业部分）》中规定："林木种子、苗木和其他繁殖材料的繁殖单位，必须有计划地建立无森检对象的种苗基地、母树林基地。禁止使用带有危险性病虫的林木种子、苗木和其他繁殖材料育苗和造林。"

建立无检疫性有害生物的种苗繁育基地应注意以下问题：生产单位和个人新建种苗繁育基地，应在当地林业植物检疫机构指导下，选择符合检疫要求的地方设立；种苗繁育基地所用的繁殖材料，不得带有检疫性和危险性有害生物；种苗繁育基地周围定植的植物应与所繁育的材料不传染或不交叉感染检疫性和危险性有害生物；已建的种苗繁育基地发生检疫性和其他危险性有害生物时，要采取措施限期扑灭；种苗繁育基地应配备兼职检疫人员，负责本区域的疫情调查、除害处理，并协助当地林业植物检疫机构开展检疫工作。

(3) 产地检疫

产地检疫，是指在植物生长和检疫性有害生物发生期间，由林业植物检疫人员到森林植物及其产品的产地所进行的检疫。具体程序是：生产、经营应施检疫的森林植物及产品的单位或个人，在生产期间或者调运之前向当地林业植物检疫机构申请产地检疫，然后由林业植物检疫机构指派检疫员到现场进行检疫。检疫人员应根据不同检疫对象的生物学特性，在病害发病盛期或末期、害虫危害高峰期或某一虫态发生高峰期进行。对种子园、母树林和采种基地也可在收获期、种实入库前进行。1 年中调查次数不少于 2 次。对于检验合格的和除害处理后复检合格的发给产地检疫合格证；对复检后仍不合格的，不签发产地检疫合格证，发给《检疫处理通知单》。产地检疫合格证有效期为 6 个月。在有效期内调运时，不再检疫，凭产地检疫合格证直接换取植物检疫证书。

(4) 调运检疫

调运检疫，是指森林植物及其产品在调出原产地之前、运输途中、到达新的种植或使用地点之后，根据国家或地方政府颁布的林业植物检疫法规，由专门的林业植物检疫机构，对应施检疫的森林植物及其产品所采取的检疫和严格的检疫处理措施。调运检疫是国内林业植物检疫工作的核心，也是防止危险性病虫随森林植物及其产品在国内人为传播的关键。根据调运森林植物及其产品的方向，调运检疫分为调出检疫和调入检疫。调出检疫的程序包括报检、现场检查或室内检验、检疫处理和签发证书 4 个环节。

调运森林植物及其产品的单位或个人，在货物调出前到当地林业植物检疫机构或指定的检疫机构报检，要填写报检单。调入单位有检疫要求的，还要提交调入地林业植物检疫机构签发的《林业植物检疫要求书》。对受检的森林植物及其产品，除依法可直接签发检疫证书之外，都得经过现场检查或室内检验。发现检疫性有害生物或其他应检有害生物的，调出单位或个人，应按检疫处理通知单的要求作检疫处理，经复查合格后放行。林业植物检疫机构应从受理调运检疫申请之日起，于 15 天内实施检疫并核发检疫单证。情况特殊的，经省级林业主管部门批准，可延长 15 天。凡是属于应检物品范围内的森林植物及其产品，必须在取得植物检疫证书之后方可调出。从外地调入的森林植物及其产品，由调入地林业植物检疫机构验证或复检。

(5) 国外引种检疫

国外引种检疫，是指防止外来有害生物入侵的重要措施。它包括引种申请、风险评估、检疫审批、口岸检疫把关、隔离试种监管等环节。

引种单位或个人（或代理人）申请引种时要填写《引进林木种子、苗木及其他繁殖材料检疫审批申请表》，并提供相关材料。对于首次引种国内或种植所在省没有的林木种子、苗木及其他繁殖材料，或者已有引种，但 1 次进口量特别巨大的，审批前要进行风险评估。引种审批机关自收到申请及其他相关材料之日起，应于 30 天内提出审批意见。申请引种数量在省级林业主管部门审批限量内的，由省级林业主管部门审批；重点工程造林苗木、草坪种子、超过省级审批限量的引种由国家林业局审批。《引进林木种子、苗木和其他繁殖材料检疫审批单》的有效期限一般为 2 个月，最长不超过 6 个月。在审批时，要落实隔离试种的地点和管理单位及监督管理措施。引种单位凭订货卡和检疫审批单办理对外引进手续时，应将审批单中的检疫要求列入合同或有关协议中，并要求输出国植物检疫机构出具植物检疫证书。

从国外引进的种用种子到达口岸前或到达口岸时,引种单位或其代理人,凭审批单和输出国植物检疫证书及有关合同、协议等单证,向口岸检疫机构报检,并填写《动植物检疫报检单》。经口岸检疫后,合格的签发《检疫放行通知单》。发现检疫性有害生物和应检有害生物的,提出处理意见,并签发《检疫处理通知单》。对需要出证索赔的,签发植物检疫证书,以作为对外索赔证件,并保存好有关样品和标本作为索赔依据。

引种后应在审批机关确认的普及型国外引种试种苗圃(或森林植物检疫隔离试种苗圃)中试种,并由相应的林业主管部门实施检疫监管。监管时间为:1年生植物不得少于1个生长周期,多年生植物不得少于2个生长周期,观赏花卉类1~4周。监管期间,不得进行分散种植和销售。

2.1.2 林业技术防治

林业技术防治,是指通过一系列的林业栽培技术合理运用,调节有害生物、寄主植物和环境条件之间的关系,创造有利于植物生长发育而不利于有害生物生存繁殖的条件,降低林业有害生物种群数量或侵袭寄主的可能性,培育健康植物,增强植物抗害、耐害和自身补偿能力,或避免有害生物危害的一种保护性措施。林业技术防治是最经济、最基本的防治方法,可在大范围内减轻病虫害的发生程度,甚至可以持续控制某些有害生物的大发生。由于林业技术防治多为预防性措施,在病虫害已经大发生时,必须配合其他防治措施加以控制。

2.1.2.1 选育抗性树种

在寄主-有害生物-环境条件三者关系中,寄主是一个不可缺少的成分,而且寄主的抗性不仅取决外部环境对本身生长状况的影响,更取决于寄主本身遗传的抗病虫内因。选育抗病虫品种是避免或减轻有害生物危害的重要措施,尤其是对那些还没有其他防治措施的有害生物尤为重要。

在自然界中,同一属内的不同树种之间,甚至同一树种的不同品系、不同个体之间,存在着抗逆性差异。其表现形式主要有3种:

①不选择性。由于树木在形态、生理、生化及发育期不同步等原因使有害生物不予危害或很少危害。

②抗生性。即有害生物危害了该树种之后,树木本身分泌毒素或产生其他生理反应等原因使有害生物的生长发育受到抑制或不能存活。

③耐害性。树木本身的再生补偿能力强,对有害生物危害有很强适应性。例如,大多数阔叶树种能忍耐食叶害虫取食其叶量的40%左右。

上述这些性质的存在,使抗性育种成为可能。如中国林科院通过杂交培育的抗天牛的南抗杨系列品种,已在江淮地区大面积推广。引进国外或国内其他地区具有优良性状的抗性树种,经驯化后推广利用,也是一条简易有效途径。还可以在有害生物发生严重的林分中选择抗性强的单株,进行无性繁殖,再经过进一步的培育和选择,从中选出抗病虫的无性系。

在抗虫基因工程研究方面，近年来，国内外在利用苏云金芽孢杆菌中分离到的 Bt 毒蛋白基因开展杨树抗虫基因工程的研究取得了重要成果，中国林业科学研究院和中国科学院微生物研究所合作，将控制生产毒蛋白的 Bt 毒蛋白抗虫基因导入欧洲黑杨的细胞中，培育出抗食叶害虫的抗虫杨 12 号新品种，现已推广种植。

2.1.2.2 育苗措施

在选择新的育苗基地时，应选择土质疏松、排水透气性好、腐殖质多的地段，要尽量满足建立无检疫性有害生物种苗基地的要求。除考虑环境条件、自然条件、社会条件外，还必须考虑到林业有害生物的发生情况。在规划设计之前，要进行土壤有害生物及周围环境有害生物的调查，了解其种类、数量，如发现有危险性有害生物或某些有害生物数量过大时，必须采取适当的措施进行处理，处理后符合要求才能使用。

圃地选好后要深翻土壤，这样不但可以改良土壤结构，提高土壤肥力，同时可以消灭相当数量的土壤中的有害生物；深耕会使病株残体和害虫深埋土中，与病原物传播，使害虫窒息死亡。施用有机肥料要充分腐熟；要合理轮作，避免连作，特别是根部病虫害发生严重的圃地；轮作会使某些害虫和有寄生专化性的病原物失去寄主而"饿死"，尤其对以病原物的休眠体在土壤中存活的病害、土壤寄居菌所致的病害以及地下害虫效果明显。选择育苗种类一定要慎重，一方面要根据土壤条件、环境条件选择合适的品种，进行合理布局，另一方面要选无病虫、品种纯、发芽率高及生长一致的优良繁殖材料，发苗快，能尽快形成抵抗不良环境和有害生物侵袭的能力；出苗后要及时进行中耕除草、间苗，保证苗木密度适当；要合理施肥，适时适量灌水，及时排水，尽量给苗木生长创造一个适宜的环境条件，提高苗木抗性；苗木出圃分级时，应进行合理的修剪。有条件的应对出圃苗木进行消毒和杀虫处理。

2.1.2.3 造林措施

造林时适地适树是减少病虫害发生的一项重要措施。应根据立地条件选择与生物学特性相适应的造林树种，否则林木生长衰弱，容易遭受病虫害侵害。要避免在多种病虫害可能流行的地区内种植感病树种。营造混交林时，合理地安排树种搭配比例和配置方式，对提高森林的自然保护性能有着重要的意义。如落叶松与阔叶树混交，可以减轻落叶松的落叶病；杉檫混交，可以减轻杉木的炭疽病和叶斑病。另外，在锈病流行的地区营造混交林时不要配置锈病的转主寄主。

2.1.2.4 抚育管理措施

适时间伐，及时调整林分密度，能够促进林木生长，提高木材质量和经济出材率，预防和减少病虫害造成的损失，如松落针病在密林中容易发生。抚育间伐一般结合卫生伐，清除病虫发生中心，伐除那些衰弱木、畸形木、濒死木、枯立木、风倒木、风折木、受机械损伤及感染腐朽病和有蛀干害虫的林木，以便将病虫消灭在点片发生阶段，防止其蔓延扩展。及时修除枯枝、弱枝，能减少森林火灾的发生，减弱雪压和风害，防止蛀干害虫和立木腐朽病的发生和蔓延。修枝切口要平滑，不偏不裂，不削皮和不带皮，使伤口创面最小，有利于愈合。要预防山火，禁止放牧和随意削皮砍号，以免造成机械损伤，减轻林木腐朽病和溃疡病的发生。

2.1.2.5 采伐运输和贮藏措施

成熟林要及时采伐，以减轻蛀干害虫和立木腐朽病的发生。采伐迹地要及时清理伐桩、大枝杈，以免害虫滋生蔓延。在木材的运输、贮藏中也应搞好木材的防虫、防腐工作。采伐的原木不宜留在林内，必须在5月份之前清出林外，或刮皮处理，防止小蠹虫等蛀干害虫寄生。

2.1.3 生物防治

从保护生态环境和可持续发展的角度讲，生物防治是最好的有害生物防治方法之一。首先，生物防治对人、畜安全，对环境影响极小。尤其是利用活体生物防治病、虫、草害，由于天敌的寄主专化性，不仅对人、畜安全，而且也不存在残留和环境污染问题。其次，活体生物防治对有害生物可以达到长期控制的目的，而且不易产生抗性问题。第三，生物防治的自然资源丰富，易于开发。此外，生物防治成本相对较低。

但从林业有害生物防治和林业生产的角度看，生物防治仍具有很大的局限性。第一，生物防治的作用效果慢，在有害生物大发生后常无法控制。第二，生物防治受气候和地域生态环境的限制，防治效果不稳定。第三，目前可用于大批量生产使用的有益生物种类还太少，通过生物防治达到有效控制的有害生物数量仍有限。第四，生物防治通常只能将有害生物控制在一定的危害水平，对于防治要求高的林业有害生物，较难实施有害生物种群的整体治理。

2.1.3.1 以虫治虫

利用天敌昆虫来防治害虫，称为以虫治虫。天敌昆虫主要有两大类型：一类是捕食性天敌昆虫：捕食性天敌在自然界中抑制害虫的作用和效果十分明显。例如，松干蚧花蝽(*Elatophilus nippomenses*)对抑制松干蚧的危害起着重要的作用；另一类是寄生性天敌昆虫：主要包括寄生蜂和寄生蝇，有些寄生性昆虫在自然界的寄生率较高，对害虫起到很好的控制作用。

利用天敌昆虫来防治森林害虫，主要有以下3种途径：

①天敌昆虫的保护。当地自然天敌昆虫种类繁多，是各种害虫种群数量重要的控制因素，因此，要善于保护利用。在方法实施上，要注意以下几点：一是慎用农药：在防治工作中，要选择对害虫选择性强的农药品种，尽量少用广谱性的剧毒农药和残效期长的农药。尽量缩小施药面积，减少对天敌的伤害。二是保护越冬天敌：天敌昆虫常常由于冬天恶劣的环境条件而大量减少，因此采取措施使其安全越冬是非常必要的。如七星瓢虫、螳螂等的利用，都是解决了安全过冬的问题后才发挥更大的作用。三是改善昆虫天敌的营养条件：一些寄生蜂、寄生蝇，在羽化后常需补充营养而取食花蜜，因而在种植森林植物时，要注意考虑天敌蜜源、植物的配置。

②天敌昆虫的繁殖和释放。在害虫发生前期，自然界的天敌数量少、对害虫的控制力很低时，可以在室内繁殖天敌，增加天敌的数量。特别在害虫发生之初，大量释放于林

间，可取得较显著的防治效果。我国以虫治虫的工作也着重于此方面，如松毛虫赤眼蜂(*Triehogramma dendrolimi* Matsrmura)的广泛应用，就是显著的例子。

③天敌昆虫的引进。我国引进天敌昆虫防治害虫，已有80多年的历史。据资料记载，全世界成功的引进约有250多例，其中防治蚧虫成功的例子最多，成功率占78%。在引进的天敌中，寄生性昆虫比捕食性昆虫成功的多。

2.1.3.2 以菌治虫

以菌治虫，是指利用害虫的病原微生物来防治害虫。能引起昆虫致病的病原微生物主要有细菌、真菌、病毒、立克次氏体、线虫等。目前生产上应用较多的是病原细菌、病原真菌和病原病毒3类。利用病原微生物防治害虫，具有繁殖快、用量少、不受森林植物生长阶段的限制、持效期长等优点。近年来作用范围日益扩大，是目前害虫防治中最有推广应用价值的类型之一。

(1)病原细菌

目前用来控制害虫的细菌主要有苏云金芽孢杆菌(*Bacillus thuringiensis*)。苏云金芽孢杆菌对人、畜、植物、益虫、水生生物等无害，无残余毒性，有较好的稳定性，可与其他农药混用；对湿度要求不严格，在较高温度下发病率高，对鳞翅目幼虫有很好的防治效果。因此，成为目前应用最广的生物农药。

①致病机理。苏云金芽孢杆菌，别称青虫菌、Bt，是目前用于制备微生物杀虫剂最普通的一种昆虫致病细菌。

该菌为好气性产晶体的芽孢杆菌，它包括82个变种，有70个血清型。其菌体杆状，两端圆钝，菌落灰白色，革兰氏染色阳性，在普通培养基上能良好生长，生长过程分为营养体阶段、孢子囊阶段、芽孢和伴孢晶体释放阶段。它寄生于昆虫体内，引起昆虫发病的原因主要是其在生长发育过程中能产生一种有毒物质——伴孢晶体。伴孢晶体是内毒素，是一种碱溶性的蛋白质，含有18种氨基酸，能在多种鳞翅目害虫肠道内溶解为小分子多肽，使昆虫肠道麻痹，停止取食，并破坏肠道内膜，造成营养细胞易于侵袭和穿透肠道底端膜进入血淋巴，使昆虫表现食欲不振，活动力减弱，最后因饥饿和败血症，体内流出黑色臭水，倒挂于树上死亡。

②Bt制剂。是应用最广的商品化微生物杀虫剂，目前，我国林业上用于防治松毛虫、美国白蛾、春尺蛾、黄褐天幕毛虫等，主要剂型为Bt可湿性粉剂(含活芽孢100亿个/g)、Bt乳剂(含活芽孢100亿个/mL)，我国生产的Bt乳剂大多加入0.1%~0.2%拟除虫菊酯类杀虫剂，以加快害虫死亡速度。主要用于防治鳞翅目的幼虫，尤其低龄幼虫，昆虫取食死亡后，虫体破裂可感染其他害虫，但对蚜类、螨类、蚧类完全无效。

使用Bt乳剂时根据防治对象可稀释200~1000倍液(0.1亿~0.5亿个/mL)。使用粉剂防治松毛虫等森林害虫可将菌粉与滑石粉混合，配成5亿孢子/kg喷粉，用于飞机防治时可用菌粉与滑石粉1∶10喷施。施药时相比化学农药提早3~4 d，以傍晚或阴天为好，在中午强光下不宜喷药以免紫外线杀死细菌。Bt制剂在气温30 ℃以上使用效果最好，不能与内吸性杀虫剂或杀菌剂混用，要现配现用，要避免在蚕区使用。制剂保存温度为25 ℃以下。

另外青虫菌也是苏云金芽孢杆菌的变种，常用剂型为每克含100亿活芽孢的可湿性粉剂。

(2) 病原真菌

能够引起昆虫致病的病原真菌很多，其中以白僵菌（*Beauveria basiana*）最为普遍，在我国广东、福建、广西等很多地区，普遍用白僵菌防治松毛虫，取得了很好的防治效果。

白僵菌是一种隶属于半知菌门的虫生真菌。白僵菌属有2种，即球孢白僵菌[*Beauveria bassiana* (Bals.) Vuill.]和纤细白僵菌[*B. tenella* (Delacr.) Siem]。目前分离得到的均为球孢白僵菌。菌丝白色，成丛，形成孢子后变成白色粉末状，分生孢子顶生于成丛的分生孢子梗上。

①致病机理。白僵菌能寄生在很多昆虫体上，主要依靠孢子扩散或感病虫体接触传染。在适宜的温湿条件下，孢子接触虫体后，即可通过气孔、口腔、足节侵入虫体，继而产生大量菌丝和分泌物，菌丝和内生孢子从虫体内吸收养分和水分，并分泌毒素破坏虫体组织和结构，使昆虫僵硬死亡。菌丝从虫体伸出，体表形成白色粉状物即分生孢子，再进行重复侵染。白僵菌在温度13~36 ℃条件下菌丝均能生长，24 ℃最为适宜，30 ℃最适宜孢子产生。其对湿度的要求很高，相对湿度90%左右生长繁殖最为适宜；在相对湿度75%以下，孢子几乎不能萌发。

②白僵菌制剂。主要剂型为白僵菌粉剂，普通粉剂含孢子100亿个孢子/g，高孢粉剂含1000亿孢子/g。产品外观为白色或灰白色粉状物，适用于鳞翅目、同翅目、膜翅目、直翅目等害虫的防治，尤其对松毛虫防治效果突出，对人畜安全，但对人皮肤有过敏反应，对蚕感染力很强。

使用白僵菌防治害虫，应在幼虫发生期进行。时间可在阴天、雨后或早晨。由于白僵菌具有重复感染、扩散蔓延的特点，可根据虫口密度大小分别采取全面喷菌、带状喷菌或点状喷菌方式。喷粉可直接喷50亿孢子/g的菌粉，并加入1%~2%的化学杀虫剂；喷雾一般为0.5亿~2亿孢子/mL，加入0.01%~0.1%的化学杀虫剂。为了提高菌液黏着力，可加入0.002%洗衣粉或茶枯粉。菌液要随配随用，在2 h内用完，以免孢子失去致病力。还可在林间采集4龄以上幼虫，带回室内，用5亿孢子/mL的菌液将虫体喷湿，然后放回林间，每释放点释放400~500条，让活虫自由扩散。

白僵菌在养蚕地区禁止使用。

(3) 病原病毒

利用病毒防治害虫，其主要优点是专化性强，在自然情况下，某种病原病毒往往只寄生一种害虫，不存在污染与公害问题，在自然界中可长期保存，反复感染，有的还可遗传感染，从而造成害虫流行病。

2.1.3.3 以激素治虫

昆虫性信息素是昆虫分泌到体外的挥发性物质，研究最多的是雌性信息素，目前我国林业生产上使用的性信息素引诱剂有松毛虫、美国白蛾、松叶蜂、落叶松鞘蛾、小蠹虫，苹果蠹蛾、白杨透翅蛾、槐小卷蛾、桃蛀螟、松梢螟等。它们的主要应用有如下方面。

(1) 虫情监测

利用性信息素可准确地对某种害虫的发生时间、发生程度做出预报，现已获得广泛应用。

(2) 诱杀害虫

把合成的性信息素和杀虫剂装入诱捕器内，引诱来交配的雄虫并将其杀死，减少雌虫交配的概率，达到控制害虫的目的，如采用性信息素诱捕器和粘胶涂布诱捕法防治白杨透翅蛾，可使白杨透翅蛾有虫株率下降到1%以下。这种方法适用于一生只交配1次、雄虫早熟或对雌雄两性同时发生引诱作用的害虫，且在虫口密度低时效果明显，虫口密度高时难以收到应用效果。

(3) 干扰交配

成虫发生期，在林间普遍设置性信息素散发器，使其弥漫在大气中，使雄蛾无法定向找到雌蛾，从而干扰正常的交尾活动。或者由于雄虫的触角长时间接触高浓度的性信息素而处于麻痹状态，失去对雌虫召唤的反应能力。

利用昆虫信息素防治害虫要注意以下几点：首先，要根据害虫诱捕情况及时更换引诱剂，一般引诱剂的使用时间为35～40 d，高温、高湿、大风等情况均会较大幅度地缩短引诱剂的使用寿命。其次，诱捕器要放在通风较好的位置，充分发挥引诱剂的作用，各诱捕点的间距最好保持在20～40 m，以防各诱捕点间相互干扰。第三，每隔一个月左右应按一定方向移动各诱捕点5～10 m，因为长期固定的诱捕点四周会产生"陷阱"效应，从而降低诱捕效果。第四，引诱剂(诱芯)与诱捕器配套使用，针对不同的虫种有不同的诱捕器，常用的诱捕器有三角形、船形、桶形、黑色十字交叉板漏斗式等。

2.1.3.4 其他动物的利用

下面简要介绍在益鸟招引方面的相关措施。

(1) 人工巢箱种类与规格

我国现有鸟类中半数以上为食虫鸟。利用人工巢箱招引具有树洞营巢习性食虫鸟控制森林害虫的种群密度，已成为生物防治的重要措施之一。人工巢箱按制作材料，可分为木板式巢箱、树洞式巢箱、枝条编织巢箱、桦树皮巢箱、油毡纸巢箱等(图2-1)。

图 2-1 木板式与树洞式巢箱
1. 木板式　2. 树洞式

(2) 木板巢箱制作方法

木板巢箱由侧壁、底板、顶盖和固定板构成。制作木板巢箱的板材厚度1.2 cm以上，要充分干燥后使用，否则，巢箱制成后极易翘裂。材料以油松最好，落叶松次之，硬阔树材也可。用材应因陋就简，板头及边材均可以利用。不够宽的可以拼凑，但尽量不漏缝。如果有缝隙时，可在巢箱内部涂上油灰。巢箱的内部不用刨光，以利鸟出入。底板应嵌在四壁里面，以防脱落。固定板的上下方各有1~2个孔，便于钉钉或悬挂。巢箱拼合的方法，以前壁能开启的形式较好，这种形式可避免巢箱顶盖脱落，并便于检查和清巢。

巢箱外面应刷一层绿色铅油，以延长巢箱使用寿命。在前壁或左右壁上写巢箱号。每立方米板材可做二百多个山雀式巢箱，每个巢箱需用4 cm左右长的钉子20根和铅油12.5 g。招引实验表明，桦树皮、油毡纸可作为代用品，也有较好的效果。

(3) 人工巢箱设置

①设置时间。一般在11月上中旬大雪封山前设置，有利于留鸟迁住。最迟不迟于翌年3月中旬之前。

②设置地点。一般可在林内均匀分布。有的时候要根据被招引种类的习性而定。如招引沼泽山雀，应将巢箱设在近水源处；招引椋鸟、戴胜，应设在林缘；招引红角鸮应设在密林处等。

③巢箱在树上的固定方法。用10 cm左右长的钉子钉在树上较为牢固。如果树干太细，可用挂钩将巢箱挂在树枝上。检查巢箱需要上树时，用单梯较好。单梯长度视巢箱的高度而定。使用时在胸高处用铁丝缠在树上，以手扶树干上下，确保安全。巢箱应同树干平行，避免左右倾斜或后仰。可稍前倾一点，以防雨水浸入和利于鸟类出入。

④巢箱出入口的方位。一般向着山下坡。巢箱离地面的高度不应小于2 m，巢箱设置数量，依食虫鸟类所占巢区面积而定。试验表明，下列数量较为合适。落叶松人工林为5~6个/hm^2；油松人工纯林2~3个/hm^2；杨、榆防护林1个/100 m。最晚在5月中旬、6月上旬、7月上旬各检查1次，以统计招引到的种类和数量。翌年3月底前，要清除旧巢，以利食虫鸟类繁殖。

2.1.3.5 以菌治病

一些真菌、细菌、放线菌等微生物，在它的新陈代谢过程中分泌抗生素，杀死或抑制病原物。这是目前生物防治研究的主要内容。如哈茨木霉菌能分泌抗生素，杀死、抑制苗木白绢病病菌。又如菌根菌可分泌萜烯类等物质，对许多根部病害有拮抗作用。

2.1.4 物理机械防治

利用简单的器械以及物理因素(如光、温度、热能、辐射能等)来防治林业有害生物或改变物理环境，使其不利于有害生物生存、阻碍侵入的方法，称为物理机械防治。如人工捕杀法、阻隔法、诱杀法和热处理法等。物理防治的措施简单实用，容易操作，见效快，既包括古老而简单的人工捕杀方法，又包括近代物理新成就的应用。对于一些化学农药难以解决的有害生物而言，往往是一种有效手段。物理机械防治法缺点是费工费时，有一定的局限性。

2.1.4.1 直接捕杀

利用人工或各种简单的器械捕捉或直接消灭害虫的方法，称为捕杀法。人工捕杀适合于具有假死性、群集性或其他目标明显易于捕捉的害虫,如多数金龟甲、象甲的成虫具有假死性,可在清晨或傍晚将其震落杀死。榆蓝叶甲的幼虫老熟时群集于树皮缝、树疤或枝杈下方化蛹,此时可人工捕杀。冬季修剪时,剪去黄刺蛾茧、蓑蛾袋囊,刮除舞毒蛾卵块等。在生长季节也可结合苗圃日常管理,人工捏杀卷叶蛾虫苞、摘除虫卵、捕捉天牛成虫等。此法的优点是不污染环境,不伤害天敌,不需额外投资,便于开展群众性的防治,特别是在劳动力充足的条件下,更易实施。缺点是工效低,费工多。

2.1.4.2 诱杀法

(1)灯光诱杀

利用害虫对灯光的趋性,人为设置灯光来诱杀害虫的方法,称为灯光诱杀。目前生产上所用的光源主要是黑光灯,此外,还有高压电网灭虫灯等。

黑光灯是1种能辐射360 nm紫外线的低气压汞气灯。而大多数害虫的视觉神经对波长330~400 nm的紫外线特别敏感,具有较强的趋光性,因而诱虫效果很好。利用黑光灯诱虫,诱集面积大,成本低,能消灭大量虫源,降低下一代的虫口密度。还可用于开展预测预报和科学实验,进行害虫种类、分布和虫口密度的调查,为防治工作提供科学依据。

目前,我国有5类黑光灯:普通黑光灯(20 W)、频振管灯(30 W)、节能黑光灯(13~40 W)、双光汞灯(125 W)、纳米汞灯(125 W)。其中以频振式杀虫灯与纳米汞灯在当今生产中应用最为广泛,二者具有诱虫效率高、选择性强且杀虫方式(灯外配以高压电网杀)更符合绿色环保要求的特点。

(2)食物诱杀

①毒饵诱杀。利用害虫的趋化性,在其所喜欢的食物中掺入适量毒剂来诱杀害虫的方法,称为毒饵诱杀。如蝼蛄、地老虎等地下害虫,可用麦麸、谷糠等作饵料,掺入适量敌百虫、辛硫磷等药剂制成毒饵来诱杀;用糖、醋、酒、水、10%吡虫啉按9:3:1:10:1的比例混合配成毒饵液可以诱杀地老虎、黏虫等。

②饵木诱杀。许多蛀干害虫,如天牛、小蠹虫等喜欢在新伐倒木上产卵繁殖,因而可在这些害虫的繁殖期,人为地放置一些木段,供其产卵,待卵全部孵化后进行剥皮处理,消灭其中的害虫。

③植物诱杀。或称作物诱杀,即利用害虫对某种植物有特殊嗜好的习性,经种植后诱集捕杀的一种方法。如在苗圃周围种植蓖麻,使金龟甲误食后麻醉,可以集中捕杀。

2.1.4.3 温控法

温控法,是指利用高温或低温来控制或杀死病菌、害虫的一类物理防治技术,如土壤热处理、阳光暴晒、繁殖材料热处理和冷处理等。

2.1.4.4 机械阻隔法

机械阻隔法,是指根据病菌、害虫的侵染和扩散行为,设置物理性障碍,阻止病菌、害虫的危害与扩展的方法,如设防虫网、挖阻隔沟、堆沙、覆膜、套袋等。

2.1.4.5 射线物理法

射线物理法，是指利用电磁辐射对病菌、害虫进行灭杀的物理防治技术，常用射线有电波、X射线、红外线、紫外线、激光、超声波等，多用于处理种子，处理昆虫可使其不育。

2.1.5 化学防治

化学防治是指用农药来控制林业有害生物的方法。农药是指用于预防、消灭或控制危害农林业的病、虫、草和其他有害生物，以及有目的地调节植物、昆虫生长的化学合成的或者来源于生物、其他天然物质的一种物质或几种物质的混合物及其制剂。常可分为杀虫剂、杀菌剂、除草剂和杀鼠剂等多种类型。

化学防治是有害生物控制的主要措施，具有收效快、防治效果好，使用方法简单，受季节限制较小，适合于大面积使用等优点。但也有着明显的缺点，化学防治的缺点概括起来主要有3点：一是由于长期对同一种害虫使用相同类型的农药，使得某些害虫产生不同程度的抗药性。二是由于用药不当杀死了害虫的天敌，从而造成害虫的再度猖獗危害。三是由于农药在环境中存在残留毒性，特别是毒性较大的农药，对环境易产生污染，破坏生态平衡。有关农药的使用技术，将在任务2.2中介绍。

【自测练习】

一、名词解释

1. 森林植物检疫；2. 疫区；3. 保护区；4. 产地检疫；5. 调运检疫；6. 生物防治；7. 诱杀法。

二、填空题

1. 林业有害生物防治基本措施包括（　）、（　）、（　）、（　）、（　）等。
2. 森林植物及其产品的调运检疫分为（　）和（　）。
3. 森林植物及其产品的调出检疫程序包括（　）、（　）或（　）、（　）和签发检疫证书4个环节。
4. 全国森林植物检疫工作由（　）负责。进出境植物检疫由国家和各口岸（　）局负责。
5. 产地检疫合格证有效期为（　）。
6. 2013年，国家林业局公布的林业检疫性有害生物共有（　）种，其中森林害虫为（　）；森林病害（　）种。
7. 生物防治的途径主要包括（　）、（　）、（　）、（　）4个方面。
8. 物理机械防治方法有（　）、（　）、（　）、（　）和（　）等。
9. 生产上常用有杀害虫的方法有（　）、（　）、（　）、（　）等。

三、选择题

1. 下列属于国内检疫性有害生物的是（　）。

A. 松毛虫　　　B. 杨干象　　　C. 松疱锈病　　　D. 光肩星天牛
2. 下列属于寄生性天敌昆虫的是(　　)。
A. 食蚜蝇　　　B. 食虫虻　　　C. 蚂蚁　　　　D. 赤眼蜂
3. 产地检疫合格证有效期为(　　)。
A. 1 个月　　　B. 3 个月　　　C. 6 个月　　　D. 12 个月
4. 大多数昆虫视觉神经对紫外线特别敏感的波长为(　　)。
A. 330~400 nm　B. 400~450 nm　C. 450~600 nm　D. 600 nm 以上
5. 国外引种森林种子苗木等要隔离试种，接受监管，多年生植物不得少于(　　)。
A. 1 个生长周期　B. 2 个生长周期　C. 3 个生长周期　D. 4 个生长周期
6. 用毒饵诱杀害虫，其利用了害虫的(　　)
A. 趋光性　　　B. 趋化性　　　C. 假死性　　　D. 群集性

四、简答题

1. 简述生物防治和化学防治的优缺点。
2. 简述森林植物检疫的任务。
3. 简述植物检疫性对象确立的原则。
4. 举例说明诱杀害虫的方法。
5. 举例说明生物防治在林业生产上的具体应用。
6. 简述林业技术防治具体措施。

任务 2.2　农药的识别与使用

农药是指用于预防、消灭或控制危害农林业的病、虫、草和其他有害生物，以及有目的地调节植物、昆虫生长的化学合成的或者来源于生物、其他天然物质的一种物质成几种物质的混合物及其制剂。化学防治作为应急措施一般只在林业有害生物突发或者高发期时候，按照国家关于农药禁止和限制使用的相关规定，做到科学施药，安全用药。

农药的识别与使用包括农药的分类、加工剂型、产品标签识别、稀释计算、施用方法、合理施用、安全使用，以及林业防治常用药械等。

理论基础

2.2.1　农药的分类

2.2.1.1　按农药的防治对象分类

(1) 杀虫剂

主要用来防治农林仓储和卫生害虫的农药，如敌百虫、溴氰菊酯等。

（2）杀菌剂

对真菌或细菌有抑制或杀灭作用的农药，用来预防或治疗植物病害，如波尔多液、代森锌等。

（3）杀螨剂

用来防治蜘蛛纲中植食性螨类的农药，如三氯杀螨醇、三唑锡等。

（4）杀线虫剂

用来防治植物病原线虫的农药，如苯线磷、灭线磷等。

（5）杀鼠剂

用来消灭害鼠的农药，如磷化锌、大隆等。

（6）除草剂

用来防除农林杂草的农药，如五氯酚钠、森草净等。

2.2.1.2 按作用方式和途径分类

（1）杀虫剂

①触杀剂。通过与害虫虫体接触，药剂经体壁进入虫体内使害虫中毒死亡的药剂，如大多数有机磷杀虫剂、拟除虫菊酯类杀虫剂。触杀剂对各种口器的害虫均适用，但对体被蜡质分泌物的介壳虫、木虱、粉虱等效果差。

②胃毒剂。通过消化系统进入虫体内，使害虫中毒死亡的药剂，如敌百虫，适合于防治咀嚼式口器的昆虫。

③熏蒸剂。药剂以气体分子状态充斥其作用的空间，通过害虫的呼吸系统进入虫体，而使害虫中毒死亡的药剂。如磷化铝等。熏蒸剂应在密闭条件下使用，效果才好。如用磷化铝片剂防治蛀干害虫时，要用泥土封闭虫孔。

④内吸剂。药剂易被植物组织吸收，并在植物体内运输，传导到植株的各部分，或经过植物的代谢作用而产生更毒的代谢物，当害虫取食时使其中毒死亡的药剂。如乐果等。内吸剂对刺吸式口器的昆虫防治效果好，对咀嚼式口器的昆虫也有一定效果。

⑤其他杀虫剂。忌避剂，如驱蚊油、樟脑；拒食剂，如拒食胺；粘捕剂，如松脂合剂；绝育剂，如噻替派、六磷胺等；引诱剂，如糖醋液；昆虫生长调节剂，如灭幼脲等。这类杀虫剂本身并无多大毒性，而是以其特殊的性能作用于昆虫。一般将这些药剂称为特异性杀虫剂。

实际上，杀虫剂的杀虫作用并不完全是单一的，多数杀虫剂往往兼具几种杀虫作用，如敌敌畏具有触杀、胃毒、熏蒸3种作用，但以触杀作用为主。在选择使用农药时，应注意选用其主要的杀虫作用。

（2）杀菌剂

①保护剂。在病原物侵入寄主植物之前使用化学药剂，阻止病原物的侵入使植物得到保护。具有保护作用的药剂，称为保护剂。

②治疗剂。当病原物已经侵入植物或植物已经发病时，使用化学药剂处理植物，使体内的病原物被杀死或抑制，终止病害发展过程，使植物得以恢复健康。

此外,还有发挥铲除、免疫及钝化作用的药剂。

2.2.2 农药的加工剂型

由工厂生产出来而未经过加工的农药产品统称为原药,其中固体状的称为原粉,呈油状液体的称为原油。由于原药产品中往往含有化学反应中的副产物、中间体及未反应的原料,并非纯净品,因此,原药中真正有毒力、有药效的主要成分,称为有效成分。为了让有效成分均匀分散,充分发挥药效,改进理化性质,减少药害,降低成本、提高工效、容易操作、必须在原药中加入一定比例的辅助剂。农药的原药加入辅助剂后制成的药剂形态,称为剂型。林业中常用以下几种农药剂型。

(1)粉剂(DP)

原药加入一定量的填充物(陶土、高岭土、滑石粉等),经机械加工粉碎后而成的粉状混合物,粉粒直径一般在 $10\sim12~\mu m$ 以下。粉剂主要用于喷粉、拌种、毒饵和土壤处理等,但不能加水喷雾使用。粉剂要随用随买,不宜久贮,以防失效。由于粉剂易于飘失,污染环境,将逐渐被颗粒剂和各种悬浮剂取代。

(2)可湿性粉剂(WP)

可湿性粉剂是由原药、填充剂、分散剂和湿润剂(皂角、拉开粉等)经机械粉碎,混合制成的粉状制剂。质量好的可湿性粉剂粉粒直径一般在 $5~\mu m$ 以下,兑水稀释后,湿润时间为 $1\sim2~min$,悬浮率可达 $50\%\sim70\%$。可湿性粉剂用于喷雾,要搅拌均匀,喷药时及时摇振,贮存时不宜受潮受压。

(3)乳油(EC)

乳油是由农药原药加乳化剂和溶剂制成的透明油状液体制剂。溶剂是用来溶解原药的,常用溶剂有苯、二甲苯、甲苯等。乳化剂可使溶有原药的溶剂均匀地分散在水中,土耳其红油就是一种乳化剂。乳油加水稀释,即可用来喷雾。乳油如果出现分层、沉淀、混浊等现象,则说明已变质,不能继续使用。使用乳油防治害虫的效果比其他剂型好,耐雨水冲刷,易于渗透。由于生产乳油所需的有机溶剂易燃,对人畜有毒等原因,将逐渐向以水代替有机溶剂和减少有机溶剂用量的新剂型发展,如浓乳剂、微乳剂、固体乳油及高浓度乳油等。

(4)可溶性粉剂(SP)

可溶性粉剂是用水溶性固体原药加水溶性填料及少量助溶剂制成的粉末状制剂,使用时按比例兑水即可进行喷雾。可溶性粉剂中有效成分含量一般较高,药效一般高于可湿性粉剂,与乳油接近。

(5)悬浮剂(SC)

悬浮剂是由固体原药、湿润剂、分散剂、增稠剂、防冻剂、消泡剂、稳定剂、防腐剂和水等配成的液体剂型,有效成分分散,粒径为 $1\sim5~\mu m$。施用时兑水喷雾,不会堵塞喷雾器的喷嘴。药效高于可湿性粉剂,接近于乳油,是不溶于水的固体原药加工剂型的重要方向之一。悬浮剂应随用随买,配药时多加搅拌。

(6)油剂(OL)

以低挥发性油做溶剂,加少量助溶剂制成的制剂,有效成分一般在20%~50%,用于弥雾或超低容量喷雾。使用时不用稀释,不能兑水使用。每公顷用量一般为750~2250 mL。

另外,还有专用于烟雾机的油剂,称为油烟剂或热雾剂,其中的农药有效成分要有一定的热稳定性。使用时,通过内燃机的高温高速气流将其气化,随即冷却呈烟雾状气溶胶,发挥杀虫、杀菌作用。

(7)烟剂(FU)

烟剂一般用原药(杀虫剂或杀菌剂)、氧化剂(硝酸铵、硝酸钾等)、燃料(木粉、木炭、木屑等)、降温剂(氯化铵等)和阻燃剂(滑石粉、陶土等)按一定比例混合、磨碎,通过80号筛目过筛而成。点燃后作无火焰燃烧,农药受热挥发,在空中再冷却成微小的颗粒弥散在空中杀虫或灭菌。烟剂适用于森林和温室大棚。因烟剂易燃,在贮存、运输、使用时应注意防火。

(8)微胶囊悬浮剂(CS)

微胶囊悬浮剂是近年来发展起来的固体颗粒分散在水中的新剂型,具有延长药效、降低毒性、减少药害等特点。是用树脂等高分子化合物将农药液滴包裹起来的微型囊体,粒径一般在1~3 μm。它是由原药(囊心)、助溶剂、表皮等制成。囊皮可控制农药释放速度。使用时兑水稀释,供叶面喷雾或土壤施用。农药从囊壁中逐渐释放出来,达到防治效果。该剂型生产成本较高,目前国产的有8%氯氰菊酯触杀式微胶囊剂等。

(9)颗粒剂(GR)

颗粒剂是由农药原药、载体、填料及助剂配合经过一定的加工工艺制成的粒径大小比较均匀的松散颗粒状固体制剂。按粒径大小可分为大粒剂(5~9 mm)、颗粒剂(1.68~0.297 mm)和微粒剂(0.297~0.074 mm)。颗粒剂为直接施用的剂型,可取代施用不安全的药土,用于土壤处理、植物心叶施药等。其有效成分含量一般小于20%,常用加工方法有包衣法、浸渍法和捏合法。颗粒剂可使高毒农药制剂低毒化,可突现农药的针对性施用。施用颗粒剂可戴薄塑料手套徒手撒施,也可用带孔瓶盖的塑料瓶撒施。

2.2.3 农药的产品标签识别

在林业生产中要选择质量好的农药产品,做到科学合理安全使用农药,必须熟悉农药产品标签的主要内容。

(1)产品名称

农药产品的名称一般由农药有效成分含量、农药的原药名称(或通用名称)和剂型组成。其中有效成分含量的表示方法如下:原药和固体制剂以质量分数表示,如40%福美砷可湿性粉剂:400 g a.i./kg,是指为每千克(kg)可湿性粉剂中含有效成分(a.i.)400 g;液体制剂原则上以质量分数表示,若需要以质量浓度表示时,则用"g/L"表示,并在产品标准中同时规定有效成分的质量分数,如抗蚜威乳油:80 g a.i./L,是指每升(L)药液中含有效成分(a.i.)80 g。

(2) 产品的批准证(号)

包括该农药产品在我国取得的农药登记证号(或临时登记证号)、农药生产许可证号或农药生产批准文件号、执行的产品标准号，常说的农药"三证"，是指上述的农药登记证、准产证和标准证。

(3) 产品的使用范围、剂量和使用方法

包括适用的作物或林木、防治对象、使用时期、使用剂量和施药方法等。对于使用剂量，用于大田作物或苗圃的，一般采用每公顷(hm^2)使用该产品总有效成分质量(g)表示；或采用每公顷使用该产品的制剂量(g 或 mL)表示；用于林木时，一般采用总有效成分量或制剂量的质量分数、质量浓度(mg/kg、mg/L)表示；用于种子处理时一般采用农药与种子质量比表示。

(4) 产品质量保证期

有 3 种表示形式：第一种，注明生产日期(或批号)和质量保证期；第二种，注明产品批号和有效日期；第三种，注明产品批号和失效日期。

(5) 毒性标志

要求标明农药产品的毒性等级及标识。剧毒和高毒的农药要求有"骷髅骨"标记。

我国农药毒性分级标准是根据大白鼠 1 次口服农药原药急性中毒的致死中量(LD_{50})划分的。所谓致死中量即毒死一半供试动物所需的药量，单位为 mg/kg，意思为动物每千克体重所需药剂的毫克数。致死中量≤5 mg/kg 的为剧毒农药；致死中量 5~50 mg/kg 的为高毒农药；致死中量 50~500 mg/kg 的为中等毒性农药；致死中量 500~5000 mg/kg 的为低毒农药；致死中量>5000 mg/kg 的为微毒农药。农药标签上标明的农药毒性是按农药产品本身的毒性级别标示的，若毒性与原药不一致时，一般用括号注明原药毒性级别。

2.2.4 农药的稀释计算

要使化学防治达到最佳效果，在施药前则必须进行准确的农药稀释计算，同时还要明确安全使用的注意事项。

(1) 按单位面积施用农药的有效成分(或制剂量)计算

在进行低容量和超低容量喷雾时，一般先确定每公顷所需施用农药的有效成分量或折算的制剂量，再根据所选定的施药机具和雾化方法确定稀释剂用量。

$$\text{单位面积稀释剂用量} = \text{单位面积喷液量} - \text{单位面积施用的农药制剂量} \quad (2\text{-}1)$$

(2) 按农药稀释倍数计算

稀释倍数表示法，是指稀释剂(水或填充料等)的量为农药制剂量的多少倍，它只能表明农药成分的多少，但不能表明农药进入环境的量，因此，国际上早已废除，但我国在大容量喷雾法中仍然采用。固体制剂加水稀释，用质量倍数；液体制剂加水稀释，若不注明按体积稀释，一般也都是按质量倍数计算。而且生产上往往忽略农药和水的密度差异，即把农药的密度视为 1。在实际应用中，常根据稀释倍数大小分为内比法和外比法。内比法适用于稀释倍数在 100 倍以下的药剂，计算时要在总份数中扣除原药剂所占份数；外比法适用于稀释 100 倍以上的药剂，计算时不扣除原药剂在总

份数中所占份额，计算公式为：

$$稀释剂用量 = 原药剂用量 \times 稀释倍数 \quad (2-2)$$

稀释倍数在 100 倍以下时，以下式计算：

$$稀释剂用量 = 原药剂用量 \times 稀释倍数 - 原药剂用量 \quad (2-3)$$

药液中有效成分含量与稀释倍数的换算关系为：

$$药液中有效成分含量 = \frac{制剂的有效成分含量}{稀释倍数} \times 100\% \quad (2-4)$$

(3) 按质量浓度法、质量分数法或体积分数法计算

在固体制剂与液体稀释剂之间常用质量浓度表示药液中有效成分含量，如 50 g/L 硫酸铜药液则表示在每升硫酸铜药液中含 50 g 硫酸铜；在固体与固体或液体与液体制剂与稀释液之间时常用质量分数表示其药液中有效成分含量，如 2% 乐果药液则表示在 100 g 的乐果药液中含有 2 g 乐果原药。液体制剂与液体稀释液之间有时也用体积分数表示。以上 3 种表示法的通用计算公式为：

$$原制剂有效成分含量 \times 原制剂用量 = 需配药液的有效成分含量 \times 稀释剂用量$$

当稀释 100 倍以下时，则用下式计算：

$$(原制剂有效成分含量 - 需配药有效成分含量) \times 原制剂用量 =$$
$$需配药液有效成分含量 \times 稀释剂用量 \quad (2-5)$$

2.2.5 农药的施用方法

由于农药的加工剂型、使用范围和防治对象不同，因而施用方法亦不同，下面简要介绍在林业上常用的施药方法。

(1) 喷粉法

喷粉法是指利用喷粉器械所产生的风力把低浓度的农药粉剂吹散后，使粉粒飘浮在空中再沉积到植物和防治对象上的施药方法。其优点是工效高，使用方便，不受水的限制，适合于封闭的温室、大棚以及郁闭度高的森林和果园。缺点是用药量大，附着性差，粉粒沉降率只有 20%，易飘失，污染环境。最好在无风的早晨或傍晚及植物叶片潮湿易黏着粉粒时作业。喷粉人员应在上风头（1~2 级风时可喷粉）顺风喷，不要逆风喷。要求喷均匀，可用手指轻按叶片来检查，如果看到只有一点药粒在手指上，表明喷施程度比较合适；如看到叶面发白，则说明药量过多。在温室大棚中喷粉时，宜在傍晚作业，采取对空均匀喷洒的方法，避免直接对准植物体，且由里向外、边喷边向门口后退的作业方式。

(2) 喷雾法

喷雾法是指利用喷雾器械将液态农药喷洒成雾状分散体系的施药方法，是林业有害生物防治使用最广泛最重要的施药方法之一。根据单位面积施药液量的多少，划为 4 个容量级别（表 2-2）。超低容量喷雾采用离心旋转式喷头，所使用的剂型为油剂。超低量喷雾的优点是工效高、省药、防治费用低，不用水或只用少量水，缺点是受风力影响大，对农药剂有一定的要求。

表 2-2 我国农药喷雾法划分的容量级别

容量级别	喷施药液量（L/hm²）	药液有效成分含量(%)	雾滴直径(μm)	施药方式针对性	农药利用率(%)
大容量(常量)	>150	0.01~0.05	250	飘移累积性	30~40
小容量(少量)	15~150	1~5	100~250	飘移累积性	60~70
低容量	5~15	5~10	15~75	飘移累积性	60~70
超低容量(微量)	<5	25~50	15~75	飘移累积性	60~70

根据喷雾方式可将喷雾法大致分为针对性喷雾和飘移性喷雾两种，前者是指作业时将喷头直接指向喷施对象，后者是指喷头不直接指向喷施对象，喷出的药液靠自然风力飘移，依靠自身重力沉降累积到喷施对象上。

喷雾的技术要求是药液雾滴均匀覆盖在植物体或防治对象上，叶面充分湿润，但不使药液形成水流从叶片上滴下。喷雾时间要选择 1~2 级风或无风晴天，中午不宜作业。

(3) 树干打孔注药法

打孔注药法是指利用树干注药机具在树干上形成注药孔，通过药液本身重力或机具产生的压力将所需药液导入树干特定部位，再传至内部器官而达到防治有害生物和树木缺素症的施药方法。这种方法具有效果好、药效长、不污染环境、不受环境条件限制等优点，适用于珍稀树种和零星树木的病虫害防治。但该法在短时间控制大面积病虫害比较困难，若药剂使用不当易对树木造成药害。

目前打孔注药的方法大致有 3 种：第一种，创孔无压导入法；即先用打孔注药机具在树干上钻、凿、剥、刮出创伤或孔，然后向创孔内涂、灌、塞入药剂或药剂的载体。第二种，低压低浓度高容量注射法，可用输液瓶挂于树上，药液凭重力徐徐注入树体内，或使用兽用注射器将配好的药液灌注到树木的木质部与韧皮部之间。第三种，高浓度低容量高压注射法；使用手压树干注射器，靠压力将高浓度的药液注入树干，一般平均 1 cm 胸径用药液 0.5~1 ml。

打孔注药法的时间应在树液流动期，防治食叶害虫在其孵化初期注药；蚜、螨等在大发生前注药；蛀干天牛类在幼虫 1~3 龄和成虫羽化期注药；果树至少在采摘前 2 个月内不得注药。农药要选内吸剂(如吡虫啉、印楝素等)，以水剂最佳，原药次之，乳油必须是选合格产品。配制时宜用冷开水，药液配制有效成分含量应在 15%~20%，对于树干部病虫害严重地区药液中应加杀菌剂，以防伤口被病菌感染。注射位置在树木胸高以下，用材林尽量在伐根附近。注药孔大小在 5~8 mm；胸径小于 10 cm 打 1 个孔，11~25 cm 对面 2 个孔，26~40 cm 等分 3 个孔，40 cm 以上等分 4 个孔以上；最适孔深是针头出药孔位于 2~3 年生新生木质部处。注药量一般按每 10 cm 胸径用 100% 原药 1~3 ml(稀释液为 1 cm 胸径 1~3 ml)的标准，按所配药液有效成分含量和计划注药孔数计算每孔注药量。

(4) 涂抹法

涂抹法是指用涂抹机具将药液涂抹在植株某一部位的局部直接施药的方法，以涂抹树干为最常用，用以防治病害、刺吸式口器害虫、螨类等。涂抹机具有手持式涂抹器、毛刷、排刷、棉球等。涂抹作业时间应在树木生长季节为宜。涂抹法无飘移，药剂利用率高,不污染环境,对有益生物伤害小,但是操作费事,直接施用高浓度高剂量药剂还要注意药害问题。

(5) **种苗处理法**

种苗处理法是指将药粉或药液在种子播种前或苗木栽植前使之黏附在种苗上,用以防治种苗带菌或土壤传播的病害及地下害虫的施药方法。它可有效控制有害生物在种子萌发和幼苗生长期间的危害,其方法简便,用药量少,省工,但要掌握好剂量防止产生药害。常见的种苗处理有以下几种方法。

①浸种法。是指将种子浸渍在一定有效成分含量的药剂水分散液里,经过一定的时间使种子吸收或黏附药剂,然后取出晾干,从而消灭种子表面和内部所带病原菌或害虫的方法。操作时将待处理的种子直接放入配好的药液中稍加搅拌即可。药液多少根据种子吸水量而定,一般高出浸渍种子 10~15 cm。使用的农药剂型以乳油、悬浮剂最佳,其次为水剂(是以水为溶剂的可溶性液剂,国际代号 AS)、可湿性粉剂。浸种温度一般在 10~20 ℃以上。浸种时间以种子吸足水分但不过量为宜,其标志是种皮变软,切开种子后,种仁部位已充分吸水时为止。一次药液可连续使用几次。但要补充减少的药液量。用甲醛等浸种后,需用清水冲洗种子,以免产生药害。

②拌种法。是指将选定数量和规格的拌种药剂与种子按照一定比例进行混合,使被处理种子表面都均匀覆盖一层药剂,并形成药剂保护层的种子处理方法。拌种可分为干拌和湿拌,一般以干拌为主。干拌种以粉剂、可湿性粉剂为宜,且内吸性药剂为好,拌种的药量常以农药制剂占处理种子的质量百分比来确定,一般为种子重量的 0.2%~1%。拌种的器具比较原始的用木锨翻搅,有条件时尽量采用拌种器。具体做法是将药剂和种子按比例加入滚筒拌种箱内,流动拌种,种子装入量为拌种箱最大容量的 2/3~3/4,旋转速度以 30~40 转/min 为宜,拌种时间 3~4 min,可正反各转 2 min,拌完后待一段时间取出。另外,还可以使用圆筒形铁桶,将药剂和种子按规定比例加入桶内,封闭后滚动拌种。拌好的种子直接用来播种,不需要再进行其他处理,更不能浸泡或催芽。

③闷种法。是指将一定量的药液均匀喷洒在播种前的种子上,待种子吸收药液后堆在一起并加盖覆盖物堆闷一定时间,以达到防止有害生物危害目的的一种种子处理方法,它是介于拌种和浸种之间的一种方法,又称为半干法。闷种使用的农药剂型为水剂、乳油、可湿性粉剂、悬浮剂等。最好选用有效成分挥发性强、蒸气压低的农药,如甲醛、敌敌畏等,还可以用内吸性好的杀菌剂。药液的配制可按农药有效成分也可按农药制剂重量计算。闷过的种子即可播种,不宜久贮,也不需要做其他处理。

另外,幼苗幼树移栽或插条扦插时,可用水溶液、乳浊液或悬浮液对其进行浸渍处理,达到预防或杀死携带的有害生物的目的。苗木处理的原则与种子处理基本相同,但要注意药害问题。

(6) **土壤处理法**

将药剂施于土壤中用来防治种传、土传、土栖的有害生物的方法,称为土壤处理法。此法常在温室和苗圃中使用,用药量比较大。常用的有以下几种方法。

①撒施法。是指用撒布器具或徒手将颗粒剂或药土撒施到土壤中的一种方法。可佩戴塑料薄膜防护手套徒手撒施,也可用撒粒器撒施。使用的药剂为颗粒剂(粒径为 297~

1680 μm)和大粒剂(粒径 5000 μm 以上)。

②浇灌法。是指以水为载体将农药施入土壤中的方法。可在播种或植前进行,也可在有害生物发生期间进行。操作时将稀释后的农药用水桶、水壶等器具盛装泼洒到土壤表面或沟内,也可灌根,使药液自行下渗。还可采用滴灌、喷灌系统自动定量地往土壤中施药,也称为化学灌溉,使用时要对系统行进行改装,增加化学灌溉控制阀和贮药箱。

③根区土壤施药法。是指在树冠下部开环状沟、放射状沟或在树盘内开穴,将药粉撒施或把药液泼施于沟穴内的施药方法。药剂应选择具有内吸、熏蒸作用的药剂。根部施药还可用土壤注射枪向树木根部土壤施药。

(7)熏蒸法

利用常温下有效成分为气体的药剂或通过化学反应能生成具有生物活性气体的药剂,在密封环境下充分挥发成气体来防治有害生物的方法,称为熏蒸法。林业上常用来消灭种子、苗木、压条、接穗和原木上的有害生物。其优点是消灭有害生物较彻底,但操作费事,有农药残留毒性问题和环境污染问题等。熏蒸要在密闭空间或帐幕中进行。常用于熏蒸的药剂有溴甲烷、硫酰氟等;熏蒸用药量以 g/m^3 表示,应用时要根据用药种类、熏蒸物品、防治对象、温度、密封程度等确定用药量和熏蒸时间。由于熏蒸剂多是限制使用农药,对人畜有毒,在熏蒸场所周围 30~50 m 内禁止入内和居住,操作人员要戴合适的防毒面具和橡皮手套。

(8)熏烟法

将农药加工成烟剂或油烟剂用人工点燃或烟雾机的汽化形成的烟雾来消灭有害生物的施药方法,称为熏烟法。该法适用于郁闭度大的森林以及仓库、温室大棚等,在交通不便、水源缺乏的林区,熏烟法是有害生物防治重要手段之一。熏烟法防治有害生物的时间应选择在害虫幼龄期、活动盛期、发病初期和孢子扩散期。下面介绍人工放烟法。

放烟的气象条件关键是"逆温层"现象出现和风速稳定在 0.3~1 m/s。白天,由于受太阳辐射的影响,地面温度高于空中温度,气流直线上升,此时放烟,烟雾直向上空中逸散,病菌、害虫和林木受烟时间很短,达不到防治目的。夜间,气流比较稳定,但天黑、山高、坡陡,也不宜放烟。日落后和日出前,林冠上的气温往往比林内略高,到一定高度气温又降低,产生"气温差逆增"现象,林内气流相对比较稳定,此时放烟,烟雾可较长时间停留在林内,或沿山坡、山谷随气流缓缓流动。烟雾在林内停留时间越长,杀虫灭菌的效果越好。一般只要烟雾在林内停留 20 min 以上,就可收到较好的防治效果。风速超过 1.5 m/s 时,应停止放烟,以免烟雾被风吹散。雨天也应停止放烟,这时放烟不易引燃,附着在林木上的烟剂颗粒也易被雨水冲掉,将降低防治效果。

在林区放烟,可采用定点放烟或移动放烟,或者两者配合使用的方法。定点放烟法就是按地形把烟筒设置在固定地点。此法适用于面积较大、气候变化较小、地形变化不大的林地。在山地傍晚放烟时,放烟带应布设在距山脊 5 m 左右的坡上,在山风控制下使烟云顺利下滑;早晨放烟雾时,放烟带应紧靠山脚布设,利用谷风使烟云沿坡爬上山。放烟带应与风向垂直。放烟带的距离依风力大小而定,但最宽不要超过 300 m。放烟点的距离依单位用药量和地形而定,一般为 15~30 m。坡地迎风面应密些,下风处可稀些,平地、无风处可均匀放置。放烟点不要设置在林缘外边,应设置在林内距林缘 10 m 左右,因为林外风向不定,影响放烟效果。放烟前应清除放烟点周围的枯枝落叶,并将烟筒放稳,以免发生火灾。点燃顺序是从下风开始依次往上风方向进行。

流动放烟法就是把放烟筒拿在手中走动放烟。每人相距20 m，在林内逆风且与风向成垂直方向缓步行走。此法适用于地形复杂、面积不大、杂草灌木稀少、郁闭度较小、行走方便的林地。另外，流动放烟还可用来弥补定点放烟漏放的地块。

在郁闭的森林、果园和仓库，可用烟雾机喷烟，使油烟剂转化为气溶胶，滞留于空间，且具有一定的方向性和穿透性，能均匀沉积在靶标上，可保证药效的正常发挥。

2.2.6 农药的合理使用

使用农药既要做到用药省，提高药效，又要对人畜安全，不污染环境，不伤天敌，不产生抗性。概括起来应做到以下几方面。

(1) 正确选药

不同的有害生物其生物学特性不同，如防治害虫不能选择杀菌剂而必须选择杀虫剂，防治刺吸式口器害虫不能选用胃毒剂而应选择内吸剂；再如拟除虫菊酯类是触杀剂对蚜虫也有效，但容易产生抗性，也不适于防治蚜虫。当防治对象有几种农药可选择时，首先应选毒性最低的品种，在农药毒性相当的情况下，应选用低残留的品种。半衰期小于1年的，称为低残留农药。

(2) 适用施药

要了解有害生物的不同生长发育阶段的发生规律和对农药的忍受力，如鳞翅目幼虫在3龄前耐药性低，此时施药不易产生抗性，天敌也少，用药量也小；对于介壳虫一类，一定在未形成介壳前施药，对于病害应在发病初期或发病前喷药防治。施药还要考虑天气条件，对于有机磷制剂在温度高时药效好，拟除虫菊酯类在温度低时效果更好。辛硫磷见光易分解，宜在傍晚使用。在雨天不宜喷药，以免药剂被雨水冲刷掉。

(3) 掌握有效用药量

主要是指准确地控制药液的质量浓度、单位面积用药量和用药次数，每种农药对某种防治对象都有一个有效用量范围，在此范围内可根据寄主发育阶段和气温情况进行调节。也可根据防治指标，合理确定有效用药量，防治效果一般首次检查应达到90%以上。超量用药，不仅造成浪费，还会产生药害和发生人畜中毒事故，导致土壤污染。施药次数要根据有害生物和寄主的生物学特性及农药残效期的长短，灵活确定。为了防止抗药性的产生，通常一种农药在1年中使用不应超过2次，要与其他农药交替使用。

(4) 选择科学的施药方法

①合理混用农药。要根据有害生物的危害特点选择施药方法，如北方春季松毛虫上树前，可选择绑毒绳方法阻止松毛虫幼虫上树，对蛀干害虫可采用在树干上堵孔施药。

②混用原则。合理混用农药不仅能治多种有害生物，省药省工，而且还可防止抗药性的产生。农药能否混用，必须符合下列原则：一是要有明显的增效作用，如拟除虫菊酯类和有机磷混用，都比单剂效果好；二是对植物不发生药害，对人畜的毒性不能超过单剂；三是能扩大防治对象，如三唑酮和氧化乐果混用，可兼治锈病和蚜虫；四是降低成本。

③注意事项。注意以下几种情况下农药禁止混用：一是酸性农药不宜和碱性农药混

用；二是混合后对乳剂有破坏作用的农药间不能混用；三是有机硫类和有机磷类农药不能与含铜制剂的农药混用；四是微生物类杀虫剂和内吸性有机磷杀虫剂不能与杀菌剂混用。

2.2.7 农药的安全使用

使用农药必须严格执行农药使用的有关规定。在农药运输过程中，运药车不要载人和混载食物、饲料、日用品；搬运要轻拿轻放，衣服上沾上有机磷药液，要立即脱下用50 g/L的洗衣粉浸泡1 d后洗净。各类农药要分开存放，库房要通风、干燥、避光，不与粮食、饲料等混放。在配制农药时，要设专人操作；操作地点要远离居民点，并在露天进行；操作者要在上风处，要戴胶皮手套，若偶然将药液溅到皮肤上，应及时用肥皂清洗。配制时要用棍棒搅拌，不能用手代替；拌种时不留剩余种子。施药作业人员要选择青壮年，并要戴好口罩、手套、长衣、长裤及风镜等；喷药时要顺风操作，风大和中午高温时要停止施药；施药过程中不能吸烟和吃东西，要严格掌握喷药量。喷药结束后立即更衣，并用肥皂洗脸、洗水和漱口。喷洒剧毒农药工作时间不要超过6 h/d。喷过剧毒农药的地方要设置"有毒"标志，防止人畜进入。对剩余的药剂、器具要及时入库，妥善处理，不得随便遗弃。

在农药使用过程中，一旦发现如头昏头痛、恶心呕吐、无力、视力模糊、腹痛腹泻、抽搐痉挛、呼吸困难和大小便失禁等急性中毒症状时，首先应将中毒病人搀离接触农药场地，转移新鲜处，脱去被农药污染的衣服，用肥皂水清洗被污染的皮肤，眼睛被污染后可用生理盐水或清水冲洗。如中毒病人出现呼吸困难可进行人工呼吸，心跳减弱或停跳时进行胸外心脏按压。口服中毒者，可用两汤匙食盐加在1杯水中催吐，或用清洁的手指抠咽喉底部催吐。

有机磷、氨基甲酸酯类农药中毒时，用20 g/L小苏打洗胃，肌肉注射阿托品1~2 ml；拟除虫菊酯类中毒可吞服活性炭和泻药，肌肉注射异戊巴比妥钠。重度中毒者应进行胃管抽吸和灌洗清胃，中毒者一般在1~3周内恢复。有机氮农药中毒时，可用葡萄糖盐水、维生素C、中枢神经兴奋剂、利尿剂等对症治疗。

2.2.8 林业防治常用药械

2.2.8.1 背负式手动喷雾器

手动背负式喷雾器具有结构简单、使用方便、价格低廉等特点，适用于草坪、花卉、小型苗圃等较低矮的植物使用。主要型号有工农-16型（3WB-16型），改进型有3WBS-16、3WBS-16、3WB-10等型号。下面简要介绍工农-16型喷雾器的工作过程。

用手上下撅动摇杆手柄，活塞杆便带动皮碗活塞，在泵筒内做上下往复运动。当活塞带动皮碗皮塞上行时，皮碗活塞下面的腔体容积增大，形成负压，在压力差的作用下，药箱内的药液经吸液管上升，顶开进水球阀进入泵筒，完成吸液过程。当活塞带动皮碗活塞从上向下运动时，泵筒内的药液压力增高，将进液球阀关闭，出液球阀被顶开，压力药液经出液球阀进入空气室。空气室内的空气被压缩，形成对药液的压力。当每分钟撅动摇杆18~25次时，药液可达正常工作压力（196~392 kPa），打开开关,药液即经输液管,由喷头以雾状喷出,使用喷孔直径 1.3 mm 的喷孔片时,喷药量为 0.6~0.7 L/min(图 2-2)。

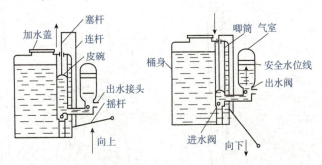

图 2-2 背负式喷雾器工作原理示意

2.2.8.2 背负式机动喷雾喷粉机

背负式机动喷雾喷粉机既可喷雾又可喷粉,把喷雾喷头换成超低量喷头时,还可进行超低量喷雾,适用于林业有害生物的防治。背负式机动喷雾喷粉机由动力部分、药械部分、机架部分组成。动力部分包括小型汽油发动机、油箱;药械部分包括单极离心式风机、药箱和喷洒装置;机架部分包括上机架、下架和背负装置、操纵装置等。

(1)喷雾工作过程

发动机带动风机叶轮旋转,产生高速气流,并在风机出口处形成一定压力。其中大部分高速气流经风机出口流入喷管,而少量气流经过风阀、进气塞、软管,经过滤网出气口返入药箱内,使药液形成一定的压力。药箱内药液在压力作用下,经粉门、输液管接头进入输液管,再经手柄开关直达喷头,从喷头嘴周围的小孔流出。在喷管高速气流的冲击下,使药液弥散成细小雾点,吹向被喷雾的植物。

(2)喷粉工作过程

发动机带动风机叶轮旋转,产生高速气流,大部分流经喷管,一部分经进气阀进入吹粉管,起疏松和运输粉剂作用。进入吹粉管的气流速度高,而且有一定的压力,气流便从吹粉管周围的小孔钻出,使药粉松散,并吹向粉门口。由于输粉管出口为负压,有一定的吸力,药粉流向弯管内,这时正遇上风机吹来的高速气流,药粉便从喷管吹向被喷植物。如图(图 2-3)所示。

2.2.8.3 热力烟雾机的使用与保养

热力烟雾机是利用内燃机排气管排出的废气热能使油剂农药形成微细液化气滴的气雾发生机,实际没有固体微粒产生,只因习惯上的原因,一直称为热力烟雾机。按其移动方式,可分为手提式、肩挂式、背负式、担架式、手推式等;按照工作原理可分为脉冲式、废气舍热式、增压燃烧式等。

(1)发动机启动(带副油箱一体化化油器)

打气筒打气(或气泵打气),一定流量和压力的空气通过单向阀和管路进入化油器体上的集成孔道,一路进入副油箱,将副油箱中的油压至油嘴;一路进入化油器体内,喷油嘴

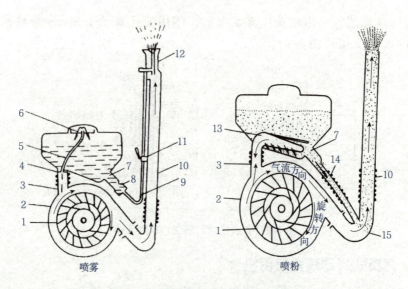

图 2-3 喷雾喷粉机工作原理示意
1. 轮装组 2. 风机壳 3. 出风筒 4. 进风筒 5. 进气管 6. 过滤网组合 7. 粉门 8. 出水塞 9. 输液管 10. 喷管 11. 开关 12. 喷嘴 13. 吹粉管 14. 输粉管 15. 弯头

喷出的燃油在喉管处与经进入喉管中的空气气流混合,并进入燃烧室的进气管中。与此同时,点火系统开关接通,产生高压电,火花塞放出高压电弧,点燃混合气。混合气点火"爆炸",燃烧室及化油器内压力迅速增高。这股高压气体使进气阀片关闭进气孔,并以极高的速度冲出喷管。

(2)正常工作循环

在前一工作循环排气惯性力作用下,进气阀片打开进气孔,新鲜空气吸入,燃油也从油嘴吸入。混合气进入燃烧室,与前一循环残留的废气混合形成工作混合气。同时,该混合气又被炽热废气点燃,接着进行燃烧,排气过程,脉冲式发动机就按进气—燃烧—排气的循环过程,不断地工作。

(3)喷烟雾过程

由化油器引压管引出一股高压气体,使它经增压单向阀、药开关,加在药箱液面上,产生一定的正压力。药液在压力的作用下经输药管、药开关、喷药嘴量孔流入喷管内。在高温、高速气流作用下,药液中的油烟剂被蒸发,破碎成直径 50 μm 烟雾,从喷管喷出,并迅速扩散弥漫,与靶标接触(图 2-4)。

2.2.8.4 打孔注药机

BG-305D 背负式打孔注药机为创孔无压导入法注药方式。它由两部分组成:一是钻孔部分,由 1E36FB 型汽油机通过软轴连接钻枪,钻头可根据需要在 10 mm 范围内调换;二是注药部分,由金属注射器通过软管连接于药箱,可连续注药,注药量可在 1~10 mL 内调节。

该机净质量为 9 kg,最大输出功率为 8 kW,转速 6000 r/min,油箱容积 1.4 L,使用 (25~30):1 的燃油,点火方式为无触点电子点火。钻枪长 450 mm,适用于杨树和松树,最大钻孔深度 70 mm。药箱容积 5 L,定量注射器型号尺寸 200 mm×110 mm×340 mm。

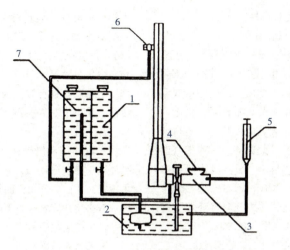

图 2-4 烟雾机工作原理示意
1. 油箱　2. 副油箱　3. 化油器　4. 化油器盖　5. 气筒　6. 喷药嘴　7. 药箱

实操训练

实训六　常用化学农药识别

一、实训目标

通过本实训，使学生识别林业生产常用化学农药的种类，能根据农药标签的信息及性状判别农药质量。

二、实训条件

实训场所，配备多媒体设备以及放大镜、烧杯、药勺、滴管、橡皮手套等用具。

材料：林业生产常见各种剂型的小包装商品农药；其中至少含有杀虫剂、杀菌剂、杀螨剂、杀线虫剂等多种农药类型，每组1套。

三、实训模式

课前布置学生自主学习任务，完成自学笔记，以组为单位收集林业常用农药名录，标明各农药的规格、剂型、使用方法等。训练中采用多媒体演示，教学做一体化方式，在教师指导下识别各种化学农药，观察其性状及质量。

四、实训内容

方法提示：用肉眼或放大镜识别各种农药；通过标签信息及性能测定检查农药的质量。在测试农药理化性能时应戴好橡皮手套，注意不要使药液接触皮肤，实验结束后要用肥皂洗手，用具要清洗干净。

（一）农药种类识别

（1）杀虫剂识别

①以灭幼脲、除虫脲、氟铃脲、苯氧威等药剂为观察对象，识别昆虫生长调节剂类（苯甲酰脲类）杀虫剂特点。此类药剂是通过抑制昆虫生长发育，如抑制蜕皮，抑制新表皮形成，抑制取食等，最后导致害虫死亡的一类药剂，化学结构多为苯甲酰脲衍生物，主要是胃毒，有一定触杀性能，无内吸活性，作用于幼虫、若虫，使其不能蜕皮而死亡，作用于卵而不能孵化。毒性低，污染少，对天敌和有益生物影响小。一般应在低龄幼虫发生高峰时施药，由于杀虫作用缓慢，害虫大发生时应与速效型药剂混用。

②以敌杀死、凯素灵、凯安保、速灭杀丁、杀灭菊酯、氯氰菊酯、功夫菊酯、灭扫利等药剂为观察对象，识别拟除虫菊酯类杀虫剂特点。此类杀虫剂是模拟除虫菊花中所含的天然除虫菊素化学结构而合成的昆虫神经性毒剂，具有高效、杀虫谱广、低毒、对人畜和环境较安全的特点，其主要作用方式是触杀和胃毒作用，无内吸作用，

这类杀虫剂易使害虫产生抗药性。

③以辛硫磷、敌百虫、氧化乐果、敌敌畏、杀螟松、三唑磷、速扑杀、毒死蜱等药剂为观察对象识别有机磷酸酯类杀虫剂特点。此类药剂主要杀虫作用机制是抑制昆虫体内神经组织中胆碱酯酶的活性，破坏神经信号的正常传导，引起一系列神经系统中度症状，导致昆虫死亡。有机磷杀虫剂有如下共同特点：药效较高，一般随气温上升毒力增强；有触杀、胃毒、熏蒸及内吸等多种杀虫作用方式；化学性质不稳定，一般可水解、氧化、热分解，易在动植物体内及自然环境下降解；一般不能与碱性农药混用；一般对植物安全，不致发生药害；有许多品种对人畜等毒性大。

④以吡虫啉、噻虫啉等药剂为观察对象，识别其他化学合成的内吸型较强杀虫剂的特点。吡虫啉为全新结构的超高效内吸性神经毒剂。对人畜低毒。常见的剂型有10%可湿性粉剂、20%可溶性粉剂、5%或20%乳油。一般使用10%可湿性粉剂稀释2000~4000倍液喷雾。噻虫啉具有较强的内吸、触杀和胃毒作用，与常规杀虫剂如拟除虫菊酯类、有机磷类和氨基甲酸酯类没有交互抗性，因而可用于抗性治理，是防治刺吸式口器和天牛、松毛虫、美国白蛾等咀嚼式口器害虫的高效药剂，尤其对松褐天牛有很高的杀虫活性。毒性极低，对人畜具有很高的安全性，而且药剂没有臭味或刺激性，不会污染空气。由于半衰期短，噻虫啉残质进入土壤和河流后也可快速分解，对环境造成的影响很小。

⑤以磷化铝、硫酰氟等药剂为观察对象识别熏蒸杀虫剂的特点。此类药剂以气态经害虫呼吸系统进入虫体而使害虫中毒死亡的作用方式，称为熏蒸杀虫作用。一般具有杀虫谱广、兼治其他有害生物、杀虫较彻底等特点。施用熏蒸剂必须在封闭环境下，并有较高的环境温度和湿度，较高温度有利于药剂扩散，对于土壤熏蒸，较高温度有利于增加有害生物的敏感性。在林业植物检疫除害处理，防治蛀干害虫和木材害虫多用熏蒸剂。

⑥以苦参碱、烟碱、苏云金芽孢杆菌（Bt）、白僵菌、阿维菌素等药剂为对象识别生物农药类杀虫剂的特点。生物农药是指利用微生物活体或生物代谢过程产生的具有生物活性的物质，或从生物体中提取的物质防治植物病虫害的农药，它包括微生物（病毒、细菌和真菌）、植物源农药（植物提取物）、微生物的次生代谢产物（抗生素）和昆虫信息素等。

生物农药具有以下特点：一是对哺乳动物毒性低，使用中对人、畜比较安全；二是防治谱较窄，甚至有明显选择性，对非靶动物安全；三是生物农药都是自然界存在的生物体或天然产物，在环境中易被分解或降解，不产生残毒和生物富集现象，不破坏环境；四是对靶标生物作用缓慢，遇到有害生物大发生时不能及时控制危害。

（2）杀菌剂识别

①无机杀菌剂识别。

a. 波尔多液。是指用硫酸铜、生石灰和水配制成的天蓝色的悬浮液，有效成分为碱性硫酸铜，是良好的保护剂，对防治多种林木真菌病害有良好效果，但对锈病和白粉病防治效果差。常用剂型：1%等量式（硫酸铜：生石灰：水 = 1：1：100）；每隔15 d喷雾1次，共1~3次。现配现用，对金属有腐蚀作用，不宜在桃、李、梅、杏、梨、柿子上使用。

b. 石硫合剂。是指用生石灰、硫黄粉熬制成的红褐色透明液体，呈强碱性，有强烈的臭鸡蛋气味，杀菌有效成分为多硫化钙。低毒。可防治多种林木病害，尤其对锈病、白粉病最有效，对介壳虫、虫卵和其他一些害虫也有较好的防治效果，不能防治霜霉病。常见剂型：29%水剂、30%固体剂、45%结晶。生长季节0.2~0.5°Be，半个月喷1次，至发病期结束；植物休眠期3~5°Be，南方可用0.8~1°Be喷雾，铲除越冬病菌、介壳虫、虫卵等；不宜与其他乳剂混用，气温32 ℃以上不宜使用。贮存母液应在容器内滴入一层煤油等，并密封器口。

②有机合成杀菌剂识别。

a. 代森锌。原药为淡黄色或灰白色粉末，有臭鸡蛋味，难溶于水，吸湿性强，且在日光下不稳定，但挥发性小，遇碱或含铜药剂易分解，对人、畜低毒，为广谱性保护剂，对多种霜霉病菌、炭疽病菌等有较强的触杀作用。对植物安全，残效期为7 d。常用剂型：65%、80%可湿性粉剂。常用稀释倍数为65%可湿性粉剂500倍，80%可湿性粉剂800倍。

b. 代森锰锌。原药为灰黄色粉末，不溶于水。遇酸碱均易分解，高温时遇潮湿也易分解，对人、畜低毒，为广谱性保护性杀菌剂。常用剂型：70%可湿性粉剂、25%悬浮剂。70%可湿性粉剂稀释400~600倍液喷药3~5次可防治炭疽病、霜霉病、灰霉病、叶斑病、锈病等。该药剂常用来与内吸杀菌剂混配，用于延缓抗性产生。

c. 百菌清。广谱性保护剂，低毒，耐雨水冲刷，不溶于水。无内吸作用，药效期7~10 d。可防治落叶病、赤枯病、枯梢病等多种病害。常用剂型：75%可湿性粉剂，外观白色至灰色；10%油剂；2.5%烟剂。可用75%可湿性粉剂500~800倍液喷雾，10%油剂超低量喷雾，2.5%烟剂15 kg/hm² 林间放烟。该药剂对人的皮肤和眼睛有刺激作用。

d. 多菌灵。广谱内吸性杀菌剂，具有保护和治疗作用。耐雨水冲洗。低毒。对某些子囊菌和大多数半知菌引起的病害有效，对锈菌无效，药效期7 d。常用剂型：40%悬浮剂、25%、50%可湿性粉剂，外观褐色。可湿性粉剂的常用稀释倍数为400~1000倍喷雾。涂刷树木伤口可用25%可湿性粉剂100~500倍液。可与一般杀菌剂混用，但不能与碱性及铜制剂混用，不宜在一种林木的1个生长季节连续使用。

e. 甲基硫菌灵（甲基托布津）。为内吸性杀菌剂，具有保护及治疗作用，在植物体内转化为多菌灵而起杀菌作用。有促进植物生长作用。低毒。可防治白粉病、炭疽病等多种病害，药效期5~7 d。对霜霉病无效。常用剂型：70%可湿性粉剂，外观灰棕色或灰紫色。用70%可湿性粉剂1000倍液喷雾。不能与碱性和无机铜制剂混用。

f. 三唑酮（粉锈宁）。三唑酮是一种高效低毒、药效期长、内吸性强的杀菌剂，具有保护、治疗、铲除等作用，可防治白粉病、锈病等。常用剂型：15%、25%可湿性粉剂，外观白色至浅黄色；20%乳油。可湿性粉剂可稀释700~2000倍液喷雾；用于拌种时，应严格掌握用量，防止产生药害。该药剂易燃，应远离火源，用后密封。

g. 烯唑醇（速保利）。具有保护、治疗、铲除作用的广谱内吸性杀菌剂，对白粉病、锈病、黑粉病、黑星病等有特效。对人畜中毒。常见剂型：12.5%超微可湿性粉剂。一般使用方法为12.5%超微可湿性粉剂稀释2000~3000倍喷雾。

③抗生素类杀菌剂识别。农用链霉素为放线菌所产生的代谢物，具有内吸作用，能传导到植物体其他部位，杀菌谱广。革兰氏阳性细菌对链霉素的反应比革兰氏阴性细菌更为敏感。对人、畜低毒，无慢性毒性。外观为白色粉末，易溶于水。常用剂型：15%~20%可湿性粉剂、0.1%~8.5%粉剂等，用于喷雾。注射有效成分含量为100~400 μg/g；灌根为1000~2000 μg/g，可与其他抗生素、杀菌剂等混用，但不能在酸性和碱性条件下混用。

（3）杀螨剂识别

以哒螨灵（速螨酮，哒螨酮，哒螨净）为观察对象，识别杀螨剂特点。该药剂为广谱、高效杀螨、杀虫剂。具有触杀作用，无内吸传导作用。低毒。对螨的各个发育阶段都有很高的活性，且不受温度变化影响，早春或秋季均可使用。具有击倒速度快、持效期长的特点。用于防治红蜘蛛、叶螨、全爪螨、小爪螨和瘿螨，并可兼治半翅目、缨翅目害虫（如粉虱、叶蝉、棉蚜、蓟马、白背飞虱、桃蚜、蚧等）。常用剂型：15%乳油、20%可湿性粉剂。通常用15%乳油1500倍液或20%可湿性粉剂2000倍液喷雾，并着重喷叶背面。该药因易诱发抗药性，一年内最多使用两次。该药不宜与石硫合剂和波尔多液等强碱性药剂混用。

（二）农药质量识别

第一步：查看每种农药包装物的形态，是否有产品合格证，每种商品农药标签的项目内容是否完整并加以比较。

第二步：检验供试商品农药制剂的性状，对照下面的识别方法，检验供试药剂的质量。

农药性状简易识别法如下。

（1）粉剂、可湿性粉剂

应为疏松粉末，无团块，颜色均匀。如有结块或较多颗粒，说明已受潮湿或过期。

理化性能测试：拿一烧杯盛满水，取半匙可湿性粉剂，在距水面1~2 cm高度一次倾入水中，合格的可湿性粉剂应能尽快地在水中逐步湿润分散，全部湿润时间一般不超过2 min；优良的可湿性粉剂在投入水中后不加搅拌就能形成较好的悬浮剂，如将瓶摇匀，静置1 h，底部固体沉降物应较少。

（2）乳油

应为均匀液体，如出现分层和混浊现象，或

者加水稀释后的乳状液不均匀或有沉淀物,说明质量有问题。

理化性能测试:用一烧杯盛满水,用滴管或玻璃棒移取乳油制剂,滴入静止水面上,乳化性能良好的乳油能迅速扩散,稍加搅拌可形成白色牛奶状乳液,静置0.5 h,无可见油珠和沉淀物出现。

(3)悬浮剂

应为可流动的悬浮液,无结块,较长时间存放表面析出一层清液,固体粒子明显有所下降,但摇晃后能恢复原状,具有良好的悬浮性。如果经摇晃后不能恢复原状或仍有结块,说明质量有问题。

五、实训成果

每人完成实训报告1份,通过标签和性状观察识别各种农药的所属类型、剂型、作用对象与使用方法。

实训七　常用化学农药配制与质量检测

一、实训目标

通过本实训,使学生掌握波尔多液、石硫合剂、涂白剂等常用药剂的配制方法,学会质量检测。

二、实训条件

实训室,配有多媒体设备;具备量筒、塑料桶、木棒、烧杯、量筒、研钵、玻璃棒、试管、试管架、粗天平、试管刷、石蕊试纸、波美比重计、电炉、纱布、手动喷雾器、手套、口罩、刷子等用具。

供试材料:硫酸铜、生石灰、硫黄粉、水、盐、动物油等。

三、实训模式

课前发放工作任务单,布置自主学习任务,训练中以多媒体演示,案例分析,学生分组操作,教师予以指导,教学做一体的教学模式完成训练任务。

四、实训内容

方法提示:材料称量准确,要充分研细、搅拌要均匀,波尔多液应现配现用,不加水稀释;石硫合剂熬制时先用强火煮沸,然后火力要匀,使药液保持沸腾而不外溢,补充蒸发水量用热水,且不宜用铜锅、新铁锅或铝锅熬制,以防腐蚀,原液贮存时要放在密闭贮器中,或上面放一层煤油;配制白涂剂石灰质量要好,加水消化要彻底,否则会伤树皮。

(一)配制波尔多液

(1)配制方法

分组用以下方法配制1%等量式波尔多液(硫酸铜:生石灰:水=1:1:100)。

①两液同时注入法。用1/2水溶解硫酸铜,用另1/2水溶化生石灰,待冷却,然后同时倒入第3个容器中,边倒边搅拌即成。

②稀硫酸铜溶液注入浓石灰水法。用4/5水溶解硫酸铜,用另1/5水溶化生石灰,然后以稀硫酸铜溶液倒入石灰水中,边倒边搅拌即成。

③浓石灰水注入稀硫酸铜法。原料准备同方法2。但将石灰水倒入稀硫酸铜液中,边倒边搅拌即成。

④各用1/5水稀释硫酸铜和生石灰,两液混合后,再加3/5水稀释。搅拌方法同前。

(2)质量鉴定方法

药液配好后,用以下方法鉴定质量。

①观察颜色。比较不同方法配制的波尔多液颜色是否一致。

②检查酸碱性。用石蕊试纸,分别投入制成的波尔多液中,测定其酸碱性。

③检查沉降速度。将不同方法配制的波尔多液分别装入试管中,静置30 min,观察波尔多液的沉降速度和沉降体积。沉降以越慢越好,沉淀后上部清水层越薄越好。

(二)熬制石硫合剂

(1)药剂熬制

按生石灰:硫黄粉:水=1:2:100配比。称取生石灰25 g,硫黄粉50 g,水2500 mL。将生石灰放铁锅内,用少量水化开成糊状,再将称好研细(能过40目筛)的硫黄粉,慢慢加入糊状石灰乳中。搅拌均匀后,把其余的水倾倒入铁锅内,用木棒将药液深度作一标记,然后煮沸,并不断搅拌。蒸发的水要用热水不断补入，以保持原有药量。经 40~45 min，至药液呈深红棕色，药渣为黄绿色时停火。冷却后，用双层纱布过滤去渣即成原液。

(2) 质量检查

①颜色。优良的石硫合剂是透明的琥珀色溶液，底部有很少的黄绿色残渣。

②浓度。用比重计测定 将波美比重计放入盛有石硫合剂澄清液的量筒中，比重计上刻有波美比重数值，液面水平的计数即药液波美度（°Be），一般熬制的原液可达 26~28°Be。

③比重。在无波美比重计时，可采用 1 个浅色玻璃瓶，先用标准秤称出重量，再装满清水称出水重，把清水倒掉甩干，装满石硫合剂原液，称得原液重量，用水的净重去除原液的重量，所得到的数字，就是原液的普通比重，再查波美比重与普通比重换算表（表 2-3），求出波美比重。

(3) 稀释计算

$$\text{加水倍数（重量）} = \frac{\text{原液波美度（°Be）} - \text{使用波美度（°Be）}}{\text{使用波美度（°Be）}} \quad (2\text{-}6)$$

（三）配制白涂剂

(1) 药剂配制

称取生石灰 5 kg，石硫合剂原液 0.5 kg，盐 0.5 kg，动物油 0.1 kg，水 20 kg。用少量热水将生石灰和盐分别化开，然后将两液混合并倒入剩余的水中；再加入石硫合剂、动物油搅拌均匀即成。

(2) 药剂使用

在 10 月中下旬，选择校园内乔木树种，在离地面 1.3~1.5 m 高度树干上，用刷子均匀涂刷白涂剂，直至树基部。

五、实训成果

以小组为单位，完成农药配制及质量检测报告 1 份。

表 2-3 普通比重与波美比重对照表

普通比重	波美比重	普通比重	波美比重
1.0000	0	1.1600	20
1.0007	0.1	1.1694	21
1.0012	0.2	1.1789	22
1.0023	0.3	1.1885	23
1.0025	0.4	1.1983	24
1.0035	0.5	1.2083	25
1.0069	1.0	1.2185	26
1.1154	15	1.2298	27
1.1240	16	1.2373	28
1.1328	17	1.2500	29
1.1317	18	1.2600	30
1.1508	19		

实训八　林业防治常用药械使用

一、实训目标

会使用林业常用防治器械，能进行问题检测与保养。

二、实训条件

可供 40~50 人操作的野外实训场所，最好选择在有病虫害发生的林区进行。配备手动喷雾器、3MF-6 型弥雾喷粉机、BG-305D 型背负式打孔注药机及机械维护用具等。

材料：燃料及相关药剂。

三、实训模式

课前布置自主学习任务，让每个学生对手动背负式喷雾器、背负式机动弥雾喷粉机、打孔注药机的工作原理与结构有初步的了解，课上采用教师示范，学生模仿、分组操作、反复训练的方式完成实训任务。

四、实训内容

（一）手动喷雾器的使用与维护

方法提示：对手动喷雾器的结构进行观察，在教师的指导下，需要小组同学互相协作完成，在操作训练过程中时刻注意安全，勿将机械对人。

(1) 手动喷雾器主要工作部件识别

①药液箱。多由聚氯乙烯材料制成，容积

16 L。药液箱加水口内装有滤网,箱盖中心有一连通大气的通气孔,药液箱上标有水位线。

②液泵。液泵为喷雾器的心脏部件,作用是给药液加压,迫使药液通过喷头雾化并喷洒在施药对象上,液泵分活塞泵、柱塞泵和隔膜泵3种。工农-16型喷雾器采用皮碗活塞式液泵,由泵筒、塞杆、皮碗、进液阀和出液阀等组成。

③空气室。空气室是贮存空气的密闭耐压容器。其作用是消除往复式压力泵的脉动供液现象,稳定药液的喷射压力。进液口与压力泵相通,出液口与喷射管路相接。喷雾器长时间连续工作时,有压力的空气会逐渐溶于药液中,使空气室内的空气越来越少,药液压力的稳定性变差。因此,长时间连续工作的喷雾机(器)要定时排除空气室中的药液。目前生产的一些喷雾机,空气室用橡胶隔膜将药液与空气隔开,克服了这一缺点。

④喷头。喷头是喷雾器的主要部件,作用是使药液雾化和使雾滴分布均匀。工农-16型喷雾器配有侧向进液式喷头,也可换装涡流片式喷头,这两种喷头均为圆锥雾式喷头。

（2）手动喷雾器使用方法

第一步 安装。先把零件揩擦干净,再把卸下的喷头和套管分别连在喷管的两端,然后把胶管分别连接在直通开关和出水接头上。安装时要注意检查各连接处垫圈有无漏装、是否放平、连接是否紧密。要根据防治对象、用药量、林木种类和生长期选用适当孔径的喷片和垫圈数目。1.3～1.6 mm孔径喷片适合常量喷雾,0.7 mm孔径喷片适宜低容量喷雾。

第二步 检查气筒是否漏气。可抽动几下塞杆。如果手感到有压力,而且听到喷气声音,说明气筒完好不漏气,这时在皮碗上加几滴油即可使用。如果情况相反,说明气筒中的皮碗已变硬收缩,取出放在机油或动物油中浸泡,待胀软后,再装上使用。安装皮碗时,将皮碗的一半斜放气筒内,边转边插入,切不可硬塞。

第三步 检查各连接部位有无漏气、漏水现象,观察喷出雾点是否正常。方法是将药液箱内放入清水,装上喷射部件,旋紧拉紧螺帽,抽拉塞杆,打气至一定压力,进行试喷。如有故障,查出原因,加以修复再喷洒药液。

第四步 在放入药液前,做好药液的配制和过滤工作。添加药液时,要关闭直通开关,以免药液流出,注意应添至外壳标明的水位线处。如超过此线,药液会经唧筒上方的小孔进入唧筒上部,影响工作。另外,药液装有过多,压缩空气就少,喷雾就不能持久,就要增加打气次数。最后盖好加水盖(放平、放正、紧抵箱口),旋紧拉紧螺帽,防止盖子歪斜,造成漏气。

第五步 喷药前,先扳动摇杆6～8次,使气室内的气压达到工作压力后,再进行喷雾。如果扳动摇杆感到沉重,就不能过分用力,以免气室外爆炸,而损伤人、物。打气时,要保持塞杆在气筒内竖直上下抽动,不要歪斜。下压时,要快而有力,使皮碗迅速压到底。这样,压入的空气量就多。上抽时要缓慢,使外界的空气容易流入气筒。背负作业时,每分钟揿动拉杆18～25次为宜,一般走2～3步、就要上下扳动摇杆1次。

（3）手动喷雾器日常保养

喷药完毕后,要倒出残液,妥善处理,要清洗喷雾器各部所有零件(如喷管、摇杆等),涂上黄油防锈。零部件不能装入药液箱内,以防损坏防腐涂料,影响使用寿命。拆卸后再装配时,注意气室螺钉上的销钉滑出,同时不要强拧气室螺钉,以免损坏。

（二）喷雾喷粉机的使用与维护

方法提示：对3MF-16型弥雾喷粉机的结构进行观察,在教师的指导下,需要小组同学互相协作完成,在操作训练过程中时刻注意安全,勿将机械对人。

（1）喷雾喷粉机主要工作部件认识

①药箱。药箱是盛装药粉的装置。根据弥雾或喷粉作用的不同,药箱中的装置也不一样。弥雾作业时的药箱装置由药箱、箱盖、箱盖胶圈、进气软管、进气塞、进气胶圈及粉门等组成。需要喷粉时,药箱不需调换,只要将过滤网连同进气塞取下换上吹粉管,即可进行喷粉。

②风机。风机为高压离心式,用铁皮制成,它包括风机壳和叶轮。风机壳呈涡壳形,叶轮为闭式,在叶轮中心有轮轴,通过键固定在发

项目2 林业有害生物防治措施

动机曲轴尾端。当发动机运转时，叶轮也一起旋转。这种风机叶轮采用径向前弯式的叶片装置，外形尺寸较小，质量较轻，风量大，风压高，所以吹扬药粉均匀，特别是在用长塑料薄膜喷管作业时，粉剂能高速通过被喷植物，形成一片烟雾。

③喷射部件。喷射部件包括弯管、软管、直管、喷头、办理液管和输粉管等。根据作业项目的不同，安装相应的工作部件，以适应弥雾和喷粉的需要。弥雾作业时，由弯管、软管、直管、输液管、手把开关和喷头组成。当进行喷粉作业时，将输液管和喷头去掉，换装输粉管。

另外，对于小型汽油机的主要部件也应有所了解，以便于掌握弥雾喷粉机的操作。

（2）喷雾喷粉机的使用

①起动汽油机。打开燃油开关，使化油器迅速充满燃油；关小阻风阀，使之处于1/4开度，保证供给较浓的混合气以利于起动（热机起动时不必关阻风阀）；扣紧油门扳机，使接流阀或风门活塞处于1/2~2/3开度的起动位置；缓慢地拉起动绳或起动器几次，使混合气进入气缸或油箱；再按同样方法，迅速平衡地拉起动绳或起动器3~5次，即可起动。起动后，将阻风阀立即恢复至全开位置，油门处于急速位置，在无负荷状态下急速空转3~5 min，待汽油机温度正常后再加油门和负荷，并检查有无杂音、漏油、漏气、漏电现象。

②停机。将手油门放在急速位置，空载低速运转3~5 min，使汽油机逐渐冷却，关闭手油门使之停机。严禁汽油机高速运转时急速停机。

③喷雾作业。使机具处于喷雾状态，然后用清水试喷1次，检查各连接处有无渗漏。加药时必须用过滤器滤清，防止杂物进入造成管路、孔道堵塞。药液不要加得过满，以免药液从引风压力管流入风机。加药液后，应旋紧药箱盖，以防漏气、漏液。药液质量浓度应较正常喷洒浓度大5~10倍。可不停机加药液，但汽油机应处于急速状态。药液不可漏洒在发动机上，以防损坏机件。汽油机起动后，逐渐开大油门，以提高发动机的转速至5000 r/min，待稳定片刻后，再喷洒。行进中应左右摆动喷管，以增加喷幅。行进速度应

根据单位面积所需原则喷药量的多少，通过试喷确定。喷洒时喷管不可弯折，应稍倾斜一定角度，且不要逆风进行喷药。

④喷粉作业。全机结构应处于喷散粉剂作业状态。粉剂要干燥，结块要碾碎，并除去杂草、纸屑等杂物。最好将药粉过筛后加入粉箱旋紧药箱盖，防止漏气。不停机加药粉，汽油机应处于急速运转状态，并把粉门关闭好。背机后，油门逐渐开到最大位置，待转速稳定片刻香后，再调节粉门的开度。使用长薄膜喷管时，先将薄膜管全部放出，再加大油门，并调节粉门喷撒。前进中应随时抖动喷管，防止喷粉管末端积存药粉。另外，喷粉作业时，粉末易吸入化油器，切勿把化油器内的空气过滤网拿掉。

（3）喷雾喷粉机保养

机动背负气力喷雾机喷雾作业结束后，要保养后再把机具放置在仓库中，具体保养程序如下。

①喷雾机使用结束后，每天应倒出箱内残余药液或粉剂。

②清除机器各处的灰尘、油污、药迹，并用清水清洗药箱和其他与药剂接触的塑料件、橡胶件。

③喷粉时，每天要清洗化油器和空气滤清器。

④长薄膜管内不得存粉，拆卸之前空机运转1~2 min，将长薄膜管内的残粉吹净。

⑤检查各螺丝、螺母有无松动、工具是否齐全。

⑥保养后的背负机应放在干燥通风的室内，切勿靠近火源，避免与农药等腐蚀性物质放在一起。

（三）打孔注药机的使用与维护

方法提示：方法提示：对BG-305D型背负式打孔注药的结构进行观察，在教师的指导下，需要小组同学互相协作完成，在操作训练过程中时刻注意安全，勿将机械对人。

（1）打孔注药机主要部件认识

汽油机、化油器、油箱、油管、软轴、钻枪、钻头、金属注射器、软管、药箱等。

（2）打孔注药机使用方法练习

第一步　安装好机器，加好90号汽油和

药剂。

第二步 将停车开关推至起动位置。

第三步 打开油开关，垂直位置为开，水平位置为关。

第四步 适当关闭阻风门（冬天全关闭，夏天部分关闭，热机不用关闭）。

第五步 拉起动绳直至起动为止。

第六步 起动后怠速运转 5 min 预热汽油机。

第七步 同时按下自锁手柄和油门手柄，使汽油机高速运转。

第八步 在树下离地面 0.5~1 m 处向下倾斜 15~45°角钻孔，不宜用力压，时刻注意拔钻头，孔径为 10 mm 或 6 mm，孔深 30~50 mm。如果出现钻头卡在树中，要马上松开油门控制开关，使机器处于怠速状态，然后停机，左旋旋出钻头。

第九步 用注射器将一定量的药液注入孔中。

第十步 停机时松开油门手柄使汽油机低速运转 30 s 以上，再将停车开关推至停机位置。

（3）打孔注药机日常保养
①清理汽油机上油污和灰尘。
②拆除空气滤清器，用汽油清洗滤芯。
③检查油管接头是否漏油，接合面是否漏气，压缩是否正常。
④检查汽油机外部紧固螺钉，如松动要旋紧，如脱落要补齐。
⑤每天工作完毕用清水清洗注射器。
⑥每使用 50 h 向硬轴及软轴外表面补加耐高温润滑脂。
⑦钻头磨钝及时更换或调整。

五、实训成果

以小组为单位完成防治药械的操作与日常保养任务报告。

自测练习

一、名词解释

1. 原药；2. 剂型；3. 致死中量；4. 有效使用浓度；5. 内吸剂。

二、填空题

1. 农药制剂的名称一般由农药的有效成分、农药原药的名称和（   ）组成。
2. 农药按防治对象及用途常可分为（   ）、（   ）、（   ）、杀线虫剂、杀鼠剂、除草剂和植物生长调节剂等多种类型。
3. 杀虫剂按其化学成分可分为（   ）、（   ）、（   ）和其他化学合成杀虫剂。
4. 生物农药杀虫剂可分为（   ）、（   ）、（   ）和（   ）。
5. 林业常用杀菌剂可分为（   ）、（   ）和（   ）。
6. 杀虫剂按作用方式和进入虫体途径可分为（   ）、（   ）、（   ）、（   ）和其他杀虫剂。
7. 农药产品名称，如 40%福美砷可湿性粉剂，由 3 部分组成。其中 40%是指（   ），福美砷是指（   ），可湿性粉剂是指（   ）。
8. 农药的"三证"，是指（   ）、（   ）和执行的产品标准证。

三、选择题

1. 某农药毒性致大白鼠 1 次口服农药原药急性中毒的致死中量（LD_{50}）500~5000 mg/kg，此农药毒性为（   ）。

A. 低毒农药　　　　B. 剧毒农药　　　　C. 高毒农药　　　　D. 微毒农药
2. 杀菌剂农药类别特征颜色标志带为( )。
A. 红色　　　　　　B. 黑色　　　　　　C. 黄色　　　　　　D. 蓝色
3. 杀虫剂农药类别特征颜色标志带为( )。
A. 红色　　　　　　B. 黑色　　　　　　C. 黄色　　　　　　D. 蓝色
4. 制作毒绳的药剂应选择下列哪一种最合适( )。
A. 灭幼脲　　　　　B. 敌杀死　　　　　C. 氧化乐果　　　　D. 磷化铝
5. 石硫合剂在休眠季节的使用浓度为( )。
A. 0.1~0.2°Be　　 B. 0.3~0.5°Be　　　C. 3~5°Be　　　　 D. 5~8°Be
6. 拟除虫菊酯类杀虫剂的主要作用方式为( )。
A. 熏蒸　　　　　　B. 胃毒　　　　　　C. 触杀　　　　　　D. 内吸
7. 波尔多液是一种良好的保护剂,应在林木( )喷施。
A. 感病前　　　　　B. 感病中　　　　　C. 感病后
8. 林间放烟点不要设置在林缘外边,应设在林内距林缘( )之处。
A. 25 m　　　　　　B. 40 m　　　　　　C. 10 m 左右　　　 D. 50 m
9. 林中放烟剂,要求林间产生"气温差逆增"现象出现和风速稳定在0.3~1 m/s。因此林中放烟剂时间最好在( )。
A. 10:00 左右　　　B. 阴天　　　　　　C. 日落后和日出前　D. 15:00 左右

四、简答题

1. 简述合理使用农药的基本原则。
2. 简述农药常用剂型。
3. 农药产品标签主要内容有哪些?
4. 农药施用方法有哪些?

五、计算题

1. 用50%的DDV乳油1500倍液防治松毛虫,2 kg需兑水多少千克?
2. 配制40%乐果乳油50倍液涂干,15 kg该乳油需兑水多少千克?
3. 用5%吡虫啉乳油配制7.5 kg(手动喷雾器1药箱容量)2000倍的药液,需要原液多少毫升?

任务2.3　飞机防治林业有害生物

　　在林业有害生物大面积发生、劳力资源不足、危害程度重且交通不便的情况下,使用飞机防治作业是森林病虫害防治部门一个必要选择。作为林业工作者,必须熟悉飞机防治的各个环节的技术与管理工作,以适应未来森防工作的需要。

> 理论基础

2.3.1 飞机防治的特点

飞机防治是指利用轻型飞机喷洒农药和生物制剂防治有害生物的生产过程。具有防治面积大、作业效率高、持续效果好、防治成本低,劳动强度小的特点。适用于树高林密、交通不便、有害生物种群密度高、发生面积较大的林区,是应对突发生物灾害、解决地面防治效率低的有效手段。但其会受客观条件,如高温、大风、降水、能见度、空气湿度等影响作业质量和防治效果。

2.3.2 飞机防治的原则

①飞防作业区虫(病)情处于上升趋势,虫口密度(病情指数)达到防治指标。作业区目标害虫寄主树木叶片保存率在50%以上,林木郁闭度在0.5以上。
②使用运五型飞机作业区应集中成片,面积在667 hm²以上。
③作业区地势平缓、山峰之间高差50 m以内,坡度不超过45°,距机场不超过60 km。

2.3.3 飞机防治的常用机型

目前生产上常用机型有:以运五为代表的固定翼飞机、以H125(小松鼠)为代表的有人直升机、以大疆T30为代表的无人机。

①以运五型飞机为例。是一种国产单发、双翼多用途飞机。作业耗油量160 L/h,装载燃油900 kg。低空性能良好,作业时速为160 km/h,作业高度在山区距树冠15~20 m,平原地区距树冠10~15 m,起飞降落所用的机场面积小,对机场条件要求较低。在机身中部装有喷管,上有80个喷嘴,喷嘴有5种型号,用以调节喷洒量。装药量800~1000 kg,有效喷幅60 m,架次作业面积2000~4000亩*。

②以H-125机型为例。配备药箱为ISOLAIR航空专用喷洒器,雾化好,效率高,损耗小,可安装57个等距喷头,配有恒压装置可保证整个喷杆的压力均等,设备腹部有紧急抛放口,在紧急情况下,飞行员可以在驾驶舱内实施药液抛放,确保飞行安全。设备有大中小三档可调。电磁阀,直接进入药液中。飞行员在舱舱内可以通过操纵杆使药液搅拌,防治药液在药箱内因沉淀喷不出、堵喷头。连管有一电磁活阀门,当增加喷洒压力时,阀门会自动打开,将药液回流到药箱,调整到所需压力喷洒,防止压力过高致使喷药管破裂,能保持整个喷杆上每个喷嘴的压力均等,每个作业面的喷洒量均匀。

③以无人机为例。按照动力分为油动和电动,按照旋翼可分为单桨和多旋翼,目前应用较多的为电动多旋翼机型。由于无人机具有飞行自动化,操作简单,体积小携带方便、转场灵活,节水节药,操作时不需要特定的起降点和地勤保障等优点,已广泛应用于林业

---

* 1亩≈667m²。下同。

病虫害普查航拍、遥感监测和防治作业中。

2.3.4 飞机施药设备

飞机施药系统有常量喷雾、超低容量喷雾、撒颗粒、喷粉等多种施药设备，也可喷施烟雾，根据需要选用。目前主要使用的是喷雾系统。

喷雾设备分为常量喷雾和超低容量喷雾两种设备。主要由供液系统、雾化部件及控制阀等组成。供液系统由药液箱、液泵、控制阀门、输液管道等组成（图2-5）。液体农药、农药粉剂用同一药（液）箱装载，液泵由风车或电动机驱动。雾化部件由喷雾管路与喷头组成，根据不同喷雾要求，可更换不同型号的喷头。飞行员在座舱内操纵喷雾控制阀即可实施喷雾。超低容量喷雾与常量喷雾相比，其喷雾量很小，雾滴极细，可以直接喷洒未经稀释的农药原油，喷雾设备采用高速旋转的盘式或笼式雾化器，其他部件与常量喷雾设备大同小异。

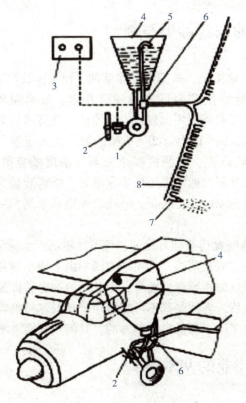

图 2-5　航空喷雾设备
1. 液泵　2. 风车　3. 控制器　4. 药液箱　5. 搅拌器　6. 控制阀门　7. 喷头　8. 喷雾管路

（1）药液箱

药箱可用不锈钢或玻璃钢制成，为便于飞行员检查药液在药箱中的容量，要安装液位指示器。药箱加药口有个网篮式过滤器，通过底部装药口可以较迅速而安全地从地面搅拌装置或机动加药车把药液泵入药箱。虽然每个喷头都有过滤网，为防止堵塞喷嘴，泵输入管仍需要安装精细滤网,网孔尺寸取决于喷嘴类型。一般网孔 50 目适用于大部分喷雾作业,并最适用于喷洒可湿性粉剂。

(2)液泵

通常采用离心泵,由安装在飞机发动机螺旋桨气流中的一个螺旋桨直接驱动。液泵通常在起落架之间,液泵安装在药箱下方以保持处于启动状态。齿轮泵、滚子泵等如需较高的压力,可采用在靠近泵的进口装一个阀,如果需要保养或者更换泵,不需要将装置中药液排空也能把泵拆下来。为使一部分药液流再回到药箱进行液力搅拌,泵需要有足够的流量。

(3)喷杆

固定翼式飞机喷杆长度要比机翼短 0.5 m,这样可避开翼尖区,以避免翼尖涡流把雾滴向上带。采用加长的喷杆是为了增加喷幅,喷杆通常安装在机翼后缘,安装在机翼下方喷雾分布较均匀。喷杆可采用圆形管,为了减少阻力既可采用流线型管,对很黏的物质采用的直径可大一些。

2.3.5 飞机防治的农药种类与剂型

飞机施药可喷撒(洒)杀虫剂、杀菌剂、除草剂、植物生长调节剂和杀鼠剂等。①杀虫剂喷雾处理,可以采用低容量和超低容量喷雾技术,低容量喷雾的施药液量为 10~50 L/hm^2,超低容量喷雾需喷洒专用油剂或农药原油,施药液量为 1~5 L/hm^2,一般要求雾滴覆盖密度为 20 个雾滴/cm^2 以上。②飞机喷洒触杀性杀菌剂,一般采用中容量喷雾技术,施药液量为 50 L/hm^2 以上,喷洒内吸杀菌剂可采用低容量喷雾,施药液量为 20~50 L/hm^2。③飞机喷洒除草剂,通常采用低容量喷雾,施药液量为 10~50 L/hm^2;若使用可湿性粉剂,则施药液量为 40~50 L/hm^2。④飞机喷撒杀鼠剂,一般是在林区和草原撒施杀鼠剂的毒饵和毒丸。

适用于飞机喷撒(洒)的农药剂型有粉剂、可湿性粉剂、水分散粒剂、乳油、水剂和可溶性粉剂、油剂、颗粒剂、微粒剂等。①粉剂喷洒中由于细小粉粒容易飘移,现在已很少使用。②乳油喷雾时由于是加水稀释后喷雾,因其中溶剂容易挥发,为防止飞行中着火和水分蒸发后引起的农药飘移,乳油制剂不可直接用于超低容量喷雾,而只能用于中容量和低容量喷雾。③油剂是直接用于超低容量喷雾的,其闪点的要求不得低于 70 ℃。

2.3.6 飞机防治作业的基本条件

飞机防治受气象因子(如风、雨、温度、湿度等)影响较大,因此,防治作业必须选择晴好天气并设法克服不利气象因子的影响。

(1)风

风对单位面积着药量影响较大,同时由于飞机在飞行时产生巨大的气流和风速,也影响药剂的沉降率,如风速过大,可使大部分药剂飘散。规定的作业条件:喷粉作业时最大风速平原不超过 4 m/s,丘陵区不超过 3 m/s;喷雾时最大风速不超过 5 m/s,超过上述条件应停止作业。

(2) 雨

雨雾会影响药效和飞机起降，也不利于飞行，为避免药效降低，保证飞行安全，雨雾天要暂时停止作业。规定的作业条件：化学药剂 24 h、仿生制剂 48 h、生物制剂 72 h 内没有降水方可作业。

(3) 气温

最适宜的喷药气温是 24~30 ℃，当大气温度超过 35 ℃，飞机发动机温度过高，飞机性能受到影响，不适于防治作业，同时由于气温过高，增加了地面辐射而产生上升气流，使药剂随风飘失，对防治作业质量影响很大。规定的作业条件：作业时气温在 30 ℃。

(4) 大气湿度

空气湿度过大，也会影响防治效果，相对湿度高于 90% 时，药粉高悬于空中经久不散，使林木受药很少；湿度低于 40% 时，过于干燥，药粉因水分蒸发易于飘失。规定的作业条件：喷粉作业大气相对湿度 40%~85%；喷雾作业大气湿度 30%~90%。

(5) 地形条件

地形过于复杂会直接降低防治效果，也不利于飞行安全，因此地形变化较大的地区不宜使用飞机作业。一般要求条件：面积在 500 hm² 以上，林木集中连片，地势平坦，山峰之间高差在 50 m 以内，坡度不超过 45°；林分郁闭度在 0.3 以上；附近有机场或有修建临时简易机场的条件。

 实践训练

实训九　飞机防治林业病虫害作业

一、实训目标

通过本实训，使学生了解飞机防治工作的整个工作环节，熟知飞机防治作业设计及药剂喷洒要求，培养学生严谨认真、安全生产的职业态度。

二、实训条件

根据所选择机型的起降要求、作业半径、水电配备、飞行设计、安全保卫等因素，就近选择民航机场或者军用机场、农用机场及临时起降场作为飞机起降地，并配备飞机防治的各种药剂。野外临时起降场应做好杂物清扫、抑制扬尘、防暑降温和安全保卫等准备。

飞机驾驶员应具备《民用航空器驾驶员和地面教员合格审定规则》（CCAR-61-R4）中规定的相关资质要求。

三、实训模式

由于飞机防治工作受时间、地点、面积和资金的限制，实施飞机防治的地区没有使用其他防治方法普遍，本项实训可采取到有飞机防治任务的地区现场参观和顶岗实习两种形式。

四、实训内容

(一) 飞机防治组织的建立

飞机防治林业有害生物技术要求高，涉及部门广，必须要有统一的领导，严密的组织和各部门的大力协作才能把工作做好。林业部门和林业有害生物防治机构要会同有关部门建立防治作业指挥部，指挥部设行政组和技术组。行政组负责总务、运输、宣传和保卫等工作；技术组负责飞行、信号、装药、效果检查和气象预报等工作。了解作业现场的组织管理体系。

实施飞机施药防治的单位应具备《中华人民共和国民用航空法》及《一般运行和飞行规则》（CCAR-91-R3）规定的资质，持有可在农林领域防治作业的《经营许可证》。

(二) 选建机场

机场修建的技术要求由民航专业队提出，而

林业工作者应向专业队提供林业有害生物防治情报，防治作业区域的方位资料，以供选择机场位置和决定飞行作业路线时考虑。选建机场在保证质量的前提下本着少用工时、节省费用的原则，尽可能借用当地现有机场或利用旧机场（使用时应按规定整修）。如果上述的条件不具备，或作业面积大，50 km 以内无机场时，则应选建临时或固定机场。机场的位置最好选择在作业区的中心地带，这样可以减少空飞时间，提高防治效率，降低成本。机场应选在地势平坦，表面坡度不超过1%的地方。跑道长 500 m，宽 50 m。在海拔500 m 以上的地区，标高每增加 100 m，跑道两端必须各有 50 m 长的端安全道；两侧必须各有 20 m 宽的侧安全道。查看机场的技术指标。

（三）林业病虫情况调查

飞机防治作业前要深入防治地块调查病虫害分布、害虫龄期、天敌和危害程度，以及林相、地形情况，并进行室内或室外药效试验，以便据此确定使用药剂的种类、浓度、用量、喷药次序，并绘制病虫情况、林相分布图，作为飞机防治区规划的依据。调查病虫情况时，一般可根据林木的分布、地形、地势及危害程度，选择有代表性的林分作为样地，每 1.5 km 范围内要选 6~10 块。在每块样地上，调查 10~20 株树，统计每株树上的病虫情况、计算虫口密度、有虫株率或发病率、感病指数、病害严重程度等。在临近作业时要建立监测点，定期定点观察病、虫发展情况，以便最后确定防治作业时机。在林业技术人员指导下选择标准地进行调查。

喷药期一般应选在病虫幼龄时期、活动盛期或病虫害发生初期。若害虫龄期过大，不仅增强抗药性，而且增加了用药浓度和单位面积的药量，当害虫已大部分老熟甚至结茧化蛹，药剂防治无效或效果很低时，应停止喷药，有害生物天敌的寄生率达 50% 以上时，不能应用化学药剂进行防治。

（四）防治区的规划及作业设计

合理规划防治区，能达到提高防治效果、提高工作效率和降低防治费用的目的。林业部门应会同民航部门共同进行防治区的地形勘察，根据地形、地势、山脉走向、森林分布及单位面积喷洒量等特点，进行地面航线规划，包括飞行作业路线、起点和终点、航速、航高、是带状或是环状飞行作业、是直线飞行作业还是曲线飞行作业等。绘制简单的作业图。在作业图上应把作业区划（最好标出作业地块）、各防治区的方向、主要村庄、高压线、高大建筑物、忌避植物区、鱼塘、蚕、蜂、鹿场等编成作业序号。作业前要认真研究，仔细规划作业区，采用经济合理的飞行路线。在确定作业区域和面积之后，要确定单架次作业距离和面积，飞行作业架次，飞行作业时间和飞行作业日程表。

（五）信号及通讯

将各作业区或林班方位坐标数据输入飞机的GPS 定位仪，以便精确飞行和精确作业。要建立机场与作业区的通信联系，以便飞机作业时及时传送作业指挥信息，通报不正常情况或作业安排，使飞机和地面有效配合，保证作业质量，协助技术人员输入作业区数据。

（六）药剂配制和装载

飞机作业任务确定后，要按防治面积准备足够的防治用药，并于作业前运到机场。配制的药剂一定要在事前经过分析鉴定，要求含量准确，质量好；为了避免害虫产生抗药性，保护天敌和提高防治效果，可以考虑几种药剂的混用，以及在施药的时间上，考虑化学和生物防治相结合。一般每架飞机加药人数：喷粉需 15 人左右，喷雾 8 人左右。喷粉的加药设备应准备有加药梯、药筛、磅秤、手推车、装药袋等；喷雾的加药设备有 5 马力（3.677 kW）左右的电动机或柴油机、小型拖拉机、1.5~3 寸的水泵，水管 30~40 m，水箱、大缸、过滤细砂和搅拌工具等。如有条件，亦可利用消防车或水车加药或运水。在林业技术人员指导下进行药液配制作业。

（七）视察飞行和试喷工作

飞机正式作业前，一般进行视察飞行和试喷工作。视察飞行时，林业部门要配备 1~2 名熟悉作业区地形的人员作向导，负责介绍防治区位置、面积、方向、障碍物情况及忌药地区位置。作业前试喷 1~2 次，以保证准确的喷洒量。飞机喷洒液态农药时，喷药量按每公顷喷药重量可分为常量、低量和超低量 3 级。大于 75 kg/hm^2 为常量；5.25~75 kg/hm^2 为低量；小于 5.25 kg/hm^2 为超低量。

如果试喷后，发现喷洒量与规定不符，应与民航专业队机务人员商议，对喷药装置加以调节。

试喷后，喷洒（撒）的时间、长度、面积，可按下列公式进行计算：

$$每秒喷药面积(亩) = \frac{航速(m/s) \times 喷幅宽度(m)}{666} \quad (2-7)$$

$$每架次喷药面积(亩) = \frac{每架次载药量(kg)}{每亩喷药量(kg)} \quad (2-8)$$

$$每架次喷药时间(s) = \frac{每架次喷药面积(亩)}{每秒喷药面积(亩)}$$

$$或 = \frac{每架次载药量(kg)}{每亩喷药量(kg) \times 每秒喷药面积(亩)} \quad (2-9)$$

$$喷药长度(km) = \frac{每架次喷药面积(亩) \times 666}{喷幅宽度(m) \times 1000} \quad (2-10)$$

（八）防护工作宣传教育

飞机作业大面积喷洒，涉及范围较广，防止人畜中毒问题更应引起注意。准备喷药的地区，应向当地群众做好宣传和防毒工作，通知附近居民先做好防毒准备，喷药后一定时间内要停止放牧和挖野菜等活动，对需要保护的地区应树立明显的禁喷标志。对地勤人员，特别是加药配药员、信号员等要加强安全思想教育，消除麻痹思想，在工作时一定要戴手套（使用液剂需胶皮手套）、风镜、口罩等保护用品。工作完成后要用肥皂清洗手、脸、漱口、换衣等，严防中毒事故发生。了解当地飞机防治作业的防护宣传教育工作情况。

（九）测定飞机喷洒药剂的质量

飞机喷洒药剂质量的好坏，直接影响灭虫、杀菌的效果，喷洒质量受作业时气象因子、作业地形、飞行高度等条件的影响，一般用药物沉降量、雾滴（粉粒）分布的均匀度、覆盖度和细小度来说明，具体测定的指标：喷幅宽度、药剂分布密度和均匀度、地面受药量、药剂的覆盖度和细小度等。现场测定喷幅宽度。方法如下。

以 A4 复印纸为雾滴沉积靶标的采样片。在靠近作业区中间与飞机作业飞行方向垂直的地段上，以行距和间距均为 1 m 的规格布设按方位编号的采样片，形成 50 m 长、80 m 宽的采样区。喷雾作业后，按方位收集采样片，统计各个方位采样片的雾滴沉积密度。一般 20 个/cm² 以上者（静风喷雾为 5 个/cm²）均为有效沉积，其样片所在位置即为有效沉积范围。根据垂直于飞行方向的横向范围内的各个有效沉积样片的方位即可计算有效喷幅的宽度。

（十）防治效果调查与总结

飞机喷药后，必须进行防治效果的调查，根据地形、林木种类、病虫种类等，采取重点调查和普遍调查，或两种方法结合起来进行效果调查。在技术人员指导下进行防治效果调查。

（1）杀虫效果调查

杀虫效果调查的方法很多，如标准树调查法、标准枝调查法、套笼法、虫粪统计法等，这里主要介绍标准树调查法。在标准地中与飞行方向相垂直的直线上，选两组标准树，组间距 50~100 m，每组选标准树 8~10 株，每株相距 5~10 m，喷药前检查树冠虫口、虫龄，喷药后 8、24、48 h 定期检查各龄死虫数。检查时间一般连续 3 d 以上（生物制剂在 10 d 以上），必要时可以延长。高大的树木，事前检查树冠上的虫数有困难，可以在喷药后，逐日统计地面死虫数，直至不再发现死虫时为止。再将标准树上残留活虫，全部振落到地上，计算防治效果，并选择与喷药条件相似的小区作对照区，计算校正防治效果。

（2）杀菌效果调查

杀菌剂的药效检查比较困难，因为病菌的个体极小，肉眼看不见，需用显微镜检查。一般根据发病情况，统计每一个处理的平均发病率，和对照区的平均发病率相比较。经过效果调查，发现飞机漏喷或效果较低的地区，应根据不同情况，采取飞机补喷或地面人工补治，以确保防治的效果和质量。防治作业结束后，调查结果要及时汇总分析，写出防治作业工作总结。

（十一）飞机防治注意事项

①飞机起降场应做好安全警戒，禁止无关人员进入机场或者靠近油库、药库等地，非执行飞行任务人员不得靠近飞机或乘坐飞机。飞机、燃油、药剂、工具等应由专人看管。

②飞机作业时要保证药剂、水车、工作人员、安全防护装备、应急药品及时到位，并做好药剂药械库出入库管理，储备必要的应急物资。

③如果飞机防治施药区域涉及对药剂特别敏感的生物，划定的作业避让区域的避让距离应大

④飞行作业结束后，应选择专门地点对飞机及配药、混药、施药部件进行清洗，对盛药容器应统一回收、定点处置，严防发生药害事件。

⑤为了更好监控飞防质量，建议加装符合有关规定要求的施药质量监控信息系统，实时监控飞行速度、飞行高度、飞行轨迹、施药轨迹、瞬时施药量等飞机作业位置和作业状态参数，并统计飞行架次、施药量、作业时间、作业面积等数据，以及自动生成、保存、回溯等作业数据。

五、实训成果

每人提交一份参观或学习飞机防治林业有害生物作业的心得体会。

自测练习

一、填空题

1. 目前林业生产常用于飞机防治的机型有（　　）、（　　）、（　　）等。
2. 飞机防治喷雾时候，要求的最大风速不超过（　　）为宜。
3. 飞机防治最适宜的温度为（　　）。
4. 适用于飞机喷洒的农药剂型有（　　）、（　　）和（　　）、（　　）、（　　）、（　　）、（　　）和（　　）等。

二、简答题

1. 简述飞机防治的特点。
2. 简述飞机防治的注意事项。

项目3 林业有害生物一般性调查与监测预报

项目描述

本项目包括两个学习任务,即林业有害生物一般性调查和林有害生物监测预报,教学中,以校内实训基地为依托,通过实操训练、现场教学、分组讨论等方式,使学生掌握林业有害生物调查与监测预报的基本方法与技术。

能力目标

1. 能进行林业有害生物一般性调查,会撰写调查报告。
2. 能根据有效积温法和一般性物候法对害虫发生期进行预测。
3. 会采集制作和保存林业病虫标本。

知识目标

1. 具备林业有害生物一般性调查的基本知识。
2. 具备林业有害生物监测预报基本知识。
3. 具备林业病虫标本采集、制作与保存的基本知识。

素质目标

1. 培养认真工作和实事求是的工作态度。
2. 培养在外业调查中勇挑重担和吃苦耐劳精神。
3. 提升运用辩证方法分析和解决问题的能力。

任务3.1 林业有害生物一般性调查

林业有害生物的发生发展具有一定规律性,认识和掌握其规律,就能够根据目前的林业有害生物发生变动情况推测未来的发展趋势,及时有效地控制其发生。要获取林业有害生物的种类、种群数量、发生规律、危害程度、灾害损失等基本信息,必须通过调查才能实现。因此,林业有害生物调查是开展预测预报和防治工作的基础。

理论基础

3.1.1 一般性调查的类型

一般性调查通常可分为普查、专题调查、监测调查3种。普查是指在较大范围内(全国或全省)进行林业有害生物发生、分布、危害情况的全面调查,目的是掌握林业有害生物本底资料,建立基础数据库,调查时间跨度长,通常可结合森林资源调查。专题调查是指针对某一地区某一种林业有害生物进行的专门调查。监测调查是指监测预报最基本的日常性调查,目的是全面掌握林业有害生物发生危害的实时情况,为预测未来发生发展动态提供基础数据。

根据调查内容和目的,监测调查又可分为一般性调查和系统调查。一般性调查也称为面上调查,每年1~3次,由村护林员、乡镇林业技术推广站技术人员或县(区)森林病虫害防治机构的技术人员实施,采取线路踏查或线路踏查与设置临时标准地相结合的方法,对林业有害生物的主要种类、发生危害程度、发生面积等情况进行直观调查。系统调查也称为点上调查,由专职测报员实施,在测报对象发生的林分内,采取设置固定标准地观测测报对象生活史的方法,调查测报对象各虫态的发生期、发生量、各个发育阶段的存活率、增殖率和危害程度等。

3.1.2 一般性调查的工作流程及内容

开展林业有害生物一般性调查的工作程序可归纳如下:

确定调查对象及内容→制定调查工作历→编制调查统计用表→准备调查用品及材料→制定调查管理制度→落实调查人员→布置调查任务→培训调查人员→现场调查作业→质量跟踪检查→调查资料收集审核→调查资料统计分析→调查结果上报。

3.1.2.1 确定调查对象

调查对象根据当地林业有害生物的发生规律,由防治机构根据国家有关规定和当地防治检疫工作需要按森林类型来确定。一般分为重点调查对象和一般监测对象两类,前者是指大发生频率高,种群密度水平波动幅度不大,始终为林内主要优势种群的有害生物类群,是防治工作中主要控制对象,一般都被列为区域性的测报对象;后者是指种群密度水平波动幅度极大,大发生频率低,而一旦爆发,则危害十分严重,或是长期处于低密度水平的有害生物类群。

3.1.2.2 制定调查工作历

调查对象确定后,由于不同种类的生活习性、发生规律、调查时期不会相同,因此要编制调查工作历。调查工作历的具体内容要因调查对象的不同而变动,其基本内容有调查起止时间、调查种类及发育阶段、调查的项目、调查准备工作、调查负责人及调查人、调查单位和地点、调查要求结果等。

3.1.2.3 编制调查统计用表

各种调查记录表、统计表和汇总表是野外调查结果的载体,林业有害生物防治机构都应统一编制规范性表格供调查使用。

其中野外调查原始记录表主要是为调查员野外调查做记录而设计的。设计原则是项目具体明确、简便易记,便于携带和保存。一般包括调查地点、时间、所调查病虫发育阶段、调查株号或标准枝号、调查单元的林业有害生物数量,以及所代表的林地面积等。调查记录格式一经确定,一般不要轻易变动内容和项目,以免破坏调查资料连续性。

调查统计汇总表是为综合统计汇总各调查员的野外调查记录而设计的,通过统计汇总表可以看出各种森林病虫鼠害在各虫情调查责任区及至全林场(或乡、镇、苗圃)的发生情况。这类表供森保员使用。由森保员在每个病虫鼠害调查期结束后,及时将本调查期内所有调查员的野外调查记录表按病虫鼠害种类和地块进行分类统计汇总,见表3-1。

表3-1 月份林业有害生物调查统计表

单位名称:

林业有害生物名称及发育阶段	应调查林分的林班号或地点	实际调查林分的林班号或地点	规定调查的标准地数	标准地编号	代表面积(hm^2)	平均虫口密度、病情指数、鼠捕获率、被害率	原始记录编号	备注

统计时间:____年____月____日   统计人:____

3.1.2.4 制定调查管理制度

林业有害生物防治管理机构要对参加调查的森保员、调查员制定严格的管理制度,以保证调查工作能在统一的组织指挥之下有秩序地进行。一般的制度有虫情调查领导责任制、森保员岗位责任制、调查员区域负责制、调查员管理制度、定期调查报告制度等。

3.1.2.5 调查质量跟踪检查

对于调查的质量,可通过现场检查和资料审核的方法进行检查,其检查内容包括如下几方面:

①标准性检查。即检查调查工作是否按规定要求开展的;是否采用了规定的调查方

法；每项调查资料是否符合规定的要求，是否按规定要求收集的。对于统计、汇总资料，要检查所使用的计算方法、统计指标是否统一等。

②真实性检查。检查调查数据资料是否符合林业有害生物的发生发展规律，是否真正按规定在林地内经实地调查而来，其原始调查记录的科学性和真实性如何。一旦发现疑问，就要进行复查，对不真实部分进行处理。

③准确性检查。要对调查资料进行可靠性分析，尤其要检查资料有无不合理或矛盾之处，检查的重点是调查标准地的位置、取样方法、调查的时间、调查取样的数量等是否符合规定或符合当地客观情况等。

④全面性检查。检查某一规定的调查时期和调查范围内，规定调查的病虫鼠害种类在某一区域内有无遗漏，资料是否齐全，规定的调查项目有无空白或谬误之处。

3.1.2.6 调查结果的报告

在对野外调查记录和统计汇总表数据进行整理分析后，要按林业有害生物灾情应急管理办法的要求，以及林业有害生物发生面积统计指标和灾情分级标准进行检验后报上级有关部门。其主要内容有：林业有害生物发生种类和发育阶段、发生面积（含轻、中、重灾面积）、发生地点、林分受害现状或预测受害程度、防治意见等。

3.1.3 一般性调查的方法

3.1.3.1 踏查

线路踏查时可沿林间小道、林班线或自选路线进行，要穿过主要森林类型和可能的有害生物发生的林分。踏查路线之间的距离一般为 250~1000 m，苗圃 100~200 m。采用目测法（必要时辅以望远镜观察）认真观察踏查路线两边视野范围内主要树种的病虫害发生与分布情况，估测发生面积。同时进行病虫害标本的采集。按照有害生物种类分别记载受害株数和受害程度，还要记载踏查表中的规定的林分因子状况，以及调查时发现的其他有害生物及其危害情况。记录表格式见表 3-2、表 3-3。

表 3-2 踏查林分记录表

编号	地点名称	踏查林分					备注
		踏查林地面积（hm²）	森林类型及树种组成	林龄（年）	有害生物种类	分布面积（hm²）	

调查员：_____　　　　　　　　　填报日期：____年____月____日

表 3-3 线路踏查株记录表

踏查编号_____ 踏查林分面积(hm^2)_____
森林类型及树种组成_____ 林龄(年)_____ 调查有害生物名称_____
调查时发现其他有害生物名称及其危害情况简述_____

调查情况记载(有害生物危害划"√")									
1	2	3	4	5	6	7	8	9	10
11	12	13	14	15	16	17	18	19	20
21	22	23	24	25	26	27	28	29	30
31	32	33	34	35	36	37	38	39	40
41	42	43	44	45	46	47	48	49	50
51	52	53	54	55	56	57	58	59	60
61	62	63	64	65	66	67	68	69	70
71	72	73	74	75	76	77	78	79	80
81	82	83	84	85	86	87	88	89	90
91	92	93	94	95	96	97	98	99	100
调查株数			受害株数				受害株率(%)		

调查时间:____年___月___日 调查人:_____

调查时的有害生物分布状态描述:受害 1~2 株的为单株分布,受害 10 株~1/4 hm^2 的为块状分布块,受害 1/4~1/2 hm^2 的为片状分布,受害 1/2 hm^2 以上的为大片分布。

对于调查对象的危害程度划分,按照《林业有害生物发生及成灾标准》(LY/T 1681—2006)执行,对于调查时发现的其他有害生物可参照同类执行或按下列常规标准划分:

森林病虫害的危害程度常分为轻微、中等、严重三级,分别用"+""++""+++"符号表示。对于叶部病虫害,树叶被害率 1/3 以下为轻微,树叶被害率 1/3~2/3 为中等,树叶被害率 2/3 以上为严重;对于枝干和根部病虫害,受害株率 10% 以下为轻微,受害株率 11%~20% 为中等,受害株率 21% 以上为严重;对于种实病虫害,种实被害率 10% 以下为轻微,种实被害率 11%~20% 为中等,种实被害率 21% 以上为严重。

3.1.3.2 标准地调查

在踏查的基础上,对危害较重的病虫种类设立临时标准地进行调查,以便准确统计调查对象的发生数量、危害程度等。根据所确定的调查对象种类及分布特性,可在五点式、对角线式、棋盘式、"Z"字形、平行线式等取样方式中选取合适的方法选取标准地,每个标准地面积不少于 0.05 hm^2,标准地总面积应控制在调查总面积的 0.1%~0.5%。用测绳量取每个标准地的边长,并对每个标准地进行编号。根据所确定的调查对象的分布和危害特性,选择样株法、样枝法、样方法,并选择相应的病虫种类、害虫虫态、害虫数量、被害梢数、受害株数、发病株数、发病程度、失叶程度等调查项目。每个标准地都要按调查表要求调查标准地内的林分因子,并做好记录。

(1) 虫害标准地调查

在标准地选取一定数量的样株、样枝或样方,逐一调查其虫口数,最后统计虫口密度和有虫株率。虫口密度是指单位面积或每株树上害虫的平均数量,它表示害虫发生的严重程度;有虫株率是指有虫株数占调查总株数的百分数,它表明害虫在林内分布的均匀程度。

$$单位面积虫口密度 = \frac{调查总活虫数}{调查面积} \tag{3-1}$$

$$每株(或种实)虫口密度 = \frac{调查总活虫数}{调查总株(或种实)数} \tag{3-2}$$

$$有虫株率(\%) = \frac{有虫株数}{调查总株数} \times 100\% \tag{3-3}$$

虫害标准地调查通用表格见表3-4、表3-5。

表3-4 森林害虫标准地调查记录表

调查林分编号_____ 林班小班名称_____ 森林害虫名称及虫态_____
调查小班面积(hm²)_____ 林龄_____ 森林类型及树种组成_____
踏查所报有虫株率(%)_____ 是否有其他有害生物同时发生及记述_____

标准株号	害虫数量	标准株号	害虫数量	标准株号	害虫数量	标准株号	害虫数量
1		4		7		10	
2		5		8		11	
3		6		9		12	
…		…		…		…	
调查株数	有虫株数		有虫株率(%)		有虫总数		平均虫口密度

调查时间:____年____月____日 调查人:____

表3-5 森林害虫标准地样枝(样方)调查记录表

调查林分编号_____ 林班小班名称_____ 森林害虫名称及虫态_____
调查小班面积(hm²)_____ 林龄(年)_____ 森林类型及树种组成_____
踏查所报有虫株率(%)_____ 是否有其他有害生物同时发生及记述_____

样株号	取样部位	样枝长度(样方面积、调查梢数)	害虫数量(被害梢数)	样株号	取样部位	样枝长度(样方面积、调查梢数)	害虫数量(被害梢数)
1				3			
2				4			
…				…			
样枝总长度(样方面积、调查梢数)			害虫数量(被害梢数)合计			平均虫口密度(梢被害率)	

调查时间:____年____月____日 调查人:____

①食叶害虫调查。在标准地内可逐株调查，或采用对角线法、隔行法，选出样树10~20株进行调查。若样株矮小(一般不超过2 m)可全株统计害虫数量；若树木高大，不便于统计时，可分别于树冠上、中、下部及不同方位取样枝进行调查。落叶和表土层中的越冬幼虫和蛹、茧的虫口密度调查，可在样树下树冠较发达的一面树冠投影范围内，设置0.5 m×2 m的样方(0.5m一边靠树干)，统计20 cm土壤深度内主要害虫虫口密度。

对于危害较重的食叶害虫种类，要调查失叶率以确定成灾情况。受害等级见表3-6。

$$失叶率(\%)=\frac{单株树冠上损失的叶量}{单株树冠上的全部叶量}\times100\% \tag{3-4}$$

表3-6 叶部森林害虫成灾情况标准地调查记录表

调查林分编号_____　林班小班名称_____　森林害虫名称_____
调查小班面积(hm²)_____　林龄(年)_____　森林类型及树种组成_____　踏查所报受害株率(%)_____
是否有其他有害生物同时发生及记述_____　年度内是否采取了防治措施及记述_____

受害等级	代表数值	记载(划"正"字)	小计
Ⅰ	0		
Ⅱ	1		
Ⅲ	2		
Ⅳ	3		
Ⅴ	4		
调查株数	受害株数	受害株率(%)	平均失叶率(%)

②蛀干害虫调查。在发生蛀干害虫的林分中，选有树100株以上的标准地，统计有虫株数，调查有害生物种类及虫态。如有必要可从有虫树中选3~5株，伐倒，量其树高、胸径，从干基至树梢剥一条10 cm宽的树皮，分别记载各部位出现的害虫种类。虫口密度的统计，则在树干南北方向及上、中、下部、害虫居住部位的中央截取20 cm×50 cm的样方，查明害虫种类、数量、虫态，并统计每平方米和单株虫口密度。

③枝梢害虫调查。对危害幼嫩枝梢害虫的调查，可选有100株以上的标准地，逐株统计有虫株数。再从被害株中选出5~10株，查清虫种、虫口数、虫态和危害情况。对于虫体小、数量多、定居在嫩梢上的害虫如蚜、蚧等，可在标准木的上、中、下部各选取样枝，截取10 cm长的样枝段，查清虫口密度，最后求出平均每10 cm长的样枝段的虫口密度。

④种实害虫调查。包括虫果率调查和虫口密度调查。调查虫果率可在收获前进行，抽查样株5~10株，检查树上种实(按上梢、内膛、外围及下垂枝不同部位，各抽查50~100个)，分别记载其健康、有虫种实及不同虫种危害的种实数，然后计算总虫果率及不同虫种危害的虫果率。虫口密度调查与虫果调查同时进行。在虫果率调查的样株上，按不

同部位各抽查有虫种实 20~40 个,分别记载种实上不同虫种危害的虫孔数,计算出每个种实的平均虫孔数。

⑤地下害虫调查。对于苗圃或造林地的地下害虫调查,调查时间应在春末至秋初,地下害虫多在浅层土壤活动时期为宜。抽样方式采用对角线式或棋盘式。样坑大小为 0.5 m×0.5 m 或 1 m×1 m。按 0~5 cm、5~15 cm、15~30 cm、30~45 cm、45~60 cm 等不同层次分别进行调查记载。

(2)病害标准地调查

在踏查的基础上设置标准地,调查林木病害的发病率和病情指数。发病率是指感病株数占调查总株数的百分比,表明病害发生的普遍性。

$$发病率(\%) = \frac{感病株数}{调查总株数} \times 100\% \tag{3-5}$$

病情指数又称感病指数,在 0~100 之间,既表明病害发生的普遍性,又表明病害发生的严重性。测定方法:先将标准地内的植株按病情分为健康、轻、中、重、枯死等若干等级,并以数值 0、1、2、3、4 代表,统计出各级株数后,按下列公式计算:

$$病情指数 = \frac{\sum(病情等级代表值 \times 该等级株数) \times 100}{各级株数总和 \times 最重一级的代表值} \tag{3-6}$$

调查时,可从现场采集标本,按病情轻重排列,划分等级。重要病害分级标准在相关技术规程中都有规定,没有的可比照同类确定或依据常规分法确定(表 3-7、表 3-8)填写森林病害标准地调查表(表 3-9)。

表 3-7 枝、叶、果病害分级标准

级别	代表值	分级标准
1	0	健康
2	1	1/4 以下枝、叶、果感病
3	2	1/4~1/2 枝、叶、果感病
4	3	1/2~3/4 枝、叶、果感病
5	4	3/4 以上枝、叶、果感病

表 3-8 干部病害分级标准

级别	代表值	分级标准
1	0	健康
2	1	病斑的横向长度占树干周长的 1/5 以下
3	2	病斑的横向长度占树干周长的 1/5~3/5
4	3	病斑的横向长度占树干周长的 3/5 以上
5	4	全部感病或死亡

表 3-9　森林病害标准地调查表

调查林分编号_____　林班小班名称_____　森林病害名称_____　查小班面积(hm^2)_____
林龄(年)_____　森林类型及树种组成_____　查所报发病株率(%)_____
是否有其他有害生物同时发生及记述_____　年度内是否采取了防治措施及记述_____

病害等级	代表数值	记载(划"正"字)	小计
Ⅰ	0		
Ⅱ	1		
Ⅲ	2		
Ⅳ	3		
Ⅴ	4		
调查株数		发病株数　　　发病株率(%)	病情指数

调查时间：___年_月_日　　　　　　　　　　　　　　　　调查人：_____

①叶部病害调查。按照病害的分布情况和被害情况，在标准地中选取5%~10%株样树，每株调查100~200个叶片。被调查的叶片应从不同的部位来选取。统计发病叶片数，计算发病株率和病情指数。

②枝干病害调查。在发生枝干病害的标准地中，选取不少于100株的样株，统计发病株数和发病程度，统计发病率，计算病情指数。

③苗木病害调查。在苗床上设置大小为1 m^2的样方，样方数量以不少于被害面积的0.3%为宜。在样方上对苗木进行全部统计，或对角线取样统计，分别记录健康、感病、枯死苗木的数量。同时记录圃地的各项因子，如创建年份、位置、土壤、杂草种类及卫生状况等，并计算发病率，记录在苗木病害调查记录表中(表3-10)。

表 3-10　苗木病害调查表

调查日期	调查地点	样方号	树种	病害名称	苗木状况和数量				发病率(%)	死亡率(%)	备注
					健康	感病	枯死	合计			

实操训练

实训十　林木病虫标本采集与制作

一、实训目标

通过本实训，使学生掌握林木病虫标本采集、制作与保存技术。

二、实训条件

具备可供40人以上操作的实训室或校内实训基地，配有多媒体设备。

材料用具：标本盒、昆虫针、展翅板、大头针、剪枝剪、镊子、毒瓶、指形管、剪刀、废硫酸纸、三级台、三角台纸、还软器、粘虫胶、吸水纸、标本夹、载玻片、盖玻片等材料用具以及相关试剂。

三、实训模式

采用现场教学，学生分组操作，在教师指导

下完成病虫标本的采集制作与保存任务。

四、实训内容

无论用哪种方法采集的病虫标本，都必须填写"采集记载本"，并采集顺序编号，在标本上挂有相应的编号小的标签。

采集记载本记载内容，包括采集号、日期、采集地点、寄主、危害部位、被害状、病虫名称、病虫学名、病虫特点、采地环境、海拔、受害率、严重度、采集者等。

昆虫标本采集制作与保存

（一）昆虫标本采集

（1）采集用具识别与制作

①捕虫网。用来采集善于飞翔和跳跃的昆虫，如蛾、蝶、蜂、蟋蟀等。由网框、网袋和网柄三部分组成。

②吸虫管。用来采集蚜虫、红蜘蛛、蓟马等微小的昆虫。

③毒瓶。专门用来毒杀成虫。一般用封盖严密的磨口广口瓶等做成。最下层放氰化钾（KCN）或氰化钠（NaCN），压实；上铺1层锯末，压实，每层厚5~10mm，最上面再加1层较薄的煅石膏粉，上铺1张吸水滤纸，压平实后，用毛笔蘸水均匀地涂布，使之固定（图3-1）。

图3-1 毒瓶

毒瓶要注意清洁、防潮，瓶内吸水纸应经常更换，并塞紧瓶塞，避免对人的毒害，以延长毒瓶使用时间。毒瓶要妥善保存，破裂后就立即掘坑深埋。

④采集箱。防压的标本和需要及时插针的标本，以及用三角纸包装的标本，需放在木制的采集箱内。

⑤采集袋。用来盛装玻璃用具（毒瓶、指形管、吸虫管等）和工具（放大镜、修枝剪、镊子等）及记载本、采集箱（盒）等多用途的工具袋。

⑥活虫采集盒。用来采装活虫。铁皮盒上装有透气金属纱和活动的盖孔。

⑦指形管。一般使用的是平底指形管，用来保存幼虫或小成虫。

⑧三角纸包。用于临时保存蛾蝶类等昆虫的成虫。用坚韧的白色光面纸裁成3∶2的长方形纸片，如图3-2所示折叠。

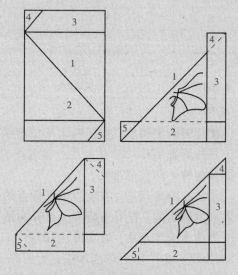

图3-2 三角纸包（仿西北农学院）

此外，还需要配备诱虫灯、放大镜、修枝剪、镊子、记载本等用具。

（2）采集时间和地点

①采集时间。因昆虫的种类和习性不同，采集时间也不相同。一般来说，一年四季都可采集，尤其在南方地区有些昆虫没有明显的越冬迹象。但每年晚春到秋末昆虫活动频繁，是采集的有利时期。1 d之内的采集时间，日出性昆虫一般白天采集，夜出性昆虫在黄昏和夜间采集。具体对于某种昆虫的采集，可根据它们的发生时期，适时采集。

②采集地点。应根据采集目标来选定，按照昆虫的生态环境去寻找。一般植物种类丰富的地方，昆虫种类也丰富。

（3）采集方法

①网捕法。对于飞行迅速的昆虫，可用捕虫网迎头捕捉，并立即挥动网柄，将网袋下部连虫一并甩到网圈上来。如捕到的是大型的蝶蛾，可隔网捏住其胸部，使之失去活动能力，然后投入毒瓶；如

捕到的是有毒的或刺人的蜂类，可将带虫的1段网袋捏住一齐塞入毒瓶中，毒死后再从网内取出。

②观察搜索法。

a. 根据昆虫的栖息场所寻找昆虫。如地下害虫生活在土中，枝干害虫钻蛀在枝干中，叶部害虫生活在枝叶上，不少昆虫在枯枝落叶层、土石缝、树洞等处越冬，只要仔细观察、搜索，就可采获多种昆虫。

b. 根据植物被害状来寻找昆虫。如被害状新鲜，害虫可能还未远离；如叶子发黄或有黄斑，可能找到红蜘蛛、叶蝉、蜡象等刺吸式口器的害虫；如树木生长衰弱，树干下有新鲜虫粪或木屑，可能找到食叶和蛀干害虫。

③诱杀法。对于蛾类、蝼蛄、金龟子等有趋光性的昆虫，可在晚间用灯光诱集；夜蛾类、蝇类等有趋化性的昆虫，可用糖醋液及其他代用品诱集；此外，利用昆虫的特殊生活习性，设置诱集场所，如树干绑草能捕到多种害虫。

④击落法。对于高大树木上的昆虫，可用振落的方法进行捕捉。有假死性的昆虫，经振动树干就会坠地；有"拟态"的昆虫，经振动就会起飞暴露目标，上述方法都可捕到昆虫。

（二）昆虫干制标本制作

（1）制作用具识别

①昆虫针。系不锈钢针，由于虫体大小不一，因而昆虫针的粗细也不同。型号分00、0、1、2、3、4、5、6、7等，号数越大越粗，其中以3号针应用较多。

②三级台。用来矫正昆虫针上的昆虫和标签的位置。由一整块木板做成，一般板宽20 mm，长60 mm，高度分为3级，第1级高8 mm，第2级高16 mm，第3级高24 mm。在每1级的中央有1个和5号昆虫针粗细相等、上下贯通的孔穴。使用时将针插好的标本倒置，把针头插入第1级孔中，这样使虫体与针头的距离保持8 mm，然后插入标签将针头插入第2级孔中，使标签下方的高度等于第2级的高度，使用三极台可以使昆虫标本与标签在昆虫针上的高度一致，美观整齐(图3-3)。

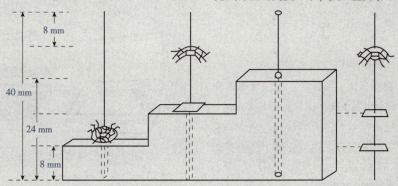

图3-3　三级台(仿西北农学院)

③展翅板。用软木、泡沫塑料等制成，用来展开蛾、蝶等昆虫的翅。多由较软的木料制成，板中有一槽沟，中央铺1层软木或泡沫塑料。沟旁的两块板是活动的，可调节中间的距离，以适应不同大小昆虫展翅的需要(图3-4)。

④整姿台。多采用软木板或泡沫塑料板，用来将不需要展翅的昆虫整理成自然状态。

⑤还软器。是1种用来软化已干燥的昆虫标本的玻璃器皿，常将干燥器用作昆虫还软器。容器底部放置加有少量碳酸的湿沙或稀硫酸溶液，将昆虫标本放置于瓷隔板上，待标本充分软化后，即可取出整姿展翅。

此外，还有幼虫吹胀干燥器、三角台纸、粘虫胶等用具。

（2）昆虫针插标本制作

除幼虫、蛹和小型个体外，一般都可制成针插标本，装盒保存。

第一步　正确选针。依标本的大小选用适当的虫针。

第二步　确定正确针插位置。为了不破坏虫体的鉴定特征(图3-5)。

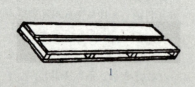

图3-4 展翅板(仿西北农学院)

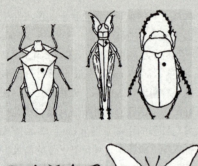

图3-5 针插标本(仿西北农学院)

第三步 调整高度。插针后,用三级台调整虫体在针上的高度,其上部的留针长度是8 mm。

第四步 呈上标签。将采集时间、地点、采集人和昆虫的定名分别写在两个标签上,插在距标本下方8 mm和16 mm处。

(3)昆虫展翅标本制作

蛾、蝶等昆虫,针插后还需要展翅。

第一步 将虫体插放在展翅板的槽内,虫体的背面与展翅板2侧面平

第二步 左、右同时拉动1对前翅,使1对前翅的后缘同在1条直线上,用虫针固定住,再拨后翅,将前翅的后缘压住后翅的前缘,左右对称,充分展平。然后用光滑的纸条压住,以虫针固定。5~7 d后即干燥、定形,可以取下。

第三步 甲虫、蝗虫、蝽象等昆虫,插针后,需将进行整姿,使前足向前、中足向两侧、后足向后;触角短的伸向前方,长的伸向背两侧,使之保持自然姿态,整好后用虫针固定,待干燥后即定形。

(三)昆虫标本保存

(1)标本临时保存

未制成标本的昆虫,可暂时保存。

①三角纸保存。要保持干燥,避免冲击和挤压,可放在三角纸包存放箱内,注意防虫、防鼠、防霉。

②浸渍液保存。装有保存液的标本瓶、小试管、器皿等封盖要严密,如发现液体颜色有改变要换新液。

临时保存的,未经制作和未经鉴定的标本,应有临时采集标签。标签上写明采集的时间、地点、寄主和采集人。

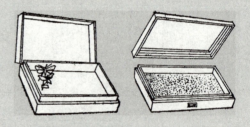

图3-6 标本盒(仿西北农学院)

(2)标本长期保存

已制成的标本,可长期保存。保存用具要求规格整齐统一。

①标本盒。针插标本,必须插在有盖的标本盒内(图3-6)。标本在标本盒中可按分类系统或寄主植物排列整齐。盒子的四角用大头针固定樟脑球纸包或对二氯苯防虫剂。

制作后标本应带有采集标签,如属针插标本,应将采集标签插在第2级的高度。经过有关专家正式鉴定的标本,应在该标本之下附种名鉴定标签,插在昆虫针的下部。

②标本柜。用来存放标本盒和浸渍标本,防止灰尘、日晒、虫蛀和菌类的侵害,放在标本柜的标本,每年都要全面检查2次,并用敌敌畏在柜内和

室内喷洒或用熏蒸剂熏蒸。如标本发霉,应在柜中添加吸湿剂,并用二甲苯杀死霉菌。

浸渍标本最好按分类系统放置,长期保存的浸渍标本,应在浸渍液表面加1层液体石蜡,防止浸渍液挥发。浸渍标本的临时标签,一般是在白色纸条上用铅笔注明时间、地点、寄主和采集人,并将标签直接浸入临时保存液中。

林木病害标本采集制作与保存

(一)病害标本采集

(1)采集用具识别

①标本夹。同植物标本采集夹,用来采集、翻晒、压制病害标本。是由2块对称的木条栅状板和1条长6~7 m长的细绳组成。

②标本纸。一般用草纸、麻纸或旧报纸。用来吸收标本水分。

③采集箱。同植物标本采集箱,用来临时收存新采的果实、子实体等柔软多汁的标本。是由铁皮制成的扁圆筒形,箱门设在外侧,箱上设有背带。

④其他。放大镜、修枝剪、手锯、采集记载本、采集标签本等。

(2)病害标本采集方法

采集时,要将有病部位连同一部分健康组织一起采下。采下的标本要求:

①症状应具有典型性,有的病害还应有不同阶段的症状,才能正确诊断病害。

②真菌病害标本,应采有子实体的,如果没有子实体,便无法鉴定病原。

③每种标本上的病害种类应力求单纯,如果种类很多,就影响正确鉴定和使用。

④如不认识的寄主,应注意采上枝、叶、花、果实等部分,以便鉴定。

叶部病害标本,采集后要放在有吸水纸标本夹内;干部病害,易腐烂的果实或木质、革质、肉质的子实体,采后分别用纸包好,放在采集箱内,但不宜装的太多,以免污染或挤坏标本。

(二)病害标本制作

(1)干制标本制作

叶、茎、果等水分不多,较小的标本,可分层标本夹内的吸水纸中压制,数天后既成。在压制过程中,必须勤换纸、勤翻动,以防标本发霉变色,保证质量。通常前几天,换纸1~2次/d,

此时由于标本变软,应注意整理使其美观又便于观察,间隔2~3 d换1次纸,直到全干为止。

较大枝干和坚果类病害标本、高等担子菌的子实体,可直接晒干、烤干或风干。

肉质多水的病害标本,应迅速晒干,烤干或放在30~45 ℃的烘箱中烘干。

(2)浸渍标本制作

有些不适于干制的病害标本,如水果、伞菌子实体、幼苗和嫩枝叶等,为保存原有色泽、形状、症状等,可放在装有浸渍液,用酪胶及消石灰各1份混合,加水调成糊作的封口胶封口的标本瓶内,制成浸渍标本。常用的浸渍液有:

①一般浸渍液。只防腐而不保色。除用5%的甲醛溶液和70%的乙醇2种浸渍液外,还可配成甲醛1份,乙醇6份,水40份的浸渍液,放入标本,封口保存。

②绿色标本浸渍液。将醋酸铜慢慢加入盛有冰醋酸的玻璃容器中,使其溶解、达到饱和,然后取饱和液1份加水4份配成的溶液,加热煮沸后放入标本,并随时翻动,待标本的颜色由绿变黄又由黄变绿,直到与标本原色相同时取出,放在清水中冲洗几次,最后放在5%的甲醛液中,封口即可长期保存。

③黄色和橘红色标本浸渍液。用亚硫酸(含SO_2为5%~6%的水溶液)配成4~10%的稀溶液(含SO_2为0.2~0.5%),放入标本,封口保存。

④红色标本浸渍液。将氯化锌200 g溶于4000 mL水,然后加甲醛100 mL及甘油100 mL,过滤后的浸渍液放入标本,封口保存。

(3)玻片标本制作

①载玻片和盖玻片的清洁。

a. 铬酸洗涤液的配制(表3-1)。

表3-11 铬酸洗涤液配制参考表

	浓铬酸洗液	稀铬酸洗液
重铬酸钾	60 g	60 g
浓硫酸	460 mL	60 mL
水	300 mL	1000 mL

以温水溶解重铬酸钾,冷却后,缓缓加入浓硫酸,边加边搅既成。

b. 洗涤。

污浊玻片：将载玻片及盖玻片用清水洗涤后，置铬酸洗涤液中浸数小时或在稀铬酸洗涤液中煮沸 0.5 h，然后取出用清水冲净，以脱脂的干净纱布擦干，如玻片粘有油脂或加拿大胶，应先用肥皂水煮，并经清水冲净后，再按上法处理。如经染色和加拿大胶封藏的玻片，用浓偏硅酸钠溶液煮沸，经冲净后，再按上法处理。

不太污浊片：可用毛刷沾去污粉，在玻片上湿擦，然后用水冲净，以净纱布擦干。

为保持玻片的清洁，可将洗净的玻片保存在酸化的乙醇（95%的乙醇 100 mL 加浓盐酸数滴）中，用时取出擦干或用火将乙醇烧去。

②制作方法。有徒手制片法、石蜡切片法等。徒手制作法简单易行，简介如下：

a. 徒手切片制作。

切片工具：剃刀、刀片、井式徒手切片机。

被切材料准备：木质或较坚硬的材料，可修成长超过 7~8 cm，直径不小于 1 mm，不超过 4~5 mm，直接拿到手里切；细小而柔软的组织，需夹在通草或胡萝卜或马铃薯或向日葵茎髓之间切。通草、向日葵茎髓平时可浸泡在 50%乙醇中，用时以清水冲洗。

切片方法：徒手切片，刀口应从外向内，从左向右拉动；使用井式徒手切片机，将材料夹在持物中，装入井圈中夹住，左手撑住机体，右手持剃刀切割，每切 1 片后，调节机上刻度使材料上升，再行切割。切下的薄片，为防止干燥，最好随即放在盛有清水的培养皿中，然后进行染色。

染色：在染色皿中进行。常用番红-定绿二重染色法和矾铁-苏木精染色法。

制片：用挑针选取最薄的染色和不染色的组织，放在载玻片上的水滴中，盖上盖玻片，显微镜观察。对于典型的切片，需长期保存时，可用甘油明胶作浮载剂，待水分蒸发后，用加拿大胶封固，即可长期保存。甘油明胶的配法是，先将 1 份明胶溶于 6 份水中，加热至 35 ℃，熔化后加入 7 份甘油，然后以每 100 mL 甘油明胶中加入 1 g 苯酚，搅拌均匀，趁热用纱布过滤既成。

b. 整体封片。

材料准备：在基物表面生长茂密的霉状病原体，可用细尖的针挑取少许，病害标本上病原体稀少，可用三角拨针（针端三角形，两侧具刃）在病部顺一个方向刮取 2~3 次，得病原体；在植物皮层下或半埋于基物内的病原体，可把病原体连同寄主一起拨下，再拨去寄主。

制片：把经过挑、拨、刮获得的病原体，放在载玻片上的浮载剂中，盖上盖玻片，经封片剂封固，即可长期保存。通常用浮载机及封片剂有：

水：洁净的水是最常用的浮载剂。适用于孢子大小的测定，只适用于短时间的检查而不适于制片保存。

乳酚油：是应用最广泛的浮载剂。其成分为：乳酸 1 份，苯酚（加热融化）1 份，甘油 2 份，蒸馏水 1 份制成。乳酚油中加入 0.05%~1%的酸性品红，配成乳酚油染剂可染色。封片剂的配制是，将蜂蜡放在玻璃器皿中水浴加热溶化，但马胶放在铁罐中直接加热熔化，然后将蜂蜡倾入但马胶中，搅和后加贴金胶既成。

甘油明胶：配制和封片剂同徒手切片。

（三）病害标本保存

（1）浸渍标本保存

将制好的浸渍标本瓶、缸等，贴好标签，直接放入专用标本柜内即可。

（2）干制标本保藏

干燥后的标本经选择制作后，连同采集记载一并放入牛皮纸中或标本盒内，贴上标签，然后分类存放于标本柜中。

（3）玻片标本保藏

排列于玻片标本盒内，然后将标本盒分类存于标本柜中。

五、注意事项

体柔软或微小的成虫，除蛾蝶之外的成虫和螨类、及昆虫的卵、幼虫和蛹，均可以用保存液浸泡在指形管、标本瓶中来保存。保存液应具有杀死和防治腐烂的作用，并尽可能保持昆虫原有的体形和色泽。保存液加入量，以容器高的 2/3 为宜。昆虫放入量，以标本不露出液面为限。加盖封口，可长期保存。常用保存液包括：

①乙醇液。常用浓度为 75%。小型或软体昆虫先用低浓度乙醇浸泡，再用 75%乙醇保存，虫体就不会立即变硬。若在乙醇中加入 0.5%~1%的

甘油,能使体壁保持柔软状态。半个月后,应更换1次乙醇,以后保存液酌情更换1~2次,便可长期保存。

②甲醛液。甲醛(甲醛40%)1份,加水17~19份,保存大量标本时较经济。且保存昆虫的卵,效果较好。

③醋酸、甲醛、乙醇混合液。冰醋酸1份、甲醛(40%甲醛)6份、95%乙醇15份、蒸馏水30份混合而成。此种保存液保存的昆虫标本不收缩、不变黑,无沉淀。

④乳酸乙醇液。90%乙醇1份、70%乳酸2份配成,适用于保存蚜虫。有翅蚜可先用90%的乙醇浸润,渗入杀死,在1星期内再加入定量的乳酸。

自测练习

一、名词解释

1. 虫口密度;2. 发病率;3. 感病指数。

二、填空题

1. 采集昆虫标本的方法有(　　)、(　　)、(　　)、(　　)等。
2. 制作昆虫干制标本的主要用具有(　　)、(　　)、(　　)等。

三、简答题

1. 简述昆虫针插标本制作要点。
2. 简述昆虫展翅标本的制作要点。
3. 采集病害标本时应注意哪些问题。

任务3.2　林业有害生物监测预报

林业有害生物监测预报,是指对林业有害生物的发生危害情况进行全面的监测、重点调查,并通过对采集数据的科学分析,判断其发生现状和发展趋势,做出短、中、长期预报,为科学防治提供决策依据的一项活动。它是林业有害生物防治工作的前提和基础,是林业有害生物防治人员必须具备的业务能力之一。

理论基础

3.2.1　林业有害生物监测预报概述

(1) 概念

林业有害生物监测预报包括监测调查和预测预报两个方面。

①监测调查。是指最基本的日常性调查,其目的是全面掌握林业有害生物发生危害的实时情况,为分析预测发生发展动态提供基础数据。根据调查内容和目的,通常又分为一般性

调查和系统调查，前者已在"任务 3.1"中阐述，在此不再赘述。后者也称为点上调查，由专职测报员实施，在固定标准地内进行，标准地标准株的设置及调查时间、内容、方法等在测报对象的测报办法或技术规程中都有明确规定。系统调查目的是通过对测报对象的生活史、发生期、发生量、危害程度等的观测，掌握测报对象种群发生规律，为预测预报服务。

②预测预报。是指根据林业有害生物的生物生态学特性、发生发展规律、近期监测调查采集的病虫情信息，并结合影响森林病虫种群数量变动的主要因子未来变化情况，采取多种比较、分析、选择的方法，对其未来发生动态作出科学准确的预测，并及时发布其发生动态及发生趋势预报，以便做好防治准备。

(2) 内容

预报内容包括：①发生期预报，即林业有害生物的各个危害阶段的始、盛、末期，以便确定防治的最适时期；②发生量预报，包括虫害有虫株率、虫口密度，病害感病指数、感病株率，鼠害被害株率、捕获率等，以便选择应急的防治措施；③发生范围预报，包括发生面积、发生地点，以便确定防治范围；④危害程度预报，即林业有害生物可能造成的枝梢、树干、树叶、根茎和果实的损失程度，以轻、中、重 3 级表示，以便根据森林生态效益、经济效益和社会效益权衡，确定防治方案。

(3) 形式

发布预报的常用形式：包括定期预报、警报和通报 3 种。

①定期预报。是指根据林业有害生物发生或流行的规律，定期发布的预报。根据预测的时效性，定期预报又可以分为短期预报、中期预报和长期预报和超长期预测 4 种。一是短期预测：根据害虫前一虫态预测后一虫态发生时期和数量，预测时间在 20 d 以内。二是中期预测：根据害虫前一代预测后一代的发生时期和数量，预测时间在 20 d 至 1 个季度。三是长期预测：指对 1 年或以上、多年 1 代的 1 个世代发生情况进行的预报。为制定全年防治计划提供依据。预测时间常在 1 个季度以上。四是超长期预测：即根据某害虫的发生周期进行预测。预测时间在一年甚至多年，特别适合林业的病虫预测。

②警报。是指对短时间内发生面积可能在 50 hm^2 以上的暴发性病虫害，由县级林业行政主管部门发布的预警报告。

③通报。是指根据有关的调查数据，全面报道本地区林业有害生物发生发展及防治动态的报告。

3.2.2　林业有害生物监测预报的工作流程及内容

林业有害生物监测预报的工作流程归纳如下：确定监测调查对象→设置监测调查点→配备监测调查点的人员→配备监测调查点的仪器设备→选择调查林分→设置标准地→监测调查内容的确定→日常现场监测调查→监测资料整理汇总→监测资料整理上报→监测资料→监测资料处理分析→发生动态与趋势分析预测→撰写发布报告→报告发布→反馈与评估。

现就林业有害生物监测预报的主要工作内容进行简要介绍。

3.2.2.1　确定监测调查对象

测报对象在其适生区域内的非发生区或低虫口(未达到发生面积统计标准)分布区域调查时

一般与监测对象一样，采取一般调查，即面上调查方法。监测对象在监测调查中发现种群数量呈上升趋势时，其调查方法应采取系统观测与调查的方法。监测调查对象应重点选择当地曾经大发生过，或目前在局部地块和周边地区正在发生而本地又是该种病虫鼠害适生区的种类。

3.2.2.2 设置系统调查点

监测调查点是按照统一的规划，为准确掌握当地森林病虫鼠情发生发展规律而设立的具有调查林分、调查标准地、观测仪器设备和固定工作人员的劳动组织。在监测调查对象分布区内按不同自然条件和森林类型选定监测调查点的座落位置。监测调查点的位置和所设立的监测调查林分在规范的区域内必须具有很强的代表性。监测调查点的多少和布局，应视当地林分状况和林业有害生物发生发展规律认识程度来确定。在设点初期，点数要多。经过监测调查工作一段时期后，随着监测调查任务的完成和对森林病虫鼠害发生发展规律的不断总结，监测调查内容会逐步减少。在所有监测调查项目均可用于开展准确科学的预测预报时，监测调查点的系统观测可转为一般调查或根据需要进行调查。另外，监测调查点在进行调查过程当中，遇到意外情况，使监测调查无法进行时，需由原设点单位决定变更地点或撤销。

监测调查点在管理上，一般采取分级管理的办法。即各级测报站点可根据测报工作开展的需要设立自己直接进行系统监测业务的监测调查点。直接按国家林业和草原局规定的调查内容和任务，为国家林业和草原局提供观测资料的点为国家级点。以此类推。当监测调查点所监测调查的林业有害生物同时被作为两个或两个以上上级部门的监测对象时，可由上下级共同管理。

3.2.2.3 配备监测调查点的人员

一般每个点要至少配备 2 名监测调查员，由其中一名负责或由林场的森保员负责。监测调查人员的主要职责为：①承担规定的野外监测调查任务；②负责整理保存各类监测调查资料和档案；③如期上报各类调查资料；④如实反映调查中遇到的技术问题。

3.2.2.4 配备监测调查点的仪器

监测调查点应有单独的工作室，并配备资料档案柜、标本柜和必要的采集、调查、饲养、观测等仪器和工具。

3.2.2.5 调查林分与设置标准地

调查林分与标准地是监测调查员按规定进行野外监测调查的具体地点，也是林业有害生物发生情况预测资料的信息源。调查林分内的观测标准地主要用于预测对象的生活史、发生数量或发生程度、林木受害程度的观测调查。调查标准地以外的调查林分主要用于预测对象的发生期及害虫存活率的系统调查。调查林分和观测点的数量视所承担的预测对象的种类多少来确定。一般在林业有害生物发生区内的同一类型区中选择 3~5 处即可。

选择监测林分时，可综合考虑观测点所在的地理环境、交通条件、预测对象的发生和分布情况、林分状况、立地条件等方面的因素。观测林分选定后，要按年度对调查林分的基本情况作调查，填入监测调查林分登记表。观测林分除正常的抚育间伐等经营管理措施外，一般不采取防治措施。必须增减或变动的，要及时上报备案。

监测调查标准地的设置，应在调查林分内选择下木及幼树较少、林分分布均匀、符合预测有害生物分布规律并有较强代表性的地域作为监测调查标准地。同一调查林分内两块标准地要保持适当距离。监测调查标准地数量通常在常灾区 100~500 hm² 设 1 块，偶灾区 700~1000 hm² 设 1 块，无灾区 2000~3000 hm² 设 1 块；人工林 130 hm² 设 1 块，天然林 3000 hm² 设 1 块。标准地内的标准株数量不得少于 100 株（种实害虫除外）。监测调查标准地位置选定后，要标明其四周边界，将其内所有调查林木统一编号，绘制出平面坐标图，并按要求填报监测调查标准地登记表。

3.2.2.6　确定监测调查内容与方法

确定调查点的监测调查内容是在设点一开始就应该同时考虑到的问题，预测内容是因预测目的而定的。为不同的预测目的而设的系统调查点，其调查内容也是不同的；不同的预测对象，预测内容亦不同。一般包括害虫各虫态发生期、种群密度及存活率监测调查；病害发生期与危害程度监测调查；害鼠种类、种群密度和林木受害程度监测调查等。

监测调查的方法依种类和内容不同而定，主要有人工地面调查、信息素诱集、灯光诱集等。

3.2.2.7　监测调查资料的上报

测报点按要求进行某项监测调查时，必须及时将结果填入调查记录表内，并分别监测对象及其调查内容进行整理、汇总和上报。上报调查资料的份数视测报点的级别而定。省级点的测报资料一式四份；地（市、州）级点一式 3 份；县（局）级点一式两份。其中，1 份由监测点自留存档，其他分别按测报点的管理级别分别上报。调查资料的上报时间分别为：①监测林分和监测标准地的基本概况资料，在每年冬后开始监测调查前上报一次。②林业有害生物发生数量调查资料，在每个规定调查月份的下月初上报一次。③对测报对象规定的某发育阶段的始见、始盛、盛、盛末、终见期的调查结果，由调查员观测到进入上述某一日期后，立即或于次日用电话或微机、传真等传递方式将该日期报所在县级森防站的专职测报员，县级站的测报员要立即用电话或传真、微机上报。国家级中心测报点要直接报国家林业和草原局预测预报中心。④害虫测报对象的发育进度和病害孢子捕捉呈报资料，按预测预报对象的测报办法规定时间统一上报。⑤害虫存活率监测资料，于每年 11 月下旬统一上报一次。

测报点的所有监测调查原始记录、笔记本、记录表等上报资料的依据材料，不能随意更改数据，并应及时整理，附在上报资料原件后归档、立卷，由专人负责，严加保管，不得外借。

3.2.3　预测预报基本方法

森防站的测报人员，在接到测报点的信息资料后报表后，要认真审查，去粗取精，去伪存真，科学分析作出预测。下面简要介绍害虫的预测方法。

3.2.3.1　发生期预测方法

主要是指预测某种害虫某一虫态出现的始、盛、末期，以便确定防治的最佳时期。常将某一虫态或某一龄期按其种群内个体数量的多少分为始见期、始盛期、高峰期、盛末期和终见期。在统计过程中，一般将害虫种群内某一虫态或龄期的个体比例达到16%、50%和84%分别作为划分始盛期、高峰期和盛末期的标准。

发生期预测常用于预测一些防治时间性强，而且受外界环境影响较大的害虫。如钻蛀性、卷叶性害虫以及龄期越大越难防治的害虫，这种预测生产上使用最广。而害虫的发生期随每年气候的变化而变化，所以每年都要进行发生期预测。

常用的发生期预测方法有物候预测法、发育历期预测法、期距法、有效积温预测法等。

(1) 物候预测法

物候是指自然界各种生物现象出现的季节规律性。人们在与自然的长期斗争中发现，害虫某个虫态的出现期往往与其他生物的某个发育阶段同时出现，物候预测法就是利用这种关系，以植物的发育阶段为指示物，对害虫某一虫态或发育阶段的出现期进行预测。"桃花一片红，发蛾到高峰"就是老百姓根据地下害虫小地老虎与桃花开放的关系来预测其发生期的。在湖南，马尾松毛虫越冬幼虫出蛰危害期与桃花盛开季节相符。

应用物候预测前，可在当地选择常见植物，尤其是害虫寄主植物或与之有生态关系的物种，系统观察其生长发育情况，如萌芽、现蕾、开花、结果、落叶等过程；或者观察当地季节性动物的出没、鸣叫、迁飞等，分析其与当地某些害虫发生期的关系，特别要找出害虫发生期以前的物候现象，这对于害虫预报更具有实际意义。物候法必须经过多年观察总结出规律，且有严格的地区性。

(2) 发育历期预测法

发育进度预测法是根据某害虫在林间的发育情况，按照历史资料各虫态或虫龄相应发生期的平均期距值，预测各虫态或虫龄的发生期。

(3) 期距法

期距是指害虫前后世代之间或同一世代各虫态之间的时间间隔，在测报中常用的期距一般是指前一高峰期至后一高峰期的天数。根据前一虫态或前一世代的发生期，加上期距天数就可推测后一虫态或后一世代的发生期。

期距值公式：

$$F = H_i + (X_i \pm S_{\bar{x}}) \tag{3-4}$$

式中：F——某虫态出现日期；

H_i——起始虫态实际出现期；

X_i——理论期距值；

$S_{\bar{x}}$——与理论期距值相对应的标准差。

测定期距常用的方法有以下3种：

①调查法。在林地内选择有代表性的样方，对刚一出现的某害虫的某一虫态进行定点取样，逐日或间隔2~3 d调查1次，统计该虫态个体出现的数量及百分比，并将每次统计的百分比顺序排列，便于看到发育进度规律。通过长期调查掌握各虫态的发育进度后，便可得到当地各虫态的历期。按下列公式进行统计：

$$孵化率(\%) = \frac{幼虫数或卵壳数}{总卵壳数} \times 100\% \tag{3-8}$$

$$化蛹率(\%) = \frac{活蛹数 + 蛹壳数}{活幼虫数 + 蛹壳数 + 活蛹数} \times 100\% \tag{3-9}$$

$$羽化率(\%) = \frac{蛹壳数}{活幼虫数 + 蛹壳数 + 活蛹数} \times 100\% \tag{3-10}$$

②诱测法。利用害虫的趋性及其他习性(趋光、趋化、趋色、产卵等)分别采用各种方法(灯诱、性诱、食饵、饵木等)进行诱测,逐日检查诱捕虫口数量,就可了解本地区害虫发生的始、盛、末期。有了这些基本数据,就可推测以后各年各虫态或危害可能出现的日期。

③饲养法。对一些难以观察的害虫或虫态,从野外采集一定数量的卵、幼虫或蛹,进行人工饲养,观察其发育进度,求得该虫各虫态的平均发育历期。人工饲养时,应尽可能使室内环境接近自然环境,以减少误差。

(4)有效积温预测法

根据各虫态的发育起点温度、有效积温和当地近期的平均气温预测值,预测下一虫态的发生期。

$$N = K/(T-C) \tag{3-11}$$

用此公式,首先要测定出害虫某一发育阶段的有效积温(K)和发育起点温度(C),然后再根据未来平均温度的预测值(T),代入公式计算出 N,从而进行害虫发生期的预报。

(5)多元回归预测法

利用害虫发生期的变化规律与气候因子的相关性,建立回归预测式进行发生期预测。公式为:

$$Y = a_0 + a_1 X_1 + a_2 X_2 + \cdots + a_i X_i \tag{3-12}$$

式中:Y——害虫预测指标(发生期或发生量等);

X_i——测报因子(如气温、降水、相对湿度等);

A_i——回归系数。

例如,在贵州 $Y = 48.13 - 0.8232X$ 可以预测马尾松毛虫成虫发生期;在辽宁朝阳地区 $Y = 10.852 - 1.347X$ 可以预测油松毛虫上树始见期。可根据当地的实际情况,找出当地合适的发生期多元回归预测式。

3.2.3.2 发生量预测

(1)有效虫口基数预测法

根据上一世代的有效虫口基数、生殖力、存活率来预测下一代的发生量。此法对1年发生世代少,特别是在林分、气候、天敌寄生率等较稳定的情况下应用效果好。预测的根据是害虫的发生数量往往与其前一世代的虫口基数有着密切关系,基数大,下一世代发生量可能就多;反之,则少。

其方法是:对上一世代的虫态,特别是对其越冬虫态,选有代表性的,以面积、体积、长度、部位、株等为单位,调查一定的数量,统计虫口基数,然后再根据该虫繁殖能力、性比及死亡情况,来推测下一代发生数量。通常应用下面公式计算:

$$P = P_0 \left[e \times \frac{f}{m+f}(1-M) \right] \tag{3-13}$$

式中：P——繁殖量，即下一代的发生量；
P_0——下一代虫口基数；
e——每头雌虫平均产卵数；
f——雌虫数量；
m——雄虫数量；
$\frac{f}{m+f}$——雌虫百分率；
M——死亡率（包括卵、幼虫、蛹、成虫未生殖前）；
$1-M$——生存率，可为$(1-a)(1-b)(1-c)(1-d)$，其中a、b、c、d分别为卵、幼虫、蛹、成虫生殖前的死亡率。

(2) 回归分析预测法

分析害虫种群数量变化和气候及生物因子中的某些因素变化的相关关系，建立回归预测式的方法（参照发生期预测方法）。

3.2.3.3 分布范围预测

根据森林害虫的生存条件及其赖以生存的寄主分布范围预测其可能或不可能分布的地区。根据现时病虫情调查资料，特别是现时森林害虫的危害程度和发生地的分布情况，以及影响该森林害虫扩散蔓延的主要因素（如害虫的扩散能力、寄主的流动、气候、交通条件等），预测森林害虫在某个时期内可能或不可能扩散蔓延的区域。

3.2.3.4 危害程度预测

是在发生量预测的基础上预测测报对象可能造成的危害。以轻、中、重表示。其划分依据《林业有害生物发生及成灾标准》(LY/T 1681—2006)执行。

> **自测练习**

一、名词解释

1. 发生期预测； 2. 期距法。

二、填空题

1. 预测预报的种类按内容划分一般有（　　）、（　　）、（　　）和（　　）。
2. 发生期预测主要是预测某种害虫某一虫态出现的（　　）、（　　）、（　　）期，以便确定（　　）。
3. 预测预报按时间长短划分有（　　）、（　　）和（　　）。
4. 测定期距常用的方法有（　　）、（　　）和（　　）3种。
5. 害虫发生期预测常用的方法有（　　）、（　　）、（　　）、（　　）和（　　）。

三、简答题

1. 简述有害生物预测预报的主要内容。
2. 简述害虫发生期预测的基本方法。

模块二　综合应用

主要林业有害生物防治

本模块为综合应用，学生在具备基本技能的前提下，通过本模块学习训练，识别常见林业有害生物种类，掌握其调查和防治技术。本模块共有 5 个项目、10 个任务。每个任务均以南北方具有代表性的林业有害生物防治典型工作任务为载体，按照知识准备—计划制订—任务实施—知识拓展—任务评价—自测练习等流程组织实施教学过程，理实并重，教学做一体化，突出了学生的主体地位，强化学生技术技能培养。重点任务学习完成后，按照职业化要求，制定了评价标准，对学生该具备的知识、能力、素质实施全面考核，促进学生德技并修、全面发展，为毕业定岗工作、提升就业竞争力奠定基础。

项目4　林木根茎有害生物防治

  项目描述

根茎有害生物，主要是指危害苗木的病虫害。苗木是造林的基础，没有健壮的苗木就不可能营造高质量的森林，我们在培育苗木的过程中，不仅要浇水、施肥、除草以满足苗木对水、肥、气、热的需求，同时还要对其发生的病虫害进行及时的防治，才能保证苗木的健康生长。

苗木害虫主要包括金龟子类、蝼蛄类、地老虎类、金针虫类、象甲类等，他们在苗圃地中以植物的主根、侧根为食，有时也危害刚播下的种子以及近地面的茎和叶，造成地面缺苗断垄现象；苗木病害的病菌多为兼性寄生菌，引起根部皮层腐烂或形成瘿瘤、毛根等，常见类群有立枯病、根癌病、茎腐病、根朽病等。其中苗木立枯病和金龟子类地下害虫在全国各地森林苗圃普遍发生，对其进行防治也是林业生产典型的工作任务。本项目以这两个工作任务为载体实施教学，各院校可结合当地实际情况，选择合适种类进行，通过典型工作任务训练及知识迁移学习，使学生全面掌握苗木有害生物的调查和除治技术。

  项目分析

任务名称	任务载体	学习目标	
		能力目标	知识目标
任务 4.1 林木根茎病害及防治	苗木立枯病调查与防治	①能正确诊断苗木病害 ②能对苗木病害进行调查 ③会拟定苗木病害的防治技术方案 ④会实施苗木病害的防治作业	①了解苗木病害的发生原因及发病规律 ②熟知苗木病害调查的基本方法 ③掌握苗木病害防治原理与措施
任务 4.2 林木根茎害虫及防治	金龟子类害虫调查与防治	①会识别各种地下害虫及被害状 ②能进行地下害虫虫情调查 ③会拟定地下害虫的防治技术方案 ④会实施地下害虫的防治作业	①了解主要地下害虫的分布与生物学特性 ②熟知地下害虫调查的基本方法 ③掌握地下害虫防治原理与措施

项目 4　林木根茎有害生物防治

任务 4.1　林木根茎病害及防治

实施时间：调查时间 6~7 月；防治时间从整地开始至苗木生长期。
实施地点：有苗木病害发生的苗圃地。
教学形式：理实结合、教学做一体化。
教师条件：校内教师和苗圃技术员共同指导。指导教师需熟知苗圃病害的发生规律，具备苗木病害的鉴别、调查与防治能力；具备组织课堂教学和指导学生实际操作能力。
学生基础：具备林木病害识别的基本技能，具有一定的自学和资料收集与整理能力。

理论基础

4.1.1　苗木立枯病调查与防治

4.1.1.1　知识准备

(1) 分布与危害

松苗立枯病又称苗木猝倒病，是苗圃中针叶被害后，死亡率很高。世界性病害，在我国大部分地区该病害发生十分普遍。受害苗种主要有赤松、油松、樟子松、黑松、红松、落叶松属等。

(2) 发生原因

引起苗木猝倒病的原因有非侵染性和侵染性两类。非侵染性病原主要由于圃地积水、覆土过厚、土壤板结、土温过高而引起种芽腐烂、苗根窒息腐烂或日灼性猝倒。侵染性病原主要是半知菌门中的镰刀菌（*Fusarium* spp.）、丝核菌（*Rhzoctonia* spp.）和卵菌门中的腐霉菌（*Pythium* spp.），偶尔也可由交链孢菌引起（图 4-1）。

① 立枯丝核菌（*Rhizoctonia solani* Kuhn）。属半知菌门无孢菌目丝核菌属。丝核菌不产生孢子，主要以菌丝和菌核形态出现。菌丝有分隔，幼嫩菌丝无色，分枝近直角，分枝处细胞明显缢缩。老菌丝黄褐色，细胞稍粗。菌丝可交织成疏松的菌核，形状、大小不等，直径 1~10 mm，深褐色。丝核菌喜含氮物质，最适宜在 pH4.5~6.5 环境中生长，主要生活在土壤中的植物残体上，具有很强的腐生能力，多分布在 10~15 cm 深的土层中，在温度 24~28 ℃时，菌丝生

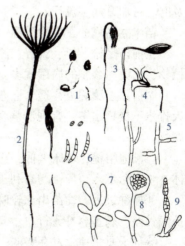

图 4-1　苗木猝倒病
1. 种芽腐烂型病状　2. 茎叶腐烂型病状
3. 猝倒型病状　4. 根腐型病状
5. 病原菌（*Rhizoctonia* spp.）的菌丝
6. 镰刀菌的大、小分生孢子
7. 腐霉菌的游动孢子囊
8. 腐霉菌的囊泡及游动孢子
9. 交链孢菌

长最快,但在 18~22 ℃时,幼苗发病最迅速。

②腐皮镰孢菌[*Fusarium solani*(Mart)App. et Woll.]。属半知菌门丛梗孢目镰孢属。它们的菌丝多隔,无色,细长多分枝,产生两种孢子,即小型分生孢子和大型分生孢子。小型分生孢子卵形至肾形,单胞或双胞。大型分生孢子黏结成团,纺锤形至镰刀形,3~5个隔膜。在菌丝和大型分生孢子上,有时还形成厚垣孢子,厚垣孢子顶生或间生。镰刀菌分布在土壤表层,生长适温为 25~30 ℃,土温 20~28 ℃时苗木感病最重。

③瓜果腐霉菌[*Pythium aphmnidermatum*(Eds.)Fitz.]。属藻菌纲霜霉目腐霉属。菌丝无隔膜,无性繁殖时产生薄壁的游动的孢子囊,孢子囊为袋状,有不规则分枝,萌发泡囊,囊内产生游动孢子,游动孢子肾形,侧生两根鞭毛。游动孢子借水游动,侵染苗木。有性繁殖时,产生壁厚、色深的卵孢子。腐霉菌喜水湿环境,生长适温为 26~28 ℃。一般在 17~22 ℃时发病最重。

(3)发病规律

丝核菌、镰刀菌、腐霉菌都是土壤习居菌,腐生性很强,可在病株残体和土壤中存活多年,所以土壤带菌是最重要的初侵染来源。丝核菌、镰刀菌、腐霉菌分别以菌核、厚垣孢子、卵孢子等渡过不良环境,可借雨水、灌溉传播,遇到适合的寄主便侵染危害。病害发生的时期,因各地气候条件的不同而存在差异。病菌主要危害 1 年生幼苗,尤其是苗木出土木质化前最容易感病。一般在 5~6 月,幼苗出土后,种壳脱落前发病最为严重,1 年中可连续多次侵染发病,造成病害流行。此外,长期连作感病植物,种子质量差,幼苗出土后连遇阴雨,光照不足,幼苗木质化程度差,播种迟,覆土深,雨天操作,揭草揭膜不及时均可加重病害流行。

苗木立枯病的发生除受温、湿度影响外,还与下列因素关系密切。

①前作是松、杉、银杏、漆树等苗木,或是马铃薯、棉花、豆类、瓜类、烟草等感病植物,土壤中累积的病菌就多,苗木易发病。

②苗圃土壤黏重,透气性差,蓄水力小,易板结,苗木生长衰弱容易得病。再遇到雨天排水不良积水多,有利于病菌的活动而不利于种芽和幼苗的呼吸与生长,种芽易窒息腐烂。

③圃地粗糙,苗床太低,床面不平,圃地积水,施未腐熟的有机肥料,常混有病株残体,将病菌带入苗床,均有利于病菌繁殖,不利于苗木生长,苗木易发病。

④播种过迟,幼苗出土较晚,此时遇梅雨季节,湿度大有利于病菌生长;苗木幼嫩,抗病性差,病害容易流行。

⑤种子质量差,发芽势弱,发芽力低;幼苗出土后阴雨连绵,光照不足,木质化程度差;雨天操作,造成土壤板结;覆土太厚、揭草揭膜不适时等均有利于苗木发病。

4.1.1.2 计划制订

(1)小组分工

每 4~6 人为一组,设组长 1 人,操作员 2~4 名、记录员 1 名。

(2)备品准备

仪器:实体显微镜、手动喷雾器或背负式喷粉喷雾机。

用具：放大镜、镊子、铁锹、剪枝剪、天平、量筒、玻片、盖片、塑料桶等。
材料：本地区苗圃主要苗木病害标本及所需农药等。

(3) 工作方案

以小组为单位领取工作任务，根据任务资讯，查阅相关资料，结合国家苗木立枯病害防治技术规程拟定调查与防治预案。

调查方案包括调查内容，调查路线、样地设置、取样方法和调查方法等；防治预案包括防治原则和技术措施等。

对苗木病害防治，遵循的原则是进行苗木检疫，应注意苗木在调运过程中的传带病菌；最好选择没有发生过病害的地块作为苗圃地，对已有发病的地块应做必要的处理；播种期和生长期防治相结合；林业技术措施与其他防治措施相结合。具体措施应从以下几个方面考虑：

①选用圃地。选择地势平坦、排水良好、疏松肥沃的土地育苗，不用黏重土壤和前作是茄科等感病植物的土地作苗圃。

②土壤消毒。在酸性土壤中，播种前施生石灰 $300 \sim 375 \text{ kg/hm}^2$，可抑制土壤中的病菌，促进植物残体腐烂。在碱性土壤中，播种前施硫酸亚铁粉 $225 \sim 300 \text{ kg/hm}^2$，既可防病，又能增加土壤中的铁元素和改变土壤的酸碱度，使苗木生长健壮。用75%五氯硝基苯粉剂与70%敌磺钠可湿性粉剂（比例3∶1），用20倍过筛潮土稀释，用药量为 $4 \sim 6 \text{ g/m}^2$，施于播种沟内。还可用30%硫酸亚铁水溶液于播种前 $5 \sim 7$ d均匀地浇洒在土壤中，药液用量为 2 kg/m^2。

③种子处理。播种前可用0.5%高锰酸钾溶液浸泡种子 2 h，捞出密封 0.5 h，用清水冲洗后催芽播种。

④及时播种。播种不宜过早或过迟。以杉木种子为例，应在月均温达10 ℃之前的 $20 \sim 30$ d播种，种子发芽顺利，苗木生长健壮，抗病性强。

⑤加强苗圃管理。合理施肥，细致整地，播种前灌好底水，苗期控制灌水，加强松土除草，使之有利于苗木生长，防治病害发生。

⑥化学药剂防治。对于幼苗猝倒，因多在雨天发病，可用黑白灰（即 8∶2 柴灰与石灰），用量 $1500 \sim 2250 \text{ kg/hm}^2$，或用70%敌磺钠原粉 2 g/m^2，与细黄心土拌匀后撒于苗木根颈部，可抑制病害蔓延，对于茎、叶腐烂，应及时揭去覆盖物，可喷0.5%等量式波尔多液，间隔 15 d喷 1 次；对于苗木立枯，要及时松土，可用硫酸亚铁炒干研碎，与细土按 $2\colon100$ 拌匀，用量 $1500 \sim 2250 \text{ kg/hm}^2$。

4.1.1.3 任务实施

(1) 苗木立枯病症状识别

松苗立枯病自播种至苗木木质化后都可被害，多在 $4 \sim 6$ 月发生。因发病时期不同，受害状况及表现特点不同，可出现4种症状类型。

①种芽腐烂型。种子或幼苗在播种后至出土前被害，种芽因种子自身带菌或土壤带菌而腐烂，表现为出苗率降低、缺苗等。

②茎叶腐烂型。苗木出土后因过于密集、光照不足、高温雨湿天气等，嫩叶和嫩茎感

病而腐烂。病部常出现白色丝状物，往往先从顶部发病再扩展至全株，也称首腐或顶腐型猝倒病。

③幼苗猝倒型。俗称猝倒病。苗木出土后至嫩茎木质化之前被害，病菌自苗木茎部近基处侵入，出现褐色斑点，病斑扩大后呈水渍状腐烂，病部出现缢缩，地上部迅速倒伏。

④苗木立枯型。俗称立枯病。发生于出土后且茎部木质化的苗木上，病菌从根部侵入，使根部腐烂、病苗枯死，但不倒伏。若拔出枯死苗木，根皮脱落，只能拔出木质部。

(2) 苗木立枯病病情调查

苗圃病害调查的目的是研究病害的发生和蔓延的条件，估计病害造成的损失，拟定病害的控制措施。苗木病害发生的季节性比较明显，应针对各种病害发生的时期及时进行调查。

①踏查。一般在苗木立枯病病害发生盛期或末期进行踏查。了解苗圃地基本情况和苗木病虫害发生的主要种类、危害苗木树种的大致情况；其次进行苗木立枯病标准地（样地）调查，了解苗木立枯病病害发病率与感病指数。

踏查时可沿苗圃地路缘进行调查。采用目测法调查所通过的圃地主要苗木病虫害种类、分布和危害程度，并填写踏查记录表（表4-1）。

表4-1 苗圃苗木病虫害踏查记录表

局：		场：			地名：		
调查点编号：		感病苗木：		苗龄（年）：		苗圃总面积(hm^2)：	
被害总面积(hm^2)：		前作物：		土壤：		地形地势：	
种子来源：		播种日期和方法：		生长势：		发病时期：	
卫生状况：		发病动态：		防治经过和效果：			
树种	被害面积	病虫害种类	危害部位	各危害程度			分布状况	备注
				轻微(+)	中等(++)	严重(+++)		

②标准地调查。在踏查基础上，选择标准地进行详细调查。每组根据松苗育苗面积结合苗木立枯病病害调查技术规程确定样方数量。

a. 样地选定。选定样地的关键是要求具有代表性。一般避免在田边取样。在苗圃中调查病害发病程度，一般采用对角线式、棋盘式、抽行式、大五点式、"Z"字形等方法选定样地，如图4-2所示。

b. 样地大小和数量。在各块圃地苗床上按对角线（如果是苗垄按抽行式设置）的位置在交叉点和各线上的等距点设置5~10个标准样地，样地离圃地边缘2~3 m。样地一般为正方形或长方形。其大小因调查对象和实际情况的变化而异。通常，样地内苗木应不少于100株。样地面积可进行实测或按林木株数推算。苗圃调查样地的总面积以不少于该树种苗木面积的0.1%~0.5%为宜。

c. 发病程度估计。在标准地调查的基础上计算发病率和感病指数。

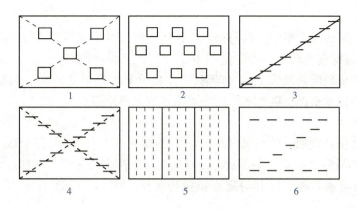

图 4-2　调查取样示意图

1. 大五点式　2. 棋盘式(面积)　3. 单对角线式(长度)　4. 双对角线式(长度)　5. 抽行取样法　6. "Z"字形取样法

发病率：即计算发病的面积以及发病的植株占调查总数的百分率，计算公式如下：

$$发病率(\%)=\frac{感病株数}{调查总株数}\times 100\% \qquad (4-1)$$

病情指数：先将样地内的植株按病情分为健康、轻、中、重、枯死等若干等级，并以数值Ⅰ、Ⅱ、Ⅲ、Ⅳ、Ⅴ等分别代表这些等级，统计出各等级株数后，按下列公式计算。松苗立枯病分级标准见(表4-2)。调查各级苗木病害，计算其病情指数(表4-3)。

$$病情指数=\frac{\Sigma(病情等级代表值\times 该等级株数)\times 100}{各级株数总和\times 最重一级的代表值} \qquad (4-2)$$

表 4-2　苗木立枯病分级标准

级别	代表值	分级标准
Ⅰ	0	健康
Ⅱ	1	20%(1/4)以下幼苗叶感病
Ⅲ	2	21%~50%(1/4~1/2)幼苗叶、梢感病
Ⅳ	3	50%~75%(1/2~3/4)幼苗叶、梢、茎感病
Ⅴ	4	75%(3/4)以上幼苗茎、叶、梢感病或死亡

表 4-3　苗木病害样地调查表

调查日期	调查地点	样方号	树种	病害名称	面积(m²)	各级病苗木数量					合计	发病率(%)	死亡率(%)	病情指数	备注
						Ⅰ	Ⅱ	Ⅲ	Ⅳ	Ⅴ					

调查人：_____　　　　　　　　　　　　　　　　　　　　调查日期：_____

(3)苗木立枯病防治作业

根据本组松苗木立枯调查结果和病害发生的实际情况选择性地实施防治作业，具体操作方法如下。

①配制杀菌药土。

方法一 播种期配杀菌药土预防苗木猝倒病。用75%五氯硝基苯与70%敌磺钠按3∶1混合，用20倍过筛潮土稀释，用药量4~6 g/m²，施于播种沟内。

方法二 发病期配杀菌药土防治猝倒病。70%敌磺钠原粉2 g/m²，与细黄心土拌匀制成杀菌药土。将苗木根部土壤稍疏松后均匀撒于苗木根颈部。

②药剂防治法。

第一步 幼苗猝倒期，可用黑白灰（即8∶2柴灰与石灰），用量1500~2250 kg/hm²，或用70%敌磺钠原粉2 g/m²，与细黄心土拌匀后撒于苗木根颈部，抑制病害蔓延。

第二步 茎叶腐烂期，应及时揭去覆盖物和拔除积水，可喷0.5%等量式波尔多液，间隔15 d喷1次。

第三步 苗木立枯期，及时松土，可用硫酸亚铁炒干研碎，与细土按2∶100拌匀，用量1500~2250 kg/hm²。

(4) 防治效果调查

分别在最后1次喷药后的3 d、5 d、7 d、10 d、15 d采用对角线法5点取样，每个样方为1 m行长，分别记载各药剂种类、剂型或施药浓度在施药前后的发病率和病情指数。然后再计算3 d、5 d、10 d、15 d的相对防治效果。学生利用业余时间到防治现场检查防治效果，并计算苗木立枯病病害相对防治效果，将调查结果填入表4-4。

$$相对防治效果(\%) = \frac{对照区病情指数或发病率 - 防治区病情指数或发病率}{对照区病情指数或发病率} \times 100\% \quad (4-3)$$

表4-4 苗木立枯病害防治效果统计表

病害防治效果调查 _____

防治日期	危害树种树高、胸径、树龄	防治地点	防治面积	防治措施农药名称、浓度	标准地总株数	健康株数	病害各级株数						防治效果(%)	
							Ⅰ	Ⅱ	Ⅲ	Ⅳ	Ⅴ	Ⅵ	防治前标准地感染指数（或发病率）	防治后标准地感染指数（或发病率）
未防治区														

调查人：_____ 调查日期：_____

注：树高，m；胸径，cm；树龄，年。

4.1.2 其他苗木病害及防治

森林苗圃地中除苗木立枯病之外，苗木根癌病、苗木茎腐病也都不同程度对苗木造成危害，由于发生特点不同，其防治措施也有差异。为了全面掌握林木根部病害的防治技术，利用业余时间通过自学、收集资料，识别其他苗木根部病害。

4.1.2.1 冠瘿病

(1) 分布及危害

冠瘿病，又称根癌病，世界各地均有分布，国内在河南、河北、山西发生普遍，辽宁沈阳、辽阳、大连等地均有发生。寄主范围很广，主要有杨、柳、苹果、梨、山楂、栗、槭、桦、臭椿、胡桃、柏、桧柏、冷杉等多种树木。病原菌侵染植物根茎，引起过度增生形成瘿瘤，影响植物生长甚至枯死。

(2) 病原

为根癌土壤杆菌[*Agrobacterium tumefaciens* (Smith et Towns.) Conn.]，隶属薄壁菌门革兰氏阴性好氧菌根瘤菌科土壤杆菌属，为国内林业检疫性有害生物之一。

细菌体为杆状，具1~4根鞭毛。革兰氏染色反应阴性，在液体培养基上形成较厚的、白色或浅黄色的菌膜；在固体培养基上菌落圆而小，稍突起，半透明。发育的最适温度为22 ℃，最高为34 ℃，最低为10 ℃，致死温度为51 ℃(10 min)，耐酸碱度范围为pH为5.7~9.2，以pH7.3最为适宜(图4-3)。

(3) 发病规律

病原菌可在病瘤内、土壤或土壤中的病瘤残体上存活1年以上，2年内得不到侵染机会即丧失生活力。病菌可由灌溉或雨水传播，也可随繁殖材料如插条、接穗、苗木、地下害虫等传播。病菌由伤口侵入，在皮层的薄壁细胞间隙繁殖，刺激附近细胞加速分裂增生，形成肿瘤。病原菌生长适温为22 ℃左右。病害在碱性土壤和湿度大的沙壤土内发生较重，酸性土和黏重土壤中很少发病。平茬留床苗、采条苗、锄伤或虫伤苗易发病。

(4) 防治措施

①检疫措施。严把检疫关，无病区不宜从病区引进苗木，调运检疫中发现病苗应销毁。对可疑苗木出圃时，用1%~2%硫酸铜液浸泡5 min，再放入生石灰50倍液浸泡1 min，或用100~200mg/kg链霉素浸泡20~30 min 消毒，并用清水冲洗。

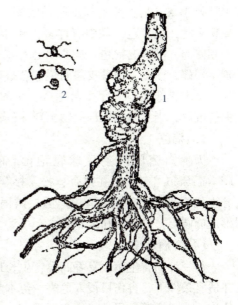

图4-3 苗木根癌病
1. 根颈部被害状 2. 病原细菌

②土壤消毒。病圃地挖苗后，清除土内残留病根。应与不感病的树种轮作2年以上，以减少土壤中的病菌。病圃土壤可施硫黄粉、硫酸亚铁或漂白粉，用量75~225 kg/hm²，进行土壤消毒。

③苗木中耕时，应防止锄伤埋条和树根。采条时要提高采条部位，及时防治地下害虫，减少病菌从各类伤口入侵的机会。

④病株处理。对轻度病株可将病瘤切除，用2%石灰水或45%石硫合剂晶体100倍液、80%抗菌剂402乳油50倍液消毒，外涂波尔多液保护。用甲醇、冰醋酸、碘片(50:25:

12)混合液或二硝基邻甲酚钠、木醇(20∶80)混合放射土壤杆菌液涂病瘤数次,可使病瘤消除。

⑤栽前保护。在苗木栽植前,用放射土壤杆菌 K84 菌液(10^6个/mL)对苗根或插条等浸根,可保护苗木免遭侵染,但不能治愈感病植株。

4.1.2.2 苗木茎腐病

(1)分布与危害

苗木茎腐病,又称颈缩病。主要分布于我国长江流域以南各省,北方河北、山东,辽宁的中部、南部。本病危害多种针阔叶树苗,其中以银杏、侧柏、杜仲、香椿等最易得病。在夏季高温炎热的地区经常发生,死亡率可达90%以上。

(2)识别症状

病苗初期茎基部变褐色,叶片失绿,稍下垂。病部包围茎基,并迅速向上扩展,引起全株枯死,叶下垂不脱落。苗木枯死 3~5 d 后,茎上部皮层稍皱缩,内皮层腐烂呈海绵状或粉末状,浅灰色,其中有许多黑色小菌核。病菌也入木质部和髓部,髓部变褐色,中空,也生有小菌核。最后病菌蔓延至根部,使整个根系皮层腐烂。若拔起病苗,则根皮脱落,仅拔出木质部。2~3 年生苗感病,有的地上部枯死,根部仍保持健康,当年自根颈部能发出新芽(图4-4)。

(3)病原

为半知菌门的菜豆球壳孢菌[*Macrophmina phaseolina* (Tassi)Goid.]。病菌在银杏、松、杉等病苗上,一般不产生分生孢子器,只产生小菌核。菌核黑褐色,表面光滑,扁球形或椭圆形,细小如粉末状。

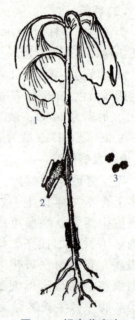

图 4-4 银杏茎腐病
1. 症状 2. 示病部内皮组织腐烂,内生菌核 3. 菌核放大

(4)发病规律

是一种弱寄生菌,喜好高温,生长最适温度为 30~32 ℃。平时在土壤中营腐生生活,在适宜条件下,自伤口侵入危害。苗木受害主要是由于夏季炎热,土温增高,苗茎受高温灼伤,造成病菌入侵的机会。据观察,在南京地区,苗木一般在梅雨季节结束后 10~15 d 开始发病,以后发病率增加,到 9 月中旬停止。发病程度与气温的高低及高温持续时间成正相关,气温愈高,持续时间越长,则病害越重。因此,可以根据梅雨季节后气温的变化情况预测病害的流行程度。

(5)防治措施

①合理抚育。夏季苗圃架设荫棚、行间覆草、适当灌水及间作绿肥等措施,可降低苗床温度,防止根颈灼伤,减少病害发生。

②施肥措施。适当增施有机肥、草木灰、饼肥,促进苗木的生长,提高抗病力。

③合理避害。在海拔 600 m 以上的地域育银杏苗,可避免发生茎腐病。

项目4 　林木根茎有害生物防治

📖 任务评价

具体评价内容及标准见表4-5。

表4-5　林木根茎病害及防治任务评价表

任务名称：林木根茎病害及防治		完成时间：			
序号	评价内容	评价标准	考核方式	赋分	得分
1	知识考核	掌握根茎病害种类及识别症状	卷面笔试（单人考核）	5	
		熟知根茎病害的病原及发生规律		5	
		掌握根茎病害调查知识		10	
		掌握根茎病害防治知识		10	
2	技能考核	能准确识别苗木病害种类及病原	单人考核	10	
		调查路线清晰、方法正确、数据翔实	小组考核	10	
		防治措施得当、效果理想	小组考核	10	
		操作规范、安全、无事故	小组考核	10	
3	素质考核	工作中勇挑重担，有吃苦精神	单人考核	2	
		与他人合作愉快，有团队精神		2	
		遵守劳动记录，认真按时完成任务		2	
		善于发现问题和解决问题		2	
		提前预习，信息资料准备完备		2	
4	成果考核	能在规定时间内完成调查报告，内容翔实、书写规范、结果正确	小组考核	10	
		防治技术方案内容完整、条理清晰、措施得当，有一定的可行性	小组考核	10	
	总得分			100分	

自测练习

一、填空题

1. 林木根部病害的发生与（　　）的理化性质密切相关。
2. 苗木茎腐病苗木枯死3~5 d后，茎上部皮层稍皱缩，内皮层腐烂呈海绵状或粉末状，浅灰色，其中有许多黑色（　　）。
3. 夏季苗圃架设荫棚、行间覆草、适当灌水及间作绿肥等措施，可降低苗床温度，防止（　　），可以减少苗木茎腐病发生。
4. 根部病害的预防措施包括：选择适于植物生长的（　　）条件及改良土壤的（　　）性质。
5. 苗木立枯病的症状类型有（　　）、（　　）、（　　）、（　　）。
6. 引起苗木立枯病的病原除水肥土壤条件不适宜外，还有（　　）、（　　）、（　　）等侵染性病原。
7. 苗木猝倒病的调查方法有（　　）、（　　）。
8. 根癌病由病原（　　）引起，革兰氏染色为（　　）反应。

— 161 —

9. 苗木猝倒病的症状有4种类型,即( )、( )、( )和( )。

二、选择题

1. 根部病害的远距离传播主要靠( )。
   A. 雨水　　　　B. 种苗调拨　　　C. 昆虫
2. 根病病原物大多具有较强的( )能力。
   A. 寄生　　　　B. 腐生　　　　　C. 寄生及腐生
3. 根病的主动传播靠( )等方式。
   A. 流水　　　　B. 根生长　　　　C. 菌索
4. 与根病发生关系最密切的环境因素是( )。
   A. 湿度　　　　B. 温度　　　　　C. 土壤
5. 下列病原物中,一般不引起根病的是( )。
   A. 细菌　　　　B. 真菌　　　　　C. 病毒　　　　D. 线虫
6. 对根癌病有效的药剂是( )。
   A. 链霉素　　　B. 青霉素　　　　C. 多菌灵　　　D. 三唑酮

三、简述题

1. 简述幼苗猝倒病的症状特点、病原种类、发病规律及控制措施。
2. 简述苗木茎腐病的控制措施。

任务4.2 林木根茎害虫及防治

实施时间：播种前期或地下害虫活动盛期。
实施地点：有地下害虫发生的苗圃地。
教学形式：现场教学、教学做一体化。
教师条件：校内教师和苗圃技术员共同指导。指导教师需熟知苗圃地害虫发生规律,具备苗圃地害虫鉴别、调查与防治能力;具备组织课堂教学和指导学生实际操作能力。
学生基础：具备识别林木害虫的基本技能,具有一定的自学和资料收集与整理能力。

理论基础

4.2.1 金龟子类地下害虫调查与防治

4.2.1.1 知识准备

(1) 种类与危害

金龟甲属鞘翅目金龟总科(Rabaeoidea),通称金龟子。成虫体粗壮;鳃片状触角,末端3~8节呈鳃片状；前足开掘式，跗节5节；腹部可见5~6节。幼虫寡足型，体成"C"形弯曲，肥胖，多皱褶，俗称蛴螬。

其成虫和幼虫均能对林木造成危害，且多为杂食性。蛴螬主要在苗圃及幼林地危害幼苗的根部，除咬食侧根和主根外，还能将根皮剥食尽，造成缺苗断条。由于蛴螬上颚强大坚硬，故咬断部位呈刀切状。成虫以取食阔叶树叶居多，有的则取食针叶或花。往往由于个体数量多，可在短期内造成严重危害。常发生的种类有东北大黑鳃金龟[*Holotrichia oblita*(Faldermann)]、铜绿金龟(*Anomala corpulenta* Motschulsky)、黑绒金龟(*Maladera orientalis* Motschulsky)。

(2)发生规律

①东北大黑鳃金龟。以成虫和幼虫在土中越冬。次年5月上、中旬幼虫上移表土危害，幼虫3龄，均有相互残杀习性。7~8月在约30 cm深的土中化蛹，成虫羽化后即在原处越冬。越冬成虫在4月中、下旬出土活动，5月中旬至7月下旬为活动盛期，6月上旬至7月下旬为产卵盛期。成虫白天在土中潜伏，黄昏活动；有多次交尾和陆续产卵习性；有假死及趋光性。卵散产于6~15 cm深的湿润土中，每雌虫平均产卵102粒。卵期为19~22 d。老熟幼虫化蛹于土室中，蛹期15 d左右(图4-5)。

②铜绿金龟。在东北1年1代，多以3龄少数以2龄幼虫在土中越冬。次年4月份越冬幼虫上升表土危害，5月下旬至6月上旬化蛹，7月上中旬至8月是成虫发育期，7月中旬是产卵期，7月中旬至9月是幼虫危害期，10月以后陆续进入越冬。成虫白天在土中潜伏，夜间活动，有多次交尾习性；趋光性和假死性强；平均寿命28 d左右。产卵于6~16 cm深的土中，每头平均产卵约40粒，卵期10 d。幼虫多在清晨和黄昏由土壤深层爬到表层咬食，被害苗木根茎弯曲，叶枯黄甚至枯死，1年中有春秋2次幼虫危害期。在14~26 cm的土层中化蛹，预蛹期13 d，蛹期9 d(图4-6)。

③黑绒金龟。在东北一年发生1代，以成虫在土中越冬，次年4月中旬出土活动，4月末至6月上旬为成虫盛发期，6月末虫量减少，7月很少见成虫。成虫大量出土前多有降雨，其活动适温为20~25 ℃，成虫在日落前后从土中爬出活动，飞翔力强。傍晚取食，一般在21：00~22：00又飞回土内潜伏。成虫有假死性，还有强的趋光性，嗜食杨、柳、榆的芽、叶，可利用此习性进行诱杀。幼虫在土内取食植物根。

(3)调查方法

调查时间应在春末至秋初，地下害虫多在浅层土壤活动时期为宜。抽样方式多采用对角线式或棋盘式。样坑数量因地而异，一般每0.2~0.3 hm²圃地挖样坑1个。样坑大小为0.5 m×0.5 m或1 m×1 m，按0~5 cm、5~15 cm、15~30 cm、30~45 cm、45~60 cm深度段分不同层次分别进行调查，并填写苗圃地下害虫调查表(表4-5)，计算虫口密度。

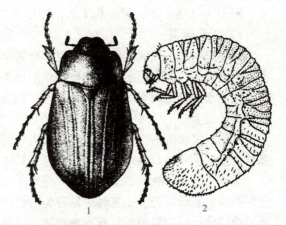

图4-5 东北大黑鳃金龟
1. 成虫　2. 幼虫

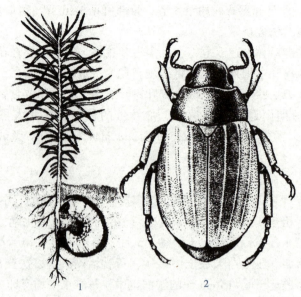

图 4-6 铜绿金龟
1. 幼虫及危害状　2. 成虫

表 4-5 地下害虫调查表

调查日期	调查地点	土壤植被情况	样坑号	样坑深度	害虫名称	虫期	害虫数量	调查面积	虫口密度（头/m²）	备注

4.2.1.2 计划制订

(1) 小组分工

每 4~6 人为一组，设组长 1 人，操作员 2~4 名、记录员 1 名。

(2) 工作预案

以小组为单位领取工作任务，根据查阅相关资料和任务单要求，结合国家和地方地下害虫虫情监测与防治标准拟定调查和防治预案。

调查预案包括调查时间、调查地点、调查路线、调查方法等；防治预案包括防治原则和技术措施等。

对地下害虫防治，遵循的原则是成虫与幼虫防治相结合、播种期和生长期防治相结合和林业技术措施与其他防治措施相结合。具体措施应从以下几个方面考虑：

①林业技术措施。冬季深翻，可将越冬虫体翻至土表冻死或鸟食；苗圃地必须使用充分腐熟的厩肥做底肥，追肥时尽量避免蛴螬活动期；苗圃地要及时清除杂草以减低虫口密度；苗圃地的周围要种植蓖麻或紫穗槐，对金龟子成虫有诱食毒杀作用。

②物理机械防治措施。根据成虫有假死性，在成虫盛发期可发动人工捕捉；根据成虫趋光性，可在成虫羽化期选择无风、温暖的前半夜设置诱虫灯进行诱杀成虫；根据大多数

金龟子成虫喜食新鲜刚出芽的杨柳枝条。可于成虫期用药枝进行诱杀。

③生物防治。保留苗圃和绿地周围的高大树木，以利食虫鸟类栖息筑巢。在辽宁地区调查表明，灰椋鸟、灰顶伯劳、灰喜鹊等多种食虫鸟类均能取食金龟子；利用日本金龟芽孢杆菌，以 10 亿菌体/g，按每亩 100 g 均匀撒入土中，使虫体感染致死。还可以用蛴螬乳状杆菌、金龟子绿僵菌、金龟子白僵菌等防治金龟子

④化学防治。播种前将种子与药剂按一定比例拌种；播种前用作毒土方法进行土壤处理，可预防金龟子发生；出苗后发现蛴螬危害时，可用灌根法进行防治；成虫发生盛期，可喷洒 90% 敌百虫、80% 敌敌畏、40% 氧化乐果、75% 辛硫磷等农药 1000 ~ 1500 倍液毒杀。

(3) 备品准备

仪器：双目实体解剖镜、实体显微镜、手动喷雾器、频振式诱虫灯。

用具：放大镜、镊子、采集箱、标本瓶、铁锹、枝剪、天平、量筒、塑料桶、筛子。

材料：本地区苗圃主要地下害虫种类的生活史标本、幼虫浸渍标本、成虫针插标本及危害状标本；糖、醋、白酒；50% 辛硫磷乳油、80% 敌敌畏；搅拌器具、新鲜杨柳枝条。

4.2.1.3 任务实施

(1) 现场识别

对于金龟子成虫应从体形、体色和前足胫节齿的着生情况进行识别；幼虫可从头部前顶刚毛的数量、臀节腹面刺毛列的有无及数量、肛门形态等方面加以区别。

(2) 虫情调查

第一步　每组根据苗圃地害虫调查技术规程和苗圃地实际面积确定样坑数量，一般每 0.2 ~ 0.3 hm² 圃地设样坑 1 个，样坑大小为 0.5 m×0.5 m 或 1 m×1 m。

第二步　按对角线法或棋盘式抽样法设置样坑位置。

第三步　按 0 ~ 5 cm、5 ~ 15 cm、15 ~ 30 cm、30 ~ 45 cm、45 ~ 60 cm 深度分不同层次分别进行调查，并写苗圃地下害虫调查表，计算虫口密度。

(3) 除治作业

根据本组调查结果和害虫发生的实际情况选择性地实施防治作业，具体操作方法如下。

①土壤处理防治法。

第一步　将用土过筛成细土。

第二步　以每亩用 50% 辛硫磷乳油 200 ~ 250 g，加细土 25 ~ 30 kg 进行制作，先将药剂用 10 倍水加以稀释，然后将稀释药液喷洒细土上拌匀，使充分吸附。

第三步　播种前将药土撒在沟中或垫在苗床上，然后覆土或浅锄。

②药枝法诱杀成虫。

第一步　在成虫出土期将新鲜刚出芽的杨树枝条剪成 1m 长段，6 ~ 7 根捆成小把，阴干。

第二步　将杨树枝条蘸入 80% 敌百虫 200 倍液。

第三步　在 20：00 之前插在田间或地边，每 10 ~ 15 m 插 1 把，每亩用 5 把插在苗

圃地。

第四步　第 2 天清晨检查杨树把，统计诱虫数量。

③灌根法防治害虫。

第一步　将 50%辛硫磷乳油稀释 200 倍液，装入塑料桶中。

第二步　在离幼树 3~4 cm 处或在床(垄)上每隔 20~30 cm 用棒插洞，灌入药液后，用土封洞，以防苗根漏风。

④药剂防治效果检查。防治作业实施 12 h、24 h、36 h，利用业余时间到防治现场检查防治效果，将调查结果填入下表(表 4-6)，并计算虫口减退率。

表 4-6　地下害虫防治效果记录表

调查日期	调查地点	土壤植被情况	检查样坑号	样坑深度	害虫名称	虫期	害虫数量	调查面积	虫口减退率(%)	备注

地下害虫虫口减退率计算公式：

$$虫口减退率(\%) = \frac{防治前虫口密度 - 防治后虫口密度}{防治前虫口密度} \times 100\% \tag{4-4}$$

4.2.2　其他地下害虫及防治

地下害虫除金龟子类外还有蝼蛄、地老虎、白蚁等，都不同程度对苗木造成危害，由于生活习性不同，其防治措施也有差异，为了全面掌握地下害虫的防治技术，利用业余时间通过自学、收集资料，掌握其他各种害虫的识别特征、发生规律及防治方法。

4.2.2.1　蝼蛄类

蝼蛄俗名拉拉蛄、土狗子。是苗圃地常见地下害虫，对播种苗造成极大危害。国内分布有 4 种：台湾蝼蛄(*Gryllotalpa formosana* Saussure)分布在我国台湾、广东和广西；欧洲蝼蛄(*Gryllotalpa gryllotalpa* L.)只在新疆有分布，危害不重；分布较普遍、危害较严重的是华北蝼蛄(*Gryllotalpa unispina* Saussure)和东方蝼蛄(*Gryllotalpa orientalis* Burmeister)。

4.2.2.1.1　东方蝼蛄

(1) 虫态识别

成虫　体长 30~35 mm，灰褐色，全身密布细毛。头圆锥形，触角丝状。前胸背板卵圆形，中间具 1 暗红色长心脏形凹陷斑。前翅灰褐色，较短，仅达腹部中部。后翅扇形，较长，超过腹部末端。腹末具 1 对尾须。前足为开掘足，后足胫节背面内侧有 4 个距(图 4-7)。

若虫　形似成虫，体较小，初孵时体乳白色，1 龄以后变为黄褐色，5、6 龄后基本与成虫同色。

卵　椭圆形。初产时黄白色，后变黄褐色，孵化前呈深灰色。

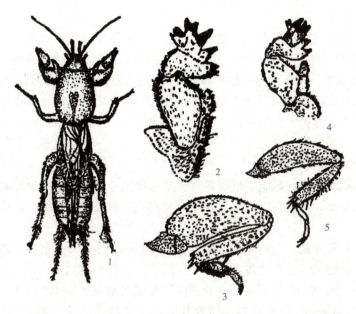

图 4-7 华北蝼蛄、东方蝼蛄
1. 华北蝼蛄成虫　2. 华北蝼蛄前足　3. 华北蝼蛄后足　4. 东方蝼蛄的前足　5. 东方蝼蛄后足

(2) 寄主及危害特点

东方蝼蛄为重要地下害虫，以成虫、若虫均在土中活动，取食播下的种子、幼芽或将幼苗咬断致死，受害的根部呈乱麻状，造成缺苗断垄。

(3) 生物学特性

华中、长江流域及其地区各省每年发生1代，华北、东北、西北2年1代。在黄淮地区，越冬成虫5月份开始产卵，盛期为6、7两月，卵经15~28 d孵化，当年孵化的若虫发育至4~7龄后，在40~60 cm深土中越冬。第2年春季恢复活动，危害至8月开始羽化为成虫。若虫期超过400 d。当年羽化的成虫少数可产卵，大部分越冬后，至第3年才产卵。在黑龙江省越冬成虫活动盛期约在6月上、中旬，越冬若虫的羽化盛期约在8月中、下旬。

4.2.2.1.2　华北蝼蛄

(1) 虫态识别

成虫　体黄褐至暗褐色，体长39~45 mm。前胸背板中央有1心脏形红色斑点。后足胫节背侧内缘有棘1个或消失。腹部近圆筒形，背面黑褐色，腹面黄褐色(图4-7)。

若虫　形似成虫，体较小，初孵时体乳白色，1龄以后变为黄褐色，5、6龄后基本与成虫同色。

卵　椭圆形。初产时黄白色，后变黄褐色，孵化前呈深灰色。

(2) 寄主及危害特点

华北蝼蛄主要分布在北纬32°以北地区，在苗圃地常有发生，以成虫和幼虫取食苗木幼根和靠近地面的嫩茎，危害部位呈丝状残缺，也取食刚发芽的种子；在土壤开掘纵横交错的隧道，使幼苗须根与土壤脱离而枯萎，造成缺苗断垄。

(3) 生物学特性

华北蝼蛄 3 年 1 代,多与东方蝼蛄混杂发生。华北地区成虫 6 月上中旬开始产卵,当年秋季以 8~9 龄若虫越冬;第 2 年 4 月上中旬越冬若虫开始活动,当年可蜕皮 3~4 次,以 12~13 龄若虫越冬;第 3 年春季越冬高龄若虫开始活动,8~9 月蜕最后 1 次蜕皮后以成虫越冬;第 4 年春天越冬成虫开始活动,于 6 月上中旬产卵,至此完成 1 个世代。成虫具一定趋光性,白天多潜伏于土壤深处,晚上到地面危害,喜食幼嫩部位,危害盛期多在播种期和幼苗期。

(4) 蝼蛄的防治原则与措施

①肥料腐熟处理。施用厩肥、堆肥等有机肥料要充分腐熟,可减少蝼蛄的产卵。

②灯光诱杀成虫。特别在闷热天气、雨前的夜晚更有效。可在 19:00~22:00 用黑光灯诱杀成虫。

③鲜马粪或鲜草诱杀。在苗床的步道上每隔 20 m 左右挖一小土坑,将马粪、鲜草放入坑内,次日清晨捕杀,或施药毒杀。

④毒饵诱杀。用 40.7% 乐斯本乳油或 50% 辛硫磷乳油 0.5 kg 拌入 50 kg 煮至半熟或炒香的饵料(麦麸、米糠等)中作毒饵,傍晚均匀撒于苗床上。或用碎豆饼 5 kg 炒香后用 90% 晶体敌百虫 100 倍液制成毒饵,傍晚撒入田间诱杀。

4.2.2.2 地老虎类

地老虎俗称地蚕、切根虫。危害幼嫩植物,切断根茎之间取食。主要有 3 种,其中以小地老虎(*Agrotis ypsilon* Rottemberg)最为重要,其次为黄地老虎、大地老虎。

小地老虎

(1) 虫态识别

成虫 体长 17~23 mm、翅展 40~54 mm。头、胸部背面暗褐色,足褐色,前足胫、跗节外缘灰褐色,中后足各节末端有灰褐色环纹。前翅褐色,前缘区黑褐色,外缘以内多暗褐色;基线浅褐色,黑色波浪形内横线双线,黑色环纹内有 1 圆灰斑,肾状纹黑色具黑边、其外中部有 1 楔形黑纹伸至外横线,中横线暗褐色波浪形,双线波浪形外横线褐色,不规则锯齿形亚外缘线灰色、其内缘在中脉间有 3 个尖齿,亚外缘线与外横线间在各脉上有小黑点,外缘线黑色,外横线与亚外缘线间淡褐色,亚外缘线以外黑褐色。后翅灰白色,纵脉及缘线褐色,腹部背面灰色(图 4-8)。

卵 馒头形,直径约 0.5 mm、高约 0.3 mm,具纵横隆线。初产乳白色,渐变黄色,孵化前卵 1 顶端具黑点。

幼虫 圆筒形,老熟幼虫体长 37~50 mm、宽 5~6 mm。头部褐色,具黑褐色不规则网纹;体灰褐至暗褐色,体表粗糙、布大小不一而彼此分离的颗粒,背线、亚背线及气门线均黑褐色;前胸背板暗褐色,黄褐色臀板上具两条明显的深褐色纵带;胸足与腹足黄褐色。

蛹 长 18~24 mm、宽 6~7.5 mm,赤褐有光。口器与翅芽末端相齐,均伸达第 4 腹节后缘。腹部第 4~7 节背面前缘中央深褐色,且有粗大的刻点,两侧的细小刻点延伸至气门附近,第 5~7 节腹面前缘也有细小刻点;腹末端具短臀棘 1 对。

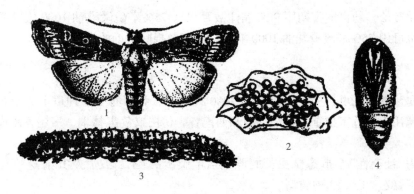

图 4-8 小地老虎
1. 成虫 2. 卵 3. 幼虫 4. 蛹

(2) 生物学特点

我国各地均有分布，是对农林木幼苗危害很大的地下害虫，在东北主要危害落叶松、红松、水曲柳等苗木，在南方危害马尾松、杉木、茶等苗木，在西北危害油松、果树等木。

小地老虎 1 年 3~4 代，老熟幼虫或蛹在土内越冬。早春 3 月上旬成虫开始出现，一般在 3 月中下旬和 4 月上中旬会出现两个发蛾盛期。成虫白天不活动，傍晚至前半夜活动最盛，喜食酸、甜、酒味的发酵物和各种花蜜，有趋光性。幼虫 6 龄，1、2 龄幼虫先躲伏在杂草或植株的心叶里，昼夜取食，这时食量很小，危害不十分显著；3 龄后白天躲到表土下，夜间出来危害；5、6 龄幼虫食量大增，每条幼虫一夜能咬断幼苗 4~5 株，多的达 10 株以上。幼虫 3 龄后对药剂的抵抗力显著增加。因此，药剂防治一定要掌握在 3 龄以前。3 月底到 4 月中旬是第 1 代幼虫危害的严重时期。发生世代：西北地区 2~3 代，长城以北一般年 2~3 代，长城以南黄河以北 1 年 3 代，黄河以南至长江沿岸 1 年 4 代，长江以南年 4~5 代。无论年发生代数多少，在生产上造成严重危害的均为第 1 代幼虫。南方越冬代成虫 2 月份出现，全国大部分地区羽化盛期在 3 月下旬至 4 月上、中旬，宁夏、内蒙古为 4 月下旬。

成虫对黑光灯及糖醋酒等趋性较强。成虫多在 15：00~22：00 羽化，白天潜伏于杂物及缝隙等处，黄昏后开始飞翔、觅食，3~4 d 后交配、产卵。卵散产于低矮叶密的杂草和幼苗上、少数产于枯叶、土缝中，近地面处落卵最多，每雌产卵 800~1000 粒、多达 2000 粒；卵期约 5 d，幼虫 6 龄、个别 7~8 龄，幼虫期在各地相差很大，但第 1 代为 30~40 d。幼虫老熟后在深约 5 cm 土室中化蛹，蛹期 9~19 d。

(3) 地老虎类防治原则与措施

①林业技术防治。早春清除圃地及周围杂草，可减轻危害。清除的杂草要远离苗圃，沤粪处理。

②堆草诱杀。在播种前或幼苗出土前以幼嫩多汁的新鲜杂草 10 kg 拌 90% 敌百虫 50 g 配成毒饵，于傍晚撒布地面，诱杀 3 龄以上幼虫。

③诱杀成虫。春季成虫出现时，使用黑光灯或糖醋液（糖 6 份、醋 3 份、白酒 1 份、水 10 份、90% 敌百虫 1 份）诱杀成虫。

④化学防治。幼虫危害期用90%晶体敌百虫或75%辛硫磷乳油1000液喷洒幼苗或周围土面,也可用75%辛硫磷乳油1000液喷浇苗间及根际附近的土壤。

4.2.2.3 白蚁类

白蚁属蜚蠊目昆虫,全世界白蚁有2000种左右,我国有350种以上。分布北限在辽宁丹东,越往南方危害越重,长江以南和西南各省份白蚁危害林木、房屋、水库堤坝等十分严重。

白蚁为"社会性"多形态昆虫,蚁群包括生殖型(蚁王、蚁后及其前身的有翅成虫)、非生殖型(兵蚁、工蚁)2种类型。

4.2.2.3.1 黑翅土白蚁 [*Odototermes formosanus* (Shiraki)]

(1) 虫态识别

取黑翅土白蚁生活史标本,观察虫态特征:

兵蚁 发育共5龄,末龄兵蚁体长5~6 mm;头部深黄色,胸、腹部淡黄色至灰白色,头部发达,背面呈卵形,长大于宽;复眼退化;触角16~17节;上颚镰刀形,在上颚中部前方有1明显的刺。前胸背板元宝状,前窄后宽,前部斜翘起,前、后缘中央皆有凹刻。兵蚁有雌雄之别,但无生殖能力(图4-9)。

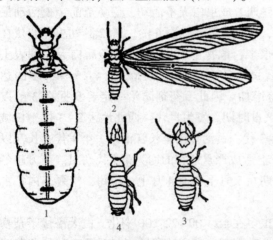

图4-9 黑翅土白蚁
1. 蚁后 2. 有翅成虫 3. 工蚁 4. 兵蚁

有翅成虫 发育共需要7龄,体长12~16 mm,全体呈棕褐色。翅展23~25 mm,黑褐色。触角19节,第2节长于第3、4、5节中的任何一节。前胸背板后缘中央向前凹入,中央有一淡色"十"字形黄色斑,两侧各有一圆形或椭圆形淡色点,其后有一小而带分支的淡色点。

蚁王蚁后 由有翅成虫经分飞、脱翅、配对落巢发育而成,雌蚁发育成蚁后,雄蚁发育成蚁王。蚁后腹部特别庞大,乳白色;蚁王形态与有翅成虫相似,唯体色较深。

工蚁 发育共5龄,末龄工蚁体长4.6~4.9 mm。头部黄色,近圆形。胸、腹部灰白色;囟位于头顶中央,呈小圆形凹陷;后唇基显著隆起,中央有缝。触角17节,第2节长于第3节。

卵 乳白色。长椭圆形,长径0.6 mm,短径0.4 mm,一边较为平直。

(2) 寄主及危害特点

广泛分布于华东、华中、华南、西南等地。食性杂,主要危害杉木、桉树、檫木、泡桐、刺槐、樟树、橡胶树、黑荆树、油桐、板栗、侧柏、木荷、柳杉、柳、栎、茶等林木,亦危害樱花、梅花、桂花、桃、广玉兰、红叶李、月季、栀子、海棠、蔷薇、蜡梅、麻叶绣球等花木,也危害果树。并在江河、水库堤坝内筑巢,是农、林、水利的重要害虫。

黑翅土白蚁是一种土栖性害虫。主要以工蚁危害树皮及浅木质层,以及根部。造成被害树干皮层形成大块蚁路,长势衰退。当侵入木质部后,则树干枯萎;尤其对幼苗,极易造成死亡。采食危害时做泥被和泥线,严重时泥被环绕整个树干形成泥套,危害特征十分明显。

(3) 生物学特性

黑翅土白蚁筑巢于地下,群栖巢内,大的蚁群数量达百万头以上,3个品级间分工合作,蚁群内幼蚁数量极多,工蚁在工、兵蚁中大体保持85%以上,兵蚁一般占15%以下,蚁群经8年左右开始成熟,产生有翅成虫分群繁殖。

由于巢龄、食料、气候、发育状况和蚁后多寡等因子的影响,每次产生有翅成虫数量不一,一般在1000~3000头,处于繁殖旺盛期的大蚁群,出飞的有翅成虫可大大增加。有翅成虫3~4月羽化,4~6月分飞,由工蚁修筑高2~4 cm、底径4~8 cm的分飞孔,几个至几十个分组排列,分群孔离主巢一般1~6 m(个别可达10 m以上)。分飞在19:00~21:00的下雨前后的闷热天气或雨中进行,分几次完成,分飞和落地的脱翅成虫大部分被蝙蝠、蜘蛛、蚂蚁、燕子、蟾蜍等天敌捕食。

经分飞落地、配对、脱翅的雌雄成虫入土营造新巢,交配产卵、饲养幼蚁,当出现工、兵蚁和菌圃后,才形成新蚁群。一般由一王一后繁殖维持蚁群,也有一王几后或几王多后的,"王"总少于"后"。蚁群内蚁后数增加,蚁群数量也会成倍增多。巢体有主巢和菌圃腔。主巢由小到大、由浅到深、由简单到复杂逐步形成。在地下0.3~2 m处,大的蚁巢巢腔直径近1 m。巢内主要是馒头形蜂窝状的菌圃层层叠起,以泥片、泥骨相隔,是培育真菌和加工食料的场所,并具有调节巢中温湿度的作用。菌圃的饱满、充实程度是蚁群盛衰的标志。在6~8月连续降雨后,有些离地面较近的幼蚁巢和成蚁巢,可从菌圃腔中向地面长出鸡枞菌,可作为确定蚁巢的标志。"沟坎近处有蚁窝(巢),树兜古坟落巢多",蚁巢一般筑在山的下坡,荒岗平地的高处。

黑翅土白蚁喜湿怕渍,喜温怕冷,喜舐理和交哺,敏感而畏光(有翅成虫分飞时有短暂的趋光性)。活动、危害与温度关系密切。冬季集中在主巢。当日平均气温达12 ℃时,工蚁开始离巢采食,最高气温25 ℃,最低气温15 ℃,平均气温20 ℃左右,工蚁采食达到高峰,故在整个出土取食期中,4~5月和9~10月(尤其在4月中下旬和8月下旬至9月初)为全年两次外出采食危害高峰。进入盛夏后,工蚁一般不进行外出活动。

兵蚁保卫蚁巢和工蚁外出采食活动。工蚁负责扩筑蚁巢、采食和喂饲幼蚁、蚁王、蚁后。工蚁采食时,在树干上做成泥线、泥被或泥套,隐藏其内进行采食树皮及木纤维。

(4) 防治措施

①挖巢灭蚁。根据地形特征、受害树木分布状况、泥被泥线和分群孔、鸡枞菌出现的位置等判断巢位。然后离一定距离开始挖掘,找到蚁道后,随着挖掘及时用树枝、竹篾插入标记,直到找出主蚁道,再向兵蚁最多、腥味浓的方向追挖、快速挖出蚁巢,从泥质"王室"中找出蚁王、蚁后。

②压烟灭蚁。挖掘找到主蚁道后,用铁烟筒装入1~1.5 kg发烟剂,上面放塑料袋盛装80%敌敌畏乳油10~20 mL,点燃引线,将筒口对准主蚁道,发烟剂燃烧产生高温、高压,将敌敌畏烟雾迅速压送到蚁巢,可使全巢蚁群覆灭。

③饵料诱杀。LLDPE(低密度聚乙烯塑料)白蚁诱杀袋诱杀。在气温25~27 ℃,白蚁活动频繁的春秋季节,在有泥被或泥线、离地面80~120 cm的树干上缠系LLDPE白蚁诱

杀袋(松、杉、悬铃木锯末各20%,小米粉14%,糯米粉13.8%,甘蔗渣10%,增效剂2%,防腐剂0.2%;95%氟铃脲TF0.025%),诱杀效果在93%以上。用70%灭蚁灵(十二氯代八氢-亚甲基-环丁并cd戊搭烯)粉1份+菠萁、蕨粉末6份+食糖1份诱饵,在春秋白蚁活动频繁季节,将诱饵装袋(4~6g/袋)按150~300袋/hm²投放,投放前铲除5~10 cm表土,将诱饵袋放在枯枝杂草间,上面覆土。

④合理营林。采伐时尽量降低伐桩,并把伐倒木、腐朽木、枯立木、大丫枝等清出森林。造林不垦,保留一定的地被物,减少白蚁对主要树木的危害。

4.2.2.3.2 家白蚁(*Coptotermes formosanus* Shiraki)

(1)虫态识别

取家白蚁生活史标本,观察虫态特征:

兵蚁 体长5.34~5.86 mm。头及触角浅黄色,卵圆形,腹部乳白色。头部椭圆形,上颚镰刀形,前部弯向中线。左上颚基部有1深凹刻,其前方另有4个小突起,越向前越小。颚面其他部分光滑无齿。上唇近于舌形。触角14~16节。前胸背板平坦,较头狭窄,前缘及后缘中央有缺刻(图4-10)。

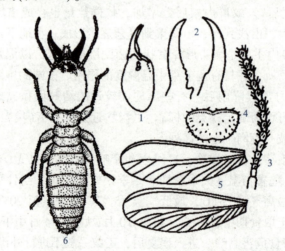

图4-10 家白蚁
1. 兵蚁头侧面 2. 兵蚁上颚 3. 兵蚁触角 4. 兵蚁前胸背板 5. 有翅成虫前、后翅 6. 兵蚁

有翅成虫 体长7.8~8.0 mm,翅长11.0~12.0 mm。头背面深黄色。胸腹部背面黄褐色,腹部腹面黄色。翅为淡黄色。复眼近于圆形,单眼椭圆形,触角20节。前胸背板前宽后狭,前后缘向内凹。前翅鳞大于后翅鳞,翅面密布细小短毛。

工蚁 体长5.0~5.4 mm。头淡黄色,胸腹部乳白色或白色。头后部呈圆形,前部呈方形。后唇基短,微隆起。触角15节。前胸背板前缘略翘起。腹部长,略宽于头,被疏毛。

卵 长径0.6 mm,短径0.4 mm,乳白色,椭圆形。

(2)寄主及危害特点

主要分布于北京、河北、山东、陕西、安徽以南的各地,是危害房屋木构件、桥梁和四旁绿化树木最严重的一种土、木两栖白蚁。危害的树种主要有樟树、檫木、柳树、杨树、刺槐、枫杨、银杏、悬铃木、柏木、重阳木、柳杉等,尤喜在古树名木及行道树内筑

巢，使之生长衰弱，甚至枯死。

蚁群中分生殖类型和非生殖类型。生殖类型：原始型蚁王、蚁后，由有翅成虫经分飞后脱翅落巢发育而成；短翅型补充性蚁王、蚁后，由翅芽若蚁发育而成，一般在原始型蚁王、蚁后死亡后产生。非生殖类型：工蚁、兵蚁。幼蚁不成为一个独立的品级，它是工蚁、兵蚁、翅芽若蚁的前身。

家白蚁有大型主巢和若干副巢，常筑巢于大树内、夹墙内、木梁与墙交接处、门楣旁、木柱与地面相接部分、楼梯近地面部分以及猪圈、锅灶台、坟墓内。巢由土、木质、粪便和唾液组成。外围有 5~6 cm 泥壳状的防水层，内有一层层作同心圆排列呈蜂窝状的巢片，在主巢近中央有半月形的"王室"。

蚁巢常有外露迹象：①排泄物，似黄褐色或深褐色的疏松泥块，堆积在蚁巢外围或附近。②分群孔，是有翅成虫外出分飞的孔口，一般呈泥条状、颗粒状，孔口外露的颜色反映蚁巢所在的位置。③通气孔，是调节蚁巢温湿度的小孔，在蚁巢的外表皮层或附近，状如芝麻、米粒状，少则 3~5 个，多的达数十个。成熟的蚁群每年产生有翅成虫在 4~6 月气候闷热的傍晚分飞，有强烈的趋光性。

(3)防治原则与措施

①挖巢。根据林木和房屋木结构受害后暴露的蚁路、分飞孔、通气孔、排泄物等迹象，结合周围地形条件确定巢位。冬季进行挖巢，巢内喷少量灭蚁灵，可以杀灭全巢白蚁。

②巢外施药。在白蚁活动季节，于被害物、蚁路、分飞孔、蚁巢上轻轻撬开 1 裂缝，发现白蚁后，每处喷入"灭蚁灵"0.3 g，然后用纸封住缝口，不要影响白蚁活动，工蚁沾染药粉后，由于舐理和交哺行为，可使整巢白蚁中毒死亡。

③诱杀。于白蚁活动季节，在其活动区域设诱集坑、箱，放置劈开的松木、甘蔗渣、芒萁草等，横竖排好，用淘米水或红糖水淋湿，然后覆土踏实，堆土要高出地面，以防积水。5~7 d 后挖开检查，发现白蚁后在其体上喷灭蚁灵，工蚁传带至巢中可杀死整巢白蚁。或将 LLDPE 白蚁诱杀袋放置在蚁路、分飞孔、通气孔等有白蚁活动迹象区域诱杀白蚁。

 任务评价

具体评价内容及标准见表 4-7。

表 4-7 林木根茎害虫及防治任务评价表

任务名称：林木根茎害虫及防治			完成时间：		
序号	评价内容	评价标准	考核方式	赋分	得分
1	知识考核	掌握地下害虫的种类及危害特点	卷面笔试（单人考核）	5	
		熟知主要地下害虫的生物学知识		5	
		熟知地下害虫虫情调查知识		10	
		掌握地下害虫防治知识		10	

(续)

任务名称：林木根茎害虫及防治			完成时间：		
序号	评价内容	评价标准	考核方式	赋分	得分
2	技能考核	能准确识别地下害虫	单人考核	10	
		会进行地下害虫虫情调查	小组考核	10	
		防治措施得当、效果理想	小组考核	10	
		操作规范、安全、无事故	小组考核	10	
3	素质考核	工作中勇挑重担，有吃苦精神	单人考核	2	
		与他人合作愉快，有团队精神		2	
		遵守劳动纪律，按时完成任务		2	
		善于发现问题，有一定解决问题的能力		2	
		收集信息准确、方法有创新		2	
4	成果考核	按时完成调查报告，内容翔实，书写规范，结果正确	小组考核	10	
		防治技术方案条理清晰、措施得当，操作性强	小组考核	10	
	总得分			100分	

自测练习

一、填空题

1. 森林苗圃地下害虫主要有（　　）类、（　　）类、地老虎类、白蚁和蟋蟀类等。
2. 金龟子类的幼虫通称（　　），属于（　　）目的昆虫。
3. 东北大黑金龟子一般（　　）年完成1代，以（　　）在地下越冬。
4. 东方蝼蛄是苗圃地常见的地下害虫，以（　　）咬食根部及靠近面的幼根茎，使之呈不整齐的（　　）。
5. 蝼蛄昼伏夜出，具有强烈的（　　）性和（　　）性。
6. 金龟子类害虫危害幼苗根茎部，造成的伤口较（　　）。
7. 蝼蛄危害植物幼苗根茎部，咬的切口（　　）。
8. 蛴螬身体在地下一般呈（　　）形弯曲，有（　　）对胸足。
9. 小地老虎属于（　　）目、（　　）科昆虫。
10. 小地老虎成虫对糖、醋、蜜、酒等香、甜物质特别嗜好，故可设置（　　）诱杀。
11. 白蚁属于等翅目昆虫，分为（　　）栖、（　　）栖和土木栖3大类。

12. 白蚁为"社会性"多形态昆虫，蚁群包括（   ）、（   ）、（   ）、（   ）和（   ）。

二、单项选择题

1. 在表土钻筑隧道，形成隆起墟土的是（   ）。
   A. 蝼蛄　　　　B. 蟋蟀　　　　C. 地老虎　　　　D. 金龟子
2. 在（   ）天气或雨前夜晚灯诱蝼蛄效果更好。
   A. 温暖　　　　B. 凉爽　　　　C. 闷热　　　　D. 晴朗
3. 蛴螬幼虫类型为（   ）。
   A. 多足型　　　B. 寡足型　　　C. 无足型　　　D. 原足型
4. 用炒香的饵料诱杀蝼蛄时加入（   ）效果好。
   A. 敌百虫　　　B. 氧化乐果　　C. 磷化铝　　　D. 敌杀死
5. 东北大黑金龟子老熟幼虫黄褐色，头部前顶刚毛每侧（   ）。
   A. 1 根　　　　B. 2 根　　　　C. 3 根　　　　D. 4 根
6. 东北大黑金龟的生活史为（   ）。
   A. 1 年 1 代，以成虫越冬　　　　B. 1 年 1 代，以幼虫越冬
   C. 2 年 1 代，以成虫及幼虫越冬　D. 2 年 1 代，以幼虫及蛹越冬
7. 用 50%辛硫磷乳油灌根防治地下害虫，其药剂的稀释倍数一般为（   ）。
   A. 200 倍　　　B. 500 倍　　　C. 1000 倍　　　D. 2000 倍
8. 东方蝼蛄在土壤湿度（   ）易危害烈。
   A. 小　　　　　B. 中等　　　　C. 大　　　　　D. 没要求
9. 小地老虎属地下害虫，其分类地位是（   ）。
   A. 鳞翅目、灯蛾科　　　　　　　B. 鳞翅目、夜蛾科
   C. 鞘翅目、虎甲科　　　　　　　D. 直翅目、蝼蛄科
10. 用毒饵诱杀害虫，其利用了害虫的（   ）。
    A. 趋光性　　　B. 趋化性　　　C. 假死性　　　D. 本能

三、多项选择题

1. 下列害虫中属于地下害虫的是（   ）。
   A. 蛴螬　　　　B. 小地老虎　　C. 金针虫　　　D. 叶甲
2. 以下措施中对地下害虫发生起到预防作用的是（   ）。
   A. 施入腐熟的有机肥　B. 药土垫床　　C. 冬季深翻　　D. 灌封冻水
3. 影响地下害虫发生的环境条件有（   ）。
   A. 土壤质地　　B. 土壤含水量　C. 土壤酸碱度　D. 苗圃前作物
4. 用糖醋液可诱杀的成虫是（   ）。
   A. 金龟子　　　B. 小地老虎　　C. 蝼蛄　　　　D. 种蝇
5. 蛴螬是常见的地下害虫，对其形态描述正确的是（   ）。
   A. 头部一般是黑色　　　　　　　B. 只有 3 对胸足无腹足

C. 在土壤中一般呈"C"字形弯曲　　　　D. 口器为咀嚼式

6. 金龟子成虫形态描述正确的是(　　)。
   A. 体一般为椭圆形　B. 鳃片状触角　C. 咀嚼式口器　D. 前翅为鞘翅

7. 蝼蛄类成虫的形态描述正确的是(　　)。
   A. 体一般为椭圆形　B. 丝状触角　C. 咀嚼式口器　D. 前翅为覆翅

8. 对东北大黑金龟生物学特性表述正确的是(　　)。
   A. 一般1年1代，以成虫在土中越冬　　B. 成虫昼伏夜出，晚上出土活动
   C. 卵一般产在表土中　　　　　　　　D. 幼虫共3龄，随土温变化上下迁移

9. 对黑绒鳃金龟生物学特性表述正确的是(　　)。
   A. 一般1年1代，以成虫在土中越冬　　　　　　B. 成虫晚上出土活动
   C. 成虫5月上旬开始飞翔，取食植物幼苗及嫩芽嫩叶　D. 卵多产于粪肥中

10. 对东方蝼蛄生物学特性表述正确的是(　　)。
    A. 一般1年1代，以若虫在土中越冬　B. 昼伏夜出，具强烈的趋光性和趋化性
    C. 对香甜味物质趋性强　　　　　　D. 对未腐熟的马粪、有机肥也有一定的趋性

四、判断题

1. 地老虎属鳞翅目夜蛾科昆虫。　　　　　　　　　　　　　　　　　　　(　　)
2. 蛴螬是金龟子幼虫的通称，只有3对胸足，没有腹足。　　　　　　　　(　　)
3. 地老虎主要以成虫危害植物。　　　　　　　　　　　　　　　　　　　(　　)
4. 蝼蛄多生活在温暖潮湿且富含有机质的砂壤土中。　　　　　　　　　　(　　)
5. 毒饵诱杀是防治地下害虫常用的方法，其配制时使用的毒剂一般是内吸剂。
   　　　　　　　　　　　　　　　　　　　　　　　　　　　　　　　　(　　)

五、论述题

试述森林苗圃常发生的害虫类群，以金龟子为例说明其综合防治措施。

项目5 林木枝干有害生物防治

 项目描述

在林业有害生物防治中，比较难以控制的是枝干部病虫害，林木一旦受害严重，很难恢复生机，因此主要预防措施需以选育品种，提高树势为前提，做到早发现、早防治。

枝干害虫常见类群包括：鞘翅目的天牛、小蠹虫、吉丁虫、象甲，鳞翅目的木蠹蛾、透翅蛾、螟蛾，膜翅目的树蜂、茎蜂以及介壳虫类等，多为"次期性"危害，危害树势衰弱或植物濒临死亡，以幼虫钻蛀树干，被称为"心腹之患"，这类害虫除成虫裸露在外，其余虫态均在枝干内营隐蔽生活，因此受外界环境影响较小，种群数量相对较稳定，可连年危害；枝干病害的种类繁多，症状类型主要包括：干锈、疱锈、腐烂、溃疡、枝枯、肿瘤、丛枝、黄化、萎蔫、腐朽、流脂流胶等。引起枝干病害的病原菌大多是弱寄生菌，有真菌、细菌、植原体、寄生性种子植物和线虫等，也有非生物病原，如日灼、冻伤等。其中杨树烂皮病、松材线虫病、松突圆蚧、杨树天牛在全国各地普遍发生，本项目以它们为载体实施教学，通过典型工作任务训练及知识迁移学习，全面掌握枝干部有害生物调查和防治技术。

 项目分析

任务名称	任务载体	学习目标	
		能力目标	知识目标
任务 5.1 林木枝干病害及防治	杨树烂皮病调查与防治 松材线虫病调查与防治	①会诊断林木枝干病害 ②能对林木枝干病害进行调查 ③会拟定枝干病害防治技术方案 ④会实施枝干病害防治作业	①了解林木枝干病害的发生原因及发病规律 ②熟知枝干病害的调查方法 ③掌握枝干病害防治原理与措施
任务 5.2 林木枝干害虫及防治	松突圆蚧调查与防治 杨树天牛调查与防治	①会识别枝干害虫及被害状 ②能对枝干害虫虫情进行调查 ③会拟定枝干害虫防治技术方案 ④会实施枝干害虫防治作业	①熟知枝干害虫种类及危害习性 ②掌握枝干害虫的调查方法 ③掌握枝干害虫防治原理与措施

模块二　综合应用　主要林业有害生物防治

任务 5.1　林木枝干病害及防治

实施时间：调查时间宜安排在春末夏初或秋初；防治时间一般在春季和夏季进行。
实施地点：有枝干病害发生的林地。
教学形式：现场教学、教学做一体化。
教师条件：校内教师和林场技术员共同指导。指导教师需熟知枝干病害的发生与危害特点，具有枝干病害诊断及调查防治能力；具备组织课堂教学和指导学生实践训练能力。
学生基础：具备识别林木病害的基本技能，具有一定的自学和资料收集与整理能力。

> 理论基础

5.1.1　杨树烂皮病调查与防治

5.1.1.1　知识准备

杨树烂皮病为溃疡病类(canker)，又称杨树烂皮病。病原主要是真菌，少数由细菌和非侵染因素所致。大多为弱寄生菌，只能侵染生长势变弱的林木。发病特点：具有明显的年周期性，一般每年有两个发病期，病害的消长与寄主树皮含水量有密切关系，病害的扩展与寄主生长的节律密切相关，侵入途径有伤口、皮孔，此类病原有潜伏侵染现象。

杨树枝干溃疡病主要有水泡型溃疡病、大斑型溃疡病、腐烂型溃疡病和细菌性溃疡病等，是杨树主要的枝干病害。杨树从苗木、幼树到大树均可感染这些病害，以苗木和幼树受害最重，造成枯梢或全株枯死。因此，防治杨树枝干病害要适地适树，改善经营管理条件，增强树势，消除诱因，提高杨树的生命力。危害严重时，化学防治辅助治疗。

(1)分布与危害

杨树烂皮病，危害杨属各树种，主要分布于黑龙江、吉林、辽宁、内蒙古、河北、山西、陕西、新疆、青海等杨树栽培地区，是公园、绿地、行道树和苗圃杨树的常见病和多发病，常引起防护林和行道树大量枯死，新移栽的杨树发病尤重，发病率可达90%以上。除危害杨属树种外，也危害柳树、槭、樱、接骨木、花楸、桑树、木槿等。

(2)症状特点

杨树烂皮病发生在主干和侧枝上，表现为干腐和枝枯两种类型。

①干腐型。主要发生在主干、大枝及分岔处。病斑初期呈暗褐色水浸状，微隆起，病皮层腐烂变软，手压病部有水渗出，随后失水下陷，病部呈现浅砖红色，有明显的黑褐色边缘，病变部分分界明显。后期在病部产生许多针头状小突起，即病菌的分生孢子器。雨后或潮湿天气，从针头状小突起处挤出橘黄色卷丝状物(分生孢子角)。腐烂的皮层、纤维组织分离如麻状，易与木质部剥离。条件适宜时，病斑很快向外扩展，纵向扩展比横向扩

展速度快。病斑包围树干后，导致树木死亡。秋季，在死亡的病组织上会长出黑色小点，即病菌的子囊壳。

②枯枝型。主要发生在小枝上。小枝染病后迅速枯死，无明显的溃疡症状。病枝上也产生小颗粒点和分生孢子角。

(3) 病原

引起杨树烂皮病主要病原菌是子囊菌门、球壳菌目的污黑腐皮壳菌（*Valsa sordida*），其无性型为半知菌门、球壳孢目的金黄壳囊孢菌（*Gtosporachry sosperma*）。子囊壳多个埋生于子座内，呈长颈烧瓶状；子囊棍棒状，中部略膨大，子囊孢子 4～8 枚，2 行排列，单孢，腊肠形，分生孢子器埋生于子座内，不规则形，分为多室或单室，具长颈，黑褐色，分生孢子单细胞，无色，腊肠形（图 5-1）。

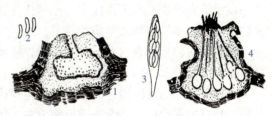

图 5-1　杨腐烂病病原菌
1. 分生孢子器　2. 分生孢子
3. 子囊及子囊孢子　4. 子囊壳假子座

引起成年树枯枝型还有子囊菌门的（*Leucostoma nivea*），子囊壳初埋生后突出表皮，在孔口周围有一圈灰白色粉状物，基部有一明显黑色带状结构。该菌在 PDA 培养基上菌丝初白色后渐变为墨绿色。

(4) 发病规律

病菌以菌丝和分生孢子器及子囊壳在病组织内越冬。翌年春天，孢子借雨水和风传播，从伤口及死亡组织侵入寄主，潜育期 6～10 d。病害每年 3～4 月开始发生，5～6 月为发病盛期，病斑扩展很快，7 月后病势渐缓，至 9 月基本停止。病菌分生孢子器 4 月开始形成，5～6 月大量产生，以后减少。子囊壳于 11～12 月在枯枝或病死组织上可以见到。病菌在 4～35 ℃均可生长，但以 25 ℃生长最适宜。菌丝生长最适 pH 值 4。分生孢子和子囊孢子萌发的适温为 25～30 ℃。

杨树烂皮病的发生和流行与气候条件、树龄、树势、树皮含水量、栽培管理措施等有密切的关系。病菌只能危害生长衰弱的树木或濒临死亡的树皮组织。如果立地条件不良、栽培管理措施不善等因素削弱了树势，可促进病害大发生。冬季受冻害或春季干旱、夏季发生日灼伤，也易诱发此病。杨树苗木移栽前假植时间太长、移栽时伤根过多、移栽后溉不及时或不足、行道树修剪过度等均易造成病害严重发生。一般认为，小叶杨、加杨、美国白杨较抗腐烂病，而小青杨、北京杨、毛白杨较易感病。当年移植的幼树和 6～8 年生幼树发病重。另有研究表明，病菌有潜伏侵染现象，苗木中带菌率很高，一旦条件适宜，病害突然大发生。

5.1.1.2　计划制订

(1) 小组分工

每 4～6 人为一组，设组长 1 人、操作员 2～4 名、记录员 1 名。

(2) 备品准备

仪器：实体显微镜、手动喷雾器或背负式喷粉喷雾机。

用具：放大镜、镊子、采集袋、标本盒、铁锹、枝剪、天平、量筒、玻片、盖片、塑料桶、板刷、注射器、电工刀等。

材料：本地林区主要枝干害虫标本；药剂包括生石灰、盐、硫酸铜、动物油、70%甲基托布津可湿性粉剂、10%双效灵可湿性粉剂。40%福美砷、50~100 ppm 赤霉素、2%843康复剂、10%腐烂敌、70%甲基托布津、50%退菌特可湿性粉剂等。

(3) 工作预案

以小组为单位领取工作任务，根据任务资讯，查阅相关资料，结合国家和地方枝干病害防治技术标本拟定调查与防治预案。

调查预案包括调查内容、调查路线、样地设置、取样方法和调查方法等；防治预案包括防治原则和技术措施等。

对杨树腐烂病的防治，应根据其发生规律，找出薄弱环节，制定控制对策一般应遵循的原则是以加强检疫、林业技术措施为主，化学防治为辅的综合防治措施，根据造林地生态环境选用抗病优良品种，应适地适树，加强管理，清除严重病株，减少侵染来源及传播媒介，提高树木对病害的自控能力。具体措施应从以下几个方面考虑：

①育苗时插条应贮于 2.7 ℃ 以下的阴冷处，以防止病菌侵染插条。移栽时减少伤根，缩短假植期。移栽后及时灌足水，以保证成活。

②选用抗病品种，抗性由大到小依次为：美洲黑杨>欧洲杨>黑杨派与青杨派的杂种>青杨派品种。

③加强抚育，增强树势。栽植后适时进行中耕除草，灌水施肥，禁止放牧，防治蛀干害虫，保证树木健康成长，初冬及早春树干涂白。营造混交林，修枝要合理，剪口平滑。

④全面清理病死树。发病较重的林分，及时清理病树，无保留价值的林分全面伐除，并妥善处理病死树。

⑤对发病程度较轻的林分，采用腐烂敌或 70%甲基托布津可湿性粉剂或 40%福美砷可湿性粉剂 50~200 倍液涂抹病斑，涂前先用小刀将病组织划破或刮除老病皮。涂药 5 d 后，再用 50~100 μg/g 赤霉素涂于病斑周围，可促进产生愈合组织，阻止复发。

5.1.1.3 任务实施

(1) 杨树烂皮病识别

①现场典型症状识别。

第一步　主干有凹陷的病斑出现并生有许多针头状黑色小突起物，遇潮湿、雨水溢出橘红色卷须状物，为分生孢子角。此症状为干腐型。

第二步　枝条枯死后散生许多黑色小点，即为枯枝型症状。

②室内病原菌鉴别。

第一步　在杨树烂皮病的病斑症状明显处切取病组织小块(5 mm×3 mm)，然后将病组织材料置于小木板或载玻片上，左手手指按住病组织材料，右手持刀片把材料横切成薄片(厚度<0.8 mm)，再将切好的材料制成玻片标本。

第二步　显微镜下识别病原，并查阅相关资料。

(2)杨树烂皮病病情调查

①踏查。杨树多为防护林、行道树和栽植用的苗木等,所以踏查可以沿林班线,沿林间大小道路进行,踏查路线之间的距离随调查精度而异,一般为 250~1000 m,通常尚需深入道路线两侧 50~100 m 调查。踏查路线要通过有代表性的地段及不同的林分,在环境条件不利于林木生长的地方,更要仔细调查,一般 1000 亩设置 1~3 个调查点,每点选 10~15 株树木(苗木)进行调查。调查情况必须详细记载,病害的分布按单株、点状(2~9株)、块状(10株以上,0.25 hm^2 以下)、片状(林木 0.25~0.5 hm^2、苗木 200 m^2 以上)记载。

调查时将病害分为"轻、中、重"三级,分别用"+""++""+++"符号表示,杨树腐烂病感病株率在 5%~10% 以下为轻(+);枝干感病株率在 11%~20% 为中(++);枝干感病株率在 21% 以上为重(+++);杨树枝干腐烂病成灾标准定为受害株率 30% 以上;树木死亡率 3% 以上。划分依据参考《林业有害生物发生及成灾标准》(LY/T 1681—2006)。

踏查采用目测法边走边查,注意各项因子的变化,绘制主要病虫害分布草图并填写踏查记录表(表 5-1)。

表 5-1 杨树腐烂病踏查记录表

县_____ 乡(场)_____ 村地名_____ 权属_____
调查地编号_____ 林分总面积_____(亩)被害面积_____(亩)
林木组成_____ 优势树种_____
平均林龄(年)_____ 平均树高_____(m)平均胸径_____(cm)
郁闭度_____ 生长势_____ 地形地势_____
林地卫生状况_____ 其他_____

树种	受害面积(亩)	病害种类	危害部位	危害程度		
				轻(+)	中(++)	重(+++)

②标准地调查。在发病林地按发病轻、中、重选择有代表性地段设置标准地。按林地发病面积的 0.1%~0.5% 计算应设样地面积,按每个样地林木不少于 100 株计算应设样地数。

圃地的植株全部调查,取样方法如图 5-2 所示。应根据林木病虫害及林木在田间的分布形式确定取样方法,如在人工林地、圃地中进行病害调查,一般用抽行式、大五点式等取样方法来选定样地。

③确定杨树烂皮病病级划分。在标准地内逐株调查健康株数、各病害等级感病株数。见表 5-2。

④统计和记录。计算各样地发病株率、感病指数,填杨树腐烂病样地调查表(表 5-3)。在样地统计杨树腐烂病的发病率和病情指数。用来表示危害程度。

a. 发病率。表示感病株数占调查总株数的百分比,它表明病害发生的普遍性。

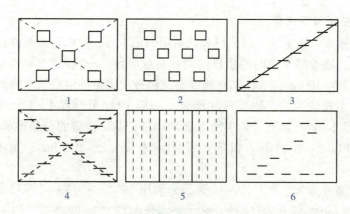

图 5-2 调查取样示意图

1. 大五点式　2. 棋盘式（面积）　3. 单对角线式（长度）
4. 双对角线式（长度）　5. 抽行取样法　6. "Z"字取样法

$$发病率=\frac{感病株数}{调查总株数}\times100\% \tag{5-1}$$

b. 病情指数。又称感病指数，表明病害发生的普遍性、严重性。常用于植株局部受害，且各株受害程度不同的病害。测定方法：先将样地内的林木按病情分为健康、轻、中、重、枯死 5 个等级，并以数值 0、1、2、3、4 分别代表，具体的分级，按照《林业有害生物发生及成灾标准》(LY/T 1681—2006) 规定进行。然后统计出各等级株数后，按下列公式计算：

$$病情指数=\frac{\sum(病情等级代表值\times该等级株数)\times100}{各级株数总和\times最重一级的代表值} \tag{5-2}$$

杨树腐烂病的分级标准见表 5-2，统计结果见表 5-3。

表 5-2 杨树烂皮病病级划分

级别	代表值	病斑分级情况
Ⅰ	0	健康
Ⅱ	1	病斑大小占病部树干周长比例的 1/5 以下
Ⅲ	2	病斑的大小占病部树干周长比例的 1/5~2/5
Ⅳ	3	病斑的大小占病部树干周长比例的 2/5~3/5
Ⅴ	4	病斑的大小占病部树干周长比例的 3/5 以上或濒死木

表 5-3 杨树腐烂病样地调查表

调查日期	调查地点	样方号	树种	病害名称	总株数	发病株数	发病率（%）	病害分级					感病指数	备注
								Ⅰ	Ⅱ	Ⅲ	Ⅳ	Ⅴ		

（3）杨树烂皮病防治作业

①加强抚育管理。修枝要合理，全面清理病死树，并妥善处理病死树。

②生长季节栽植胸径 5 cm 左右的幼树时，防止水分快速蒸发，将梢头截掉，横截面

要平滑，然后涂上一层45%石硫合剂晶体30~50倍液，再涂一层沥青或铅油。

③在4~5月或10月树干刷白涂剂，防止冻害与灼伤。

白涂剂配制示例：称取生石灰5 kg+石硫合剂原液0.5 kg+盐0.5 kg+动物油0.1 kg+水15 kg。用少量热水将生石灰和盐分别化开，然后将两液混合并倒入剩余的水中；再加入石硫合剂、动物油搅拌均匀即成。离地面1.3~1.5 m处树干涂刷。

④在4月、6月发病初期涂药两次，用10%腐烂敌复合剂10~20倍液或70%甲基托布津可湿性粉剂50~80倍液涂抹。

技术要点：计算好药剂、稀释剂的用量，分别称取，然后加入容器中搅拌均匀待用。涂药前需用小刀将病皮组织顺树干纵向划破条状，病健处延长1 cm或刮除病斑老皮再涂药。涂药后第5天，再用50~100倍赤霉素涂于病斑周围。

(4) 防治效果调查

最后一次施药后，利用业余时间分别在3 d、5 d、7 d、10 d、15 d到防治现场检查防治效果，具体做法：

①防治调查，首先在防治区和对照区取样（参照杨树烂皮病调查方法）。

②样地杨树腐烂病病株分级调查，统计样地发病率、病情指数，计算相对防治效果。

$$相对防治效果(\%) = \frac{对照区病情指数或发病率 - 防治区病情指数或发病率}{对照区病情指数或发病率} \times 100\% \quad (5-3)$$

5.1.2 松材线虫病调查与防治

5.1.2.1 知识准备

(1) 发生与危害

松材线虫病又称松枯萎病，是松树的毁灭性病害。该病在日本、韩国、美国、加拿大、墨西哥等国均有发生，但危害程度不一，其中以日本受害最重。1982年，此病在中国南京市中山陵首次发现，短短的十几年内，又相继在安徽、广东、山东、浙江、辽宁等地局部地区发现并流行成灾，导致大量松树枯死，对我国的松林资源、自然景观和生态环境造成严重破坏，而且有继续扩散蔓延之势。在我国主要危害黑松、赤松、马尾松、海岸松、火炬松、黄松等树木。

(2) 症状及病原

松材线虫主要借助媒介昆虫松墨天牛传播或经主动侵染进入松树体内，多数存在于木射线内，取食松木木质部管胞和薄壁细胞，阻碍水分运输，造成松树失水萎蔫，生长势减弱，甚至死亡。国外研究显示松材线虫侵染松树表皮细胞时，形成气泡（气栓筛），阻止木质部的水分运动，造成松树萎蔫，迅速枯死。病原线虫侵入树体后，松树的外部症状表现为针叶陆续变色(5~7月)，松脂停止流动、萎蔫，而后整株干枯死亡(9~10月)，枯死的针叶红褐色，当年不脱落。松材线虫侵入树体后不仅使树木蒸腾作用降低、失水、木材变轻，而且还会引起树脂分泌急速减少和停止。当病树已显露出外部症状之前的9~14 d，松脂流量下降，量少或中断，在这段时间内病树不显其他症状，因此泌脂状况可以作为早期诊断的依据(图5-3)。

松材线虫(*Bursaphelenchus xylophilus*)。属于线虫门的侧尾腺纲、滑刃目、滑刃科、伞滑刃属。松材线虫的雌雄虫均呈蠕虫状，体长约1 mm。头部唇区高，缢缩明显，口针细长。基部略微增厚。中食道球卵球形，占体宽的2/3以上。食道腺细长，长叶状。排泄孔的开口大致与食道和大肠交界处平行。半月体在排泄孔后的体宽约2/3处。雌虫尾部亚圆锥形，末端盾圆，少数有微小尾尖突。卵巢前伸，卵单行排列，阴门开口与虫体后部73%处，上覆盖于宽的阴门盖。雄虫交合刺大，弓状。喙突显著，远端膨大如盘状。雄虫尾部似鸟爪，向腹部弯曲，尾端被小的交合伞所包被。

拟松材线虫[*B. mucronatus* (Mamiya et Enda)]的特征与松材线虫十分相似，区别如下：①雌虫尾部，松材线虫尾部为亚圆形，末端钝圆。少数可见微小的尾尖突不超过2 μm，一般为1 μm；拟松材线虫为圆锥形，末端有明显的尾尖突，长度在

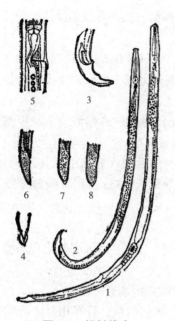

图5-3 松材线虫
1. 雌成虫 2. 雄成虫 3. 雄虫尾部
4. 交合伞 5. 雌虫阴门 6~8. 雌虫尾部

3.5 μm以上。②雄虫尾部，松材线虫交合刺远端有盘状突，交合伞卵形；拟松材线虫交合刺远端无盘状突，交合伞近方形。

(3) 发病规律

该病的发生与流行与寄主树种、环境条件、媒介昆虫密切相关。在我国主要危害黑松、赤松、马尾松。苗木接种试验，火炬松、海岸松、黄松、云南松、乔松、红松、樟子松也能感病，但在自然界尚未发生成片死亡的现象。低温能限制病害的发展，干旱可加速病害的流行。

松材线虫病多发生在7~9月份。在我国，传播松材线虫的媒介昆虫主要是松墨天牛(*Monochamus alternatus* Hope)。

南京地区松墨天牛每年发生1代。于5月下旬至6月上旬羽化。从罹病树中羽化的天牛几乎100%携带松材线虫。天牛体中的松材线虫均为耐久型幼虫，主要在天牛的气管中，一只天牛可携带上万条，多者可达28万条。2月前后分散型松材线虫幼虫聚集到松墨天牛幼虫蛀道和蛹室周围，在天牛化蛹时分散型幼虫蜕皮变为耐久型幼虫，并向天牛成虫移动，从气门进入气管，这样天牛从羽化孔飞出时就携带了大量线虫。当天牛补充营养时，耐久型幼虫就从天牛取食造成的伤口进入树脂道，然后蜕皮变为成虫。感染松材线虫病的松树往往是松墨天牛产卵的对象，翌年松墨天牛羽化时又会携带大量的线虫，并"接种"到健康的松树上，导致病害的扩散蔓延。

(4) 防治原则及措施

切断松材线虫、松墨天牛和松树之间的联系，是防治松材线虫病的根本策略。

①松材线虫SCAR标记与分子检测技术监测。只需在树干上钻4个孔，将放有线虫引

诱剂的引诱管插入小孔内，2 h 后每个插管可引诱 10~20 头线虫，完成松材线虫快速取样，并且可以通过松材线虫 SCAR 标记与分子检测技术直接进行检查和鉴定。

②检验中发现有携带该线虫的松木及包装箱等，应采取溴甲烷熏蒸处理或浸泡于水中 5 个月以上，或切片后用作纤维板、刨花板或纸浆等工业原料，以及用作烧炭等燃料用。

③新发现的感病松林，要立即采取封锁扑灭措施。小块的林地要砍除全部松树；集中连片的松林，要将病树全部伐除，同时刨出伐根，连同病树的枝、干一起运出林外，进行熏蒸或烧毁处理。对利用价值不大的小径木、枝杈等可集中烧毁，严禁遗漏。在焚烧过程中要加强防火管理，特别是余火的处理。

④松墨天牛发生盛期，利用直径 5 cm 以上，长 1.5 m 的新鲜柏木，去掉枝叶，每 10 根一堆，放在有虫林间，引诱成虫产卵，5 月底至 6 月初，将皮揭掉，集中消灭幼虫。

⑤释放肿腿蜂，也可配合施用白僵菌感染松墨天牛。

⑥加强松林抚育，增强树势，保持林木旺盛生长。

⑦于 3~10 月，松墨天牛幼虫活动盛期，配制来福灵或敌敌畏或速灭杀丁 30 倍液，用针管注入排粪孔或换气孔，用黄泥将虫孔封严。

⑧松墨天牛成虫羽化盛期，喷洒 80%敌敌畏乳油 1000 倍液，或喷洒 12%倍硫磷 150 倍液+4%聚乙烯醇 10 倍液+2.5%敌杀死 2000 倍液的混合液，有效期达 20 d。

5.1.2.2 计划制订

(1)小组分工

每 4~6 人为一组，设组长 1 人，操作员 2~4 名、记录员 1 名。

(2)备品准备

①调查、取样备品。松褐天牛植物引诱剂诱捕器和诱芯(XL-Ⅱ型或其他类型诱捕器)；望远镜、航空航天遥感航片、手摇钻、木锯、钳子、镊子、皮尺、分规、卷尺、测绳、搪瓷盘、广口瓶；乙醇、来苏儿；耐腐蚀的标签条、油漆、野外记录本等。

②分离线虫备品。漏斗架 2 台、漏斗口径 12~15 cm 2 个、乳胶管(25 cm)长 2 根、水止 2 个、培养皿(直径 6 cm)4 套、(其中 2 套在底部上划 0.5 cm 的小方块)、吸管 2 支(有橡皮头)、200 mL 的烧杯 1 个、纱布 2 块(长 50 cm、宽 16 cm)、盛样品的沙袋、铜纱网、剪刀一把、药物天平、标签。

三乙醇胺、38%~40%甲醛、蒸馏水、高锰酸钾、500 mL 广口瓶 1 个，量筒 10 mL、5 mL、200 mL 各一个，接种针一把。

③鉴定线虫仪器和用品。无菌培养室及相关设备、PCR 仪、数码相机、解剖镜、光学显微镜；温控电热板、载玻片、盖玻片、酒精灯、棉兰-酚乳油、蜂蜡等。

5.1.2.3 任务实施

(1)实施主体

松材线虫病的调查监测与防治工作主要依托各级林业部门开展，主要核心工作依托各级林业有害生物检疫站或森防检疫站，松材线虫病调查监测工作包括松材线虫病日常监测、松材线虫病专项普查(每年两次)、疑似松材线虫病病死木取样、松材线虫鉴定分离、疫情确认、疫情报告等步骤；疫情防治工作主要包括确定防治方案、疫木除治、媒介昆虫防治和疫情封锁。

(2) 工作流程

监测调查松材线虫病工作流程：制定调查方案→编制调查用表→准备调查用品和材料→制定调查的管理制度、落实调查人员→布置调查任务→培训调查人员、现场作业→质量跟踪→调查资料收集审核→在踏查的基础上确定松材线虫病危害的确切地点(精确到小班)→遥感技术调查→诱捕器调查→详细调查→松材线虫的野外取样、分离、鉴定→调查结果上报。

(3) 实施模式

由于本任务的媒介天牛和松材线虫因全国不同地区发生情况不同，调查涉及林区面积大、时间跨度大和松材线虫分离、制片技术，尤其是分类鉴定难度较大等特点，因此本次实训内容以分离出并初步鉴定到松材线虫、会正确使用天牛诱捕器为基本目标，统计出松材线虫的危害率、林木受害程度。并根据松墨天牛和松材线虫生活史和侵染特性，设计防治方案。可以综合实训或顶岗实习形式分小组进行，教师给予指导。

实训地点选择应在充分普查的基础上，会同相关部门，选择危害症状明显典型的林分，确定典型林班或标准地。进行详细调查和防治作业，最好结合项目进行。调查时间宜在 5～8 月和 9～10 月。

(4) 实施内容与方法

①松材线虫病调查。

a. 调查时间。根据松墨天牛的活动习性，5～8 月调查为佳，松材线虫病发病高峰为 9～10 月，因此调查松材线虫病危害率和松墨天牛的危害率最好每年分两次分别进行。

b. 调查方法。

踏查 采取目测或者使用望远镜等方法观测，根据松树的典型症状记载发病情况，并填表记录(表 5-4、表 5-5)。

遥感调查 航空航天遥感技术手段可以对大面积松林进行监测调查，根据遥感图像的卫星定位信息，若有松树枯死和针叶异常情况，开展人工地面调查和取样鉴定。

诱捕器调查 在林间寄主上设置，诱捕器顶部距地面 1.5～2.0 m，操作时，根据实际情况，可将诱捕器悬挂在透风的林地松树更高处，提高诱捕效率。

以上方法调查中取样的松树和松墨天牛一旦分离出并确定有松材线虫时，立即进行详细调查。

c. 详细调查。以小班为单位统计，不能以小班统计发生面积的以实际发生面积统计，四旁松树和风景林的发生面积以折算方式统计。并对病死松树进行精准定位，绘制疫情分布示意图和疫情小班详图。调查病死树数量时，需将疫情发生小班内的非疫病死亡的树(如火灾、其他病虫害、人畜破坏等)造成枯死松树、濒死松树除外，只对典型松材病症状的可疑松树病死松树进行调查和统计，并这些可疑树进行定位、贴标签，便于追踪调查。

表 5-4　松材线虫病程度划分表　　　　　　　　　　　　　　　　　　　　　%

受害程度	轻	中	重
被害株率	<1	1.1~2.9	>3

资料来源：《林业有害生物发生及成灾标准》(LY/T 1681—2006)。

表 5-5　松材线虫病踏查记录表

时间：_____　　　　地点：_____

踏查林分							调查总株数
单位	小班名称	踏查林地面积（hm²）	森林类型及树种组成	松材线虫病典型症状株数	松墨天牛危害痕迹	分布面积（hm²）	
总被害率(%)	总被害率=各小班危害总株数/调查总株数×100%						

②松材线虫病取样。

a. 取样对象。具有典型症状的松树，可参照以下特征选择取样松树。

b. 取样部位。抽取尚未完全枯死或刚枯死的优势木，一般在树干下部(胸径处)、上部(主干与主侧枝交界处)、中部(上、下部之间)3个部位取样。其中，对于仅部分枝条表现症状的，在树干上部和死亡枝条上取样。对于树干内发现松墨天牛虫蛹的，优先在蛹室周围取样。

c. 取样方法。在取样部位剥净树皮，用砍刀或者斧头直接砍取100~200 g木片；或者剥净树皮，从木质部表面至髓心钻取100~200 g木屑；或者将枯死松树伐倒，在取样部位分别截取2 cm厚的圆盘。所取样品应当及时贴上标签，标明样品号、取样地点(需标明地理坐标)、树种、树龄、取样部位、取样时间和取样人等信息。

d. 取样数量。对需调查疫情发生情况的小班进行取样时，总数10株以下的要全部取样；总数10株以上的先抽取10株进行取样检测，如没有检测到松材线虫，应当继续取样检测，再抽取其余数量的1~5%。

e. 样品的保存与处理。采集的样品应当及时分离鉴定，样品分离鉴定后须及时销毁。样品若需短期保存，可将样品装入塑料袋内，扎紧袋口，在袋上扎若干小孔(若为木段或者圆盘无须装入塑料袋)，放入冰箱，4 ℃条件下保存。若需较长时间保存，要定期在样品上喷水保湿，保存时间不宜超过1个月。

③松材线虫病分离。采用贝尔曼线虫分离法。

将直径10~15 cm的漏斗末端接一段长约10 cm的乳胶管后置于漏斗架上，并在乳胶管上装一止水夹，然后在漏斗中铺上大小适当的两层纱布；分离木屑时，两层纱布之间放1张纸巾。

把带回实验室的样木去皮后劈成长3~4 cm，直径2~3 mm的细条，约取10 g(或木屑)放入漏斗中的纱布上,将纱布四角向中间折叠盖上分离材料,然后向漏斗内注入清水至浸没,注意使水充满漏斗和下面的乳胶管,乳胶管内不得有气泡。线虫从小木条游离到水中,并通过纱布沉积到漏斗末端。在常温下一般24 h后即可打开止水夹,用小培养皿(直径6~7 cm)接取底部约5 mL的水样进行镜检。

分离时室温不低于20 ℃,先将分离用水的温度调至20~30 ℃,具体水温可视分离时室温的高低而定,即室温温较低时可将水温调得较高些,但不超过30 ℃。经过3~4 h后,轻转打开橡皮夹,用直径60~70 mm培养皿在乳管下接取分离液约10 mL,置于无线WiFi解剖镜下观察;或用5 mL离心沉淀管接取分离液5 mL,然后经自然沉淀30 min或1500 r/min条件下离心2 min,收集线虫供镜检。

④松材线虫的鉴定。

a. 常镜检验。分别将各标号盛有线虫的分离液的置于解剖镜下观察,先确认有无线虫。对有线虫的样品进行活体检查,观察它的一般形态结构,然后选择几条成熟、特征明显的线虫,用接种针或吸管移至载玻片上的水滴中,将此载玻片在酒精灯火焰上方往返通过5~6 s,或置于打开盖子的高温热水瓶口上,热杀处理30~60 s,至虫体死亡,加盖玻片后(临时玻片),镜检观察,根据形态特征予以初步鉴别是否为松材线虫,以判断是否做进一步的鉴定。

b. 快速检验。当漏斗下的乳胶内,出现透明度降低甚至混现象,表明线虫的分离量较多,即可接取分离液3~5滴,置于解剖镜下观察。如有线虫,就将盛有分离液的培养皿,置于装满高温热水瓶口上,进行30~40 s的热杀处理后,放置显微镜下观察其特征进行鉴别;二是用显微镜直接观察线虫分离液,将漏斗胶管下放出的线虫悬浮液,直接移放在光学显微镜下观察;一般在10倍的物镜下,松材线虫的基本形态特征如头部、中食道球、阴门、交合伞、尾形等都可以清晰地看到。

c. 吸虫纯化。如果分离出的线虫中杂质很多,影响观察时,则用吸管将线虫全部吸入另一个培养皿中。吸虫时要求虫多水少,尽量不要吸入杂质。

d. 消毒处理。线虫分离纯化后,为了避免受到污染,需对松材线虫进行表面消毒,消毒方法和消毒液根据工作需要选择,常用的松材线虫表面消液为0.002%放线菌酮和硫酸链霉素的混合液组成。

e. 线虫分离后的处理方法。染色法是鉴别线虫死活的优良方法之一,死的线虫易被染色,而活的线虫不易被染色,常用的染色剂包括:甲基蓝或甲烯蓝水溶液,浓度为0.5%;龙胆紫溶液10 mL与1%苯酚浓度100 mL混合,在2 mL线虫悬浮液中4滴混合液,6~14 h后加水稀释至20 mL镜检;高锰酸钾水溶液,浓度5%~10%,染色2~3 min,浓度用水洗净后即可镜检观测。

f. 线虫标本的固定方法。

固定液 同TAF固定液的配制。三乙醇胺2%、38%~40%甲醛7%、蒸馏水91%。

方法 纯净的线虫置于43 ℃恒温箱内12 min。把TAF固定液加热至43 ℃,倒入线虫瓶里。为了减少线虫变形,要求换一次固定液,其间隔时间为2 h。即把第一次倒入的固定液吸出以后,再加入新的固定液,以此类推,之后加盖蜡封保存。

g. 线虫的计数。样品中线虫数量减少时,可以放小培养皿或线虫计数皿中,在解剖镜下计数,线虫数量过多时,要充分搅匀和适当分析后,吸取5~10 mL线虫悬浮液在计数皿中计数。

计数要求线虫悬浮液和线虫要均匀。方法如下:把5 mL或10 mL的注射器去掉针头,往悬浮液中打气使线虫均匀分布,打空气后立即取出5 mL悬浮液放入划有小方格的培养皿中,在显微镜下计数,根据5 mL悬浮液所含的虫数,换算整个样品分离出来的线虫总数,然后换算整个样品分离出来的线虫总数,然后计算单位重量样品中的线虫数。

⑤常见松材线虫培养方法。

a. 试样品松材线虫个体较多时,在离心管内进行消毒,具体方法:通过离心线虫至离心管,用无菌管将线虫液移入另一支离心管中,加入2 mL双倍浓度的消毒液,轻轻震荡搅拌匀,处理5 min后,在1500 r/min条件下离心5 min后,吸去上清液,重复消毒1次,用无菌水淋洗2次,最后用无菌吸管将线虫吸入接种PDA培养基。

b. 试样品松材线虫个体较少时,消毒方法:用70%乙醇浸载玻片1 min经过火焰灭菌,冷却后置于双目解剖镜台上,将消毒液和无菌水分开滴在载玻片表面的3个点上,每点1滴,其中2个点为消毒液,挑线虫于消毒液中,约1 min后依转入另一滴毒液和无菌水滴中,最后用无菌吸管将消过毒的线虫移至PDA接种的培养基上。

一般分离到没有成虫或极少时,才需进行培养,以获大量成虫进行下一步鉴定。

c. 鉴定初报。报请当地或国家权威机构确定。

5.1.3 其他枝干病害及防治

林木枝干病害除溃疡病类外,还有许多其他类型的病害,如干锈类、枯梢类、丛枝类、枯萎类等也对林木枝干造成严重危害,各地可根据当地实际发生的种类有针对性及进行教学,学生也可利用业余时间通过自学和查阅相关资料,学会林木主要枝干病害的防治技术。

5.1.3.1 松疱锈病

(1)危害性及特点

松疱锈病又称五针松疱锈病、五针松干锈病,通常以五针松受害最为普遍而严重。从幼龄幼苗到成熟林分均可感病,但以20年生以下的中幼林感病最重。严重发病林分的发病率可达70%以上。感病红松当年松针长度减少30%,颜色变浅成灰绿色或无光泽,绝对干重减少27%;主梢生长量减少82%~94%,树高显著降低,仅为健树的3/5~4/5,且逐年递减使树冠变为圆形,3~5年后干枯死亡。西南地区的华山松人工林感病后,轻病林分发病率一般为5%左右,重病率区常达30%以上,严重发病的林分可高达90%。

该病在国内分布于东北、西北、西南及华北等地。病原菌的性孢子和锈孢子阶段寄主有红松、华山松、新疆五针松(西伯利亚红松)、偃松、台湾五针松、乔松、海南五针松、瑞士石松、北美乔松、美国白皮松、墨西哥白松和糖松等。在自然条件下,转主寄主有东北茶藨子、黑果茶藨子、狭萼茶藨子、马先蒿、穗花马先蒿等。

(2) 症状类型及病原识别

此病于春秋两季在松树上有明显的发病症状。春季在枝干皮上出现病斑并肿大裂缝，从中向外生长出黄白色至橘黄色锈孢子器，孢囊破裂后散出锈黄色的锈孢子。老病斑无孢囊，只留下粗糙黑皮，并流出树脂。锈孢子器阶段过后，树皮龟裂下陷。秋季在枝干上出现初为白色后变为橘黄色的泪滴状蜜滴，具甜味，是性孢子与黏液的混合物。蜜滴消失后皮下可见血迹状斑，此时幼苗及大树松针上产生黄色至红褐色的斑点。在转主寄主上，夏季期间叶背出现带油脂光泽的黄色丘形夏孢子堆，最后在夏孢子堆或新叶组织处出现刺毛状红褐色冬孢子堆。该病病原为担子菌门茶藨子柱锈菌（*Cronartium ribicola* J. C. Fischer ex Rabenhorst）（图5-4）。为我国林业检疫性有害生物之一。观察茶藨子柱锈菌装片，识别病原形态。

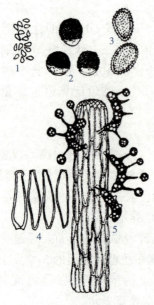

图 5-4　松疱锈病病原菌
1. 精子　2. 锈孢子　3. 夏孢子
4. 冬孢子　5. 冬孢子及担子、担孢子

(3) 发病规律

秋季，在转主寄主叶片的冬孢子成熟后，产生担子及担孢子，经风传播，落到五针松松针上萌发产生芽管，大多由气孔侵入松针，并在其中生长菌丝，经3~7年才在小枝、侧枝、干皮上产生性孢子器，翌年春季才产生锈孢子器。病树年年发病，产生性孢子和锈孢子，如果病株已濒于死亡，枝干上则不再发病。担孢子向松针侵染，不一定年年发生。锈孢子借风力传播到转主寄主上，在多湿、冷凉气候条件下产生芽管，由气孔侵入叶片，发生于松树枝干薄皮处，因而刚定植的幼苗和20年生以内的幼树及在杂草丛生的林内，或林缘、荒坡、沟渠旁的幼龄松树易感病。转主寄主多的林地病害也严重。

(4) 防治原则及措施

①植物检疫。疱锈病菌为我国林业检疫性有害生物，由疫区输出苗木及转主寄主等要检疫。发现病菌及时销毁。在病区附近不设苗圃，如建苗圃时，应在冬孢子萌发之前向苗木喷施化学药剂防治。

②营林措施。从幼林开始坚持修枝，结合采伐清除病株病枝。发病率在40%以上的幼林要进行皆伐，改种其他树种。造林后抚育和苗圃周围特别是林间苗圃要铲除中间寄主。在苗圃周围500 m内，用45%五氯酚钠、二甲四氯钠盐、50%莠去津可湿性粉剂于7月中旬杀灭马先蒿和茶藨子，用药量为1~5 g/m²。

③药剂防治。对5~13年生感病幼树，春季在锈孢子尚未飞散之前，用270 ℃分馏的松焦油涂抹病部消灭锈孢子；秋季产生蜜滴时用松焦油涂干，消灭性孢子，可连续涂抹1~3年。当年采伐的小径木及带皮原木可用溴甲烷熏蒸处理，浓度20 g/m³熏蒸48 h。

5.1.3.2 竹秆锈病

(1) 危害性及特点

竹秆锈病主要危害淡竹、早竹、哺鸡竹、篌竹和刺竹等竹种，毛竹上尚未证实。竹被害部变黑，材质发脆，影响工艺价值。重病株常枯死，生病竹林会逐渐衰败。发病率常达50%左右，严重的达70%～90%，不少竹林因此而毁坏。该病分布在江苏、浙江、安徽、山东、河南、湖北、陕西、四川、贵州、广西等地。

(2) 症状类型及病原识别

竹秆锈病俗称黄斑病，严重影响新笋增长和成材，多发生于竹秆中、下部或秆基部，严重时小枝也会受害。初期病部出现白色小圆点，后逐渐变成土黄色条状或片状木栓质垫状物（病菌冬孢子堆），有时形成一圈环状软木栓，外壳紧箍于竹秆上。后期病部变成灰褐色或暗褐色，竹秆变黑发脆，降低竹材使用价值，严重受害时造成整株或成片枯死(图5-5)。

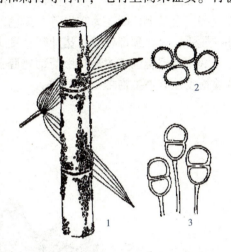

图5-5 竹秆锈病及病原菌
1. 症状 2. 夏孢子 3. 冬孢子

病原为担子菌门的皮下硬层锈菌[*Stereostratum corticioides*(Berk. et Br.)Magnus]。观察竹秆锈病实物标本和病原菌装片，识别其症状和病原形态。

(3) 发病规律

病菌以菌丝体和不成熟的冬孢子越冬。翌年春季冬孢子成熟，5～6月病斑角质层破裂，露出夏孢子堆，借风雨传播，从伤口侵入。侵入竹秆表皮后潜育期达7～18个月，而后症状逐渐显露。病斑可逐年增大和加厚，病情也逐渐加重，严重时竹林成片衰败枯死。该病在阴湿、通风不良、低洼的环境里和管理不善、生长过密、植株病弱的竹林中发生比较严重。

(4) 防治原则及措施

①加强竹林的抚育管理，合理砍伐，改善通风条件，增施磷、钾肥或进行垫土。

②发病初期及时伐除和烧毁病株，清除侵染源。

③在初夏和秋末，喷洒0.5～1°Be的石硫合剂、1%的敌锈钠水溶液或粉锈宁800～1000倍液。

④于2～3月对病斑较少的病株用刀刮除病斑（即冬孢子堆），然后涂以煤焦油，以封死冬孢子。

⑤由于该病菌传播性较强，应做好联防联治，提高防治效果。

5.1.3.3 落叶松枯梢病

(1) 危害性及特点

落叶松枯梢病是落叶松重要病害之一。分布于黑龙江、吉林、辽宁、山东等地，树木受害后新梢枯萎,整个树冠呈扫帚状,连年受害,生长量逐年下降。以幼苗、幼树危害最重,对落叶松人工林造成严重威胁。

(2)症状类型及病原识别

一般先从主梢发病,然后由树冠上部向下蔓延。起初在未木质化的新梢嫩茎部或茎轴部退绿,由浅褐色渐变为暗褐色、黑色,微收缩变细。上部弯曲下垂呈钩状,叶枯萎,大部分脱落,只在顶部残留一丛针叶。发病部位以上的枝梢枯死。

病原为子囊菌门的落叶松葡萄座腔菌[*Botryosphaeria larcina*(Sawada)Shang],是我国林业检疫性有害生物之一(图5-6)。

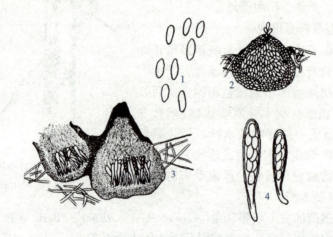

图5-6 落叶松枯梢病病原菌
1. 分生孢子　2. 分生孢子器　3. 子囊座和子囊　4. 子囊和子囊孢子

(3)发病规律

病原菌在病枝上越冬,翌年5~7月病菌落到当年新梢上,气候适宜时经过10 d左右萌发侵入发病,主要危害当年新梢,由树冠逐渐向下部扩散蔓延。发病茎部逐渐褪绿,由淡褐色变深褐色,凋萎变细,流出树脂,近7月形成分生孢子再次传染新梢,秋后在危害处形成子囊腔越冬,从幼苗到30年生大树的枝梢均能受害,尤其对6~15年生落叶松危害最重。受害新梢枯萎,树冠变形,甚至枯死。

林分处于风口的迎风面因造成的伤口多,病害发生严重。适温与高湿(最适相对湿度为100%)是子囊孢子和分生孢子萌发的必要条件,如相对湿度在92%以下,病菌孢子就不萌发。

(4)防治原则及措施

①加强立地检疫和调运检疫,在调查的基础上,确定病区和无病区,禁止病区苗木调出。

②选育抗病品种,营造落叶松与阔叶树混交林。避免在风口处造落叶松林。成林后及时修枝、间伐。伐除重病树,搞好林内卫生。苗圃中松苗要经常检查,发现病株及时销毁。

③对罹病苗木于6月下旬至7月下旬用森保1号1000倍液、"森保1号+灭病威"(1∶20,1000倍液)或"森保1号+多菌灵"(1∶20,1000倍液)喷雾3次,每次间隔10 d。

④在郁闭林分，6~7月使用百菌清或硫碳烟剂防治2次，每次间隔15 d。

5.1.3.4 毛竹枯梢病

(1) 危害性及特点

毛竹枯梢病分布于江苏、浙江、安徽、江西、福建、上海、湖南及广东等地，危害当年新竹，发病后轻者枝梢枯死，重者整株死亡。受害毛竹质量下降，受害竹林出笋减少，对毛竹生产威胁很大。

(2) 症状类型及病原识别

感病后先在主梢或枝条的节叉处出现舌状或梭形病斑，初为淡褐色后变成紫褐色。当病斑包围枝干一圈时，其上部叶片变黄，纵卷直到枯死脱落。在林间因病害危害的程度不一，竹子可出现枯梢、枯枝和全株枯死3种类型。剖开病竹，可见病斑内壁变为褐色，并长有白色絮状菌丝体。翌年春，枯梢或枯枝节处出现不规则的小突起，后不规则开裂，从裂口处伸出1至数根毛状物，即为该病菌的子实体。天气潮湿时突起呈不规则形开裂，形似黑色棘状物，继而流出淡红色至枯黄色胶状物，即为子囊孢子角。病斑上散生圆形的小黑点，是病原菌无性世代的子实体，吸水后流出黑色卷曲须状的分生孢子角（图5-7）。

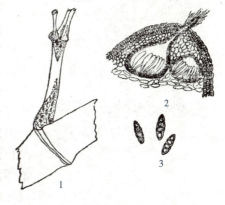

图 5-7 毛竹枯梢病及病原菌
1. 病枝 2. 病菌子囊腔 3. 子囊孢子

病原为子囊菌门的竹喙球菌（*Ceratosphaeria phyllostachydis* Zhang）。

(3) 发病规律

病菌以菌丝体在寄主组织内潜伏越冬，并能存活3~5年。每年在4月份开始形成子囊壳，以2年前感病竹内的菌丝体产生的子囊壳为最多。子囊壳于5月中旬到6月中旬成熟，并在阴雨或饱和湿度的条件下，释放子囊孢子。这时正是新竹的发枝、放叶期，处于感病状态。孢子萌发后通过伤口或直接侵入寄主。受侵寄主经1~3个月的潜育期后，开始表现症状。潜育期的长短和新竹枯死的严重程度与7~8月高温、干旱期出现的迟早和持续时间及长短有密切的相关性。

毛竹枯梢病可以根据竹林内菌源的数量，新竹感病期的降水情况和7~9月高温、干旱期的持续时间和程度进行测报。据初步分析：4月气温回升快，月平均气温达15 ℃以上；5~6月雨水多，达300 mm，雨日多达35 d以上；7~8月高温、干旱期长；竹林内病竹枯梢残留量多，枯梢病有可能流行成灾。一般来说，山岗、风口、林缘、高山、阳坡、纯林内的新竹发病较重。

(4) 防治原则及措施

①加强竹林的抚育管理，在冬末春初毛竹出笋前，结合常规的砍竹、钩梢两项生产措施，彻底清除竹林内的死竹及病枝、病梢，以减少病害侵染源。

②加强检疫，禁止带病母竹和竹材外运，防止病害扩散；

③病害流行的年份,可用50%多菌灵1000倍液,或1∶1∶100的波尔多液在新竹发枝放叶期喷洒,间隔10~15 d连续喷2~3次。

5.1.3.5 泡桐丛枝病

(1)危害性及特点

泡桐丛枝病又称泡桐扫帚病,是泡桐的危险性病害。分布于我国泡桐栽培地区,以华北平原危害严重。泡桐一旦染病,在全株各个部位均可表现出受害症状。染病的幼苗、幼树常于当年枯死。大树感病后,常引起树势衰退,材积生长量大幅度下降,甚至死亡。

图5-8 泡桐丛枝病病状

(2)症状类型及病原识别

泡桐丛枝病危害泡桐的枝、干、根、花、果。幼树和大树发病,多从个别枝条开始,枝条上的腋芽和不定芽萌发出不正常的细弱小枝,小枝上的叶片小而黄,叶序紊乱,发病小枝又抽出不正常的更加细弱的小枝,造成局部枝叶密集成丛。有些病树多年只在一边枝条发病,没有扩展,仅由于病情发展使枝条枯死。有的树随着病害逐年发展,丛枝现象越来越多,最后全株都呈丛枝状态而枯死。病树根部须根明显减少,并有变色现象。1年生苗木发病,表现为全株叶片皱缩,边缘下卷,叶色发黄,叶腋处丛生小枝,发病苗木当年即枯死(图5-8)。该病的病原为植原体。

(3)发病规律

该病主要通过嫁接、病根繁殖、病苗的调运传播;病菌也可通过媒介昆虫取食,如烟草盲蝽、茶翅蝽传毒。病原侵入泡桐植株后引起一系列病理变化,病叶叶绿素含量明显减少,树木同化作用降低,能量积累减少,枝叶呈现瘦小、黄化、营养不良而逐渐枯死。病原在树体内可严重干扰叶内氮代谢,导致枝叶增生,树木出现病态。有时泡桐受侵染后不表现症状,这种无症状的植株有可能被选为采根母树。用病枝叶浸出液以摩擦、注射、针刺等方法接种泡桐实生苗,均不发生丛枝病;种子、病株土壤也不传病。

不同地理、立地条件和生态环境对丛枝病的发生蔓延有一定关系,发病有一定的地域性,高海拔地区往往较轻。用种子育苗在苗期和幼树未见发病。实生苗根育苗代数越多发病越重。根繁苗、平茬苗发病率显著增高。泡桐不同品种类型发病差异大。一般兰考泡桐、楸叶泡桐、绒毛泡桐发病率较高,白花泡桐、川泡桐较抗病。

(4)防治原则及措施

①培育无病苗木。严格选用无病母树供采种和采根用。注意从实生苗根部采根。采根后用40~50 ℃温水浸根30 min,或用50 ℃温水加土霉素(浓度为1000×10^{-6})浸根20 min有较好防病效果。不用留根苗或平茬苗造林,发病严重的地方最好实行种子育苗。

②及时检查苗圃和幼林地,发现病株及时刨除烧毁。

③对病枝进行修除或环状剥皮。由于病原物在寄主体内随寄主同化产物运行,可在春季泡桐展叶前,在病枝基部将韧皮部环状剥除,环剥宽度因环剥部位的枝条粗细而定,一

一般为 5~10 cm，以不能愈合为度，以阻止病原由根部向树体上部回流。夏季修除病枝，用利刀或锯把病枝从基部切除，伤口要求光滑不留茬，注意不撕裂树皮，切口处涂 1∶9 土霉素碱、凡士林药膏。若有新萌生的病枝可再次修除，使病原不能下行到根部。

④药物治疗。泡桐发病后，及早用 10 000 单位/mL 的兽用土霉素或四环素溶液，用树干注射机髓心注射或根吸治疗。具体方法如下：

　　a. 髓心注射。1~2 年生幼苗或幼树髓心松软，可直接用针管将药液注入髓部；大树可于树干基部病枝一侧上下钻两个洞，深至髓心，之后将药液慢慢注入其中。

　　b. 根吸治疗。在距树干基部 50 cm 处挖开土壤，在暴露的根中找 1 cm 粗细的根截断，将药液装入瓶内把根插入，瓶口用塑料布盖严，经一定时间后，药液就被树体吸入。

⑤叶面喷药。在苗木生长期间用 200 单位的土霉素溶液喷洒 1~2 次，可收到较好的效果。

⑥在 5~6 月，对传病媒介昆虫及时进行药剂防治。

任务评价

具体评价及标准见表 5-6。

表 5-6　林木枝干病害及防治任务评价表

任务名称：枝干病害及防治			完成时间：		
序号	评价内容	评价标准	考核方式	赋分	得分
1	知识考核	掌握枝干病害症状特点识别知识	卷面笔试（单人考核）	5	
		掌握枝干病害的病原及发生规律知识		5	
		熟知枝干病害发生程度调查知识		10	
		掌握枝干病害防治原理与方法		10	
2	技能考核	能识别枝干病害种类及病原	单人考核	10	
		调查路线清晰、方法正确、数据详实	小组考核	10	
		防治措施得当、效果理想	小组考核	10	
		操作规范、安全、无事故	小组考核	10	
3	素质考核	工作中勇挑重担，有吃苦精神	单人考核	2	
		与他人合作愉快，有团队精神		2	
		遵守劳动记录，认真按时完成任务		2	
		善于发现问题和解决问题		2	
		信息收集准确，有一定创新精神		2	
4	成果考核	能在规定时间内完成调查报告，内容翔实、书写规范、结果正确	小组考核	10	
		防治技术方案内容完整，条理清晰、措施得当，有一定的可行性	小组考核	10	
	总得分			100 分	

模块二 综合应用 主要林业有害生物防治

自测练习

一、填空题

1. 杨树烂皮病的典型识别症状是发生部位（　　），病斑上有许多略微突起的（　　），遇雨水或潮湿挤出许多（　　）色、胶状卷须物。是由病原（　　）引起的。
2. 毛竹枯梢病发生在（　　）上，症状分为（　　）型、（　　）型和株枯型。
3. 落叶松枯梢病发生在芽、松针、枝梢、根茎等部位，但主要发生在（　　），引起（　　）。
4. 松材线虫病的传播媒介为（　　）。

二、选择题

1. 以下病害中由植原体引起的有（　　）。
   A. 竹丛枝病　　B. 枣疯病　　C. 泡桐丛枝病　　D. 木麻黄枯萎病
2. 以下锈病中已发现转主寄主的有（　　）。
   A. 胡杨锈病　　B. 松针锈病　　C. 竹杆锈病　　D. 松疱锈病
3. 下列病害为国内林业检疫对象的是（　　）。
   A. 板栗疫病　　　　　　　　　B. 红松疱锈病
   C. 毛竹枯梢病　　　　　　　　D. 落叶松枯梢病

三、简答题

1. 试述杨树烂皮病的症状特点及防治方法。
2. 简述毛竹枯梢病症状特征。
3. 简述松材线虫病的症状与病原。

四、论述题

试述松材线虫病的症状特点及分离鉴定方法。

任务5.2　林木枝干害虫及防治

实施时间：调查时间为春季越冬虫体开始活动和秋季落叶后虫体越冬前；防治最佳时间为幼虫（若虫）危害初期或成虫羽化初期。

实施地点：有枝干害虫发生的苗圃或林地。

教学形式：现场教学、教学做一体化。

教师条件：校内教师和企业技术员共同指导。指导教师需熟知枝干害虫的发生规律，具备枝干害虫鉴别、调查与防治能力；具备组织课堂教学和指导学生实际操作能力。

学生基础：具备害虫识别基本技能，具有一定的自学和资料收集与整理能力。

5.2.1 杨树天牛调查与防治

5.2.1.1 知识准备

天牛属鞘翅目(Coleoptera)，天牛科(Cerambycidae)。种类很多，全世界已知2万种以上，我国亦有2000多种，主要以幼虫钻蛀植物茎干，在韧皮部和木质部蛀道危害，是森林植物重要的蛀茎干害虫。杨树以其适应性强，易繁殖，生长快等特点在全国各地广泛栽植，也是三北地区防风固沙、水土保持、农田林网的重要树种。近20年来在我国大部分地区危害严重，造成了巨大损失。更为严重的是，杨树天牛在"三北"地区总体上仍处于蔓延发展之势，杨树天牛的寄主种类也在不断增加，潜在威胁十分严重。若不采取有效措施加以防治，将会给林业生产带来严重经济损失。

5.2.1.1.1 星天牛[*Anoplophora chinensis*(Forster)]

(1)虫态识别

成虫 体长19~45 mm，体宽6~13.5 mm，体黑色，有光泽。头部和身体腹面被银白色和部分蓝灰色细毛。触角鞭状，第1~2节黑色，其他各节基部1/3有淡蓝色的毛环，其余部分黑色，雌虫触角超出身体1~2节，雄虫触角超出身体4~5节。前胸背板中瘤明显，两侧具尖锐粗大的侧刺突。鞘翅基部具黑色颗粒状小突起，每翅具大小白斑约20个，排成不整齐的5横行，第1~2行各4个，第3行5个斜形排列，第4行2个，第5行3个(图5-9)。

卵 长椭圆形，长5~6 mm，初为乳白色，后渐变为黄白色。

幼虫 老熟幼虫体长38~67 mm，扁圆筒形，乳白色至淡黄色。头部褐色。前胸背板后部有1个明显的"凸"字形，其前方有1对形似飞鸟的黄褐色斑纹，足略退化。

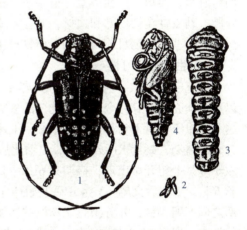

图5-9 星天牛
1.成虫 2.卵 3.幼虫 4.蛹

蛹 纺锤形，体长22~42 mm，初为黄白色，羽化前逐渐变为黄褐色。翅芽超过腹部第3节后缘，形似成虫。

(2)寄主及危害特点

主要分布于广西、广东、海南、台湾、福建、浙江、江苏、上海、山东、江西、湖南、湖北、河北、河南、北京、山西、陕西、甘肃、吉林、辽宁、四川、云南、贵州等地。食性杂，危害的主要寄主有桉树、木麻黄、油茶、油桐、胡桃、龙眼、荔枝、柑橘、苹果、梨、李、枇杷、杨、柳、榆、槐、母生、乌桕、相思树、樱花、海棠、苦楝、罗汉松、月季等50多种林木、果树及花卉植物。成虫取食叶片，咬食嫩枝皮层，严重的可导致枝条枯死；主要以幼虫蛀食近地面的主干及主根，破坏树体养分和水分运输，致使树势衰弱，降低树寿命，影响产量和质量，重者整株枯死。观察被害状。

(3) 生物学特性

南方1年1代，北方2～3年1代，以幼虫在被害枝干内越冬。越冬幼虫翌年3月开始活动。4月上、中旬陆续化蛹，蛹期20～30 d。4月下旬至5月上旬始见成虫，5～6月为成虫羽化盛期，8～9月仍有少量成虫出现，成虫寿命40～50 d。成虫羽化后取食叶片和幼枝嫩皮补充营养，产卵时先咬1个"T"形或"人"字形刻槽，再将产卵管插入刻槽一边，产卵于树皮夹缝中，每处产1粒，每雌产卵20～80粒，卵多产于距地面10 cm范围内的树干皮层中，产卵后分泌一种胶状物质封口，卵期9～15 d。初孵幼虫在产卵处皮层下盘旋蛀食，被害处有白色泡沫状胶质物或酱油状液体流出，2～3个月后蛀入木质部，开有通气孔1～3个，虫粪及木屑则从近地面处的通气孔排出，老熟幼虫化蛹前爬到近地面的蛀道内做1宽大蛹室，11月初开始越冬。幼虫期约10个月。主要危害1年生以上寄主树，郁闭度大、通风透光不良、管理粗放、周围有喜食寄主的林分受害重。

5.2.1.1.2 光肩星天牛[*Anonlophora glabripennis*(Motschulsky)]

(1) 分布与寄主

主要分布于辽宁、河北、山东、河南、湖北、江苏、浙江、福建、安徽、陕西、山西、甘肃、四川、广西等地。危害杨、柳、榆、械、刺槐、苦楝、桑等。成虫啃食嫩梢和叶脉，幼虫蛀食韧皮部和边材，并在木质部内蛀成不规则坑道，严重破坏生理机能，甚至全株死亡，是我国目前杨、柳等植物最主要害虫类群之一，能造成毁灭性灾害。

(2) 生活史及习性

在辽宁、山东、河南、江苏1年1～2代。在辽宁以1～3龄幼虫越冬的为1年1代；以卵及卵壳内发育完全的幼虫越冬的多为2年1代。越冬的老熟幼虫翌年直接化蛹；其他越冬幼虫于3月下旬开始活动取食。4月底5月初开始在坑道上部作蛹室。6月中、下旬为化蛹盛期，蛹期13～24 d。成虫羽化后停留6～15 d，咬10 mm左右圆形羽化孔飞出。成虫于6月上旬开始出现，盛期为6月中旬至7月上旬。成虫啃食叶柄、叶片及嫩表皮补充营养，2～5 d后交尾，3～4 d后开始产卵。在枝、干上咬一半椭圆形刻槽在韧皮部与木质部之间产卵1粒，并分泌胶状物涂抹产卵孔。产卵部位主要集中在树干枝杈和有萌生枝条的地方。卵经12 d左右孵化。初龄幼虫取食刻槽边缘腐烂变质部分，并从产卵孔向外排出虫粪及木屑。2龄开始横向取食树干边材部分。3龄开始蛀入木质部，并向上方蛀食。常由蛀孔排出虫粪、木屑及树液等。坑道不规则，长约6.2～11.6 cm，末端常有通气孔。2年1代的幼虫于10～11月越冬。在9～10月产的卵一直到第2年才孵化。有的幼虫孵出后，在卵壳内越冬。

光肩星天牛成虫主动迁飞能力不强，且往往只在临近的寄主上危害、繁殖。其扩散蔓延，除与嗜食树种有关外，主要是因为带虫原木扩散，以及未能及时清除、控制虫源木（图5-10）。

5.2.1.1.3 青杨楔天牛[*Saperda populnea*(Linnaeus)]

(1) 分布与寄主

又名青杨天牛。国内主要分布于华北、东北、西北、山东、河南；国外分布于朝鲜、俄罗斯、欧洲、北非。危害杨柳科植物。

(2) 生活史及习性

1年1代，以老熟幼虫在树枝的虫瘿内越冬。河南3月上旬、北京3月下旬、沈阳4月初开始化蛹，蛹期20~34 d。羽化后约经2~5 d咬羽化孔外出，出孔时间比较集中，历时7 d左右。成虫在河南3月下旬、北京4月中旬、沈阳5月上旬开始出现。出孔后2~5 d交尾，在1~3年生直径5~9 mm的枝上咬倒马蹄形刻槽，产1粒卵于木质部与韧皮部之间。产卵历期5~14 d。每雌可产卵14~49粒。卵经7~11 d孵化，初孵幼虫向刻槽两边的韧皮部侵害，10~15 d后蛀入木质部。被害部位逐渐膨大形成纺锤状虫瘿，蛀道内充满虫粪及木屑，阻碍养分的正常运输，使枝梢干枯，易遭风折，或造成树干畸形，呈秃头状，影响成材。如在幼树主干髓部危害，可使整株死亡。10月上旬幼虫老熟，以蛀屑在虫道末端筑蛹室在其中越冬(图5-11)。

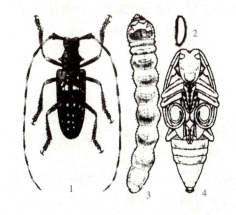

图5-10 光肩星天牛
1. 成虫 2. 卵 3. 幼虫 4. 蛹

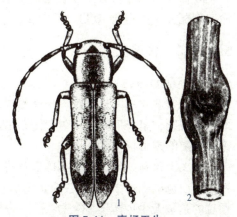

图5-11 青杨天牛
1. 成虫 2. 危害状

5.2.1.2 计划制订

(1) 小组分工

每4~6人为一组，设组长1人，操作员2~4名、记录员1名。

(2) 备品准备

仪器：打孔注药机、实体解剖镜、背负式喷雾机等。

用具：放大镜、镊子、锤子、毛刷、天平、量筒、塑料桶、木板等。

材料：本地区枝干害虫标本及所需农药等。

(3) 工作预案

以小组为单位领取工作任务，根据查阅相关资料和任务单要求，结合国家和地方杨树天牛防治技术标准拟定调查和防治预案。

调查预案包括：调查时间、调查路线、调查方法、调查结果汇总分析等。防治预案包括防治原则和技术措施等。

对天牛的防治，应以林业措施为基础，充分发挥树种的抗性作用及天敌的抑制作用，进行区域的宏观控制，辅以物理、化学的方法，进行局部、微观治理，将灾害控制在可以忍受水平之下。具体措施应从以下几个方面考虑：

①加强营林栽培管理措施。选用抗虫、耐虫树种，营造混交林，加强管理，增强树势，及时清除虫害木。

②保护利用天敌。注意保护利用啄木鸟、寄生蜂、蚂蚁、螳螂等天敌。

③人工物理防治。5~6月成虫盛发期，利用成虫羽化后在树冠补充营养、交尾的习性，人工捕杀成虫。6~7月寻找产卵刻槽，可用锤击、刀刮等方法消灭其中的卵及初孵幼虫。用铁丝钩杀幼虫。

④药剂防治。成虫期在寄主树干上喷施威雷(8%氯氰菊酯、45%高效氯氰菊酯触破式微胶囊水悬剂)、2.5%溴氰菊酯乳油或20%菊杀乳油等500~1000倍液。对尚在韧皮部下危害未进入木质部的低龄幼虫，可用20%益果乳油或50%杀螟松乳油等100~200倍液喷涂树干，防效显著。对已进入木质部的大龄幼虫，可用50%辛硫磷乳油或40%乐斯本乳油20~40倍液，用注射器注入或用药棉沾药塞入蛀道毒杀幼虫。树干基部涂白，可防产卵。涂白剂配方：生石灰10份、硫黄1份、食盐1份、水20份，搅拌均匀即成。

5.2.1.3 任务实施

(1)现场识别

①被害状识别。枝条咬一椭圆形或唇形产卵刻槽；从产卵孔排出白色木屑粪便，隧道形状不规则，呈"S"形或"V"形为光肩星天牛；枝条有马蹄形产卵刻槽，幼虫危害造成纺锤状虫瘿的是青杨天牛。

②成虫识别。现场若看到体黑色有光泽，前胸两侧各有一个刺状突起，鞘翅上有大小不同的白色绒毛斑20个左右的是光肩星天牛。与前者非常相似，在鞘翅基部密布黑色小颗粒的是星天牛；体长28~37 mm，全体黑色有光泽，前胸棕红色，体长11~14 mm，黑色，密布金黄色绒毛，前胸上面有3条纵向黄色带，鞘翅上各有4个距离几乎相等的黄色绒毛斑的青杨天牛。

③幼虫识别。光肩星天牛初孵化幼虫为乳白色，老熟后体长约50 mm，淡黄褐色。前胸背板黄白色，后半部有凸字形硬化的黄褐色斑纹。胸足退化，1~7腹节背腹面各有步泡突一个。青杨天牛老熟幼虫体长10~15 mm，胸部背面有凸形纹。

④蛹的识别。天牛的蛹为离蛹，一般为乳白色。

⑤卵的识别。天牛的卵一般为乳白色，两端略弯曲。

(2)杨树天牛调查

第一步　在欲调查的林分进行踏查，记栽林分状况因子，记载蛀干害虫分布状况和危害程度，其中受害株率10%以下为轻微，11%~20%为中等，21%以上为严重。

第二步　在危害轻、中、重的地段，先设标准地，其要求与食叶害虫标准地设置要求相同，每块标准地应有50株以上树木。

第三步　在标准地内，分别调查健康木、衰弱木、濒死木和枯立木各占的百分率。如有必要可从被害木中选3~5株样树，伐倒，量其树高、胸径，从干基至树梢剥1条10 cm宽的树皮，分别记载各种害虫侵害的部位及范围，绘出草图。虫口密度的统计，则在树干南北方向及上、中、下部、害虫居住部位的中央截取20 cm×50 cm的样方，查明害虫种类、数量、虫态，并统计1 m^2和单株虫口密度(表5-7、表5-8)。

表 5-7 蛀干害虫调查表

调查日期	调查地点	样地号	总株数	健康木		卫生状况	虫害木						害虫名称	备注
				株数	比例（%）		衰弱木		濒死木		枯立木			
							株数	比例（%）	株数	比例（%）	株数	比例（%）		

表 5-8 蛀干害虫危害程度调查表

样树号	样树因子			害虫名称	虫口密度（1000 cm²）				其他
	树高(m)	胸径(cm)	树龄(年)		成虫	幼虫	蛹	虫道	

(3)杨树天牛除治作业

①制作空心木段招引啄木鸟。

第一步 每组截取直径 20~30 cm，长 0.5 m 的木段 5 个。

第二步 将木段从一端用刀对半劈开，挖 20 cm 长，内径 10 cm 的空槽(不能凿洞口)。

第三步 将木段再合拢，两端用铁丝绑实，不留缝隙，木段上端钉 1 个大于木段直径的方形板。将木段绿铅油编号。

第四步 每组选择 30 hm² 的杨柳树林分，在林地中以 150 m 的间距选择悬挂的林木。用木柱升降器攀到树高 8~10 m 处用铁丝将招引木段竖向捆绑树上。

②药剂堵虫孔法。

第一步 选择有蛀干幼虫危害的林分，找到新鲜虫孔。

第二步 将有效成分含量为 56% 的磷化铝片剂(每片 3.3 g)用刀分成 0.1~0.3 g 小颗粒(如果用 0.1 或 0.3 g 的可塑性丸剂就不必切割)。

第三步 将 0.1~0.3 g 的小颗粒塞入虫孔，用泥土封口。

③毒签防治。

第一步 寻找天牛幼虫危害新鲜虫孔。

第二步 最好先用铁丝类的工具将天牛幼虫最新鲜的排粪孔掏通 5 cm，并探准蛀孔方向。

第三步 将毒签从探准的蛀孔中插入木质部(以药头全部插入蛀孔内为准)。

第四步 取泥土封堵毒签四周及其他所有陈旧的蛀孔。

④打孔注药防治。

第一步 安装好打孔注药机，加好 90 号汽油和药剂。

第二步 将使用的药剂按药∶水按 1∶(1~3)的比例进行配制后，装入药桶中备用。

第三步 在杨树主干基部距地面 30 cm 处钻孔，钻头与树干成 45°角，胸径在 15 cm 以下，钻 1~2 个孔洞；30 cm 以下钻 2~3 个孔洞；30 cm 以上的钻 4~5 个孔洞；孔深 6~

8 cm，不宜用力压，时刻注意拔钻头，孔径为 10 mm 或 6 mm，孔深 30~50 mm。如果出现钻头卡在树中时，要马上松开油门控制开关，使机器处于怠速状态，然后停机，左旋旋出钻头。

第四步 用注射器将一定量的药液注入孔中。外用泥土封口。

(4) 药剂防治效果检查

防治作业实施 12 h、24 h、36 h，学生利用业余时间到防治现场检查药剂防治效果。将检查结果填入害虫药效检查记录表（表 5-9）。

表 5-9 害虫药效检查记录表

检查日期	检验地点	取样方法	标准树	处理方法（药剂名称、浓度、用量）	检查虫数						活虫数	死亡数	死亡率（%）
					12 h		24 h		36 h				
					总虫	死亡	总虫	死亡	总虫	死亡			

$$害虫死亡率(\%) = \frac{防治前活虫数 - 防治后活虫数}{防治前活虫数} \times 100\% \tag{5-4}$$

5.2.2 松突圆蚧调查与防治

5.2.2.1 知识准备

(1) 虫态识别

取松突圆蚧（*Hemiberlesia pitysophila* Takagi）生活史玻片标本置于显微镜下观察成虫、若虫形态：

成虫 雌成虫体梨形，淡黄色；体外被有介壳，雌介壳圆形或椭圆形，灰白色或浅灰黄色，背面稍隆起，壳点位于中心或略偏，介壳上有 3 圈明显轮纹；雌成虫 2~4 腹节侧边稍突出；触角疣状，上有毛 1 根。雄成虫橘黄色，长约 0.8 mm，翅 1 对，膜质，上有翅脉两条，体末端交尾器发达，长而稍弯曲（图 5-12）。

若虫 若虫泌蜡，蜡丝封盖全身后增厚变白，形成圆形介壳；触角呈不规则的圆锥形。

(2) 分布与危害

松突圆蚧，主要分布于福建、台湾、广东、香港、澳门。主要危害马尾松、湿地松、加勒比松、黑松等松属植物，其中马尾松受害最重。

(3) 生物学特性

该虫在广东 1 年 5 代，以 4 代为主，3 月中旬至 4 月中旬为第 1 代若虫出现的高峰期，以后各代依次为：6 月初至 6 月中旬，7 月底至 8 月中旬，9 月底至 11 月中旬。3~6 月是

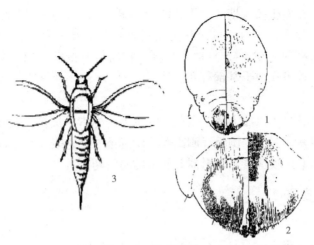

图 5-12 松突圆蚧
1. 雌成虫 2. 雌成虫臀板 3. 雄成虫

全年虫口密度最大、危害最严重时期。世代重叠,任何一个时间都可见到各虫态的不同发育阶段。以成虫和若虫越冬,越冬种群中以 2 龄若虫为主。自然传播依靠初孵若虫随风力传播。远距离传播方式以成虫、若虫、卵、随盆景、苗木、球果、新鲜枝杈的调运而传播。天敌种类很多,主要有红点唇瓢虫、圆果大赤螨、花角蚜小蜂等。

5.2.2.2 计划制订

(1) 小组分工

每 4~6 人为一组,设组长 1 人,操作员 2~4 名、记录员 1 名。

(2) 工作预案

以小组为单位领取工作任务,根据查阅相关资料和任务单要求,结合国家和地方松突圆蚧防治技术标准拟定调查和防治预案。

调查预案包括:调查时间、调查路线、调查方法、调查结果汇总分析等。防治预案包括防治原则和技术措施等。

对松突圆蚧的防治,应以加强检疫为基础,严格控制松突圆蚧的传播和扩散,在虫害发生地要综合人工防治、化学防治和生物防治等防治措施,特别是要积极引进和释放天敌,将松突圆蚧发生控制在较低水平。具体措施应从以下几个方面考虑:

①加强检疫。强化检疫措施,对引进和调出的苗木、接穗、果品等植物材料,严格检疫,防止松突圆蚧的传入或传出。对于带虫的植物材料,应立即进行消毒处理。常用的熏蒸剂有溴甲烷,用药量 20~30 g/m³,时间 24 h。

②林业技术措施。在该蚧壳虫危害的松林应适当进行修枝间伐,保持冠高比为 2∶5,侧枝保留 6 轮以上,以降低虫口密度,增强树势。修剪下的带蚧枝条要集中销毁。

③生物防治。在疫情发生区,采用林间繁殖松突圆蚧花角蚜小蜂(*Coccobius azumai* Tachikawa)种蜂,并在林间人工释放就地繁育的种蜂,并加强对天敌的保护和促进,实现可持续控制该蚧目标。引进和释放天敌也是控制危害的有效方法。

④化学防治。在发生高峰期,采用50%杀扑磷、25%喹硫磷药剂,500倍液林间喷雾防治效果均达80%以上,对雄蚧的杀伤力也远远优于其他农药。使用松脂柴油乳剂可在10~11月进行飞机喷洒或在4~5月地面喷洒。在幼龄蚧虫发生期,在树干刮去粗皮,在环带上涂内吸剂,也可在树干基部打孔注药。

(3)备品准备

①害虫识别材料用具。放大镜、毒瓶、捕虫器、标本采集箱、昆虫针、乙醇等。

②调查材料用具。测绳、围尺、测高器、望远镜、调查表、记录本以及地形图等。

③防治材料用具。喷雾器、注射器及所需的防治药剂。

5.2.2.3 任务实施

(1)现场识别

①被害状识别。该蚧群栖于松针基部叶鞘内,吸食松针汁液,致使受害处变色发黑,缢缩或腐烂,从而使针叶枯黄、脱落,严重影响树木的生长。

②成虫识别。见表5-10。

表5-10 松突圆蚧死、活虫体特征

死 虫	活 虫
介壳外表干燥,褐色微带白	介壳背面隆起,灰白或淡黄色
结构较疏松	结构较紧密
虫体不饱满或干瘪,或霉烂	虫体饱满,体表光滑
针尖触及虫体不动	针尖触及虫体微动
体褐色或黑褐色	体色鲜艳,蛋黄或黄色,色泽均一
体液清稀无黏性	体液较稠有黏性

③各虫态识别。见表5-11。

表5-11 松突圆蚧各虫态主要特征

虫态	形态特征
初孵若虫	无介壳包被,体型小,长0.2~0.3 mm,淡黄色,活体爬动寻找寄生位置
1龄若虫	蚧壳圆形,白色,边缘半透明
2龄若虫	性分化前为圆形,介壳中央可见橘红色的一龄蜕皮;性分化后,雌若虫体型增大,雄若虫蚧壳变长卵形。浅褐色,壳点突出一端,虫体前端出现眼点
雄蛹、成虫	离蛹,附肢明显,蚧壳与2龄雄若虫相似,雄虫有翅,体长0.8 mm
雌成虫	体较大,长0.7~1.1 mm,梨形,附肢全退化,蚧壳有3圈明显轮纹

(2)松突圆蚧调查

①标准地的设置。在松突圆蚧分布区内选择5~10块,5~10年生的松林地,每块观察地选择1~2个林业作业小班(或山头)作为固定观察点,定小班(或山头),不定树进行观察,按二类资源档案和虫情资料建立观察点内所有小班资料档案,建立松突圆蚧标准地概况记录表(表5-12)。

表 5-12　松突圆蚧虫情调查表

乡镇名称：		乡镇代码：	
村名称：		村代码：	
标准地编号：		地点描述：	
林班(小班)号：		林班(小班)面积(亩)：	
主要树种：		林木组成：	
树龄(年)：		胸径(cm)：	
树高(m)：		枝条盘数(条)：	
冠幅(m)：		郁闭度(0~1.0)：	
坡向(阴、阳、平)：		坡度(0°~90°)：	
其他病虫：		土层厚度(cm)：	
土壤质地：		调查株数：	
植被种类：		调查虫态：	
调查面积(代表面积)(亩)：		有虫株率(%)：	
有虫株数：		虫情等级(轻、中、重)：	
虫口密度(头/针束)：		发现时间：	
是否新扩散：		调查时间：	
调查人：			

填写说明：

1. 该表统计可用于虫情监测的临时标准地和系统观察的固定标准地的虫情调查，每年调查两次，每块标准地调查只填一张表。

2. 乡镇代码：01~99，以县为单位统一编码；村代码：01~99，以乡为单位统一编码；标准地代码：编号 001~999。标准地号由 7 位数字组成，头两位为乡镇代码，中间两位为村代码，后三位为标准地代码。即：标准地号=乡镇代码+村代码+标准地代码。

3. 用于系统观察的固定标准地号一经确定，不得随意更改。

②观察内容与方法。定期观察：在标准地固定小班内于每月采样观察一次，在标准地内选择 20 株标准树，在每株树冠中部的东、南、西，北四个方向各取一枝条，随机抽取各枝条上的 2 年生的针叶 10 束，带回室内镜检，将各种若虫、雄蚧(含蛹和成虫，下同)、雌成虫及活虫、死虫和被寄生数分别统计，其中死虫数不包含寄生数。总虫口密度是指每针束平均各虫态的活虫总数，雌蚧密度是指每针束平均活雌蚧的数量。

③资料汇总。将定期观察的结果按观察地分别汇总，分 3 种虫态(若虫、雄蚧、雌蚧)统计，各种虫态合计是指将上述 3 种虫态合计，分别计算出存活率、寄生率和虫口密度。

④定期收集寄生蜂。于每年 5~6 月的中旬在进行虫情调查的同时，采集一定数量的有松突圆蚧的枝梢在室内进行收蜂观察，每天记录收蜂情况，包括每天蜂羽化数，分别记录蜂的种类，至 15 d 后进行解剖，统计松突圆蚧被寄生数和雌蚧、雄蛹数并计算寄生率。

(3)松突圆蚧除治作业

①生物防治法。利用花角蚜小蜂进行松突圆蚧的防治。

第一步　收蜂：在花角蚜小蜂繁育基地的收集花角蚜小蜂，用指形管收集花角蚜小蜂。

第二步　进行林间放蜂点的选择。先根据松林分布情况在林业基本图上规划放蜂小班，再实地调查松突圆蚧的虫口密度，选择交通便利、立地条件和生态环境良好、松林郁闭度高、松突圆蚧有虫针束率大、林下有花植物丰富、避风的山林作为花角蚜小蜂林间放蜂点。选择冠幅较大、虫口密度较高、松针茂密、树势较好、高度适中、便于伸手操作的松树作为放蜂树。

第三步　放蜂。林间放蜂宜选择在晴朗的早晨或傍晚，最好避开雨天。放蜂时，先用绳子把放蜂管固定在松针较密集、松突圆蚧虫口密度较大的松枝上，管口向光，可用手捂住管口遮光，使花角蚜小蜂集中于管底，再将棉花塞取出，花角蚜小蜂趋光性强，很快从管内弹跳至松针上。每一放蜂点 1 次放蜂数量应不少于 200 只。对放蜂点建立保护规划，防止森林火灾、化学药物污染、盗砍滥伐和人为修枝等破坏，以保护花角蚜小蜂种群的繁衍和正常扩散，有效发挥其对害虫的控制作用。

②营林措施。

第一步　选择修枝或疏伐的松林。选择密度较大的，松突圆蚧发生中等或严重程度的，较易开展修枝或疏伐的松林。

第二步　进行修枝或疏伐。对松林进行疏伐，增加松林透光度，最佳郁闭度为 0.5；对于密度不大，但树冠较大的松林，采取修枝措施，将郁闭度调整至 0.5，通过疏伐或修枝，以降低虫口密度，增强松林的抗性。修剪下的带蚧枝条要集中销毁。

③化学防治。

第一步　农药的准备。选择 50% 杀扑磷乳油，按 500 倍液配制好喷雾药液。

第二步　选择施药点。选择松突圆蚧发生中等或严重程度的松林，作为开展化学防治的林分。

第三步　开展喷雾法处理。用背负式喷雾器进行喷雾处理，尽量做到均匀喷洒，至全部针叶湿润而药液不下滴为止。

(4) 防治效果调查

①寄生蜂定居的调查。放蜂 3 个月后，在放蜂点周围的树上采集 200 束以下、雌蚧 100 只以下的松针，带回室内镜检，如发现有释放的寄生蜂种类的蛹或卵、幼虫的，则表明定居成功。

②寄生蜂控治效果调查。放蜂半年后，分别在距放蜂点 10 m、50 m、100 m 处选设固定标准树 5~10 株，每隔半年在标准树上采样一次。每个样本在解剖镜下解剖检查雌蚧 50 只，记录寄生其上的、由释放的寄生蜂种类产生的卵、幼虫、蛹和羽化孔的数量，同时检查记录 100 束松针的松突圆蚧雌蚧的死活虫数，计算寄生率和雌蚧密度。

③营林措施防治效果调查。在样地马尾松林分郁闭度调整前，对每块样地进行虫口密度调查，郁闭度调整后第 2 年的同一时间再进行不同郁闭度下虫口密度变化情况调查。虫口密度的调查方法：每块样地抽取样株 5 株，每样株的树冠中层位置按东、西、南、北方向各采一条侧枝，每条侧枝上，摘下 10 针束老针叶，剥开叶鞘，在双筒解剖镜下镜检，用昆虫针剥开松突圆蚧的外壳检查其存活、雌雄、虫态等，统计活虫的虫口密度。

④化学防治效果调查。在化学防治前，对每块样地进行虫口密度调查，在喷雾防治后 21 d，对虫口密度变化情况调查。虫口密度的调查方法：每块样地抽取样株 5 株，每样株的树冠中层位置按东、西、南、北方向各采一条侧枝，每条侧枝上，摘下 10 针束老针叶，剥开叶鞘，在双筒解剖镜下镜检，用昆虫针剥开松突圆蚧的外壳检查其存活、雌雄、虫态

等，统计活虫的虫口密度。

5.2.3 其他枝干害虫及防治

林木枝干害虫除杨树天牛之外，小蠹虫类、象甲类、木蠹蛾类、蝙蝠蛾类、透翅蛾类、螟蛾类、茎蜂类以及介壳虫类中的许多害虫种类也对林木枝干造成严重危害，各地可根据当地实际发生的种类有针对性及进行教学，学生也可利用业余时间通过自学和查阅相关资料，了解和掌握林木主要枝干害虫的防治技术。

5.2.3.1 红脂大小蠹（*Dendroctonus valens* Le Conte）

(1) 虫态识别

成虫 体长 5.3~9.6 mm。初羽化时呈棕黄色，后变为红褐色。额面有不规则突起，其中有 3 个高点，排成"品"字形；额面上有黄色绒毛，由额心向四外倾状。口上突边缘隆起，表面光滑有光泽。前胸背板上密被黄色绒毛。鞘翅的长宽比为 1.5，翅长与前胸背板长宽比值为 2.2；鞘翅斜面中度倾斜、隆起（图 5-13）。

卵 卵圆形，0.9~1.1 mm，乳白色，有光泽。

幼虫 白色。老熟时体长平均 11.8 mm。腹部末端有胴痣，上下各具 1 列刺钩，呈棕褐色。虫体两侧有 1 列肉瘤，肉瘤中心有 1 根刚毛，呈红褐色。

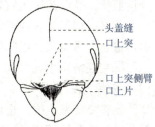

图 5-13 红脂大小蠹额面

蛹 体长 6.4~10.5 mm。初为乳白色，渐变浅黄色或暗红色，腹末端具 1 对刺突。

(2) 寄主及危害特点

主要分布于河北、山西、河南、陕西。主要危害油松，还危害白皮松，偶见侵害华山松、樟子松、华北落叶松。该虫主要危害胸径在 10 cm 以上松树的主干和主侧根，以及新鲜油松的伐桩、伐木，侵入部位多在树干基部至 1 m 处。以成虫或幼虫取食韧皮部、形成层。当虫口密度较大、受害部位相连形成环剥时，可造成整株树木死亡。该虫在 2004、2013 年均被列入全国林业检疫性有害生物名单。

(3) 生物学特性

该虫一般 1 年 1 代，较温暖地区 1 年 2 代。以成虫和幼虫以及少量的蛹在树干基部或根部的皮层内越冬。越冬成虫于 4 月下旬开始出孔，5 月中旬为盛期；成虫于 5 月中旬开始产卵；幼虫始见于 5 月下旬，6 月上中旬为孵化盛期；7 月下旬为化蛹始期，8 月中旬为盛期；8 月上旬成虫开始羽化，9 月上旬为盛期。成虫补充营养后，即进入越冬阶段。

越冬老熟幼虫于 5 月中旬开始化蛹，7 月上旬为盛期；7 月上旬开始羽化，下旬为盛期；7 月中旬为产卵始期，8 月上中旬为盛期；7 月下旬卵开始孵化，8 月中旬为盛期。8~9 月越冬代的成虫、幼虫与子代的成虫、幼虫同时存在，世代重叠现象明显。

越冬成虫出孔以 9:00~16:00 最多。出孔后，雌成虫首先寻找寄主，危害胸径 10 cm 以上的健康油松，以及新鲜伐桩，然后引诱雄成虫侵入，两成虫共同蛀食坑道。母坑道为直线型，一般长 30~65 cm，宽 1.5~2.0 cm。侵入孔到达树干形成层之后，大部分是先向上蛀食一小段，然后拐弯向下蛀食，也有一些直接向下蛀食。坑道内充满红褐色粒状虫粪和木屑混合物，这些混合物随松脂从侵入孔溢出，形成中心有孔的红褐色的漏斗状或不规则凝脂块。侵入孔直径为 5~6 cm，一般位于树干基部至 1 m 左右处，距地面 30~50 cm 范围最多。

雌雄成虫在坑道内交尾和产卵，雌成虫边蛀食边产卵，卵产于母坑道的一侧。产卵量 35~157 粒，平均 100 粒左右。此时，雄成虫继续开掘坑道或从侵入孔飞出。卵期为 10~13 d，幼虫孵出后在韧皮部内背向母坑道群集取食，形成扇形共同坑道，坑道内充满红褐色细粒状虫粪。幼虫沿母坑道两侧向下取食可延伸至主根和主侧根，将韧皮部食尽，仅留表皮。幼虫共 4 龄，老熟后，在沿坑道外侧边缘的蛹室内化蛹。蛹室在韧皮部内，由蛀屑构成。蛹期 11~13 d。初羽化成虫在蛹室停留 6~9 d，待体壁硬化后蛀羽化孔飞出。

(4) 防治措施

红脂大小蠹的防治，应以加强检疫为主，合理经营森林，提高林分抗性；做好疫区的疫情监测，及时控制虫灾发生。具体从以下几个方面考虑：

①在疫情发生区或毗邻林内，设置红脂大小蠹引诱剂诱捕器对其种群动态进行监测。也可进行大量诱杀，以降低种群数量。

②在疫情发生区，利用新鲜油松伐根诱集成虫，然后再进行塑料布密闭磷化铝片剂（3.2 g/片）熏杀。

③在疫情发生区，也可采用 40%氧化乐果乳油、80%敌敌畏乳油 5 倍液在主干上用注射器进行虫孔注药（每孔注药 5 mL），成虫防治效果可达 90%以上。

④在红脂大小蠹成虫扬飞期间，在寄主树干下部喷洒 25 倍缓释微胶囊（绿色威雷）毛药剂，可杀死其成虫。

5.2.3.2　杨干象（*Cryptorrhynchus lapathi* Linnaeus）

(1) 虫态识别

成虫　体长 8~10 mm，长椭圆形，黑褐色；喙、触角及跗节赤褐色。全体密被灰褐色鳞片，其间散生白色鳞片，形成不规则横带，前胸背板两侧和鞘翅后端 1/3 处及腿节上的白色鳞片较密；黑色束在喙基部有 3 个横列，前胸背板前方 2 个、后方横列 3 个，鞘翅第 2 及第 4 刻点沟间部 6 个。喙弯曲，中央具 1 条纵隆线；前胸背板短宽，前端收窄，中央有 1 条细纵隆线；鞘翅后端 1/3 向后倾斜，逐渐收缩成 1 个三角形斜面（图 5-14）。

卵　椭圆形，长 1.3 mm，宽 0.8 mm。乳白色。

幼虫　老熟幼虫体长约 9 mm，乳白色，被稀疏短黄毛。头部黄褐色，前缘中央有 2 对刚毛，侧缘有 3 个粗刚毛，背面有 3 对刺毛。胸足退化，退化痕迹处有数根黄毛。气门黄褐色。

蛹　体长 8~9 mm，乳白色。前胸背板有数个刺突，腹部背面散生许多小刺，末端具 1 对向内弯曲的褐色小钩。

(2) 寄主及危害特点

主要分布于东北及陕西、甘肃、新疆、河北、山西、内蒙古。主要危害杨、柳、桤木和桦树，是杨树的毁灭性害虫。幼虫取食木栓层，然后逐渐深入韧皮部及木质部之间，环绕树干蛀食，形成圆形坑道，蛀孔处的树皮常裂开呈刀砍状，部分掉落而形成伤疤。该虫被列入全国林业检疫性有害生物名单。

(3) 生物学特性

在辽宁省1年1代，以卵和初孵幼虫在枝干韧皮部内越冬。翌年4月中旬幼虫开始活动，越冬卵也相继孵化。初孵幼虫先取食韧皮部，后逐渐深入韧皮部与木质部之间环绕树干蛀食。5月下旬在蛀道末端筑室化蛹。蛹期10~15 d，成虫6月中旬开始羽化，出现盛期为7月中旬。新羽化成虫约经5~7 d补充营养后交尾，继续补充营养约1周后方能产卵，卵产于叶痕或裂缝的木栓层中，多选择3年生以上的幼树或枝条，每个产卵孔1粒卵，并以分泌物堵孔。一生产卵40余粒。卵期14~21 d，幼虫孵化后即越冬或以卵直接越冬。

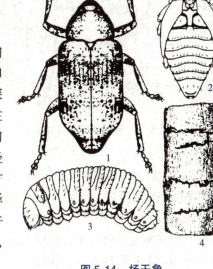

图5-14 杨干象
1. 成虫 2. 蛹 3. 幼虫 4. 危害状

(4) 防治原则与措施

杨干象的防治，应以严格检疫和营林技术为主，充分保护利用天敌，因地制宜运用多种相辅相成的预防和除治措施。具体从以下几个方面考虑：

①严格检疫。严禁带虫苗木及原木外运，或彻底处理后放行。

②选用抗虫品种。如小叶杨、龙山杨、白城杨、赤峰杨等高抗品种；加强管理措施，增强树势，减少被侵害的机会；利用杨干象的非寄主植物与寄主植物混合搭配，营造混交林。

③物理防治。在成虫期，利用成虫振落下地后的假死性，进行人工捕杀，或在初孵幼虫期用刀片将虫挖出后消灭。

④生物防治。保护鸟类天敌，采取人工招引啄木鸟等，以保护和促进其天敌资源，抑制虫害的发生。

⑤化学防治。在幼虫2~3龄时，采用2.5%溴氰菊酯乳油或20%氰戊菊酯乳油30~50倍液点涂枝干受害部位防治，或用100~200倍液喷干防治。对老龄幼虫采用磷化铝颗粒剂塞入排粪孔防治，剂量0.05 g/孔。在成虫期可用25%灭幼脲油剂、或15%~25%灭幼脲油胶悬剂、或1%抑食肼油剂进行喷雾防治，可以降低产卵量。

5.2.3.3 芳香木蠹蛾东方亚种（*Cossus cossus orientalis* Gaede）

(1) 虫态识别

成虫 体灰褐色，粗壮。雌虫体长28.1~41.8 mm，雄虫22.6~36.7 mm。雌虫翅展61.1~82.6 mm，雄虫50.9~71.9 mm。触角栉齿状。头顶毛丛和领片鲜黄色，翅基片和胸背面土褐色，中胸前半部为深褐色，后半部为白、黑、黄相间；后胸有1条黑横带，其前为银灰色，腹部灰褐色，有不明显的浅色环。前翅灰色，仅前缘有8条短黑纹，中室内3/

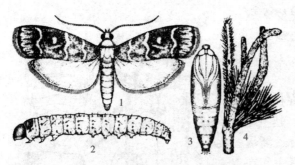

图 5-15 芳香木蠹蛾东方亚种
1. 成虫 2. 幼虫 3. 蛹 4. 危害状

4处及稍外有2条短横线，中室端部的横脉白色，翅端半部褐色，条纹变化较大。后翅中室白色，其余暗褐色，端半部有波状横纹。后翅反面中室之外有1明显的暗斑。中足胫节1对距；后足胫节2对距（图5-15）。

卵　椭圆形，灰褐色或黑褐色。长径1.18~1.60 mm，短径0.86~1.34 mm，卵壳有纵行隆脊，脊间具横行刻纹。

幼虫　扁圆筒形，胸部背面紫红色，略显光泽；其腹部成黄或桃红色。前胸背板有1个"凸"形黑斑，中间有1白色纵条纹，伸达黑斑中部；中胸背板有1个深褐色长方形斑；后胸背板有2块褐色圆斑。老熟幼虫体长58~90 mm。腹足趾钩三序环状；臀足趾钩为双序横带。

蛹　蛹体向腹面略弯曲，红棕色或黑棕色，雌蛹体长30.4~45.5 mm，雄蛹体长26~45.4 mm。雌蛹腹背2~6节、雄蛹2~7节，每节上有2行刺列，其余各节仅有1行刺列。臀部有齿突3对，腹面的一对较粗大。茧土质，肾形。

(2) 寄主及危害特点

主要分布于黑龙江、吉林、辽宁、内蒙古、河北、北京、天津、山东、河南、山西、陕西、宁夏、甘肃、新疆、青海。主要危害杨树、柳树、榆树、槐树、刺槐、桦树、山荆子、白蜡、稠李、梨、桃、丁香、沙棘、栎树、榛树、胡桃、苹果等。幼虫蛀入枝、干和根颈的木质部内危害，蛀成不规则的坑道，造成树木的机械损伤，破坏树木的生理机能，使树势减弱，形成枯梢或枝、干风折，甚至整株枯死。观察被害状标本。

(3) 生物学特性

在山东和辽宁沈阳均2年1代，跨3年，第1年以幼虫在树干内越冬，第2年老熟后离树干入土越冬。第3年5月化蛹，6月出现成虫，成虫寿命4~10 d，有趋光性。卵产于离地1~1.5 m的主干裂缝为多，多成堆、成块或成行排列。幼虫孵化后，常群集10余头至数十头在树干粗枝或根际爬行，寻找被害孔、伤口或树皮裂缝处蛀入，先取食韧皮部或边材。树龄越大受害越重。

(4) 防治原则与措施

芳香木蠹蛾东方亚种的防治，应根据虫口密度大小分类施策。在虫口密度较大的林分，以化学防治为主，辅以灯诱；在虫口密度中等的林分，则以灯诱及人工合成性诱剂诱杀为主，辅以人工捕捉成虫等措施；在虫口密度最重或轻的林分，以营林措施为主，包括改建及保护啄木鸟等。具体措施应从几个方面考虑：

①林业技术措施。培育抗性品种；营造多树种的混交林；加强抚育管理，避免在木蠹蛾产卵前修枝，其他时期剪口要平滑，防止机械损伤，或在伤口处涂防腐杀虫剂；对被害严重、树势衰弱、主干干枯的林木进行平茬更新或伐除；在成虫产卵期，树干进行涂白，防止成虫产卵。

②物理防治。利用成虫的趋光性，在成虫的羽化盛期，夜间用黑光灯诱杀成虫；利用

其卵多产在树干 1.5 m 以下的树干上，卵块明显的习性，7 月用锤敲击杀死卵和幼虫。

③生物防治。一是，将白僵菌黏膏涂在排粪孔口，或在蛀孔注入含孢量为 $5 \times 10^8 \sim 5 \times 10^9$ 孢子/g 白僵菌液。二是，用 1000 条/mL 斯氏属线虫防治幼虫。三是，用芳香木蠹蛾东方亚种人工合成性诱剂 B 种化合物，在成虫羽化期采用纸板粘胶式诱捕器，以滤纸芯或橡皮塞芯作诱芯，每芯用量 0.5 mg，每晚 18：00~21：00，按间距 30~150 m 将诱捕器悬挂于林带内即可。

④化学防治。喷雾防治初孵幼虫。可用 50%辛硫磷乳油 1000~1500 倍液，2.5%溴氰菊酯乳油、20%氰戊菊酯乳油 3000~5000 倍液喷雾毒杀。药剂注射虫孔，毒杀幼虫。对已蛀入干内的中老龄幼虫，可用 50%马拉硫磷乳油、20%氰戊菊酯乳油 100~300 倍液注入虫孔。树干基部钻孔注药。春季在树干基部钻孔灌入 35%甲基硫环磷内吸剂原液。方法是先在树干基部距地面约 30 cm 处交错打 10~16 mm 的斜孔 1~3 个，按每 1 cm 胸径用药 1~1.5 mL，将药液注入孔内，用湿泥封口。将磷化铝片剂（每片 3 g）研碎，每虫孔填入 1/20~1/30 片后封口，杀虫率达 90%以上。

5.2.3.4　白杨透翅蛾（*Paranthrene regale* Butler）

(1) 虫态识别

成虫　体长 11~20 mm，翅展 22~38 mm。头半球形，下唇须基部黑色密布黄色绒毛，头和胸部之间有橙色鳞片围绕，头顶有一束黄色毛簇，其余密布黄白色鳞片。胸部背面有黑色而有光泽的鳞片覆盖。中后胸肩板各有 2 簇橙黄色鳞片。前翅窄长，褐黑色，中室与后缘略透明。后翅全部透明。腹部青黑色，有 5 条橙黄色环带。雌蛾腹末有黄褐色鳞毛 1 束，两边各镶有 1 簇橙黄色鳞毛；雄蛾腹末全为青黑包粗糙毛覆盖（图 5-16）。

卵　椭圆形，长径 0.62~0.95 mm，短径 0.53~0.63 mm；黑色，有灰白色不规则的多角形刻纹。

幼虫　初龄幼虫淡红色。老熟幼虫体长 30~33 mm，黄白色。臀节略骨化，背面有 2 个深褐色的刺，略向背上前方钩起。

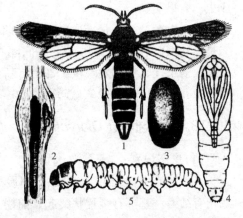

图 5-16　白杨透翅蛾
1. 成虫　2. 危害状　3. 茧　4. 蛹　5. 幼虫

蛹　体长 12~23 mm，近纺锤形，褐色。腹部第 2~7 节背面各有横列的刺 2 排，第 9、10 节各具刺 1 排，腹末具臀棘。

(2) 寄主及危害特点

主要分布于东北、华北、西北、华东等地。危害杨、柳科植物，以银白杨、毛白杨受害最重。幼虫危害枝干和嫩芽，由嫩芽侵入时能穿透整个组织，使嫩芽由被害处枯萎下垂或徒生侧枝，形成秃梢；如侵入侧枝和主干，则在木质部与韧皮部之间围绕枝干蛀隧道危害，形成虫瘿，极易被风折断。

(3) 生物学特性

1 年 1 代，以幼虫在被害枝干内越冬，翌年 4 月中旬越冬幼虫恢复取食，5 月上旬幼虫开始化蛹，6月初成虫开始羽化，6月底7月初为羽化盛期。成虫羽化时蛹体穿破堵塞的木屑将身体的2/3伸出羽化孔，遗留下的蛹壳经久不掉，极易识别。成虫飞翔能力很强，且极为迅速，白天活动，交尾产卵，夜晚静止于枝叶上不动。卵多产于1~2年生幼树叶柄基部、有绒毛的枝干、旧虫孔内、伤口及树干裂缝处。幼虫孵化后爬行迅速，寻找适宜的侵入部位侵入。近9月下旬，幼虫停止取食，在虫道末端吐丝作薄茧越冬。次年继续钻蛀危害。化蛹前老熟幼虫吐丝缀木屑将蛹室下部封堵。

(4) 防治措施

白杨透翅蛾的防治，应以注意森林经营、严格检疫为主，加强对林木检查，发现虫瘿及时采取物理、化学方法处理。具体措施应从几个方面考虑：

①林业技术措施。培育抗性品种。如沙兰杨、小叶杨等有较强抗；加强苗木管理。如苗木的机械损伤常引起成虫产卵和幼虫侵入，因此在成虫产卵和幼虫孵化期不宜修枝。在重灾区，可栽植银白杨或毛白杨诱集成虫产卵，待幼虫孵化后彻底销毁。

②物理防治。人工剪除虫瘿：苗木和枝条引进或输出前要严格把关，及时剪除虫瘿，防止传播和扩散；冬季剪掉虫枝，消灭越冬幼虫。铲除虫疤：幼虫初蛀入时，发现树干或枝条上有蛀屑或小的瘤状突起，及时用小刀削掉，消灭幼虫。钩杀幼虫：对四旁绿化树发现枝干上有虫瘿时，在虫瘿上方2 cm左右处钩出或刺杀幼虫。

③生物防治。用蘸白僵菌、绿僵菌的棉球堵塞虫孔；在成虫羽化期，用性信息素诱杀成虫，效果明显。

④化学防治。一是，成虫羽化盛期，喷洒2.5%溴氰菊酯乳油4000倍液，毒杀成虫。二是，幼虫孵化盛期在树干下部间隔7 d喷洒2~3次40%氧化乐果1000~1500倍液。三是，幼虫侵害期如发现枝干部上有新虫粪立即用50%杀螟硫磷乳油与柴油的1∶5倍液滴入虫孔，或用50%杀螟硫磷乳油20~16倍液在被害处1~2 cm范围内涂刷药环。

5.2.3.5 松梢螟（*Dioryctria rubella* Hampson）

(1) 虫态识别

成虫 雌虫体长10~16 mm，翅展20~30 mm，雄虫略小。灰褐色。触角丝状，雄虫触角有细毛，基部有鳞片状突起。前翅暗褐色，中室端部有1个灰白色肾形斑，翅基部及白斑两侧有3条灰白色波状横带，后缘近内横线内侧有1个黄斑，外缘黑色。后翅灰白色，无斑纹（图5-17）。

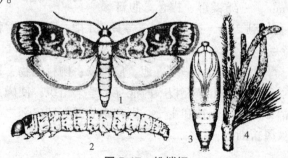

图5-17 松梢螟
1. 成虫 2. 幼虫 3. 蛹 4. 危害状

卵 椭圆形，有光泽，长约 0.8 mm，黄白色，将孵化时变为樱红色。

幼虫 体淡褐色，少数为淡绿色。头及前胸背板褐色，中、后胸及腹部各节有 4 对褐色毛片，背面的两对较小，呈梯形排列，侧面的两对较大。

蛹 黄褐色，体长 11~15 mm。腹端有 1 块黑褐色骨化皱褶狭长，其上生有端部卷曲的细长臀棘 6 根，中央 2 根较长。

(2) 寄主及危害特点

主要分布于东北、华北、西北、西南、南方地区，主要危害马尾松、油松、黑松、赤松、黄山松、华山松、火炬松、湿地松、雪松等松类。以幼虫钻蛀主梢，引起侧梢丛生，树冠呈扫帚状，严重影响树木生长。幼虫蛀食球果影响种子产量，也可蛀食幼树枝干，造成幼树死亡。观察被害状标本。

(3) 生物学特性

吉林 1 年 1 代，辽宁、北京、河南、陕西 2 代，南京 2~3 代，广西 3 代，均以幼虫在被害枯梢及球果中越冬，部分幼虫在枝干伤口皮下越冬。越冬幼虫于 4 月初至中旬开始活动，继续蛀食危害，向下蛀到 2 年生枝条内，一部分转移到新梢危害。各代出现期分别为越冬代 5 月中旬至 7 月下旬，第 1 代 8 月上旬至 9 月下旬，第 2 代 9 月上旬至 10 月中旬，11 月份幼虫开始越冬。各代成虫期较长，其生活史不整齐，有世代重叠现象。

成虫羽化时，蛹壳仍留在蛹室内，不外露。羽化多在 11 时左右，成虫白天静伏于树梢顶端的针叶茎部，19:00~21:00 飞翔活动，并取食补充营养，具趋光性。雌蛾产卵量最多 78 粒，最少 14 粒，平均 44 粒，卵散产，产在被害梢针叶和凹槽处，每梢 1~2 粒，还有产在被害球果鳞脐或树皮伤疤处。卵期 6~8 d，成虫寿命 3~5 d。幼虫 5 龄，初孵化幼虫迅速爬到旧虫道内隐蔽，取食旧虫道内的木屑等。4~5 d 脱皮 1 次，从旧虫道内爬出，吐丝下垂，有时随风飘荡，有时在植株上爬行。爬到主梢或侧梢进行危害，也有幼虫危害球果。危害时先啃食嫩皮，形成约指头大小的伤痕，被害处有松脂凝聚，以后蛀入髓心，大多蛀害直径 0.8~1 cm 的嫩梢，从梢的近中部蛀入。蛀孔圆形，蛀孔外有蛀屑及粪便堆积。3 龄幼虫有迁移习性，从原被害梢转移到新梢危害。老熟幼虫化蛹于被害梢虫道上端。蛹期平均 16 d 左右。

该虫多发生于郁闭度小、生长不良的 4~9 年生幼林中。在一般情况下，国外松受害比国内松严重，以火炬松被害最重。

(4) 防治措施

防治时应贯彻适地适树、合理混交、良好的抚育管理等营林措施为主的原则，必要时可辅以物理、生物、化学等防治措施。

①加强林区管理。加强幼林抚育，促使幼林提早郁闭，可减轻危害；修枝时留茬要短，切口要平，减少枝干伤口，防止成虫在伤口产卵；利用冬闲时间，组织人员摘除被害干梢、虫果，集中处理，可有效压低虫口密度。

②物理防治。利用成虫趋光性，用黑光灯或高压汞灯诱杀成虫。

③生物防治。保护与利用天敌。幼虫期的主要天敌有长足茧蜂，寄生率 15%~20%。蛹期有寄生于蛹的广大腿蜂。

④化学防治。在母树林、种子园可用 50% 杀螟松乳油 1000 倍液喷雾防治幼虫。

5.2.3.6 日本松干蚧 [*Matsucoccus matsumurae* (Kuwana)]

(1) 虫态识别

取日本松干蚧生活史标本置于显微镜下观察各虫态：

成虫　雌成虫卵圆形，体长 2.5~3.3 mm，橙褐色，体壁柔弱，体节不明显，头端较窄，腹端肥大，胸足 3 对，胸气门 2 对，腹气门 7 对，在第 2~7 腹节背面有圆形的背疤排成横列，全身的背、腹面皆有双孔腺分布。雄虫体长约 2 mm，头、胸部黑褐色，腹部淡褐色。前翅发达，半透明，具有明显的羽状纹，后翅退化成平衡棒，腹部第 8 节背面有一马蹄形的硬片，其上生有柱状管腺 10~18 根，分泌白色长蜡丝(图 5-18)。

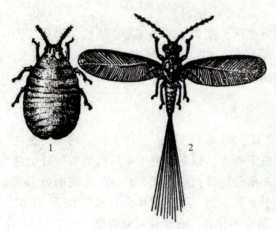

图 5-18　日本松干蚧
1. 雌成虫　2. 雄成虫

若虫　初孵若虫长椭圆形，橙黄色，胸足发达，腹末有长短尾毛各 1 对。1 龄寄生若虫梨形或心脏形，橙黄色。2 龄无肢若虫触角和足消失，口器特别发达，虫体周围有长的白色蜡丝。3 龄雄若虫长椭圆形，口器退化，触角和胸足发达，外形与雌成虫相似。

(2) 寄主及危害特点

主要危害赤松、油松、马尾松，也危害黄山松、千山赤松及黑松等，5~15 年生松树受害最重。观察日本松干蚧的危害特征，松树被害后生长不良，树势衰弱，针叶枯黄，芽梢枯萎，皮层组织破坏形成污烂斑点，树皮增厚硬化，卷曲翘裂。观察被害状图片。

(3) 生物学特性

该虫 1 年 2 代，以 1 龄寄生若虫越冬或越夏，各代的发生期因我国南北方气候不同而有差异。成虫一般在晴朗、气温高的天气羽化数量较多，雄成虫羽化后，多沿树干爬行或作短离飞行，寻觅雌成虫交尾。雌成虫交尾后，第 2 天开始产卵于轮生枝节、树皮裂缝、球果鳞片、新梢基部等处，雌虫分泌丝质包裹卵形成卵囊。孵出若虫沿树干上爬活动 1~2 d 后，即潜于树皮裂缝和叶腋等处固定寄生，成为寄生若虫。此时虫体小，隐蔽，难发现与识别。寄生若虫脱皮后，触角和足等附肢全部消失，雌、雄分化，虫体迅速增大而显露于皮缝外，是危害最为严重的时期。日本松干蚧天敌种类很多，如异色瓢虫、蒙古光瓢虫、盲蝽蛉、松干蚧花蝽等。

(4) 防治原则及措施

①加强植物检疫。严禁疫区苗木、原木向非疫区调运。

②营林措施。封山育林，迅速恢复林分植被，改善生态环境；营造混交林，补置阔叶树或抗此虫较强的树种，如火炬松、湿地松等；及时修枝间伐，以清除有虫枝、干，造成松蚧不适于繁殖的条件。

③生物防治。保护利用天敌。如蒙古光瓢虫、异色瓢虫对松干蚧均有较强的抑制作

用，应加以保护和利用。

④化学防治。在松干蚧2个集中出现期的显露期间喷施25%蛾蚜灵可湿性粉剂1500~2000倍液。也可采用内吸剂打孔注药、刮皮涂药、灌根施药。

任务评价

具体评价内容及标准见表5-13。

表5-13 林木枝干害虫及防治任务评价表

任务名称：林木枝干害虫及防治			完成时间：		
序号	评价内容	评价标准	考核方式	赋分	得分
1	知识考核	掌握枝干害虫种类及发生特点	卷面笔试（单人考核）	5	
		熟知枝干害虫的生活习性		5	
		熟知枝干害虫调查知识		10	
		掌握枝干害虫防治知识		10	
2	技能考核	能识别枝干害虫种类及病原	单人考核	10	
		调查路线清晰、方法正确、数据翔实	小组考核	10	
		防治措施得当、效果理想	小组考核	10	
		操作规范、安全、无事故	小组考核	10	
3	素质考核	工作中勇挑重担，有吃苦精神	单人考核	2	
		与他人合作愉快，有团队精神		2	
		遵守劳动记录，认真按时完成任务		2	
		善于发现和解决问题，有创新意识		2	
		信息收集准确，准备充分		2	
4	成果考核	能在规定时间内完成调查报告，内容详实、书写规范、结果正确	小组考核	10	
		防治技术方案内容完整，条理清晰、措施得当，有一定的可行性	小组考核	10	
	总得分			100分	

自测练习

一、填空题

1. 林木蛀干害虫主要有（　　）、（　　）、（　　）、（　　）、（　　）、（　　）6大类。

2. 星天牛与光肩星天牛的形态区别：后者成虫鞘翅基部没有（　　）；幼虫前胸背板

后半部的"凸"形纹的前方没有（　　　）形纹。

3. 白杨透翅蛾成虫前翅窄长，褐黑色，中室与后缘略透明；后翅（　　　）。
4. 松突圆蚧一般在老叶的（　　　）虫口最多，可造成大量针叶（　　　）脱落。
5. 日本松干蚧主要危害（　　　）、（　　　）、（　　　），也危害黄山松、千山赤松及黑松等，（　　　）年生松树受害最重。

二、选择题

1. 天牛幼虫类型为（　　　）。
   A. 多足型　　　　B. 寡足型　　　　C. 无足型　　　　D. 原足型
2. 下列害虫中属于国内检疫性有害生物的是（　　　）。
   A. 光肩星天牛　　B. 星天牛　　　　C. 栗山天牛　　　D. 青杨天牛
3. 肿腿蜂寄生天牛的虫态是（　　　）。
   A. 卵　　　　　　B. 成虫　　　　　C. 幼虫　　　　　D. 蛹
4. 成虫羽化后取食叶片和幼枝嫩皮补充营养，产卵时一般在枝干表皮上先咬1个刻槽，再将产卵管插入刻槽中产卵。具有这一产卵习性的害虫是（　　　）。
   A. 天牛类　　　　B. 小蠹虫类　　　C. 象甲类　　　　D. 透翅蛾类
5. 成虫和幼虫在林木韧皮部与边材之间蛀食，构成各种图案的密集坑道。具该危害状的害虫是（　　　）。
   A. 天牛类　　　　B. 小蠹虫类　　　C. 象甲类　　　　D. 木蠹蛾类
6. 某害虫其幼虫危害松树树干，成虫可携带传播松材线虫，这种害虫是（　　　）。
   A. 萧氏松茎象　　B. 红脂大小蠹　　C. 松墨天牛　　　D. 松梢螟
7. 对于林业检疫性蛀干害虫的综合防治，首要控制措施应该是（　　　）。
   A. 严格检疫　　　B. 人工捕杀　　　C. 虫孔注射药剂　D. 营造抗虫树种
8. 松突圆蚧以成虫和若虫越冬，越冬种群中以（　　　）为主。
   A. 1龄若虫　　　B. 2龄若虫　　　C. 3龄若虫　　　D. 成虫

三、简答题

1. 比较本地区常见危害林木的天牛类害虫成虫、幼虫形态特征及其习性。
2. 简述杨干象的被害状及防治措施。

四、论述题

结合你所在地区严重发生的蛀干害虫，谈谈应如何进行综合治理。

项目6 林木叶部有害生物防治

项目描述

　　林木叶部有害生物种类繁多，分布广，所有树种均有不同程度发生，导致叶片早落，减少光合作用产物的积累。同时叶部病虫害的危害会削弱树木长势，从而导致次期性病虫害的发生，会使树木更加衰弱，甚至死亡。因此加强这类病虫害的研究和防治，对保护树木健康生长具有重要意义。

　　林木叶部主要病害类型有白粉病、锈病、炭疽病、叶斑病、叶畸形、病毒病等。它们的发生特点：①初侵染源主要来自病落叶，潜育期短，有多次再侵染发生；②病害主要通过风、雨、昆虫和人类活动传播；③常引起叶片斑斑点点，支离破碎，甚至提前落叶、落花，严重削弱林木的生长势。

　　林木食叶害虫种类主要有鳞翅目的卷叶蛾类、舟蛾类、刺蛾类、袋蛾类、毒蛾类、灯蛾类、尺蛾类、天蛾类、枯叶蛾类、潜叶蛾类、斑蛾类、鞘蛾类及蝶类；鞘翅目的叶甲类和膜翅目的叶蜂类、直翅目的蝗虫等。它们的危害特点是：①危害健康的植株，猖獗时能将叶片吃光，削弱树势，为天牛、小蠹虫等蛀干害虫侵入提供适宜条件。②大多数食叶害虫因裸露生活，受环境因子影响大，其虫口密度变动大。③多数种类繁殖能力强，产卵集中，易爆发成灾，并能主动迁移扩散，扩大了危害的范围。食叶害虫危害后的症状常较易发现和识别。叶片被食后常留下残叶、叶柄或叶脉，严重时整株立木光秃无叶；潜叶性种类则使被害叶显现各种潜痕、污斑；卷叶、缀叶或褶叶危害的种类常使叶片卷曲或缀合；袋蛾、鞘蛾则缀叶形成各种形式的袋囊；天幕毛虫、美国白蛾等则结成大丝幕。树木一旦受害林地往往布满虫粪、残叶断梗，树间挂有虫茧、丝迹等。

　　本项目选择南北方具有代表性的种类，如杉木炭疽病、叶锈病、松毛虫、美国白蛾等防治工作任务为载体实施教学，各院校也可结合当地实际情况进行，通过典型工作任务训练及知识迁移学习，使学生全面掌握林木叶部病虫害防治技术。

模块二　综合应用　主要林业有害生物防治

项目分析

任务名称	任务载体	学习目标	
		能力目标	知识目标
任务 6.1 林木叶部病害及防治	杉木炭疽病调查与防治 青杨叶锈病调查与防治	①会诊断林木叶部病害 ②能对叶部病害进行调查 ③会拟定叶部病害防治技术方案 ④会实施叶部病害防治作业	①熟知叶部病害的种类及发生规律 ②熟知叶部病害的调查方法 ③掌握叶部病害防治原理与措施
任务 6.2 林木叶部害虫及防治	松毛虫调查与防治 美国白蛾调查与防治	①会识别叶部害虫种类及被害状 ②能对叶部害虫虫情进行调查 ③会拟定叶部害虫防治技术方案 ④会实施叶部害虫除治作业	①掌握叶部害虫识别特点与危害习性 ②熟知叶部害虫的调查方法 ③掌握叶部害虫防治原理与措施

任务 6.1　林木叶部病害及防治

实施时间：调查时间为 3~6 月，防治时间一般在孢子散发之前。
实施地点：有叶部病害发生的林地或苗圃地。
教学形式：现场教学、教学做一体化。
教师条件：校内教师和林场或苗圃技术员共同指导。指导教师需熟知叶部病害的发生规律，具备叶部病害鉴别、调查与防治能力；具备组织课堂教学和指导学生实际操作能力。
学生基础：具备林木病害识别基本技能，具有一定的自学和资料收集与整理能力。

6.1.1　杉木炭疽病调查与防治

6.1.1.1　知识准备

杉木炭疽病是杉木重要的病害，在杉木栽培区都有发生，以低山丘陵地区人工幼林病害较严重。病原菌为胶孢炭疽菌，病菌可侵染寄主出土部分的任何器官。病斑能无限扩展，常引起叶枯、梢枯、芽枯、花腐、果腐和枝干溃疡等病症，可对苗木造成毁灭性损失。炭疽病症状主要表现在病部有各种形状、大小、颜色的坏死斑，有的在叶、果斑上有轮斑，在枝梢上形成棱形或不规则形溃疡斑，扩展后造成枝枯。病症表现为发病后期有黑色小点即病菌的分生孢子盘，在潮湿条件下多数产生胶黏状的带粉红色的分生孢子堆，这是诊断炭疽病的标志。

(1) 分布与危害

主要分布于江西、湖北、湖南、福建、广东、广西、浙江、江苏、四川、贵州及安徽等地，尤以低山丘陵地区为常见，严重的地方常成片枯黄，对杉木幼林生长造成很大的威胁。另外，该病菌也危害油茶、八角、泡桐、柳、山楂、苹果、海棠及梨等。

(2) 病原

病原为半知菌门的胶孢炭疽菌（*Colletrichum gloeosporioides* Penz.）。病叶上有分生孢盘，以尤以叶背白色气孔线为多，分生孢子盘上有黑褐色有分隔的刚毛，分生孢子梗无色，分生孢子单胞无色，长圆形（图6-1）。

(3) 发病规律

病菌以菌丝体在病组织内越冬。翌年3月中旬分生孢子成熟进行初侵染，4月中旬至5月下旬为发病盛期。6月高温阶段病害停止流行，9~10月病害再度发生，危害当年新梢，不及春季严重。该病在低丘台地或低洼地等立地条件较差、管理粗放的人工幼林内发生普遍且严重。在水肥条件较好、气候适宜区的杉木老产区发病不严重。

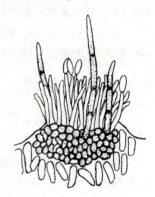

图6-1 杉木炭疽病病原菌

6.1.1.2 计划制订

(1) 小组分工

每4~6人为一组，设组长1人，操作员2~4名、记录员1名。

(2) 工作准备

仪器：生物显微镜、手动喷雾器或背负式喷粉喷雾机。

用具：放大镜、镊子、采集袋、标本盒、剪枝、天平、量筒、玻片、盖片等。

材料：杉木炭疽病新鲜标本及生石灰、硫酸铜、80%代森锰锌可湿性粉剂、25%嘧菌酯悬浮剂、50%甲基托布津可湿性粉剂、70%百菌清可湿性粉剂等。

(3) 工作预案

以小组为单位领取工作任务，根据任务资讯，查阅相关资料，结合国家和地方林木叶部病害防治技术标准拟定调查与防治预案。

调查预案包括调查内容、调查路线、样地设置、取样方法和调查方法等；防治预案包括防治原则和技术措施等。

杉木炭疽病的防治总体策略：病害预防与控制以营林技术为主。一是适地适树，选择适合本地的杉木良种和符合杉木生长条件的立地造林。二是加强抚育管理，采取深翻整理、深挖抚育、开沟培土、农林间作、绿肥压青、松土除草等措施，促进杉木健壮生长，提高抗病力。三是做好炭疽病发生预防。四是化学防治，在发病中心区，杉木抽春梢或秋梢时，喷施保护型和治疗型杀菌剂混配喷雾进行防治。

具体措施应从以下几个方面考虑：

①选择深厚、疏松、湿润和肥沃的土壤造林，透水性和透气性良好的基质育苗。

②对丘陵红壤地区的杉木幼林采取开沟培土、除萌打蘖、清除病枝、深翻抚育、间种

绿肥等措施。

③对黄化的杉木幼林，根据施氯化钾 0.1 kg/株或树冠喷 0.3%～0.4%硫酸钾液 4～5次，每 10 d 喷施一次，促进林木恢复健康生长。

④在春梢、秋梢生长期，喷撒 1∶2∶200 倍波尔多液、80%代森锰锌可湿性粉剂 500 倍与 25%嘧菌酯悬浮剂 2000 倍等保护型和治疗型杀菌剂混配喷雾，防止炭疽病菌侵染。

⑤在发病中心区，喷施 50%甲基托布津可湿性粉剂 1200 倍与 70%百菌清可湿性粉剂 600 倍混配药液，每隔 10～15 d 喷洒 1 次，连续 2～3 次。

6.1.1.3 任务实施

(1) 杉木炭疽病识别

①现场典型症状识别。

第一步 观察杉木炭疽病病梢症状。最典型的是"颈枯"，即是在枝梢顶芽以下 10 cm 左右的茎叶发病，这种现象称"颈枯"。其次是整个梢头枯，即是幼茎和针叶可能同时受侵发病症状。

第二步 观察杉木炭疽病病针叶症状。针叶叶尖变褐枯死或叶上出现不规则形斑点，甚至整个针叶变褐枯死。

第三步 观察杉木炭疽病病茎症状。幼茎变褐色。

第四步 观察杉木炭疽病病茎与病针叶上病症。枯死不久的幼茎与针叶上，尤以针叶背面中脉两侧可见到稀疏的小黑点；以及杉木炭疽病经保温培养后，病针叶小黑点上涌出的粉红色分生孢子堆。

②室内病原菌鉴别。

第一步 在杉木炭疽病的病叶小黑点明显处上切取病组织小块(5 mm×3 mm)，然后将病组织材料置于小木板或载玻片上，左手手指按住病组织材料，右手持单面刀片把材料横切成薄片(薄片厚度为<0.8 mm)，取现有小黑点的薄片 3～5 片材料制片镜检。

第二步 在杉木炭疽病叶小黑点上涌出的粉红色分生孢子堆处，用尖头镊子刮取病菌置于洁净的载玻片上制片镜检。

第三步 显微镜下分别镜检观察，并查阅相关资料。

(2) 杉木炭疽病调查

第一步 林地踏查。详细记载林地环境因子、危害程度、危害面积等。填杉木炭疽病踏查记录表(表 6-1)。

第二步 设置样地。在发病林地按发病轻、中、重选择有代表性地段设标准地。按林地发病面积的 0.1%～0.5%计算应设样地面积，每个样地林木不少于 100 株计算应设样地数。按抽行或大五点式设置样地。

第三步 样株分级调查。样株分级标准划分(表 6-2)。在标准地内按随机或隔行隔株、对角线等法抽取 30 株样株调查，统计健康株及各病级感病株数量。

第四步 计算各样地发病株率、感病指数，填杉木炭疽病样地调查表(表 6-3)。

第五步 结果分析。将调查、预测的资料进行统计整理分析。确定防治指标及防治技术。

第六步 将调查原始资料装订、归档；标本整理、制作和保存。

项目6 林木叶部有害生物防治

表 6-1　杉木炭疽病踏查记录表

县_____ 乡(场)_____ 村地名_____ 林班号_____ 小班号_____
调查地编号_____ 林分总面积_____ (亩)被害面积_____ (亩)
林木组成_____ 优势树种_____ 平均林龄(年)_____ 平均树高_____ (m)平均胸径_____ (cm)
郁闭度_____ 生长势_____ 植被覆盖率_____ 植被种类_____ 林地卫生状况_____ 其他_____
土壤种类_____ 土壤质地_____ 土层厚度_____ (cm)坡向_____ 坡度_____ 海拔_____ (m)

树种	受害面积（亩）	病害种类	危害部位	危害程度		
				轻(+)	中(++)	重(+++)

调查人：_____　　　　　调查时间：_____

表 6-2　杉木炭疽病分级调查表

病害级别	分级标准	代表数值	株数
Ⅰ	植株健康无感病枝叶	0	
Ⅱ	植株发病枝叶在25%以下	1	
Ⅲ	植株发病枝叶在26~50%	2	
Ⅳ	植株发病枝叶在51%~75%	3	
Ⅴ	植株发病枝叶在76%以上	4	

调查株数(株)：_____　发病株数(株)：_____　发病率(%)：_____　感病指数：_____
调查人：_____　　　　　调查时间：_____

表 6-3　杉木炭疽病危害程度调查表

调查日期	调查地点	感病株率(%)	样株号	总叶数	病叶数	叶发病率(%)	病害分级					感病指数	备注
							Ⅰ	Ⅱ	Ⅲ	Ⅳ	Ⅴ		

(3) 杉木炭疽病防治作业

①造林苗木的检查及消毒。所用的药剂为65%代森锌可湿性粉剂药剂，稀释倍数500~800倍。

第一步　根据已知的用苗量和稀释倍数计算原药和稀释剂的重量。

第二步　先用20%的水量将药剂溶解，然后倒入80%的水中搅拌均匀。

第三步　用喷雾器将稀释的药剂均匀喷洒在造林用的苗木上。

②化学防治。

a. 喷洒波尔多液保护剂。

第一步　根据防治面积和波尔多液的配比量计算所需原材料量。

第二步　按要求配制成 1∶2∶200 的波尔多液。

第三步　感病前，将配好的波尔多液均匀喷洒在植株上。

b. 配制80%代森锰锌500倍与25%嘧菌酯悬浮剂2000倍混合液。

第一步　配制80%代森锰锌500倍液。根据已知的用药面积和稀释倍数计算原药和稀释剂的重量，先用20%的水量将药剂溶解，然后倒入80%的水中搅拌均匀。

第二步　配制25%嘧菌酯悬浮剂2000倍液。方法同上一步。

第三步　感病前，将配好80%代森锰锌500倍液与25%嘧菌酯悬浮剂2000倍液混合均匀喷洒在植株上。

c. 配制50%甲基托布津可湿性粉剂1200倍液与70%百菌清可湿性粉剂600倍液。

第一步　配制50%甲基托布津可湿性粉剂1200倍液。根据已知的用药面积和稀释倍数计算原药和稀释剂的重量，先用20%的水量将药剂溶解，然后倒入80%的水中搅拌均匀。

第二步　配制70%百菌清可湿性粉剂600倍液。方法同上一步。

第三步　将50%甲基托布津可湿性粉剂1200倍液与70%百菌清可湿性粉剂600倍液混合。

第四步　用背负式喷粉喷雾机均匀地将药液喷洒在植株上，每半月喷洒1次，可收到一定效果。

③林业技术防治措施。

第一步　对丘陵红壤地区的杉木幼林采取开沟培土、除萌打蘖、清除病枝、深翻抚育、间种绿肥等措施。

第二步　对黄化的杉木幼林，根据施氯化钾0.1 kg/株或树冠喷0.3%~0.4%硫酸钾液4~5次，间隔10 d喷施1次，促进林木恢复健康生长。

(4) 施药后防治效果调查

最后一次施药后，学生利用业余时间分别在3 d、5 d、7 d、10 d到防治现场检查防治效果，具体做法：

第一步　首先在防治区和对照区分别设置样地，各取样株30株分级调查。

第二步　统计样地发病率、病情指数，计算相对防治效果(表6-4)。

$$相对防治效果(\%) = \frac{对照区病情指数或发病率 - 防治区病情指数或发病率}{对照区病情指数或发病率} \times 100\%$$

(6-1)

第三步　结果整理分析，撰写防治效果调查报告。

表6-4　杉木炭疽病施药后防治效果调查表

对照区			防治区		
病害级别	防治前株数	防治后株数	病害级别	防治前株数	防治后株数
Ⅰ			Ⅰ		
Ⅱ			Ⅱ		
Ⅲ			Ⅲ		
Ⅳ			Ⅳ		
Ⅴ			Ⅴ		
合计			合计		

对照区：防治前发病率(%)_____ 感病指数_____，防治后发病率(%)_____ 感病指数_____

防治区：防治前发病率(%)_____ 感病指数_____，防治后发病率(%)_____ 感病指数_____

防治效果(%)：_____，相对防治效果(%)：_____

调查人：_____　　调查时间：_____

6.1.2 青杨叶锈病调查与防治

6.1.2.1 知识准备

由锈菌引起的针阔叶树叶部病害统称叶锈病类,是林木中最常见的病害类型之一。病菌都是专性寄生菌,是依赖寄主植物活体获取营养而生存。有单主寄生和转主寄生,单主寄生即锈菌在同一寄主上完成整个发育过程,如玫瑰锈病。而转主寄生是锈菌必须在两个分类上并不相近的两种寄主植物上才能完成其生活。典型锈菌生活史一般会产生5种不同类型的孢子,因此在症状上不同时期表现的症状也不相同。性孢子器多为蜜黄色→暗褐色点状物,锈孢子器(或锈孢子堆)常表现黄白色各型的孢子器,少数只有黄色粉堆,夏孢子表现为黄色粉堆,冬孢子堆表现为锈褐色。多数锈菌有转主寄生性,如青杨叶锈病就是其中的一种。

(1) 分布与危害

青杨叶锈病又称落叶松-杨锈病,主要分布于东北三省、内蒙古东北部、河北和云南等地,危害兴安落叶松、长白落叶松及中东杨、小青杨、大青杨、加拿大杨、响叶杨、北京杨等多种杨树。从小苗到大树都能发病,但以小苗和幼树受害较为严重。是苗圃和幼林中的常见病害之一。

(2) 病原

为担子菌门、锈菌目的松杨栅锈菌(*Melampsora larici populina* Kleb.)(图6-2)。落叶松针叶面有性孢子器,性孢子单胞无色球形;针叶背面有锈孢子器,锈孢子鲜黄色,表面有细疣,球形。杨树叶背上有夏孢子堆,夏孢子椭圆形,表面有疣刺;叶面有略突起角状形褐色冬孢子堆,冬孢子在叶表皮下栅栏状排列,长筒形,棕褐色;担孢子球形。

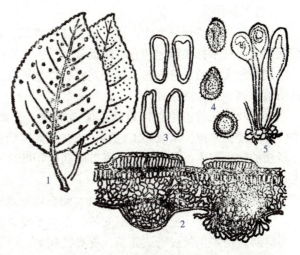

图6-2 落叶松-杨锈病及病原菌
1. 叶上夏孢子和冬孢子堆 2. 夏孢子堆和冬孢子堆切面
3. 冬孢子 4. 夏孢子 5. 侧丝

(3) 发病规律

早春,杨树病落叶上的冬孢子遇水或潮气萌发,产生担孢子,并由气流传播到落叶松上,由气孔侵入。经7~8 d潜育后,在叶背面产生锈黄色锈孢子堆。锈孢子不侵染落叶松,由气流传播到转主寄主杨树叶上萌发,由气孔侵入叶内,经7~14 d潜育后在叶正面产生黄绿色斑点,然后在叶背形成黄色夏孢子堆。夏孢子可以反复多次侵染杨树。故在7、8月份锈病往往非常猖獗。到8月末以后,杨树病叶上便形成冬孢子堆,病叶落地越冬。

在落叶松不能生长的温暖地方,该菌能以夏孢子越冬。即晚秋产生的夏孢子至次年春仍有致病力，因此没有中间寄主也能继续危害。该菌夏孢子能保持生活力及致病性达 10 个月，越冬无须转主寄主。夏孢子可以安全越冬，第二年春季在温室接种仍具有较高的侵染力。研究发现远离落叶松的杨树，夏孢子越冬后于 5 月中下旬遇湿萌发，侵染杨树叶片。

树种抗病性有明显差异。兴安落叶松和长白松都可发病，但不严重。中东杨、小青杨、大青杨感病重，加拿大杨、北京杨等中等感病；山杨、新疆杨、格尔黑杨等最抗病。幼树比大树感病。幼嫩叶片易发病。

6.1.2.2 计划制订

(1) 小组分工

每 4~6 人为一组，设组长 1 人，操作员 2~4 名、记录员 1 名。

(2) 工作准备

仪器：实体显微镜、手动喷雾器或背负式喷粉喷雾机。

用具：放大镜、镊子、采集袋、标本盒、剪枝剪、天平、量筒、玻片、盖片等。

材料：各种叶部病害标本及防治所需药剂等。

(3) 工作预案

以小组为单位领取工作任务，根据任务资讯，查阅相关资料，结合国家和地方林木叶部病害防治技术标准拟定调查与防治预案。

调查预案包括调查内容，调查路线、样地设置、取样方法和调查方法等；防治预案包括防治原则和技术措施等。

青杨叶锈病的防治总体策略：加强管理，改善环境条件，提高植物对叶病的抗病能力。清除侵染来源，采取人工烧掉，或在地面喷洒铲除剂等方式清除病落叶和落果。去除叶锈病的转主寄主。在植物生长季节喷药保护叶片不受侵染。具体措施应从以下几个方面考虑：

①选育抗病杨树品种。抗锈病由大到小排列顺序依次为黑杨派>黑×青>青杨派。

②不要营造落叶松与杨树混交林，至少不要营造同龄的混交林。

③防止苗木生长过密或徒长，提高抗病力。

④落叶松发病期用 0.5°Be 石硫合剂，15% 粉锈宁、25% 敌锈钠等喷洒树冠。

⑤杨树发病期用 15% 粉锈宁 600 倍液或 25% 粉锈宁 800 倍液喷雾。

6.1.2.3 任务实施

(1) 青杨叶锈病识别

①现场典型症状识别。

第一步　观察落叶松上症状，针叶上出现黄绿色病斑，并有肿起的小疱。

第二步　观察杨树叶片症状，叶片背面出现橘黄色小疱，疱破后散出黄粉。秋初于叶正面出现多角形的锈红色斑，有时锈斑联结成片。

②室内病原菌鉴别。

第一步　在杨叶锈病的病斑症状明显处切取病组织小块（5 mm×3 mm），然后将病组织材料置于小木板或载玻片上,左手手指按住病组织材料,右手持刀片把材料横切成薄片(薄片厚度<0.8 mm),再将切好的材料制成玻片标本镜检。

第二步　在杨叶锈病叶背上症状明显处用解剖针挑取病菌置于洁净的载片上制片镜检。

第三步　显微镜下分别镜检观察,并查阅相关资料。

(2)青杨叶锈病调查

第一步　首先沿苗圃或林地踏查。详细记载林地环境因子、危害程度、危害面积等。填杨叶锈病踏查记录表(参照表6-1)。

第二步　设样地。在发病林地按发病轻、中、重选择有代表性地段设标准地。按苗圃或林地发病面积的0.1%~0.5%计算应设样地面积,每个样地林木不少于100株计算应设样地数。苗圃、人工林按抽行式取样,大面积林地按大五点式取样。

第三步　确定杨叶锈病病级划分(表6-5)。在标准地内逐株调查健康株数、感病株数。

第四步　样地设样株10株进行病叶调查。每株调查100~200个叶片,应从树冠的不同方位来采集。统计健康叶片及各病级感病叶片数量。

第五步　计算各样地发病株率、样株病叶发病率及感病指数,填杨叶锈病样地调查表(表6-5)。

第六步　结果分析。将调查、预测的资料进行统计整理分析。确定防治指标及防治技术。

第七步　将调查原始资料装订、归档;标本整理、制作和保存。

表6-5　青杨叶锈病病级划分

病害级别	分级标准	代表数值
Ⅰ	植株健康无感病叶片	0
Ⅱ	植株发病叶片在20%以下	1
Ⅲ	植株发病叶片在21%~30%	2
Ⅳ	植株发病叶片在31%~40%	3
Ⅴ	植株发病叶片在41%以上或有越冬病芽的病株	4
Ⅵ	叶枯死或苗枯死	5

(3)防治指标

①插条苗杨叶锈病防治指标。经济阈值的病情指数为14。防治指标的病情指数应大于14。考虑到收益情况。病情指数15~18为重点防治。大于18时应全面防治。

②平茬苗杨叶锈病防治指标。经济阈值的病情指数为21。防治指标应大于21。考虑到收益情况,病情指数22~23为重点防治。大于23时应全面防治。

③杨1~3年生苗叶锈病防治指标。经济阈值的病情指数为24,防治指标的病情应大于24,考虑到收益情况。病情指数25~26为重点防治。大于26时应全面防治。

(4) 青杨叶锈病防治作业

①造林苗木的检查及消毒。所用的药剂为65%代森锌可湿性粉剂药剂，稀释倍数500~800倍液。

第一步　根据已知的用苗量和稀释倍数计算原药和稀释剂的重量。

第二步　先用20%的水量将药剂溶解，然后倒入80%的水中搅拌均匀。

第三步　用喷雾器将稀释的药剂均匀喷洒在造林用的苗木上。

②喷洒波尔多液保护剂。

第一步　根据防治面积和波尔多液的配比量计算所需原材料量。

第二步　按要求配制成1∶1∶160的波尔多液。

第三步　感病前，将配好的波尔多液均匀喷洒在植株上。

③药剂防治。

第一步　选择药剂，常用的喷洒药剂还有25%粉锈宁1000倍液、70%甲基托布津1000倍液，65%可湿性代森锌液(500倍)，敌锈钠200倍液等。

第二步　药剂配制。方法同①

第三步　用背负式喷粉喷雾机均匀地将药液喷洒在植株上，每半月喷洒一次，可收到一定效果。

(5) 施药后防治效果调查

最后一次施药后，学生利用业余时间分别在3d、5d、7d、10d到防治现场检查防治效果，具体做法：

第一步　首先在防治区和对照区取样调查。

第二步　统计样地发病率、病情指数，计算相对防治效果(参照表6-3)。

$$相对防治效果(\%) = \frac{对照区病情指数或发病率 - 防治区病情指数或发病率}{对照区病情指数或发病率} \times 100\%$$

(6-2)

第三步　结果整理分析，撰写防治效果调查报告。

6.1.3　其他叶部病害及防治

叶部病害种类很多，为了全面掌握林木叶部病害的防治技术，利用业余时间通过自学、收集资料，识别其他叶部病害。

6.1.3.1　梨-桧柏锈病

(1) 分布及危害

梨-桧柏锈病又称赤星病，是苹果树和梨树栽培区常见病害，特别是果园附近栽有桧柏的地区尤为严重。除苹果、梨外，山楂、海棠等都能发生锈病。常引起早期落叶或幼苗枯死。受害的果实变畸形，不能食用。在桧柏上主要危害嫩梢和针叶，使桧柏上都开出了杏黄色胶质的"花朵"，严重时使针叶大量枯死，甚至小枝死亡。

(2)识别症状

此病发生在叶、果、嫩枝上。叶表面有黄绿色小斑点,渐扩大成橙黄色圆形大斑,后产生鲜黄色渐变为黑色的小粒点(性孢子器),病斑背面形成黄白色隆起,其上生有很多黄色的毛状物(锈孢子器)。幼果受害后亦产生黄色毛状的锈孢子器。病果生长受阻变畸形。果柄受害则引起早期落果。嫩枝受害时病部凹陷,龟裂易断。桧柏受害后于针叶叶腋间产生黄褐色冠状的冬孢子角。

(3)病原

病原菌为担子菌门的梨胶锈菌(*Gymnosporangium haraeanum* Syd.)或山田胶锈菌(*Gymnosporangium yamadai* Miyade)(图6-3)。

在梨(苹果)树叶、果上产生性孢子器近圆形埋生,性孢子无色,单胞纺锤形。叶背产生锈孢子器,锈孢子黄褐色,单胞球形或多角形,膜厚,微带瘤状突起,有数个发芽孔。

在桧柏的小枝上出现黄色胶质状冬孢子堆,冬孢子双胞,无色,卵圆形或椭圆形,具长柄,分隔处稍缢缩。萌发时每个细胞生一个分隔的担子,担孢子圆形,单胞,淡黄褐色。

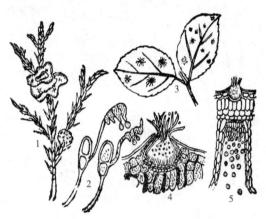

图6-3 梨-桧锈病及病原菌
1. 桧柏枝上的冬孢子角 2. 冬孢子萌发
3. 梨叶上的症状 4. 性孢子器 5. 锈孢子器

(4)发病规律

病菌以菌丝在桧柏罹病组织内越冬,翌年春形成冬孢子并萌发产生担孢子,借风传播侵染梨树,先在正面生性孢子器,后在叶背生锈孢子器,锈孢子成熟侵染桧柏针叶及嫩梢,形成菌瘿,约经一年半形成冬孢子。完成1次侵染循环约需要2年。孢子传播距离一般为5~10 km。气温、降水和风力是决定病害流行的三要素。中国梨比西洋梨感病,西洋梨中的巴梨是免疫的。

(5)防治技术要点

①在梨园周围5 km范围内,不要种植桧柏。铲除转主寄主。

②冬末或初春在桧柏上喷洒1~2°Be石硫合剂。春天梨放叶时及幼果期喷洒0.5~1°Be石硫合剂保护。

③选育和栽植抗病品种。

6.1.3.2 松针锈病

(1)分布及危害

北方各地均有分布,危害华山松、油松、红松等,常引起苗木或幼树的针叶枯死。

(2)识别症状

油松针叶锈病,松针受害初期产生淡绿色斑点,后变暗褐色点粒状疱疱为性孢子器,几乎等距排成一列;在疱疱的反面,产生黄色疱囊状锈孢子器。囊破后散出黄粉,即锈孢子。最后在松针上残留白色膜状物,为锈孢子器的包被。病针萎黄早落,春旱时新梢生长极慢,如连续发病2~3年,病树即枯死。

(3) 病原

危害油松的病原菌为担子菌门、锈菌目的黄檗鞘锈菌(*Coleosporium phellodendri* Komarov),是1种长循环型转主寄生菌。0,Ⅰ阶段产生在油松针叶上,Ⅱ、Ⅲ阶段产生在黄波罗叶部。红松的针叶锈病由风毛菊鞘锈菌(*Coleosporium saussoreae* Thum.)所致,锈孢子阶段寄生于针叶上,夏孢子和冬孢子阶段寄生于风毛菊属(*Saussurea*)植物叶片上(图6-4)。

(4) 发病规律

黄檗鞘锈菌的冬孢子当年8月末至9月上、中旬萌发产生担孢子,担孢子借风雨传播,落到油松针叶上,遇湿生芽管,由气孔侵入,以菌丝体在针叶中越冬。翌年4月末开始产生性孢子器,5月初产生锈孢子器,6月初孢子成熟,由风传播到黄波罗叶片上,萌发侵入后先生夏孢子堆,8月下旬至9月上中旬产生冬孢子堆。

统计表明,4~10年的油松发病严重;病害在坡顶较坡脚为重;迎风面较背风面严重;树冠下部较上部病重。油松和黄波罗混交时病害严重;7~8月细雨连绵的年份病害最容易流行。

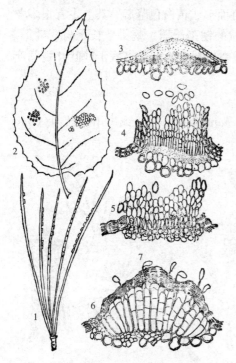

图6-4 松针锈病及病原菌
1. 性孢子器及锈孢子器 2. 锈孢子堆(散生)及冬孢子堆(集生) 3. 松针横切面上的性孢子器
4. 锈孢子堆 5. 夏孢型锈孢子堆
6. 冬孢子堆 7. 担孢子

(5) 防治技术要点

①避免营造油松和黄波罗混交林。造林时两个树种距离应在2 km以上。夏季清除其他的转主寄主。

②用1∶1∶170波尔多液、0.3~0.5°Be石硫合剂、97%敌锈钠200倍液及50%三福美500倍液。间隔15 d喷药1~3次。8月中、下旬向油松上喷,6月下旬开始向黄波罗叶上喷,防止侵染。

③重视苗木来源,严格检疫,防止该病传入新发展松林基地。

6.1.3.3 板栗白粉病

(1) 危害特点

板栗白粉病广泛分布于板栗产区,危害板栗叶、嫩梢,常造成苗木早期落叶,嫩梢枯死,影响生长。

(2) 症状与病原识别

病叶初期有不明显退绿斑块,后在叶背面出现灰白色菌丝层及粉状分生孢子堆。秋天,在病叶上可同时看到许多黄色、黑色小颗粒,即病菌的有性阶段子实体,称为闭囊壳。受害严重的嫩芽,常皱缩变形而枯死。

观察板栗白粉病叶标本，识别其症状特点。

病原为半知菌门的榛球针壳菌[*Phyllactinia corylea*(Pers.) Karst.]。

挑取板栗白粉病病叶上白色的粉状物制片，在显微镜下观察，可看到有无色分隔的菌丝、直立不分枝的分生孢子梗，和单胞椭圆形单生或串生的分生孢子。或挑取板栗白粉病病叶上黑色小颗粒制片，在显微镜下观察，可看到球形闭囊壳及球针状附属丝。

(3)发病规律

病菌以闭囊壳在病枝、叶越冬，翌年春天闭囊壳破裂，放出子囊孢子由气孔侵入进行初侵染。病菌还可以菌丝体在芽内越冬，翌年在病芽生出的叶、花上生分生孢子。以分生孢子进行再侵染，1年中再侵染的次数可以很多。白粉菌可分3种类型，一种是耐旱类，主要发生在荒漠植物上，主要分布在内蒙古、青海、新疆、宁夏；另一种是喜潮湿类，主要发生在沂蒙山区等植物上；第三种是中间型。板栗白粉病在低洼潮湿、通气不良的环境或苗木过密、纤细幼嫩、光照不足则发病严重。

(4)防治措施

①利用白粉菌菌丝多束生的特点，喷洒对白粉菌敏感的药剂，能起到铲除和治疗的效果。一般以硫素剂效果较好，在萌芽发叶前喷3~5°Be的石硫合剂，在生长期喷0.2~0.3°Be石硫合剂，或70%甲基托布津可湿性粉剂1000倍液，15 d 1次，连喷2~3次。

②冬季烧毁落叶，减去病枝，减少侵染来源。

③对经济林和苗圃加强管理，如施肥应注意低氮高钾可以减轻白粉病发生。

6.1.3.4 松赤枯病

(1)危害特点

主要分布于贵州、四川、广西、广东等地。危害马尾松、云南松、华山松、油松、黑松、湿地松、加勒比松、火炬松、南亚松、岛松以及柳杉等树种叶部，病害严重的林分状似火烧，提早落叶，严重影响松树的生长。

(2)症状与病原识别

该病根据病斑上、下部叶组织是否枯死，分为叶尖枯死型、叶基枯死型、段斑枯死型、全叶枯死型4种症状。

主要危害幼树新叶，少数老叶也有受害。受害叶初为褐黄色或淡黄棕色段斑，也有少数呈浅灰绿色，后变淡棕红色，或棕褐色，最后呈浅灰色或暗灰色稍凹陷或不凹陷的病斑，边缘褐色。病部散生圆形或广圆形由白膜包裹的黑色小点，即病菌的分生孢子盘，新病叶室温下保湿1~3 d后，出现黑褐色丝状或卷发状分生孢子角。

病原菌为半知菌门的枯斑盘多毛孢(*Pestalotia funerea* Desm.)(图6-5)。分生孢子梭形，一般为5个细胞，中间3个细胞暗色，两端细胞无色，顶端有3根(少

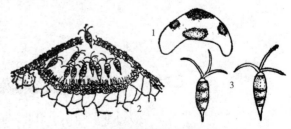

图6-5 松赤枯病病原菌(仿北京林学院)
1. 被害针叶横切面示分生孢子盘
2. 分生孢子盘 3. 分生孢子

数 2 根或 4 根）刚毛。

（3）发病规律

病菌以分生孢子和菌丝体形态在树上及地面上的病叶中越冬。孢子借风雨传播，由自然孔口和伤口侵入针叶，潜育期因环境条件而异，最短为 7~10 d，1~2 周后即有新的分生孢子产生，因而赤枯病可有多次再侵染现象发生。

高温、多雨有利于病害的扩展蔓延。阳坡比阴坡感病重，同一坡向，下部比上部重；同一林分内，林缘比林内重；同一植株，树冠顶部比下部重，冠外比冠内重；马尾松纯林比松杉混交林重。

（4）防治原则及措施

①选用抗病性较强的树种造林。海南五针松有较强的抗病性。

②于 6 月施放 1 次杀菌烟剂，用量为 1.5~2 kg/亩；施用 10% 多菌灵粉剂，10% 可湿性退菌特粉剂和熏蒸剂等，有一定的防治效果。

6.1.3.5 杨树黑斑病

（1）危害特点

杨树黑斑病在杨树栽培地区发生普遍，主要危害多种杨树幼苗、幼树的叶片，引起早期落叶，影响树木生长，也可导致实生苗枯死。

（2）症状与病原识别

发病初期在叶面上出现针刺状的 0.2 mm 左右的小点，初为红色，后变成黑褐色。中间有乳白色、黏状的分生孢子堆，老叶上的病斑为黑色，多个病斑连在一起时，枯叶，叶片提前脱落。发生在嫩梢上，则形成梭形的病斑，长 2~5 cm，黑褐色，稍隆起，中间产生微带红色的分生孢子堆。

病原菌为半知菌门的杨盘二孢菌 [*Marrsonina populi* (Lib.) Magn.] 和杨褐盘二孢菌 [*M. brunnea* (Ell. et Ev.) Sacc.]（图 6-6）。

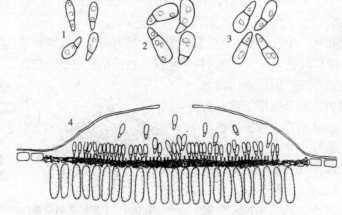

图 6-6　杨树黑斑病病原菌（仿袁嗣令）

1. 杨褐盘二孢菌的分生孢子　2. 杨盘二孢菌的分生孢子　3. 白杨盘二孢菌的分生孢子　4. 分生孢子盘

取杨树黑斑病菌玻片标本，在显微镜下看到病菌的分生孢子盘和分生孢子。杨盘二孢菌的分生孢子分隔处有缢缩，而杨褐盘二孢菌分生孢子分隔处不缢缩。

(3)发病规律

两种病菌都以菌丝在落叶或枝梢的病斑中越冬，次年春季新产生的分生孢子为初侵染来源。分生孢子通过雨水稀释后，随水滴飞溅飘扬传播。分生孢子萌发适温为20~28 ℃，在水滴中很容易萌发。湿度适宜、雨水较多的季节，病害发生发展快。雨多、苗圃地潮湿、苗木密度过大、连作及苗木生长不良等情况下发病较重。在东北地区，7~8月发病最重。

(4)防治原则及措施

①苗圃地避免连作，彻底清除落叶，减少侵染来源。

②及时对幼苗进行抚育管理，适当增施速效肥，促进苗木生长。

③用65%代森锌可湿性粉剂400~500倍液，1∶1∶200~300波尔多液或0.6%硫酸锌液，在苗木出土1~2个真叶时开始喷药，每隔10 d喷1次，共5~7次，到病害流行期基本结束。

6.1.3.6 桉树焦枯病

(1)危害特点

主要分布于广西、广东、海南、四川、福建、云南等地，主要危害尾叶桉、巨尾桉、柠檬桉等20多种桉树，还侵害相思树、丁香、橡胶树、番石榴、柑橘、南美番荔枝、杜鹃花、腰果树、木薯等多种树木。主要危害桉树叶片和枝梢，以苗圃和幼林发生尤为严重，造成苗圃桉树死亡或者林地桉树大量落叶，威胁桉树的正常生长，染病桉树生长量严重下降。

(2)症状与病原识别

感病叶片初期出现针头状水渍状小斑，当条件适宜时，病斑逐渐扩大，形成2种典型的病斑。第1种是变为灰绿色，中间淡黄褐色，病斑的边缘有一褪绿水渍状晕圈，后期病斑中部变成浅色轮纹状或不明显，多数叶缘病斑连接，然后向中间发展，病叶焦枯变脆易裂。第2种是变为黄褐色，病斑边缘有一褪绿赤色晕圈，多数小斑连成大斑，使病叶呈花斑状。病中常卷曲皱缩，呈焦枯变脆易裂状。严重感病苗木可导致叶片全部脱落，顶枯。茎部病斑表皮出现长条形或近圆形的浅色小褐斑，常凹陷，后期病斑变为深褐色，向四周扩展，环绕茎部，有些病斑表皮开裂。

在苗圃和幼林中引起叶枯，叶上出现灰褐色烫伤状病斑，外围病健交界处呈水渍状，病斑边缘可见白色透明的菌丝体，病斑上可见白色透明竖立的霉状物，叶背多于叶面。

病原菌为半知菌门帚梗柱孢属。病原菌常有以下特征。分生孢子梗直立无色，有分隔，帚状分枝，多为3级分枝，典型的有细而伸长的不孕分枝，端生棒状、梨形、椭圆形、倒卵球形和近球形的泡囊，瓶梗桶形或肾形。

(3)发病规律

病原菌在罹病组织和土壤中越冬，在病组织上形成分生孢子，孢子可通过气流、雨水传播扩散，可从叶片、嫩枝的伤口或直接穿透表皮细胞进入组织。远距离传播靠调运带病苗木扩散蔓延。病菌的潜育期很短，一般为 1~3 d。短期内又可产生大量分生孢子进行再次侵染。5~6 月达到发病盛期，7~9 月病情危害稍缓，10~11 月又有上升趋势，但不会再流行扩展。病菌一旦进入叶片，2~3 d 内叶片大部分脱落，感病枝条 6~8 d 干枯。夏、秋雨水多，湿度大的气候环境，发病重。地势低洼、造林密度较大的林地多发病。

（4）防治措施

①发病初期用 600~800 倍克菌丹、代森锌、多菌灵，100~150 倍的硫酸铜溶液，或者 70% 的敌克松进行喷洒防治。

②用甲醛溶液、20% 石灰水、石灰粉、漂白粉、灭菌灵、溴甲烷、高锰酸钾或碳酸氢铵等进行土壤消毒。

 任务评价

具体评价内容及标准见表 6-6。

表 6-6 林木叶部病害及防治任务评价表

任务名称：林木叶部病害及防治			完成时间：		
序号	评价内容	评价标准	考核方式	赋分	得分
1	知识考核	掌握叶部病害种类及发生特点	卷面笔试（单人考核）	5	
		熟知叶部病害的病原及发生规律		5	
		掌握叶部病害发生程度调查知识		10	
		掌握叶部病害防治知识		10	
2	技能考核	能识别叶部病害种类及病原	单人考核	10	
		调查路线清晰、方法正确、数据翔实	小组考核	10	
		防治措施得当、效果理想	小组考核	10	
		操作规范、安全、无事故	小组考核	10	
3	素质考核	工作中勇挑重担，有吃苦精神	单人考核	2	
		与他人合作愉快，有团队精神		2	
		遵守劳动记录，认真按时完成任务		2	
		善于发现问题和解决问题		2	
		信息收集准确，有一定创新精神		2	
4	成果考核	能在规定时间内完成调查报告，内容详实、书写规范、结果正确	小组考核	10	
		防治技术方案内容完整，条理清晰、措施得当，有一定的可行性	小组考核	10	
	总得分			100 分	

自测练习

一、填空题

1. 白粉病的典型症状是受害嫩叶、新枝梢、花蕾等部位表面出现白色粉状物,是(　　),后期白粉层中出现的黄褐色至黑褐色小颗粒是(　　)。
2. 梨-桧锈病病叶表面产生的黑色的小粒点是(　　),其背面产生的黄色的毛状物是(　　)。
3. 油松针叶锈病松针上疱疱为(　　)。
4. 落叶松-杨锈病在落叶松上在叶背面产生锈黄色(　　)。
5. 杉木炭疽病主要在(　　)季发生,以(　　)梢受害最重。通常是枝梢顶芽以下10 cm左右一段的茎叶发病,这种现象称为(　　),是杉木炭疽病的典型症状。
6. 松赤枯病根据病斑上、下部叶组织是否枯死,分为(　　)型、(　　)型、(　　)型、(　　)型4种症状。病部散生圆形或广圆形由白膜包裹的黑色小点,即病菌的分生孢子盘,新病叶室温下保湿1~3 d后,出现黑褐色丝状或卷发状(　　)。

二、选择题

1. 炭疽病类的病原菌多见是(　　)。
   A. 镰刀菌属　　　B. 刺盘孢属　　　C. 煤炱属
2. 松叶枯病病原菌为(　　)。
   A. 赤松尾孢菌　　B. 枯斑盘多毛孢菌　C. 日本落叶松球腔菌　D. 松针座盘孢菌
3. 松赤枯病病原为(　　)。
   A. 赤松尾孢菌　　B. 枯斑盘多毛孢菌　C. 日本落叶松球腔菌　D. 松针座盘孢菌
4. 有关杨树花叶病毒病的描述,正确的是(　　)。
   A. 由病毒引起,没有病症　　　　　B. 由真菌引起,病症为小黑点
   C. 由细菌引起,病症为菌脓

三、简答题

1. 简述常见叶部病害有哪些类型。
2. 简述杉木炭疽病的防治措施。
3. 简述白粉病的症状与侵染循环。
4. 哪些植物在一起栽植时易发生锈病?
5. 简述青杨叶锈病的症状及防治措施?

任务6.2　林木叶部害虫及防治

实施时间:植物生长季节均可。

实施地点：有食叶害虫发生的林地或苗圃。

教学形式：现场教学，教学做一体化。

教师条件：校内教师与企业技术员共同指导，指导教师需熟知叶部害虫的发生特点及规律，具备叶部害虫的鉴别、调查与防治能力；具备组织课堂教学和指导学生实际操作能力。

学生基础：具有识别森林昆虫的基本技能，具有一定的自学和资料收集与整理能力。

6.2.1 松毛虫调查与防治

6.2.1.1 知识准备

松毛虫是历史性的森林大害虫，主要取食松树类针叶，属鳞翅目 *Lepidoptera*，枯叶蛾科 *Lasiocampidae*。全世界已知1300种以上。我国已记载的29种，造成严重危害的有6种，南方有马尾松毛虫、云南松毛虫、思茅松毛虫；北方主要是油松毛虫、赤松毛虫、落叶松毛虫，这些成灾的种类繁殖潜能大，可在短时间内迅速增殖，爆发成灾，突发性强，成灾迅速。由于种群数量极大，可在短时间内将成片的松林食成一片枯黄，常因此造成巨大的经济损失。是我国分布最广，危害最重的针叶类植物食叶害虫。

6.2.1.1.1 马尾松毛虫(*Dendrolimus punctatus* Walker)

(1) 分布与危害

主要分布于我国河南、陕西及南方各省。主要危害马尾松，也危害黑松、湿地松、火炬松。

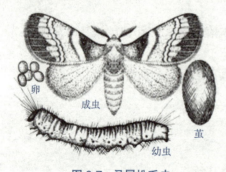

图6-7 马尾松毛虫

(2) 虫态识别

成虫 体色变化较大，有深褐、黄褐、深灰和灰白等色。体长20~30 mm，头小，下唇须突出，复眼黄绿色，雌蛾触角短栉齿状，雄蛾触角羽毛状，雌蛾展翅60~70 mm，雄蛾展翅49~53 mm。前翅较宽，外缘呈弧形弓出，亚外缘斑列最后两斑斜位排列，如在两斑中点引一直线与翅外缘相交；中横线、外横线、亚外缘斑列内侧有白色斑。后翅呈三角形，无斑纹，暗褐色(图6-7)。

卵 近圆形，长1.5 mm，粉红色，在针叶上呈串状排列。

幼虫 体长60~80 mm，深灰色，各节背面有橙红色或灰白色的不规则斑纹。背面有暗绿色宽纵带，两侧灰白色，第2、3节背面簇生蓝黑色刚毛，腹面淡黄色。

蛹 长20~35 mm，暗褐色，节间有黄绒毛。茧灰白色，后期污褐色，有棕色短毒毛。

(3) 寄主及危害特点

以幼虫取食松针，初龄幼虫群聚危害，松树针叶呈团状卷曲枯黄；4龄以上食量大增，将叶食尽，形似火烧，严重影响松树生长，甚至枯死。马尾松毛虫危害后容易招引松墨天牛、松纵坑切梢小蠹、松白星象等蛀干害虫的入侵，造成松树大面积死亡。

马尾松毛虫适应性强,繁殖快,灾害频繁,是我国南方重要的森林害虫。马尾松毛虫易大发生于海拔 100~300 m 丘陵地区、阳坡、10 年生左右密度小的马尾松纯林,凡是针阔叶树混交林,松毛虫危害较轻。在 5 月或 8 月,如果雨天多,湿度大,有利于松毛虫卵的孵化及初孵幼虫的生长发育,马尾松毛虫则容易大发生。

6.2.1.1.2 油松毛虫(*D. tabulaeformis* Tsai et Liu)

(1)分布与危害

主要分布于北京、河北、辽宁、山西、陕西、甘肃、山东、四川等地,主要危害油松,也能危害樟子松、华山松及白皮松。

(2)虫态识别

成虫 雌蛾体长 23~30 mm,翅展 57~75 mm;雄蛾体长 20~28 mm,翅展 45~61 mm。体色有赤褐、棕褐、淡褐 3 种色型。雌蛾触角栉齿状,前翅中室有 1 不明显的白点,横线褐色,内横线不明显,中线弧度小,外横线弧度大略呈波状纹,中横线内侧和外横线外侧有一条颜色稍淡的线纹,亚外缘斑列黑色,各斑近似新月形,内侧衬有淡棕色斑,前 6 斑列成弧状,7、8、9 斑斜列,最后 1 斑由 2 个小斑组成;后翅淡棕色至深棕色。雄蛾触角羽毛状色深,前翅中室白点较明显,横线花纹明显,亚外缘黑斑列内侧呈棕色(图 6-8)。

图 6-8 油松毛虫

卵 椭圆形,长 1.75 mm,宽 1.36 mm。精孔一端为淡绿色,另一端为粉红色,孵化前呈紫色。

幼虫 老熟幼虫体长 55~72 mm。初孵幼虫头部棕黄色,体背黄绿色。老龄时体灰黑色,额区中央有 1 块深褐斑,体侧具长毛。胸部背面毒毛带明显,身体两侧各有 1 条纵带,中间有间断,各节纵带上的白斑不明显,每节前方由纵带向下一斜斑伸向腹面;腹部背面无倒伏鳞片。

蛹 雌蛹长 24~33 mm,雄蛹长 20~26 mm。暗红色,臀棘短,末端稍弯曲。茧长椭圆形,灰白色,表面有黑色毒毛。

(3)生活习性

山东、辽宁一年 1 代,北京地区每年发生 1~2 代,以 2 代居多,四川一年 2~3 代,多以 4~5 龄幼虫在树干基部的树皮裂缝、树干周围的枯枝落叶层、杂草或石块下越冬。一年 1 代地区,翌春 3 月末 4 月初越冬幼虫出蛰,先啃食芽苞,后取食针叶,危害至 6 月幼虫老熟在树冠下部枝杈或枯枝落叶中结茧化蛹,7 月上旬羽化成虫。当晚或次日晚交尾,卵成堆产于树冠上部当年生的松针上,每块 10~500 粒不等。成虫有趋光性,个别还具有从受害严重的林分向周围未受害林分迁飞产卵的习性,卵期 7~12 d。幼虫孵化后有取食卵壳的习性。1~2 龄幼虫有群聚性,并能吐丝下垂,3 龄后分散取食,9 月以后开始越冬。一年 2~3 代者,幼虫一直危害至 11 月。

6.2.1.1.3 赤松毛虫[*Dendrolimus punctatus spectabilis*(Butler)]

(1) 分布与危害

主要分布于我国辽宁、河北、山东、江苏北部的沿海地区；国外分布于朝鲜、日本。主要危害赤松，其次危害黑松、油松、樟子松等。

(2) 虫态识别

成虫 体色有灰白色、灰褐色，体长 22～35 mm，翅展 46～87 mm。前翅中横线与外横线白色，亚外缘斑列黑色，呈三角形；雌蛾亚外缘线列内侧和雄蛾亚外缘斑列外侧有白斑，雌蛾前翅狭长，外缘较倾斜，横线条纹排列较稀，小抱针消失，或仅留针状遗迹，中前阴片接近圆形。

卵 长 1.8 mm，椭圆形，初为翠绿色、渐变粉红色，近孵化时紫红色。

幼虫 老熟幼虫体长 80～90 mm，深黑褐色，额区中央有狭长深褐色斑。体背 2、3 节丛生黑色毒毛，毛束片明显，体侧有长毛，中后胸毒毛带明显，体侧贯穿一条纵带，每节前方由纵带向下有斜纹伸向腹面。初孵幼虫体长 4 mm 左右，体背黄色，头黑色，2 龄幼虫体背出现花纹，3 龄体背呈黄褐、黑褐、黑色花纹，体侧有长毛，无显著花纹。

蛹 体长 30～45 mm，纺锤形，暗红褐色，茧灰白色，其上有毒毛(图 6-9)。

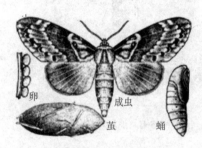

图 6-9 赤松毛虫

(3) 生活习性

该虫一年 1 代，以幼虫越冬。在山东半岛 3 月上旬开始上树危害，7 月中旬结茧化蛹，7 月下旬羽化和产卵，盛期为 8 月上中旬；8 月中旬卵开始孵化，盛期为 8 月底至 9 月初，10 月下旬幼虫开始越冬。

成虫多集中在 17：00～23：00 羽化，羽化当晚或翌日晚开始交尾，成虫寿命 7～8 d，以 18：00～23：00 产卵最多，多产卵 1 次，少数 2～3 次，未交尾的产卵少而分散，卵不能孵化，每雌产卵 241～916 粒，平均 622 粒。卵期约 10 d，初孵幼虫先吃卵壳，然后群集附近松针上啃食，1、2 龄幼虫有受惊吐丝下垂习性；2 龄末开始分散，至 3 龄始食针叶，老龄幼虫不取食时多静伏在松枝上；幼虫 8～9 龄，雌性常比雄性幼虫多 1 龄。幼虫取食至 10 月底 11 月初，即沿树干下爬蛰伏于树皮翘缝或地面石块下及杂草堆内越冬，多蛰伏于向阳温暖处。15 年生幼龄松林因树皮裂缝少，所以全部下树越冬。老熟幼虫结茧于松针丛中，预蛹期约 2 d，蛹期 13～21 d。

此虫在山东多发生在海拔 500 m 以下的低山丘陵林内，在河北省 300 m 以下的山区松林被害最重，500～600 m 受害显著轻，800 m 以上不受害，纯林受害重于混交林。

6.2.1.1.4 落叶松毛虫[*Dendrolimus superans*(Butler)]

(1) 分布与危害

主要分布于我国北自大兴安岭，南至北京延庆区，包括东北三省、内蒙古、河北北部、新疆北部阿尔泰等地的针叶、针叶落叶及针阔叶混交林区。落叶松及红松为该害虫的嗜食树种。

(2) 虫态识别

成虫 由灰白到灰褐，雄蛾体长 25～35 mm，翅展 57～72 mm，雌蛾体长 28～38 mm，翅展 69~85 mm。前翅外缘较直，亚外缘斑列最后两斑相互垂直排列，中横线与外横线间距离跟外横线与亚外缘线间距离几乎相等。

卵　长约 2.27 mm；宽约 1.75 mm，粉绿色或淡黄色。

幼虫　老熟幼虫体长 63~80 mm，体色有烟黑、灰黑和灰褐三种，头部褐黄色，额区中央有三角形深褐斑，中后胸节背面毒毛带明显，腹部各节前亚背毛簇中窄而扁平的片状毛小而少，先端无齿状突起，只有第 8 节上较发达，体侧由头至尾有一条纵带，各节带上的白斑不明显，每节前方由纵带向下有一斜斑伸向腹面。蛹长 27~36 mm，臀棘细而短。

(3)生活习性

该虫在东北 2 年 1 代或 1 年 1 代；新疆 2 年 1 代为主，1 年 1 代占 15%，幼虫 7~9 龄。1 年 1 代的以 3~4 龄幼虫，2 年 1 代的以 2~3 龄、6~7 龄幼虫在浅土层或落叶层下越冬，翌年 5 月可同时见到大小相差悬殊的幼虫，其中大幼虫老熟后于 7~8 月在针叶间结茧化蛹、羽化、产卵、孵化，后以小幼虫越冬（1 年 1 代）；而小幼虫当年以大幼虫越冬，第 2 年 7~8 月化蛹、羽化；如此往复，年代数多由 1 年 1 代转为 2 年 1 代，2 年 1 代的则有部分转为 1 年 1 代。1~3 龄幼虫日取食针叶 0.5~8 根，4~5 龄 12~40 根，6~7 龄 168~356 根。成虫羽化后昼伏夜出，可随风迁飞至 10 km 以外，卵堆产于小枝及针叶上，每雌产卵 128~515 粒，平均 361 粒（图 6-10）。

图 6-10　落叶松毛虫
1. 成虫　2. 蛹

该虫危害有周期性，多发生于背风、向阳、干燥、稀疏的落叶松纯林。在新疆约 13 年大发生 1 次，常在连续 2~3 年干旱后猖獗危害，猖獗后由于天敌大增、食料缺乏，虫口密度陡降。多雨的冷湿天气及出蛰后的暴雨和低温对该虫的大发生有显著的抑制作用。

6.2.1.1.5　松毛虫防治原则及措施

(1)划分发生类型

在虫情调查的基础上，综合考虑林分状况、林内植物多样性和个体数量、天敌及其控制害虫能力以及人为破坏轻重、松毛虫发生特点诸因素，按相对集中的原则，将松毛虫发生区划分为常发区、偶发区和安全区 3 种不同类型区，见表 6-7。

表 6-7　松毛虫发生类型区划标准

划类依据	常发区	偶发区	安全区
发生特点	在一个大发生周期内频繁发生	偶然发生，发生年间隔在 2~3 年以上	虫口密度在自然调控下对松林不造成损害的水平
林分状况	中幼林、人工纯林集中连片在 5000 亩以上	纯林集中连片在 5000 亩以下	针阔混交林
植被覆盖率	60% 以下	61%~90%	90% 以上

(续)

划类依据	常发区	偶发区	安全区
天敌	种类和数量低于本地区松林内的平均值，控制能力低	种类和数量高于本地区的平均值，有一定控制能力	种类和数量丰富
人为破坏	管理粗放，人为破坏严重	人为破坏较轻	人为破坏很少
多样性指数	低于本地区松林内的平均值	高于本地区松林内的平均值	高
海拔	400 m以下	400~600 m	600 m以上

(2) 分类施策

不同的发生类型区因其松林状况、地理气候环境、人为活动以及监测防治技术水平等因素有较大差异，制定防治措施要区别对待。原则上把常发区划为重点治理区，偶发区划为一般治理区，安全区划为生态保护区。各区采取的防治策略如下：

对于常发区，以林分改造和封山育林为基本的策略，加强监测预报，采取措施控制虫口密度，使其生态环境不断得到改善，逐步向偶发区过渡。具体措施有：①全面封山育林。②改造虫源地。③对松毛虫重度、中度危害林区，采取喷施苏云金杆菌（Bt）、白僵菌、松毛虫病毒制剂、阿维菌素、仿生药剂压低虫口密度。有限度地在小范围内使用触杀性的低毒化学药剂。④对轻度危害、有一定自控能力的林分采用封山育林、施放白僵菌等生物药剂、招引益鸟等措施或相结合的措施。

对于偶发区，注重虫情监测，严密监视虫源，定期调查和林农查虫报虫制度。采取预防为主，重点除治的策略。实施封山育林，加大管护力度，培育混交林，保护利用天敌，稳定虫口密度，提高林分自控能力，逐步实现由偶发区向安全区转化。对偶发区大面积的治理主要采用施放白僵菌、招引益鸟、释放（招引）寄生蜂等预防性措施；发现虫源中心，及时用仿生制剂、松毛虫病毒、Bt、阿维菌素等控制。

对于安全区，加强林木保护管理和合理经营利用，保持和完善森林生态环境，防止现有的生态环境受到破坏。加强监控，不轻易施以药剂防治。

(3) 科学确定防治指标

防治指标以发生虫口密度（虫情级）为主，结合林间天敌状况和林分被害情况而定。一般虫情级为3级以上，当代可能造成松针损失30%以上，而目前松林未出现严重危害的发生区作为当代防治重点；越冬代防治的虫情级可适当低1~2级；一般蛹、卵期天敌寄生率达80%以上，或松针被害已超过80%的林分可暂不考虑除治。根据防治区情况，选择最可行的防治措施，一般要求以经济、有效，不杀伤天敌，能确保控制当代或下代不成灾。

(4) 防治效果要求

防治后要做好效果检查及评估，一般要求生物防治的有效防治面积和杀虫效果均达到80%以上；仿生物及化学防治效果达到95%以上。

(5) 防治措施

①营林技术措施。

a. 营造混交林。在常灾区的宜林荒山，遵照适地适树的原则营造混交林；对常灾区的疏残林，保护利用原有地被物，补植阔叶树种。在南方可选用栎类、栗采等壳斗科和豆科植物，以及木荷、木莲、木楠、樟、桉、檫、枫香、紫穗槐、杨梅、相思树等。混交方式，采用株间、带状、块状均可。在北方可选用刺槐、沙棘、山杏、大枣等。林间要合理密植，以形成适宜的林分郁闭度，创造不利于松毛虫生长发育的生态环境，建立自控能力强的森林生态系统。

b. 封山育林。对林木稀疏、下木较多的成片林地，应进行封山育林，禁止采伐放牧，并培育阔叶树种，逐步改变林分结构，保护冠下植被，丰富森林生物群落，创造有利于天敌栖息的环境。

c. 抚育、补植、改造。对郁闭度较大的松林，加强松林抚育管理，适时抚育间伐，保护阔叶树及其他植被，增植蜜源植物如山矾花、白栎花。对现有纯林、残林和疏林应保护林下阔叶树或适时补植速生阔叶树种，逐步诱导、改造为混交林。

②生物防治措施。

a. 白僵菌防治。在各类型区中，均可使用白僵菌。南方应用白僵菌防治马尾松毛虫可在越冬代的11月中、下旬或翌年2~4月放菌，其他世代（或时间）一般不适宜使用白僵菌防治。施菌量每亩1.5~5.0万亿孢子。北方应用白僵菌防治油松毛虫或赤松毛虫，需温度24℃以上的连雨天或露水较大的条件，施菌量应适当增加3~4倍。采用飞机或地面喷粉、低量喷雾、超低量喷雾；地面人工放粉炮。预防性措施亦可采用人工敲粉袋、放带菌活虫等方法。

b. 苏云金芽孢杆菌（Bt）防治。应用Bt防治松毛虫，一般防治3~4龄幼虫。施药林分适宜温度为20~32℃。施菌量每亩40~80万国际单位（IU）。多雨季节慎用。采用喷粉、地面常规或低量喷雾、飞机低量喷雾。喷雾可同时加入一定剂量的洗衣粉或其他增效剂。

c. 质型多角体病毒（CPV）防治。用围栏或套笼集虫、集卵增殖病毒、人工饲养增殖病毒、离体细胞增殖病毒或林间高虫口区接毒增殖等方法，收集病死虫，提取多角体病毒，制成油乳剂、病毒液或粉剂。使用时可在病毒液中加入0.06%的硫酸铜或0.1亿孢子/mL的白僵菌作为诱发剂，提高杀虫率。每亩用药量50~200亿病毒晶体。采用飞机或地面低量喷雾、超低量喷雾或喷粉作业。

d. 招引益鸟。在虫口密度较低林龄较大的林分，可设置人工巢箱招引益鸟。布巢时间、数量、巢箱类型根据招引的鸟类而定。

e. 释放赤眼蜂。繁育优良蜂种，在松毛虫产卵始盛期，选择晴天无风的天气分阶段林间施放，每亩3~10万头。亦可使赤眼蜂同时携带病毒，提高防治效果。

③物理机械防治。可采用人工摘除卵块或使用黑光灯诱集成虫的方法降低下一代松毛虫虫口密度。

④植物杀虫剂防治。采用1.2%烟参碱喷烟防治幼虫，烟参碱与柴油的比例为1∶20，每亩使用的药量为0.4 L。

⑤仿生药剂防治。在必要情况下，采用灭幼脲（每亩30 g）、杀蛉脲（每亩5 g）等进行飞机低容量、超低容量喷雾，地面背负机低容量、超低容量喷雾，重点防治小龄幼虫。地面用药量要比飞机喷洒增加50%~100%的药量。在松树被害严重、生长势弱的林地，可一并喷施灭幼脲和少量尿素（约每亩50 g）。

⑥化学药剂防治。松毛虫防治原则上不使用化学农药喷雾、喷粉、喷烟。若必须采用，则应选择药剂，在大发生初期防治小面积虫源地，迅速压低虫口。在北方对下树越冬的松毛虫，在春季上树和秋季下树前，可采取在树干上涂、缚拟除虫菊酯类药剂制成的毒笔、毒纸、毒绳等毒杀下树越冬和上树的幼虫。

⑦自然防治法。虫口密度虽然大，松叶被害率达70%以上，但松毛虫寄生率高，虫情处于下降趋势时，不进行药物防治。安全区发生松毛虫危害时，偶发区小面积发生时不进行药物防治，任其自然消长。

6.2.1.2 计划制订

(1) 小组分工

每4~6人为一组，设组长1人，操作员2~4名、记录员1名。

(2) 备品准备

仪器：实体解剖镜、手动喷雾器或背负式喷粉喷雾机。

用具：望远镜、高枝剪、测绳、调查表、记录本、计数器、放大镜、毒瓶、捕虫器、标本采集箱、昆虫针、量筒、塑料桶、乙醇等。

材料：赤眼蜂、2.5%灭幼脲、0.6%清源保湿剂（苦参碱）、20%杀铃脲胶悬剂、苏云金芽孢杆菌（Bt）制剂、白僵菌等防治材料。

(3) 工作预案

以小组为单位领取工作任务，根据任务资讯，查阅相关资料，结合松毛虫虫情监测与预测预报办法和防治技术规程制定工作预案。调查预案包括调查时间、调查地点、调查树种、调查方法、数据处理等。防治预案包括原则和具体措施。

6.2.1.3 任务实施

(1) 松毛虫及被害状识别

松毛虫成虫体多粗壮，鳞片厚，后翅肩角发达，静止时呈枯叶状；幼虫体多足型，体粗壮，体侧具有毛丛。被害针叶枯黄，严重发生时大面积松针被吃光，状如火烧。

(2) 松毛虫虫情调查

①幼虫期调查。

a. 越冬幼虫下树调查。越冬幼虫下树开始前，将树干中部的树皮刮去，把剪成扇形的厚塑料薄膜沿树干绑成闭合卷，结合处用大头针固定，形成开口向上的塑料帽，其上方绑1~2圈毒绳或抹毒环，每天14：00~15：00检查记录塑料帽内幼虫数。记数后将虫体去处，待幼虫下树结束后统计单株下树虫口密度。

b. 越冬幼虫上树调查。越冬幼虫上树开始前，于树中部围毒绳，每天14：00~15：00检查幼虫数量。

②蛹期调查。在幼虫结茧盛期（结茧率达到50%）后2~5 d进行剖茧，调查雌雄比、平均雄蛹重量、天敌计生率等。

③成虫期调查。从结茧盛期开始，观察雌蛹羽化率、每雌虫产卵量、雌雄性比及羽化始见期、高峰期、终止期和发生量。

④卵期调查。雌蛾羽化高峰后 1~3 d 调查平均卵块数。每卵平均卵粒数，并连续观察孵化率和天敌寄生率。

(3) 松毛虫除治作业

①毒绳防治法。

第一步　在使用前 3~5 d，用 2.5%溴氰菊酯乳油或 20%氰戊菊酯乳油、3 号润滑油、柴油或机油，按 1∶1∶8 的比例加热混合均匀。

第二步　将 4 号包装纸绳浸入药液中 10 min，捞出控干装入塑料带，将口扎紧备用。

第三步　选择松毛虫或其他害虫上下树时，用绑毒绳的特制剪刀在每株树干胸径处将毒绳环树一周系好即可。

②施放赤眼蜂防治法。

第一步　取卵卡在低温下冷藏。

第二步　根据预测消息在松毛虫开始产卵前 2~3 d，将卵卡置于适宜温度下培养，使出蜂时间与松毛虫产卵时间相吻合。

第三步　在松毛虫产卵初期和盛期，蜂量分别按 30%和 70%的比例，选择微风或无风晴朗天气，学生以组为单位在当地松毛虫产卵期到有松毛虫危害的林分挂卵卡。挂卵卡时，为了保持一定湿度，用树叶卷包蜂卡，用大头针将蜂卡钉在树枝的背阴面或树干逆风向举手高处。按蜂的活动效能(放蜂半径 10 m)每亩设 6~8 个放蜂点即可，一般每公顷放 75~150 万头。

第四步　用机油和硫黄粉(3∶1)混合剂涂在枝条上，以防蚁害。

③药剂防治效果检查。防治作业实施 12 h、24 h、36 h，学生利用业余时间到防治现场检查药剂防治效果。

$$害虫死亡率(\%) = \frac{防治前活虫数 - 防治后活虫数}{防治前活虫数} \times 100\% \tag{6-3}$$

6.2.2　美国白蛾调查与防治

6.2.2.1　知识准备

(1) 分布与危害

美国白蛾[*Hyphantria cunea* (Drury)]，又称秋幕毛虫，属鳞翅目，灯蛾科，是重要的食叶害虫，多年来一直被世界上很多国家作为重点检疫害虫，也是我国植物运输重点检疫的有害生物之一，在我国部分省区已列为安全领域重大预防处置事项。美国白蛾主要通过木材、木包装运输进行传播，也能够通过成虫飞翔进行扩散。该虫大发生时，几乎能将区域内果树木的叶子全部吃光，严重影响树木的生长，树叶被吃光后，常转移到农作物和蔬菜上，继续危害农作物和蔬菜叶片，给林木和农作物造成严重经济损失，给人类正常生活带来较大威胁。

美国白蛾原产北美，二战期间随军用物资运输传播到欧洲部分国家，随后逐渐扩散到欧洲几乎所有国家以及亚洲的朝鲜、韩国、日本，1979 年传入我国辽宁丹东，后又传至国内各地,目前主要分布于北京、天津、河北、辽宁、山东、河南、陕西等地。寄主有接骨木、悬铃木、葡萄、樱花、五角枫、刺槐、糖槭、白蜡、杨树、栎、臭椿、桦、柳、连翘、榆、李、山楂、梨、桑、桃、樱桃、杏、丁香、苹果、海棠等100多种植物。美国白蛾食性杂,繁殖量大,适应性强,传播途径广,是危害严重的世界性检疫害虫,它喜爱温暖、潮湿气候,在春季雨水多的年份,危害特别严重。叶部受害表现有缺刻、结网、食光等特征。

(2) 形态识别

成虫 体白色,雄蛾体长9~13 mm,翅展25~42 mm,前翅具褐色斑点(可分不同斑型)或无斑点;雌蛾体长9.5~17 mm,翅展30~46 mm,前翅斑点少,越夏代大多数无斑点;复眼黑褐色,下唇须小,侧面黑色。

卵 圆球形,直径0.4~0.5 mm,初产时呈黄绿色,不久颜色渐深,孵化前呈灰黑色,点端黑褐色,有光泽,卵面多凹陷刻纹;卵多产于叶背,成块状,常覆盖雌蛾体毛(鳞片)。

幼虫 根据其头壳颜色可分黑头型和红头型两个类型,我国仅有黑头型这一个类型。幼虫体细长,老熟幼虫体长约30~40 mm,沿背中央有1条深色宽纵带,两侧各有1排黑色毛瘤,毛瘤上有白色长毛丛;腹足趾钩为单序异型,中间趾钩长,10~14根,两侧趾钩短,20~24根。

蛹 茧灰色,很薄,被稀疏丝毛组成的网状物;蛹长8~15 mm,宽3~5 mm,暗红色,臀棘10~15根;雄蛹的生殖孔位于第9腹节呈1纵形小缝口,雌蛹生殖孔在第8腹节,在此节下有1个圆形产卵孔(图6-11)。

(3) 生活习性

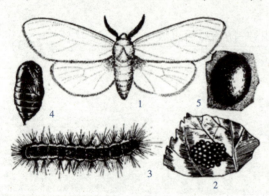

图6-11 美国白蛾(仿张培毅)
1. 成虫 2. 卵 3. 幼虫 4. 蛹 5. 茧

该虫在我国一年发生2代,以蛹在树皮裂缝或枯枝层越冬。翌年5月开始羽化,雄蛾比雌蛾羽化早2~3 d,成虫具有趋光性,白天静伏在寄主叶背和草丛中。傍晚和黎明活动,交尾1~2 h后,在寄主叶背上产卵,卵单层排列成块状,覆盖有白色鳞毛,每卵块500~600粒,最多可达2000粒。雌蛾产卵期间和产卵完毕后,始终静伏于卵块上,遇惊扰也不飞走直至死亡。初孵幼虫有取食卵壳的习性,并在卵壳周围吐丝拉网,1~3龄群集取食寄主叶背的叶肉组织,留下叶脉和上表皮,使被害叶片呈白膜状;4龄开始分散,同时不断吐丝将被害叶片缀合成网幕,网幕随龄期增大而扩展,有的长达1~2 m;5龄以后开始抛弃网幕分散取食,食量大增,仅留叶片的叶柄和主脉。5龄以上的幼虫耐饥能力达8~12 d,这一习性使美国白蛾很容易随货物或货物包装物,或附在交通工具上做远距离传播,幼虫共7龄。6~7月为第1代幼虫危害盛期,8~9月为第2代幼虫危害盛期。9月以后老熟幼虫陆续化蛹越冬。

美国白蛾喜生活在阳光充足而温暖的地方，在交通线两旁、公园、果园、村落周围及庭院等处的树木常集中发生，林缘发生较重，尤其是光照与积温，可以决定此虫在一个地区能否存活下来及可能完成的世代数。

6.2.2.2 计划制订

(1) 小组分工

每4~6人为一组，设组长1人，操作员2~4名、记录员1名。

(2) 工作预案

以小组为单位领取工作任务，根据资讯学习，查阅相关资料及工作任务单要求，结合国家美国白蛾虫情监测及防治标准制定美国白蛾调查与防治预案。

调查预案包括调查时间、调查地点、调查树种、调查方法、数据处理等

美国白蛾防治预案在体现实行分类施策，分区治理原则的基础上，具体措施应从以下几个方面考虑：

①人工物理防治。

a. 剪除网幕。在美国白蛾幼虫3龄前，每隔2~3 d仔细查找一遍美国白蛾幼虫网幕。发现网幕用高枝剪将网幕连同小枝一起剪下。

b. 围草诱蛹。适用于防治困难的高大树木。在老熟幼虫化蛹前，在树干离地面1.5 m左右处，用谷草、稻草把或草帘上松下紧围绑起来，诱集幼虫化蛹。

c. 灯光诱杀。利用诱虫灯在成虫羽化期诱杀成虫。诱虫灯应设在上一年美国白蛾发生比较严重，四周空旷的地块，可获得较理想的防治效果。在距设灯中心点50~100 m的范围内进行喷药毒杀灯诱成虫。

②生物防治。

a. 苏云金芽孢杆菌(Bt)。对4龄前幼虫喷施Bt，使用浓度为1亿孢子/mL。

b. 美国白蛾周氏啮小蜂。在美国白蛾老熟幼虫期，按1头白蛾幼虫释放3~5头周氏啮小蜂的比例，选择无风或微风10：00~17：00进行放蜂。

③仿生制剂防治。对4龄前幼虫使用25%灭幼脲Ⅲ号胶悬剂5000倍液、24%米满胶悬剂8000倍液、卡死克乳油8000~10 000倍液、20%杀铃脲悬浮剂8000倍液进行喷洒防治。

④植物杀虫剂防治。适用低龄幼虫，使用1.2%烟参碱乳油1000~2000倍液进行喷雾防治。

⑤化学防治。于幼龄幼虫期喷施2.5%敌杀死乳油2000~2500倍液或90%敌百虫晶体1000倍液。

⑥性信息素引诱。利用美国白蛾性信息素，在轻度发生区成虫期诱杀雄性成虫。春季世代诱捕器设置高度以树冠下层枝条(2.0~2.5 m)处为宜，在夏季世代以树冠中上层(5~6 m)处设置最好。每100 m设一个诱捕器，诱集半径为50 m。在使用期间诱捕器内放置的敌敌畏棉球每3~5 d换一次，以保证熏杀效果。

⑦植物检疫。检疫技术部分依照《美国白蛾检疫技术规程》(GB/T 23474—2009)执行。

(3) 备品准备

害虫识别材料用具准备：放大镜、毒瓶、捕虫器、标本采集箱、昆虫针、乙醇等。

调查材料用具准备：望远镜、调查表、记录本以及地形图等。

防治材料用具准备：塑料桶、量筒、高枝剪、周氏啮小蜂、2.5%灭幼脲、0.6%清源保湿剂（苦参减）、20%杀铃脲胶悬剂、苏云金芽孢杆菌（Bt）制剂、高射程喷雾器。

6.2.2.3 任务实施

(1) 美国白蛾现场识别

第一步　被害状识别：观察树冠外缘是否有网幕，网幕内幼虫群集取食寄主叶背的叶肉组织，留下叶脉和上表皮，使被害叶片呈白膜状。

第二步　各虫态识别：根据前述形态识别特点进行。

(2) 美国白蛾虫情调查（幼虫结网期）

①调查时间。调查的最适时期是美国白蛾的幼虫网幕期，不同地区调查时间有所不同。例如，在辽宁第1代网幕期约在6月20日-7月10日，第2代在8月20日-9月10日。

②调查地点。在监测范围内，或在美国白蛾发生区周围城乡绿化带和人们日常活动场所的四旁树；与发生区有货物运输往来的车站、码头、机场、旅游点及货物存放集散地周围的树木；沿公路、铁路及沿途村庄的树木。

③调查树种。美国白蛾主要喜食树种有：糖槭、桑、榆、臭椿、花曲柳、山楂、杏、法国梧桐、泡桐、白蜡树、胡桃、樱花、枫杨、苹果、樱桃、杨等。一般喜食树种有：柳、桃、胡桃楸、梨、刺槐、柿、紫荆、丁香、金银木、葡萄等。

④调查方法。每调查单位要抽查10%~30%的树木，观察树上网幕。第1代幼虫网幕集中在树冠中下部外缘；第2代幼虫网幕多集中在树冠中上部外缘。

如发现了新的疫情，应立即对疫情发生区进行详细调查。调查有虫（网）株数和林木被害程度。将被害程度分为轻、中、重三个等级。标准如下：

轻：有虫（网）株率0.1%~2%为轻度发生区（+）。

中：有虫（网）株率2%~5%为中度发生区（++）。

重：有虫（网）株率5%以上为重度发生区（+++）。

⑤虫情监测。部分参照《美国白蛾监测规范》（NY/T 2057—2011）执行。

第一步　各组根据任务量确定调查的树木数量和调查路线。

第二步　根据被害状识别，检查有虫网的树木数量，计算每株树有虫网的数目，并将结果填入下表（表6-8）

表6-8　美国白蛾幼虫虫口密度调查表

调查时间	调查地点	调查株数	有虫株数	有虫株率	总网幕数	株平均网幕数
合计						
平均						

第三步　计算有虫株率和单株平均网幕数。
第四步　根据方案中的标准预测害虫的危害程度。

(3) **美国白蛾的除治操作**

①人工剪网幕法。
第一步　仔细检查树冠，发现网幕用高枝剪连同小枝一起剪下。
第二步　剪下的网幕立即集中烧毁或深埋，散落在地下的幼虫立即杀死。

②围草诱蛹法。
第一步　将稻草扎成草帘。
第二步　在老熟幼虫化蛹前，在树干离地面1.5 m左右处，将草帘上松下紧围绑在树干一周，诱集幼虫化蛹。
第三步　隔7~9 d换一次草帘，将换下的草帘集中烧毁。

③施放周氏啮小蜂。
第一步　根据虫情监测的结果，选择在老熟幼虫和化蛹盛期为放蜂时间。
第二步　根据调查结果和放蜂时间，按蜂：虫(3~5：1)的比例施放小蜂数量。
第三步　选在晴天10：00~17：00，布点距离40~50 m，打开培育好的装蜂瓶的瓶塞，放在平稳的地方，让蜂自行飞出，寻找寄主。

④药剂防治法。
第一步　农药选择：每组根据防治对象选择一种合适药剂。
第二步　药量计算：根据喷雾器流量和作业面积计算总用药液量，再根据总药液量和稀释倍数计算原药的用量。
第三步　药剂稀释：根据计算结果，按方案规定的倍数进行农药稀释。
第四步　将配制好的药剂用背负式喷雾器进行药剂喷施，注意喷洒要均匀。

(4) **药剂防治效果检查**

防治作业实施12 h、24 h、36 h，学生利用业余时间到防治现场检查药剂防治效果。将检查结果填入表6-9。

表6-9　害虫药效检查记录表

检查日期	检验地点	取样方法	标准树	处理方法(药剂、名称、浓度、用量)	检查虫数						活虫数	死亡数	死亡率(%)
					12 h		24 h		36 h				
					总虫	死亡	总虫	死亡	总虫	死亡			

$$害虫死亡率(\%) = \frac{防治前活虫数 - 防治后活虫数}{防治前活虫数} \times 100\% \tag{6-4}$$

6.2.3 其他食叶害虫及防治

叶部害虫种类很多，为了全面掌握林木叶部害虫的防治技术，利用业余时间通过自学、收集资料，识别其他叶部害虫。

6.2.3.1 舞毒蛾（*Lymantria dispar* Linnaeus）鳞翅目 毒蛾科

(1) 虫态识别

成虫 雄成虫体长约 20 mm，前翅茶褐色，有 4、5 条波状横带，外缘呈深色带状，中室中央有一黑点。雌虫体长约 25 mm，前翅灰白色，每两条脉纹间有一个黑褐色斑点。腹末有黄褐色毛丛（图6-12）。

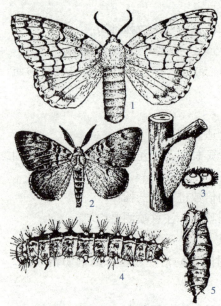

图 6-12 舞毒蛾
1. 雌成虫 2. 雄成虫 3. 卵
4. 幼虫 5. 蛹

卵 圆形稍扁，直径 1.3 mm，初产为杏黄色，数百粒至上千粒产在一起成卵块，其上覆盖有很厚的黄褐色绒毛。

幼虫 老熟时体长 50~70 mm，头黄褐色有八字形黑色纹。前胸至腹部第 2 节的毛瘤为蓝色，腹部第 3~9 节的 7 对毛瘤为红色。

蛹 体长 19~34 mm，雌蛹大，雄蛹小。体色红褐或黑褐色，被有锈黄色毛丛。

(2) 寄主及危害特点

主要分布于河北、山西、内蒙古、辽宁、吉林、黑龙江、江苏、山东、河南、湖北、四川、贵州、陕西、甘肃、青海、宁夏、新疆、台湾等地，幼虫主要危害叶片，该虫食量大，食性杂，严重时可将全树叶片吃光。幼虫可取食 500 多种植物，以杨、柳、榆、栎、桦、落叶松、栎、云杉受害最重。

(3) 生物学特性

1 年 1 代，以卵越冬。翌年 4 月底至 5 月上旬幼虫孵出后上树取食幼芽及叶片。幼龄幼虫可借风力传播，2 龄后白天潜伏于枯叶或树皮裂缝内，黄昏时上树危害，受惊扰后吐丝下垂。6 月中旬老熟幼虫于枝叶、树洞、树皮裂缝处、石块下吐少量丝缠固其身化蛹。6 月底成虫开始羽化。雄蛾白天在林间成群飞舞，雌蛾对雄蛾有较强的引诱力，卵产在树干、主枝、树洞、电线杆、伐桩、石块及屋檐下等处，每头雌蛾可产卵 400~1000 粒。

舞毒蛾的主要天敌，卵期有舞毒蛾卵平腹小蜂、大蛾卵跳小蜂；幼虫和蛹期有毒蛾绒茧蜂、中华金星步甲、蠋蝽、双刺益蝽、暴猎蝽、核多角体病毒，以及山雀、杜鹃等几十种。这些天敌对舞毒蛾的种群数量有明显的控制作用。另外，舞毒蛾的发生也与环境条件有一定关系。在非常稀疏的并且没有下木的阔叶林或新砍伐的阔叶林内易发生，在林层复杂、树木稠密的林内很少发生。

(4)防治措施

①人工防治。卵期可人工刮除树干、墙壁上卵块，集中烧毁。

②物理防治。成虫羽化期安装杀虫灯诱杀成虫。

③生物防治。通过施放天敌昆虫或使用白僵菌（含孢量100亿/g，活孢率90%以上）、舞毒蛾核型多角体病毒（每单位加水3000倍，3龄虫前使用）、苏云金芽孢杆菌（Bt）菌粉200~300g/亩兑水喷雾可有效防治舞毒蛾危害。

④化学防治。5月上旬，在幼虫3~4龄开始分散取食前喷洒20%灭幼脲Ⅲ号，用药量30~40 mL/亩；25%杀铃脲，用药量10~20 mL/亩；0.36%苦参碱，用药量150 mL/亩；1.8%阿维菌素乳油，用药量7~10 mL/亩；在幼虫4~6龄期喷洒2.5%溴氰菊酯乳油，用药量40 mL/亩。

6.2.3.2 杨扇舟蛾（*Clostera anachoreta* Fabricius）鳞翅目 舟蛾科

(1)虫态识别

成虫 成虫体灰褐，体长13~20 mm，翅展28~48 mm。前翅灰褐色，有4条灰白色波状纹，顶角有1暗褐色扇形斑，外横线通过扇形斑的一段呈斜伸的双齿形，外侧有2~3个黄褐带锈红色斑点，扇形斑下方有1个较大的斑点。后翅灰褐色（图6-13）。

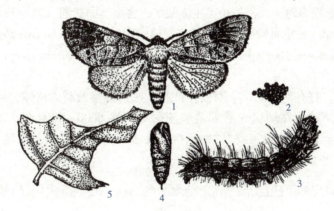

图6-13 杨扇舟蛾
1.成虫 2.卵 3.幼虫 4.蛹 5.危害状

卵 扁圆形，初为橙红色，近孵化时为暗灰色。

幼虫 老熟幼虫体长32~40 mm。头部暗褐色，体灰白色或灰绿色，密被灰色长毛，各节横生橙红色肉瘤8个。其上具有长毛，两侧各有1个较大黑瘤，其上着生白色细毛1束，向外放射，腹部第1节和第8节背面中央有较大红黑色毛瘤。

蛹 体长13~18 mm，褐色，尾端具分叉的臀棘。茧椭圆形，灰白色。

(2)寄主及危害特点

杨扇舟蛾，杨天社蛾，是杨树的主要害虫，以幼虫危害杨树和柳树叶片。除新疆、贵州、广西和台湾尚无记录外，几乎遍布各地。春夏之间，幼虫取食叶片，1~2龄幼虫仅啃食叶的下表皮，残留上表皮和叶脉；2龄以后吐丝缀叶，形成大的虫苞，白天隐伏其中，夜晚取食；3龄以后可将全叶食尽，仅剩叶柄。严重时在短期内将叶吃光，影响树木生长，整年都危害，无越冬现象。

(3) 生物学特性

1年4代，3月中下旬越冬代成虫开始羽化、产卵，4月上旬为羽化盛期，4月下旬第1代幼虫开始孵出，5月上旬为盛期。6月上中旬第1代成虫开始羽化，第2代成虫出现于7月上中旬，第3代成虫出现于8月上中旬，8月下旬出现第4代幼虫，危害至9月上旬开始化蛹越冬，个别延至10月上旬。越冬代成虫卵多产于枝干上，以后各代主要产于叶背面，常百余粒产在一起，单层块状，每头雌虫可产卵100~600余粒，卵期7~11 d。幼虫共5龄，幼虫期33~34 d。一般蛹期5~8 d，最后1代幼虫老熟后，多在土表3~5 cm深处化蛹越冬。

(4) 防治措施

①人工防治。越冬(越夏)是应用人工措施防治的有利时机。由于杨树树体高大，加强对蛹和成虫的防治会取得事半功倍的效果。人工收集地下落叶或翻耕土壤，以减少越冬蛹的基数，根据大多数种类初龄幼虫群集虫苞的特点，组织人力摘除虫苞和卵块，可杀死大量幼虫。也可以利用幼虫受惊后吐丝下垂的习性通过震动树干捕杀下落的幼虫。

②物理防治。成虫羽化盛期应用杀虫灯(黑光灯)诱杀等措施，有利于降低下一代的虫口密度。

③生物防治。青虫菌稀释液1亿~2亿孢子/mL、Bt乳剂2000倍液树冠喷施。片林和海防林，卵期释放赤眼蜂防治：释放松毛虫赤眼蜂，害虫产卵初期，50个/hm² 放蜂点，放蜂量25~150万头/hm²。杨扇舟蛾卵期有舟蛾赤眼蜂(*Trichogramma closterae* Pang et Chen)、毛虫追寄蝇(*Exorista amoena* Mesniv)、颗粒体病毒 G. V、灰椋鸟(*Sturnus cineraceus*)等天敌，要注意保护利用。

④化学防治。打孔注药防治：对发生严重、喷药困难的高大树体，可用40%氧化乐果乳油等打孔注药防治；在幼虫3龄期前喷施阿维菌素6000~8000倍。2至3龄期树，喷25%灭幼脲800至1000倍液，或1.2%烟参碱乳油1000~2000倍，或喷80%敌敌畏800~1200倍液，或2.5%敌杀死6000~8000倍液。

6.2.3.3 油桐尺蛾(*Buzura suppressaria* Guenee)鳞翅目 尺蛾科

(1) 虫态识别

成虫 雌虫体长23 mm，翅展65 mm，灰白色，触角丝状，胸部密被灰色细毛。翅基片及腹部各节后缘生黄色鳞片。前翅外缘为波状缺刻，缘毛黄色；基线、中横线和亚外缘线为黄褐色波状纹，此纹的清晰程度差异很大；亚外缘线外侧部分色泽较深；翅面由于散生的蓝黑色鳞片密度不同，由灰白色到黑褐色；翅反面灰白色，中央有1个黑斑；后翅色泽及斑纹与前翅同。腹部肥大，末端有成簇黄毛。产卵器黑褐色，产卵时伸出，长约1 cm。雄虫体长17 mm，翅展56 mm，触角双栉状。体、翅色纹大部分与雌虫同，但有部分个体，前、后翅的基横线及亚外缘线甚粗，因而与雌虫显著不同，腹部瘦小。

卵 圆形，长约0.7 mm，淡绿色或淡黄色，将孵化时黑褐色。卵块较松散，表面盖有黄色茸毛。

幼虫 共6龄。初孵幼虫体长2 mm左右。前胸至腹部第10节亚背线为宽阔黑带线、气门线浅绿色，腹面褐色，虫体深褐色。腹足趾钩为双序中带，尾足发达扁阔，淡黄色。

5龄平均体长34.2 mm，头前端平截，第5腹节气门前上方开始出现1个颗粒状突起，气门紫红色。老熟幼虫体长平均64.6 mm。

蛹 圆锥形，黑褐色。雌蛹体长26 mm，雄蛹体长19 mm。身体前端有2个齿片状突起，翅芽伸达第4腹节。第10腹节背面有齿状突起，臀棘明显，基部膨大，端部针状。

(2) **寄主及危害特点**

油桐尺蛾，大尺蠖、桉尺蠖、量步虫、油桐尺蠖，在我国重庆、四川、湖北、江西、安徽、浙江、海南、福建、广西、广东等地有广泛分布。幼虫食性较广，主要危害油桐等经济林。随着速生桉大面积纯林的出现，在一些地区已成为速生桉主要害虫，可在短期内将大片速生桉树叶吃光，形似火烧，严重影响树势生长。

(3) **生物学特性**

1年2~3代，蛹在树干周围的土中越冬。次年4月上旬成虫开始羽化，4月下旬到5月初为羽化盛期；5月中旬为羽化末期，整个羽化期1个多月。5~6月为第1代幼虫发生期。6月下旬化蛹，7月上旬成虫开始羽化产卵，7月中旬至8月上旬第1代幼虫孵化。8月下旬至9月上旬一部分老熟幼虫开始化蛹越冬。少部分发生3代的，成虫于9月中旬羽化，幼虫发生于9月中旬至10月下旬，11月化蛹越冬。成虫羽化后当夜即可交尾。但以第二夜交尾最多。成虫趋光性弱，但对白色物体有一定趋性，喜栖息在涂白的树干上。交尾的当夜即可产卵，卵粒在初产时绿色，孵化时黑褐色。卵产在树皮裂缝、伤疤及刺蛾的茧壳内，在树皮光滑的幼树上，产卵在刺蛾茧内者尤多。越冬代成虫所产的卵，卵块表面盖有浓密绒毛，其他各代绒毛稀疏。每雌虫产卵数100~2000余粒。卵排列较松散。初孵幼虫仅食叶子周缘的下表皮及叶肉，不食叶脉。叶子被害处呈针孔大小的凹穴。留下的上表皮失水退绿，外观呈铁锈色斑点；日久表皮破裂成小洞。遇惊即吐丝下垂。2龄幼虫开始从叶缘取食，形成小缺刻，留下叶脉。5龄起食量显著增加，被害叶仅留主脉及侧脉基部。6龄则食全叶，5、6龄合计占总食量的89.21%。油桐尺蛾的食性较广，在桐叶被食完后，幼虫下地取食灌木、杂草。幼虫停食时，腹足紧抱树叶或树枝，虫体直立，状如枯枝。6龄幼虫尚有在每天中午爬到树干下避热的习性。老熟幼虫多在树蔸附近土下3~7 cm深处化蛹。在桐叶充裕，土壤疏松的林内，幼虫多在树干附近土中化蛹，越近树干蛹越多；坡地桐林，树干下方的蛹最多，两侧次之，上方最少。在食料不足时，幼虫为寻食四处爬行，蛹的分布缺乏规律性。土壤坚实，蛹的分布亦较分散。气候是决定油桐尺蛾周期性猖獗的重要因子，夏季(7月)高温干旱，土壤干燥，常使蛹大量死亡。

(4) **防治措施**

①人工防治。对发生虫害较重的林内，可于秋末中耕灭越冬虫蛹；清除林内下木和寄主附近杂草，并加以烧毁，以消灭其上幼虫或卵等。晚秋或早春用人工将土中的蛹挖出喂家禽、家畜，最好将蛹放入容器内让寄蝇、寄生蜂飞出；或结合垦复措捡虫蛹。对油茶尺蛾还可用培土埋蛹，理死成虫。幼虫一般有假死性，可在地下铺以薄膜，摇动树干，将落下的幼虫消灭。在害虫发生较严重的地方，可用人工于树干上捕蛾，刮卵或捕杀群集的初龄幼虫和卵。

②物理防治。可在树干基部绑薄5~7 cm宽塑料薄膜带，以阻止无翅蛾上树，并及时

将未上树蛾杀死;或于8月中旬在寄主植物叶背及杂草上收集尺蛾的虫茧;秋季在奇主树干捆一圈干草或一薄膜环(毒环),引诱越冬虫到此越冬,并于早春加以烧毁;成虫发生期可用黑光灯诱杀。

③生物防治。尽力保护利用捕食性和寄生性天敌。

④化学防治。对低龄幼虫和成虫可应用80%敌敌畏乳油800~1000倍液、50%杀螟松乳油1000~1500倍液、2.5%澳氰菊酯乳油2000~3000倍液、90%敌百虫晶体800~2000倍液、30%增效氰戊菊酯6000~8000倍液、50%辛硫磷乳油2000倍液常规喷雾;或用50%杀虫净油剂与柴油1:1混配、50%敌敌畏乳油与柴油1:2的混合液进行超低容量喷雾。

6.2.3.4 白杨叶甲（*Chrysomela populi* Linnaeus）鞘翅目 叶甲科

(1) 虫态识别

成虫 雌虫体长12~15 mm,宽8~9 mm;雄虫体长10~11 mm,宽6~7 mm,圆形,体蓝黑色,具金属光泽,鞘翅橙红色或橙褐色。触角短,11节。前胸背板蓝紫色,两侧有纵沟,纵沟之间较平滑,其两侧有较粗大的刻点。小盾片蓝黑色,三角形。鞘翅比前胸宽,密布刻点,沿处缘有纵隆线。

卵 长约2 mm,宽约0.8 mm。长椭圆形。初产时为淡黄色,后变橙黄色或褐色。

幼虫 老熟幼虫体长15~17.6 mm。体扁平,近椭圆形。头部黑色,肛部灰白色,背面有黑点2列。中后胸及腹部翻缩腺强度突出,每遇惊扰则放出乳白色臭液。

蛹 长8~10 mm,宽为6 mm。初为淡白色,近羽化时变成金黄色。

(2) 寄主及危害特点

对杨、柳树有害。以幼虫和成虫蚕食叶片。主要分布于河北、山西、内蒙古、辽宁、吉林、黑龙江、山东、河南、湖北、湖南、四川、贵州、陕西、宁夏。

(3) 生物学特性

1年2代,以成虫在枯枝落叶层下面或表土中越冬。越冬成虫翌年4月下旬上树,5月上旬在叶面上产卵。卵竖立排列呈块状,每块粒数不等,少则几粒,多达74粒。成虫平均产卵695粒。经7~8 d孵化,幼虫经两次蜕皮,历期20 d左右便以尾端粘着于叶面上悬垂化蛹。蛹期5 d。气温高时6月上旬即有第1代成虫,6月下旬亦可见有第2代成虫。早期羽化的成虫,于7月中旬至8月中旬,当温度超过25 ℃时有入土休眠的现象。入土深度为2~4 cm。8月下旬至10月上旬又飞出取食。第2代成虫当年只交尾不产卵,近9月中旬下树越冬。

(4) 防治措施

①人工防治。在9~12月,进行幼林抚育,清除林地的枯叶,破坏越冬场地;1~5月,进行幼林抚育,及时清除林间杂草;5月下旬成虫开始上树时,振动树干,成虫假死落地,人工捕杀;6~8月,人工摘除幼叶上的卵、蛹,集中杀死。

②化学防治。成虫和幼虫发生期,可用15%吡虫啉胶囊剂、3%的腚虫脒、4.5%氯氰菊酯,叶面喷雾防治。

6.2.3.5 松阿扁叶蜂（*Acantholyda posticalis* Matsumura）膜翅目 松叶蜂科

(1) 虫态识别

成虫 体黑色，背腹面高度扁平，有侧脊，腹部腹面黄色，头胸部具黄色块斑；触角丝状，柄节及鞭节端部黑色，中间黄色；翅淡灰黄色，透明，翅痣黄色，翅脉黑褐色，顶角及外缘有凸饰，色较暗，微带暗紫色光泽。雌虫体长 13~15 mm，头及腹部黄色斑块较淡，腹部末端被包含锯状产卵管的鞘所分裂，触角 35~38 节；雄虫体长 10~12 mm，触角 33~36 节，柄节只背面为黑色，腹部腹面黄色，具光泽，足前侧褐黄色透明，腹部末端腹面完整，两侧具掌状抱握器一对（图6-14）。

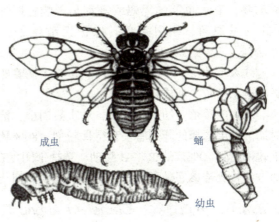

图 6-14 松阿扁叶蜂

卵 舟形，浑白色，长约 3 mm，孵化前变成浅灰色。

幼虫 体扁平，胸足 3 对，无腹足，腹部第 8 节两侧各具 1 肉突，似尾足，体长 17~25 mm，绿色，背深绿色，头褐色，越冬后部分变成淡绿色，侧脊泛红。

蛹 雌蛹棕黄色，长 15~19 mm，雄蛹浅黄色，长 11~13 mm，蛹羽化前呈黑色。

(2) 寄主及危害特点

主要分布于黑龙江、山东、山西、河南、陕西等地，主要危害油松、赤松、樟子松等。以幼虫取食针叶，大发生时针叶受害率达 80% 以上，枝梢上布满残渣和粪屑，林分似火烧一般。

(3) 生物学特性

1 年 1 代，老熟幼虫在树冠投影下 5~15 cm 深的土室中以预蛹越冬。翌年 6 月下旬化蛹、7 月上旬为盛期，成虫羽化并产卵，7 月下旬为盛期，8 月上旬幼虫孵化，8 月中、下旬为危害盛期，9 月上旬至中旬老熟幼虫下树入土越冬，蛹期 14~17 d；卵期 15~17 d，幼虫 6 龄，历时 40 d 左右；雌蜂寿命 10~15 d、产卵期约 3~4 d，雄虫寿命为 7~13 d。成虫多在晴天羽化，出土约半天后即在树冠中上部飞翔、交尾产卵，以晴天 10:00~16:00 较为最多，阴雨天停息于枝条上；受惊后跌落地面飞跑，有多次交尾习性。卵散产于当年生针叶背面，极少在 3 年生叶上产卵，每雌产卵约 23 粒、最高 50 粒，有孤雌生殖能力。初孵幼虫于针叶基部吐 3~5 条丝结网身居其中，半天后咬断针叶拖回网内取食，3 龄后转移到当年生新梢基部吐丝作高 27 mm、直径 3~4 mm 的圆筒形巢，其大口为取食口而小口微排粪口，每巢 1 虫，4 龄后期食量大增；1 头幼虫一生取食约 25 束针鲜叶，有受惊后即退入巢内并有吐丝下垂习性。老熟幼虫从巢的大口爬出落地入土作椭圆形土室变成预蛹越冬，土室长 10~15 mm、宽 5~8 mm。林相整齐，林木生长势旺盛，郁闭度大的林分发生轻，反之则重。

(4)防治措施

①营林防治。营造混交林,加强天然次生林的抚育管理,提高郁闭度;对大面积纯林,要营造防虫、防火林带、补种阔叶树种,改善林分结构,提高抗虫害能力。

②生物防治。白僵菌、绿僵菌、刨食树下松阿扁叶蜂幼虫的越冬期鸟类及其他哺乳动物,取食虫卵的黑蚂蚁等都是影响松阿扁叶蜂虫口密度的重要因素。可采取在林内补充病原菌、招引益鸟、保护天敌生物,是长期强控制松阿扁叶蜂危害的有效办法。

③人工防治。小面积发生时,可人工摘除卵块、捕杀成虫,或在老熟幼虫越冬期,破坏其栖息场所,造成自然死亡。

④化学防治。幼虫始发期,幼虫龄期小、抗药性差、防治效果好,是进行防治的最佳时期。可供选择的药剂有:森得保粉剂、80%敌敌畏乳油、0.36%苦参碱等,也可在成虫羽化率达到70%或幼虫2~3龄期,选择郁闭度在0.7以上的林分,采取烟剂进行定点施烟的方法施放苦参烟碱烟剂,或用阿维菌素油剂柴油稀释10倍后直接喷烟。

6.2.3.6 黄脊竹蝗(*Ceracris kiangsu* Tsai)直翅目 蝗科

(1)虫态识别

成虫 长约29~40 mm,雄虫略小,体以绿、黄为主,额顶突出使额面成三角形,由额顶至前胸背板中央有一黄色纵纹,越向后越宽。触角丝状,复眼卵圆形,深黑色。后足腿节黄绿色,中部有排列整齐"人"字形的褐色沟纹;胫节蓝黑色,有刺两排(图6-15)。

图6-15 黄脊竹蝗

卵 长椭圆形,上端稍尖,中间稍弯曲,长径6~8 mm,棕黄色,有巢状网纹。卵囊圆筒形,长18~30 mm,土褐色。

若虫 蝗的若虫称为蝻,共5龄。5龄蝻体翠绿色,前胸背板后缘覆盖后胸大部分。

(2)寄主及危害特点

主要分布于江苏、浙江、安徽、福建、江西、湖北、湖南、广东、广西、重庆、四川、贵州、云南等地,危害玉米、杂草、水稻、箣竹属、刚竹属植物。竹蝗大发生时,可将竹叶全部吃光,竹林如同火烧,竹子当年枯死,第二年竹林很少出笋,竹林逐渐衰败,被害毛竹枯死。

(3)生物学特性

1年1代,以卵在土中越冬。越冬卵于四月底五月初开始孵化,孵化期可延续到6月上旬,卵孵化盛期为14:00~16:00,初孵跳蝻有群聚特性,多群聚于小竹及禾本科杂草上，1龄末2龄初开始上竹，3龄后全部上大竹，5龄跳蝻食量最大，约占总食量的60%以上。成虫羽化以8：00~10：00为最盛，产卵多在2：00~6：00。

(4) 防治原则与措施

①人工防治。竹蝗产卵集中，可于11月在产卵多的地点人工挖除卵块。

②生物防治。保护和人工繁殖红头芫菁，捕食卵块，或使用蜡状芽孢杆菌、枯草芽孢杆菌和白僵菌，使初生跳蝗感染而亡。

③化学防治。在1~2龄跳蝻期，用25%灭幼脲Ⅲ号胶悬剂、2、5%吡虫啉乳剂喷雾防治，或用25%灭幼脲Ⅲ号粉剂喷粉防治；跳蝻上竹后，竹腔注射5%吡虫啉，或用1%阿维菌素油剂与柴油按1：15的比例混合后喷烟。

任务评价

具体评价内容及标准见表6-10。

表6-10 林木叶部害虫及防治任务评价表

任务名称：林木叶部害虫及防治		完成时间：			
序号	评价内容	评价标准	考核方式	赋分	得分
1	知识考核	掌握叶部害虫种类及发生特点	卷面笔试（单人考核）	5	
		熟知叶部害虫的生物学特性		5	
		熟知叶部害虫的调查知识		10	
		掌握叶部害虫防治知识		10	
2	技能考核	能识别常见叶部害虫种类	单人考核	10	
		调查路线清晰、方法正确、数据翔实	小组考核	10	
		防治措施得当、效果理想	小组考核	10	
		操作规范、安全、无事故	小组考核	10	
3	素质考核	工作中勇挑重担，有吃苦精神	单人考核	2	
		与他人合作愉快，有团队精神		2	
		遵守劳动记录，认真按时完成任务		2	
		善于发现和解决问题，有创新意识		2	
		信息收集准确，准备充分		2	
4	成果考核	能在规定时间内完成调查报告，内容详实、书写规范、结果正确	小组考核	10	
		防治技术方案内容完整、条理清晰、措施得当，有一定的可行性	小组考核	10	
	总得分			100分	

模块二 综合应用 主要林业有害生物防治

自测练习

一、填空题

1. 食叶害虫多为（　　）性害虫，以植物叶片为食，可造成树势衰弱，为（　　）侵入提供条件。
2. 大多数食叶害虫生活裸露，受外界环境影响（　　），种群消长比较（　　），有些种类出现周期性大发生现象。
3. 美国白蛾属鳞翅目（　　）科，是我国林业（　　）性有害生物。
4. 美国白蛾一年发生2~3代，以（　　）在（　　）、枯枝层、墙缝或地面表土层内越冬。
5. 松毛虫是鳞翅目（　　）科（　　）属昆虫的统称。体中到大型，粗壮多毛，前后翅无（　　）连锁，后翅肩角扩大，有1~2条（　　）。
6. 舞毒蛾幼虫主要危害叶片，一年发生（　　）代，以（　　）越冬。
7. 黄脊竹蝗1年发生（　　）代，以卵在（　　）越冬。

二、选择题

1. 以下食叶害虫中，属于重要的检疫害虫的是（　　）。
   A. 美国白蛾　　B. 马尾松毛虫　　C. 黄刺蛾　　D. 黄脊竹蝗
2. 周氏啮小蜂寄生美国白蛾的虫态是（　　）
   A. 卵　　B. 成虫　　C. 老熟幼虫　　D. 蛹
3. 美国白蛾在我国的生活史为（　　）
   A. 1年1代，以卵越冬　　B. 1年2~3代，以蛹越冬
   C. 1年1代，以成虫越冬　　D. 1年1代，以幼虫越冬
4. 舞毒蛾以（　　）越冬。
   A. 卵　　B. 幼虫　　C. 蛹　　D. 成虫
5. 白杨叶甲前胸背板（　　）。
   A. 红色　　B. 蓝紫色　　C. 橙黄色　　D. 黄色
6. 落叶松毛虫在我国的年生活史为（　　）。
   A. 1年1代，以老熟幼虫越冬　　B. 1年1代，以3~4龄幼虫越冬
   C. 1年2代，以蛹越冬　　D. 1年2代，以卵越冬
7. 叶蜂类幼虫腹足的对数为（　　）。
   A. 2~3对　　B. 2~5对　　C. 6~8对　　D. 8~10对
8. 制作毒绳的药剂最好选择下列哪一种（　　）。
   A. 溴氰菊酯　　B. 灭幼脲　　C. 氧化乐果　　D. 磷化铝
9. 生产上常用赤眼蜂防治松毛虫，其寄生的虫态为（　　）。
   A. 成虫　　B. 幼虫　　C. 蛹　　D. 卵

三、简答题

简述食叶害虫的常见类群及发生特点。

四、论述题

1. 简述美国白蛾的发生规律及其综合防治。
2. 简述马尾松毛虫的发生规律及其综合防治。

项目7 林木种实有害生物防治

项目描述

林木种实是育苗造林的材料,在其形成过程中常常遭受害虫的危害,一般可造成种实的产量和质量降低,严重时可导致种实颗粒不收,或在贮藏、运输过程中失去使用价值,直接影响育苗、造林和自然更新。常见的种实害虫有落叶松球果花蝇、紫穗槐豆象、刺槐种子小蜂、黄连木种子小蜂等。它们多在花期或幼果期产卵,幼虫蛀入种实内危害,随着种实的生长逐渐发育成长,成熟后自果内脱出或随种实带入贮收场所。此类害虫多隐蔽危害,不易早发现,往往失去防治时机,加大了防治的难度。因此,对这类害虫,重点是及时防治成虫及初孵尚未入果的幼虫。要建立种子园,实行集约管理,这样既可提高种实的质量和产量,又有利于对种实的保护。在种实采收、贮藏及调运过程中,要严格检查,及时处理,以减少害虫种群数量,并可控制其传播、蔓延。

本项目结合林业生产对种实害虫防治的典型工作任务实施教学,在识别森林植物常见害虫的基础上,学生可根据害虫发生的实际情况,通过自主学习和收集的信息资料,制定切实可行的工作计划,遵循国家林业和草原局制定的林木种实害虫防治技术规程,在林场技术员与任课教师共同指导下,完成对林木种实害虫的防治工作。

项目分析

任务名称	任务载体	学习目标	
		能力目标	知识目标
任务 7.1 林木种实病害及防治	种实霉烂病调查与防治	①能识别林木种实病害 ②会拟定林木种实病害防治技术方案	①了解林木种实病害种类及发生规律 ②熟知林木种实病害的识别特征 ③掌握林木种实病害的防治措施
任务 7.2 林木种实害虫及防治	落叶松球果花蝇调查与防治	①会识别种实害虫种类及被害状 ②能对种实害虫虫情进行调查 ③会拟定种实害虫防治技术方案 ④会实施种实害虫防治作业	①了解种实害虫种类及危害特点 ②熟知种实害虫的调查方法 ③掌握种实害虫防治原理与措施

项目7 林木种实有害生物防治

任务 7.1 林木种实病害及防治

实施时间：播种前。
实施地点：有种实病害发生的苗圃地。
教学形式：现场教学做一体化教学。
教师条件：学校教师与企业技术员共同指导，指导教师需熟知种实病害的发生规律，具备种实害虫的鉴别、调查与防治能力；具备组织课堂教学和指导学生实际操作能力。
学生基础：具备森林林木病害识别的基本技能，具有一定的自学和资料收集与整理能力。

林木种实病害在我国发生普遍，症状主要有种实发霉和腐烂，多发生于贮藏期、催芽期和播种至出芽期间，偶尔发生在收获前，种子处理过程中或播种后的土壤中，主要由半知菌中的一些腐生菌类引起。其次有囊果、果斑、软腐和干果类的僵化等，多由子囊菌和半知菌的一些种类引起。

种子带菌是引起种实病害的重要原因。据统计，在80多种林木种子中，携带有61种真菌病害。携带的方式一是机械混杂型，即病原体以子座等方式混杂于种子之中；二是以菌丝或孢子附着于种子表面的表面附着型；三是病菌以菌丝等潜伏于种皮和果皮之间、种皮内、胚乳及胚内的种内潜伏型。

花期和伤口是种实受侵染的主要时间和途径。多数核果类及仁果类种实病害，病菌是通过花器的柱头侵入，分生孢子萌发产生的芽管穿过花柱进入子房，引起花腐和果腐。种实在采收、装卸、运输过程造成的伤口，也是病菌侵入的门户。橡实僵化病菌的菌丝可通过橡实种脐处的维管束进入种壳内。

种实在贮藏期内，贮藏库中高温高湿是种实霉烂的重要条件。病菌生长发育最适温度一般均在 25～27 ℃。一般林木种实(橡实等大粒的含水量高的种子除外)贮藏温度以 0～5 ℃ 为宜，种子含水量宜在 10%～15%。种实入库含水量过高很易霉烂，但过低降低种实含水量也会导致种子生活力下降，甚至失去发芽能力，变成完全失去抵抗腐生菌侵袭能力的死种子。

7.1.1 种实霉烂调查与防治

7.1.1.1 知识准备

(1)症状与病原

种实霉烂多发生于种实贮藏期，以及种实收获前、种实处理的环境中和播种后的土壤中。种实霉烂不但影响种实质量，降低食用价值和育苗的出苗率，而且食用霉烂的种实后对人畜有毒。如黄曲霉素是一种致癌物质。

多数在种皮上生出多种颜色的霉层或丝状物霉烂的种子一般都具有霉味。切开种皮时内部变成糊状，有的仍保持原形只在胚乳部位有红褐色的斑纹。

引起种实霉烂的病原常见的有青霉菌（*Penicillium* spp.）、链格孢菌（*Alternaria* spp.）、曲霉菌（*Asppergillus* spp.）、镰刀菌（*Fusarium* spp.）、匍枝根霉（*Rhizopusstolonifer* spp.）等，其中由链格孢菌和青霉菌引起的种子霉烂相对最多，危害性也大（图7-1）。

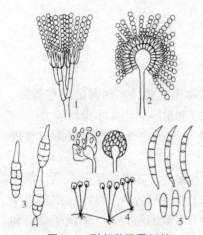

图 7-1　引起种子霉烂的主要病原菌形态
1. 青霉　2. 黑曲霉　3. 细交链孢
4. 匍枝根霉　5. 镰刀菌

①青霉菌类。霉层中心部呈蓝绿色或灰绿色，边缘是白色菌丝。分生孢子梗直立，顶端一至多次分支，形成扫帚状，分支顶端产生瓶状小梗，小梗顶端产生成串的分生孢子。

②曲霉菌类。菌丝层稀疏，生有大头针状褐色或黑褐色子实体。分生孢子梗直立，顶端膨大成圆形或椭圆形，上面着生1~2层放射状分布的瓶状小梗，分生孢子聚集在分生孢子梗顶端呈头状。

③链格孢菌。霉层毛绒状，褐色中显绿色，边缘白色。分生孢子梗深色，顶端单生或串生淡褐色至深褐色、砖隔状分生孢子。分生孢子从产孢孔内长出，倒棍棒形、椭圆形或卵圆形，顶端有喙状细胞。

④匍枝根霉。种皮上生有细长白色菌丝、老熟后菌丝上生出黑色孢子囊。菌丝分化出匍匐枝和假根；孢囊梗单生或丛生、与假根对称，顶端着生球状孢子囊、孢子囊内有许多孢囊孢子。

⑤镰刀菌。种皮上先生出白色霉层，中心部逐渐变为红色或蓝色。菌丝无色分隔，具有大、小两种孢子。大型分生孢子多细胞，镰刀型；小型分生孢子单细胞，椭圆形至卵圆形。

(2) 发生特点

病菌主要存在于土壤、空气、水、容器和库房中，种实与之接触所导致的种实表面带菌发生普遍。成熟的种实在采收、调制和储运时不慎造成伤口也有利于病菌侵入。种实贮藏期温度高、湿度大霉烂更加迅速。种实霉烂菌生长的最适温度为 25~27 ℃，在一般的温度条件下都能活动，因此湿度往往是发生霉烂的主要因素。

(3) 防治措施

①对种实进出口或国内各地区调拨进行严格的植物检疫。对国内的做好种实产地检疫，建立无检疫性有害生物苗圃和种子生产基地，对国外引入的要隔离试种再放行。

②及时采收，在采收、装卸或运输环节中应尽量避免机械损伤和冻害。对有病种实要集中林外烧毁。

③种实贮藏入库前剔除坏种、病种、虫种，并进行干燥。除橡实、板栗等大粒种子外一般应干燥至10%~15%。贮存期要保持低温（库内温度保持在0~4 ℃），以及适宜的 CO_2 含量和湿度。

④种实带菌时，催芽、播种前要采用表面消毒、热处理、药剂拌种等方法消灭病菌。

(4) 药剂拌种

用种子重量0.4%~2.0%或0.2%~0.5%的福美双或敌克松粉剂，先用10~15倍的细土与之配成药土，再拌种消毒，防治苗木猝倒病、松柏类的立枯病等效果较好。

7.1.1.2 计划制订

(1)小组分工

每4~6人为一组，设组长1人，操作员2~4名、记录员1名。

(3)工作方案

以小组为单位，通过相关知识学习和查阅相关资料，制定工作方案。调查方案包括调查时间、调查地点、调查方法及数据处理等。防治方案包括防治原则和基本措施。对进出口或国内各地区调拨的种实应进行严格的植物检疫，国内的做好种实产地检疫，建立无检疫性有害生物苗圃和种子生产基地，对国外引入的要隔离试种。具体其他防治措施可从以下几个方面考虑：

①种实成熟时及时采收，采收时尽量避免损伤。

②种实贮藏前应适当干燥，并将坏种、病种剔除，库内温度以保持在0~4℃为宜，并保持通风。种实贮藏入库时切忌有碰伤种实表面。

③沙藏种子催芽时，先用0.5%高锰酸钾稀释液浸种15~35min，用清水洗掉种子上的药液后再混沙催芽。对于针叶树种子的消毒还可以用浸种时间长一些，以1~2h为宜，对于种皮坚硬、质密且透水性差的种子可用高温水浸法(70~90℃)，换水1~2次/d。拌种杀菌一般。

④用种子重量0.4%~2.0%或0.2%~0.5%的福美双或敌克松粉剂，先用10~15倍的细土与之配成药土，再拌种消毒，防治苗木猝倒病、松柏类的立枯病等效果较好。

(3)备品准备

用具：喷雾器、量筒、烧杯、天平、玻璃棒以及生盛装种实的各种容器。

材料：调查表、记录本及消毒药剂。

7.1.1.3 任务实施

(1)种实霉烂病识别

第一步 观察霉烂种子表面的霉层，切开种子，看其胚乳病变情况。

第二步 挑取霉层少许制成临时玻片镜检，识别病原菌种类和形态特征。

(2)种实霉烂病调查

包装种子按照0.5%~5%的比例，散装种实按照0.1%~1%的比例，采取随机抽样法进行调查，统计种实被害率(表7-1)。种实量大时可随机分成若干组，分别进行调查。

表7-1 种实病害调查表

调查日期	调查地点	样品组别	调查种实数	受害种实		种实平均受害率(%)	备注
				个数	百分率(%)		

$$果实受害率(\%) = \frac{感病种实数}{调查总种实数} \times 100\% \tag{7-1}$$

(2) 备品准备

仪器：打孔注药机。

用具：高枝剪、爬树器、放大镜、标本瓶、昆虫针、解剖刀、镊子等。

材料：调查表、记录本、地形图、白纸板、黄塑料板、胶带、粘虫胶、白糖、醋、白酒及所需药剂等。

(3) 种实霉烂病防治

林木种子表面常带有病原菌，催芽、播种前对种子进行消毒灭菌，是减少苗木病害的重要措施。用药剂处理种子的目的是杀灭附着在种子表面的病原菌。先将种子用清水浸泡3~4 h，再放入药液中进行处理。种子消毒过程中，应特别注意药剂浓度，通常处理后的种子需用清水冲洗干净。常用消毒方法有如下几种：

①甲醛溶液消毒。在播种前1~2d，把种子放入0.15%的甲醛溶液中，浸泡15~30 min，取出后密封2 h，然后将种子摊开阴干，即可播种或催芽。

②硫酸铜溶液消毒。1.0%硫酸铜溶液浸种4~6 h，取出阴干备用。该方法对部分树种（如落叶松）兼有消毒和催芽作用，可提高种子发芽率。

③高锰酸钾溶液消毒。以0.5%溶液浸种2 h，或用3%的溶液浸种0.5h，取出后密封0.5 h，再用清水冲洗数次，阴干后备用。注意胚根已突破种皮的种子不能采用此法，该法兼有一定的促进种子发芽作用。

④多菌灵、石灰水等药剂浸种。用50%多菌灵500倍溶液浸泡1h，或1.0%~2.0%的石灰水浸种24 h，有较好的灭菌效果。用农用链霉素4000倍液浸种0.5h对细菌性病害有一定防治作用。

7.1.2 其他种实病害及防治

除上述完成的任务外，种实病害种类还包括很多，如栗实干腐病、核桃炭疽病，为了全面掌握林木种实病害的防治技术，学生可利用业余时间通过自学、收集资料，完成其他种实病害学习任务。

7.1.2.1 栗实干腐病

(1) 分布

广泛分布板栗产区，主要分布于河北、山东、陕西、河南、广东、广西、四川、江苏、安徽、浙江、湖南、湖北等地。

(2) 症状与病原

收获期无明显症状，在贮运期栗仁上形成小斑点，引起栗仁变质腐烂。栗仁上产生黑、灰、绿色腐烂病斑，干腐成洞，洞内产生黑色菌丝。引起该病的病原有胶孢炭疽菌(*Colletotrichum gloeosporioides*)、聚生小穴壳菌(*Dothiorella gregaria*)、腐皮镰孢菌(*Fusarium solani*)、匍枝根霉(*Rhizopus stolonifer*)。

(3) 发生特点

病菌在枝干上越冬,靠风雨传播。病菌在板栗雌花受粉期以后开始侵入花柱和栗苞外壳,侵入后处于潜伏状态,采后贮藏中陆续发病。沙贮时 25 ℃ 易发病,15 ℃ 以下发病慢,5 ℃ 以下发病停止。

(4) 防治措施

①剪除病枯枝,减少侵染源。

②在花期和幼果发育期定期喷杀菌剂,阻止病菌侵入。在贮藏前用药剂处理种实。

③采收后在适宜的条件下进行保湿冷藏,以抑制病害的发生。

7.1.2.2 核桃炭疽病

(1) 分布

广泛分布胡桃(核桃)产区,是胡桃(核桃)的主要病害之一。

(2) 症状及病原

主要危害果实,产生黑褐色稍凹陷、圆形或不规则形病斑,严重时使全果腐烂,干缩脱落。天气潮湿时,在病斑上产生轮纹状排列的粉红色小点。危害该病的病原为果生盘长孢(*Gloeosporium fructigenum*)。

(3) 发生特点

病菌以菌丝体在病枝、芽上越冬,成为来年初侵染源。病菌分生孢子借风、雨、昆虫传播,从伤口、自然孔口侵入,并能多次再侵染。发病的早晚和轻重,与高温高湿有密切关系,雨水早而多,湿度大,发病就早且重。植株行距小、通风透光不良,发病重。

(4) 防治措施

①冬季清除病果、病叶,集中烧毁。

②发芽前喷洒 3~5°Be 石硫合剂。

③展叶期和 6~7 月喷洒 0.5% 石灰半量式波尔多液 1 次。果实发病初期喷洒 75% 百菌清、50% 托布津可湿性粉剂 500 倍液。

任务评价

具体评价内容及标准见表 7-2。

表 7-2 林木种实病害调查与防治任务评价表

任务名称:林木种实病害调查与防治			完成时间:		
序号	评价内容	评价标准	考核方式	赋分	得分
1	知识考核	掌握种实病害的发生特点	卷面笔试 (单人考核)	10	
		熟知种实病害的调查知识		10	
		掌握种实病害的防治知识		10	

（续）

序号	评价内容	评价标准	考核方式	赋分	得分
2	技能考核	能识别常见种实病害种类	单人考核	10	
		调查方法正确、数据翔实准确	小组考核	10	
		防治措施得当、效果良好	小组考核	10	
		安全操作、无事故出现	小组考核	10	
3	素质考核	有吃苦精神	单人考核	2	
		有团队精神意识		2	
		遵守劳动记录，认真按时完成任务		2	
		善于发现和解决问题，有创新意识		2	
		信息收集准确，准备充分		2	
4	成果考核	能在规定时间内完成调查报告，内容详实、书写规范、结果正确	小组考核	10	
		防治技术方案内容完整，条理清晰、措施得当，有一定的可行性	小组考核	10	
	总得分			100 分	

自测练习

一、填空题

1. 林业生产常见的种实病害有（　　）、（　　）、（　　）等。
2. 引起种实霉烂的病原常见的有（　　）、（　　）、（　　）、（　　）和（　　）。

二、简答题

1. 种实霉烂的典型症状是什么？
2. 在储藏和处理种子过程中，如何防止霉烂的发生？

任务7.2 林木种实害虫及防治

实施时间：种实害虫成虫和幼虫危害初期。
实施地点：有种实害虫发生的种子园或母树林。
教学形式：现场教学做一体化教学。
教师条件：学校教师与企业技术员共同指导，指导教师需熟知种实害虫的发生规律，具备种实害虫的鉴别、调查与防治能力；具备组织课堂教学和指导学生实际操作能力。
学生基础：具备森林昆虫识别的基本技能，具有一定的自学和资料收集与整理能力。

7.2.1 落叶松球果花蝇调查与防治

7.2.1.1 知识准备

(1) 分布与危害

落叶松球果花蝇[*Strobilomyia laricicola*(Karl)]属双翅目(Diptera)家蝇总科(Muscoidea)花蝇科(Anthomyiidae),又名落叶松球果种蝇。分布于东北小兴安岭和山西林区,危害落叶松球果和种子。

(2) 生活史及习性

该虫在北方地区一年1代,以蛹越冬。成虫翌年5月中旬开始羽化,6月中旬结束。5月中、下旬开始产卵,6月上、中旬为产卵末期。在球果鳞片未展开时,产在球果基部的针叶或苞鳞上;球果鳞片已张开,则都产在鳞片间靠近种子部位。一般1个球果内只有1~2粒卵,但在歉收年份,1个球果上可产卵10粒。经7~10 d孵化。幼虫孵化后立即蛀入鳞片基部取食幼嫩种子。在1个球果内1头幼虫可食耗80%的种子,2头即可将全部种子吃光,缺乏食料时将导致死亡。球果受害初期,外部症状不明显,随着受害程度的加深,鳞片发育不良,较正常的小,且变色而提前干枯,球果弯曲畸形(图7-2)。

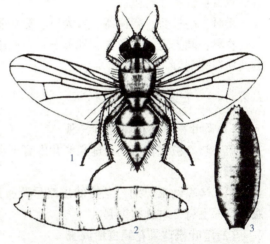

图7-2 落叶松球果花蝇
1. 成虫　2. 幼虫　3. 蛹

幼虫危害期约25~30 d。于6月下旬至7月上旬幼虫老熟脱果坠地,在枯枝落叶层或地下1~3 cm处化蛹。老熟幼虫落地与当时降水量密切相关,一阵大雨后,老熟幼虫纷纷落地。蛹有滞育现象,同1年越冬的蛹,有18%~58%至第3年才羽化。

7.2.1.2 计划制订

(1) 小组分工

每4~6人为一组,设组长1人,操作员2~4名、记录员1名。

(2) 工作预案

以小组为单位领取工作任务,根据任务单要求和资讯学习,结合国家和地方林木种实害虫防治标准制定落叶松球果花蝇调查预案和防治预案。

调查预案包括调查时间、调查地点、调查方法、数据处理等。

防治预案包括防治原则和基本措施,由于落叶松结实又具有周期性,有大、小年之分,所以防治重点应放在集约经营采种的种子园、母树林进行。具体措施可从以下几个方面考虑:

①林业措施。在种子园实行深翻,将蛹埋于5 cm以下土中,阻止成虫出土;或采取

清理林地枯枝落叶的方法,均有一定防治效果。

②防治成虫。于5月上中旬成虫羽化、产卵期用"741"插管烟剂按 1.5~2.5 kg/hm² 或蚊蝇净防火安全杀虫烟剂 5~7 kg/hm² 定点放烟;用20%氰戊菊酯乳油2000倍液,喷树冠及地面植被;用糖醋液诱杀成虫,设置诱捕器 15 个/hm²;或挂放 60 块/hm² 黄色粘胶板粘蝇或用桦树液配制成的 0.2%四碘荧光素钠,诱杀成虫。

③防治幼虫。6月中下旬幼虫落地化蛹时,地面施用含孢量50亿/g的白僵菌粉 20~70 kg,或倍硫磷等毒杀幼虫;用40%氧化乐果乳油树干注射防治初孵幼虫,胸径 10 cm 的母树每株注药 8 mL,胸径每增加 5 cm,增加药量 2 mL。5%杀铃脲乳油、25%灭幼脲Ⅲ号悬浮剂、20%杀铃脲悬浮剂、5%伏虫灵乳油和30%辛脲乳油等昆虫生长调节剂,防治落叶松球果花蝇效果很好。

(3)备品准备

仪器:打孔注药机。

用具:高枝剪、爬树器、放大镜、标本瓶、昆虫针、解剖刀、镊子等。

材料:调查表、记录本、地形图、白纸板、黄塑料板、胶带、粘虫胶、白糖、醋、白酒及所需药剂等。

7.2.1.3 任务实施

(1)落叶松球果花蝇现场识别

第一步 被害状识别:球果鳞片发育不良,较正常的小,且变色而提前干枯,球果弯曲畸形。

第二步 幼虫识别:老熟幼虫略呈圆锥形,蛆型,体长 6~9 mm。淡黄色,不透明。腹末截面上有 7 对乳状突起。

(2)落叶松球果花蝇虫情调查

①踏查。在调查的林分选择有代表性的路线边走边目测,记载林分状况因子、种实害虫种类、主要虫种、危害程度、分布状态及天敌种类等,并予以记载,按种实被害10%以下为轻微,11%~20%为中等,21%以上为严重的标准划分危害程度。分布状况标准按食叶害虫划分标准。

②详细调查。在踏查基础上,按与食叶害虫同样要求选设标准地。在标准地内可按对角线、分行或Z字形方法选取样株,一般选取 5~10 个样株。

在每1个样株上,分树冠的上、中、下和阴阳面等6个区域,各抽查 30~40 个种实(种实大的 20 个),检查有虫种类,并填表计算虫果率和虫口密度(表7-3、表7-4)。

表7-3 种实害虫树冠分层调查表

调查时间:_____ 标准地号_____ 树种_____ 树高_____ 树龄_____

样树号	树冠上位				树冠中位				树冠下位			
	阳面		阴面		阳面		阴面		阳面		阴面	
	无	有	无	有	无	有	无	有	无	有	无	有

表 7-4 种实害虫调查表

调查日期	调查地点	样树号	调查种实数	受害种实		害虫		不同虫种虫果率(%)	总平均虫果率(%)	备注
				个数	百分率(%)	名称	种实平均虫(孔)数			

③计算果实受害率和单个种实虫口密度。

$$果实受害率(\%) = \frac{有虫果实}{调查总果实数} \times 100\% \qquad (7\text{-}2)$$

$$虫口密度 = \frac{调查总活虫数}{调查总果实数} \times 100\% \qquad (7\text{-}3)$$

(3)落叶松球果花蝇除治作业

①糖醋液诱集落叶松花蝇成虫。

第一步 在落叶松花蝇成虫羽化期，选择有虫危害的落叶松林分进行。

第二步 称取蔗糖 300 g、90%敌百虫 50 g、米醋 300 mL、白酒 100 mL、水 250 mL 倒入容器内配成糖醋液带到林内。

第三步 在落叶松树冠距地面高 1 m 左右的枝条上挂诱捕器，每公顷放置 15 只；将糖醋液倒入诱捕器，液面高度 3.5~5 cm。

第四步 每天检查诱虫数，间隔 3 d 换液 1 次。

②用黄色粘胶板诱集落叶松花蝇成虫。

第一步 在落叶松花蝇成虫羽化初期，在落叶松林内进行。

第二步 取 15 cm×20 cm 规格的，厚度 0.05 mm 的黄色塑料板 60 片，在其一端打 2 个孔，系好塑料绳；将桶装粘虫胶放在热水盆中预热；待胶软化后用排笔逐片两面涂胶；将涂好的黄色粘胶板重叠放在一起带入林内；

第三步 用 1 根长 2.0~2.5 m 的细杆，上端绑一铁钩，用其将黄色粘胶板挂在落叶松离地面 3~5 m 高的侧枝上，挂放密度为 60 块/hm²。

第四步 每天观察黄色粘胶板诱蛾数量。

③打孔蛀药防治法。

第一步 准备药械，配好药剂。

第二步 用 40%氧化乐果乳油树干注射防治初孵幼虫，胸径 10 cm 的母树每株注药 8 mL，胸径每增加 5 cm，增加药量 2 mL。

(4)药剂防治效果检查

防治作业实施 12 h、24 h、36 h，学生利用业余时间到防治现场检查药剂防治效果。将检查结果填入害虫药效检查记录表。

7.2.2 其他种实害虫及防治

种实害虫种类还包括很多，如球果梢斑螟、桃蛀螟、栗实象、刺槐种子小蜂等，为了全面掌握林木种实害虫的防治技术，学生可利用业余时间通过自学、收集资料，识别其他叶部种实害虫。

7.2.2.1 果梢斑螟 [*Dioryctria pryeri*(Ragonot)] 鳞翅目 螟蛾科

(1) 虫态识别

成虫 体长 10~13 mm，翅展约 20~26 mm。前翅赤褐色，近翅基有 1 条灰色短横线，内、外横线呈波状、银灰色，两横线间有暗赤褐色斑，靠近翅前后线则有浅灰色云斑，中室端部有 1 新月形白斑，缘毛灰褐色。后翅浅灰色，外线黑褐色，缘毛淡灰褐色(图 7-3)。

卵 卵椭圆形，长径 0.8 mm，短径约 0.5 mm。初产卵为乳白色，孵化前变为黑褐色。

幼虫 老熟幼虫体长 15~22 mm。体漆黑色或蓝黑色，具明亮光泽。头部红褐色。前胸背板及腹部第 9、10 节背板为黄褐色。体上具较长的原生刚毛。腹足趾钩为双序环，臀足趾钩为双序缺环。

蛹 赤褐色或暗赤褐色。体长 11~14 mm，宽 3~4 mm。头及腹末均较圆饨而光滑，尾端有钩状臀棘 6 根，排成弧形。

图 7-3 果梢斑螟
1. 成虫 2. 卵 3. 幼虫 4. 蛹 5. 危害状

(2) 寄主及危害特点

主要分布于东北、华北、西北地区，以及安徽、江苏、浙江、四川和台湾，主要危害松类、落叶松、云杉等。以幼虫蛀食球果及嫩梢。嫩梢受害后弯曲、枯萎、披头散发状；主梢受害，可造成秃顶，丛生呈扫帚状；球果受害可导致畸形或干缩，不能结实。

(3) 生物学特性

在浙江和陕西 1 年 1 代，以初龄幼虫在雄花序内越冬，也有少数在被害果内越冬。在浙江淳安一带，越冬幼虫于 4 月中、下旬开始转移，蛀入马尾松新花枝、火炬松嫩枝或逐渐膨大的前 1 年生马尾松球果内取食危害。5 月中旬至 7 月下旬为蛹期。5 月下旬至 7 月下旬为羽化期。6 月中旬至 8 月初为卵期。6 月下旬至翌年 6 月中旬为幼虫期，在陕西桥山林区于 5 月中旬开始转移，危害球果及嫩梢，5 月下旬至 6 月上旬为转移危害盛期 6 月中旬开始化蛹。6 月底至 7 月初成虫羽化。7 月中旬孵出幼虫，蛀入雄花序或当年遭受过虫害而枯死的当年生球果、当年生枝梢内取食危害，并于其中越冬。

(4) 防治原则与措施

①检疫措施。加强检疫措施，防止其蔓延扩散。

②林业措施。加强抚育管理，促使幼林提早郁闭，可减轻危害；修枝时留茬要短，切口要平，减少枝干伤口，防止成虫在伤口产卵；冬季摘除被害枝梢、虫果，集中处理，可有效压低虫口密度。营造混交林，对新造林地实施针阔混交。

③物理防治。利用果梢斑螟排泄物与松脂大量聚集、油包明显的习性，于幼虫取食和

化蛹期，对低矮结实幼树采取人工摘除油包方法，以降低虫口密度。利用成虫趋光性，使用黑光灯诱杀成虫。

④生物防治。保护与利用天敌，果梢斑螟主要天敌有寄生蜂类和寄生蝇类。在卵期，释放赤眼蜂。

⑤化学防治。于越冬成虫出现期或第1代幼虫孵化期喷洒50%杀螟松乳油1000倍液或30%桃小灵乳油2000倍液、10%天王星乳油6000倍液、25%灭幼脲Ⅰ号1000倍液、50%辛硫磷乳油1500倍液。

7.2.2.2 桃蛀螟（*Dichocrocis punctiferalis* Guenee）鳞翅目 螟蛾科

(1) 虫态识别

成虫 体长12 mm，翅展22~25 mm，体、翅黄色。胸部于领片中央有由黑色鳞片组成的黑斑1个，肩板前端外侧及近处各有黑斑1个，胸部背面有2个黑斑。前后翅上有许多大小不一的黑斑。腹部第1、3、4、5节背面各有3个黑斑，第六节只有1个，第2、7节无黑斑，雄第8节末端黑色，雌不明显（图7-4）。

卵 椭圆形，长0.6 mm，宽0.4 mm，表面粗糙布细微圆点，初乳白渐变橘黄、红褐色。

幼虫 体长22 mm，体色多变，有淡褐、浅灰、浅灰蓝、暗红等色，腹面多为淡绿色。头暗褐，前胸盾片褐色，臀板灰褐，各体节毛片明显，灰褐至黑褐色，背面的毛片较大，第1~8腹节气门以上各具6个，成2横列，前4后2。气门椭圆形，围气门片黑褐色突起。腹足趾钩不规则的3序环。

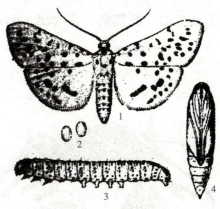

图7-4 桃蛀螟
1. 成虫 2. 卵 3. 幼虫 4. 蛹

蛹 长13 mm，初淡黄绿后变褐色，臀棘细长，末端有曲刺6根。

茧 长椭圆形，灰白色。

(2) 寄主及危害特点

主要分布于东北南部、华北、华中、华南、西南。为杂食性害虫，寄主植物多，主要包括桃、李、板栗、柳杉、雪松、云杉、以及许多农作物和果树等。

(3) 生物学特性

发生代数因不同地区而异，北方地区1年发生2~3代。长江流域及其以南1年发生4~5代。世代重叠严重。以老熟幼虫在树皮缝隙、僵果、落叶、贮栗场、向日葵花盘、玉米或高粱秸秆，以及穗轴内越冬。具转移寄主危害习性。第1代幼虫主要危害桃、李果实，第2代继续危害，部分转移危害玉米、向日葵等，其他代主要危害板栗等其他果树及玉米、高粱等作物。成虫具强趋光性，昼伏夜出，卵多产于枝叶茂密处的果实上以及2个或2个以上果实的紧靠处。幼虫孵化后多从果肩或果与果、果与叶相接处蛀入果内，蛀孔处常流胶并排有大量褐色虫粪。老熟幼虫在被害果梗洼处、树皮缝隙内结茧越冬。

(4)防治原则及措施

①消除越冬幼虫。在每年4月中旬,越冬幼虫化蛹前,清除玉米、向日葵等寄主植物的残体,并刮除苹果、梨、桃等果树翘皮、集中烧毁,减少虫源。

②物理防治。在越冬成虫羽化前对果实套袋,预防蛀果。成虫期设置高压电网黑光灯、杀虫灯或糖、醋液诱杀成虫。秋季采果前,于树干绑草诱集越冬幼虫,早春集中烧毁。拾毁落果和摘除虫果,消灭果内幼虫。

③生物防治。幼虫孵化期,采用苏云金芽孢杆菌(Bt)30亿~45亿 IU/hm² 倍液喷雾。林间释放赤眼蜂。

④化学防治。成虫产卵盛期,采用30%高效氯氰菊酯2000~3000倍液喷雾。

7.2.2.3 栗实象(*Curculio davidi* Fairmaire)鞘翅目 象甲科

(1)虫态识别

成虫 体长6.5~9 mm。头黑色;头管细长,是体长的0.8倍,前端向下弯曲。雌虫头管长于雄虫。前胸背板密布黑褐色绒毛,两侧有半圆点状白色毛斑。鞘翅被有浅黑色短毛,前端和内缘具灰白色绒毛,两鞘翅外缘的近前方1/3处各有1个白色毛斑,后部1/3处有1条白色绒毛组成的横带。足黑色细长,腿节呈棍棒状。腹部暗灰色,腹端被有深棕色绒毛(图7-5)。

卵 乳白色透明,椭圆形。

幼虫 纺锤形,乳白色,头部黑褐色,老熟幼虫体长8.5~11.8 mm。

蛹 长7.5~11.5 mm,乳白色,复眼黑色。

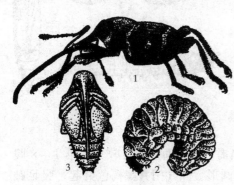

图7-5 栗实象
1. 成虫 2. 幼虫 3. 蛹

(2)寄主及危害特点

中国板栗产区均有分布。该虫以幼虫危害栗实,栗实被害率可达80%以上,是影响板栗安全贮藏和商品价值的一种重要害虫。主要危害板栗和茅栗,亦可危害其他一些栎类。成虫咬食嫩叶、新芽和幼果;幼虫蛀食果实内子叶,蛀道内充满虫粪。观察被害状标本。

(3)生物学特性

2年1代,以老熟幼虫在土内越冬,第3年6月化蛹。6月下旬至7月上旬为化蛹盛期,经25 d左右成虫羽化,羽化后在土中潜伏8 d左右性成熟。8月上旬成虫陆续出土,上树啃食嫩枝、栗苞吸取营养。8月中旬至9月上旬在栗苞上钻孔产卵,成虫咬破栗苞和种皮,将卵产于栗实内。一般每个栗实产卵1粒。成虫飞翔能力差,善爬行,有假死性。卵经10 d左右,幼虫孵化,蛀食栗实,虫粪排于蛀道内。栗子采收后幼虫继续在果实内发育,危害期超过30 d。10月下旬至11月上旬老熟幼虫从果实中钻出入土,在5~15 cm深处做土室越冬。有些幼虫在越冬后有滞育现象,延续到第3年化蛹。

(4)防治措施

①林业技术措施。栽培抗虫品种,可利用我国丰富的板栗资源选育球苞大,苍刺稠密、坚硬,且高产优质的抗虫品种。加强园区管理,清除园地板栗以外的寄主植物,特别

是不能与茅栗混栽；捡拾落地残留栗苞，集中烧毁或深埋，提高栗园"卫生"条件；冬季垦复改土，深翻10~20 cm，捣毁越冬幼虫土室，减少虫源。及时采收，栗果成熟后及时采收，尽量做到干净、彻底，不使幼虫在栗园内脱果入土越冬。

②物理防治。利用成虫的假死性，于早晨露水未干时，在树下铺设塑料薄膜，轻击树枝，兜杀成虫。将新采收的栗实在50~55 ℃的温水中浸泡15 min或在90 ℃热水中浸10~30 s，杀虫率可达90%以上。要严格把握水温和处理时间。处理后的栗实晾干后即可沙藏，不影响发芽。

③化学防治。地面封锁和树冠喷药，7月下旬至8月上旬成虫出土时，用农药对地面实行封锁，可喷洒5%辛硫磷粉剂、50%杀螟松乳剂500~1000倍液、80%敌敌畏800倍液等药剂；8月中旬成虫上树补充营养和交尾产卵期间，可向树冠喷施90%晶体敌百虫1000倍液、25%蔬果磷1000~2000倍液、20%杀灭菊酯2000倍液或40%乐果1000倍液等药液；树体较大时，亦可按20%杀灭菊酯∶柴油为1∶20的比例用烟雾剂进行防治。药杀脱果入土幼虫，栗实脱粒场所进行土壤药剂处理，以消灭脱果入土越冬幼虫。通常用3%~5%辛硫磷颗粒剂，50~100 g/m² 混合10倍细土撒施并翻耕，在幼虫化蛹前均可进行。药剂熏蒸，将新脱粒的栗实放在密闭条件下（容器、封闭室或塑料帐篷内），用药剂熏蒸。药剂处理方法如下：一是，溴甲烷。1 m³ 栗实用药60 g处理4 h。二是，二硫化碳。1 m³ 栗实用30 mL，处理20 h。三是，56%磷化铝片剂。1 m³ 栗实用药18 g，处理24 h。

 任务评价

具体评价内容及标准见表7-5。

表7-5 林木种实害虫调查与防治任务评价表

任务名称：林木种实害虫调查与防治			完成时间：		
序号	评价内容	评价标准	考核方式	赋分	得分
1	知识考核	掌握种实害虫的发生特点	卷面笔试（单人考核）	5	
		熟知种实害虫的生物学特性		5	
		熟知种实害虫的调查知识		10	
		掌握种实害虫的防治知识		10	
2	技能考核	能识别常见种实害虫种类	单人考核	10	
		调查方法正确、数据翔实准确	小组考核	10	
		防治措施得当、效果良好	小组考核	10	
		安全操作、无事故出现	小组考核	10	
3	素质考核	工作勇于吃苦	单人考核	2	
		团队合作意识号		2	
		遵守劳动记录，认真按时完成任务		2	
		善于发现和解决问题，有创新意识		2	
		信息收集准确，准备充分		2	

模块二 综合应用 主要林业有害生物防治

（续）

序号	评价内容	评价标准	考核方式	赋分	得分
4	成果考核	能在规定时间内完成调查报告，内容详实、书写规范、结果正确	小组考核	10	
		防治技术方案内容完整，条理清晰、措施得当，有操作性	小组考核	10	
	总得分			100分	

▶ 自测练习

一、填空题

1. 林业生产常见的种实害虫有（　　）、（　　）、（　　）、（　　）等。
2. 落叶松球果花蝇在北方地区1年（　　）代，以（　　）越冬。
3. 栗实象（　　）发生1代，以（　　）在（　　）越冬；成虫咬破栗苞和种皮，将卵产于（　　）。

二、选择题

1. 落叶松球果花蝇在北方的年生活史为（　　）。
   A. 1年1代，以蛹越冬　　　　B. 1年1代，以幼虫越冬
   C. 2年1代，以卵越冬　　　　D. 2年1代，以成虫越冬
2. 落叶松球果花蝇幼虫类型为（　　）。
   A. 多足型　　B. 寡足型　　C. 无足型　　D. 原足型
3. 下列哪种害虫可以使用糖醋液诱杀成虫（　　）。
   A. 刺槐种子小蜂　　B. 花布灯蛾　　C. 白杨叶甲　　D. 落叶松球果花蝇

三、简答题

1. 调查所在地区有哪几种危害种实的害虫，其危害寄主是什么。
2. 简述落叶松球果花蝇的防治技术措施。

项目8　林木害鼠害兔及防治

项目描述

害鼠、害兔等是林业有害生物的一类，主要发生在东北和西北。以鼢鼠、野兔为主，在"三北"地区新植林地危害猖獗，对未成林造林地林木构成严重威胁。最近5年，我国林业鼠(兔)害年发生面积达1900万亩，比20世纪末增加了58.3%，占林业有害生物发生面积的18%，已成为西部生态脆弱地区植被恢复和保护的重要障碍。林业害鼠(兔)的防治是东北和西北地区森防机构的重要工作内容之一，也是林业有害生物防治人员应该掌握的技能。

能力目标

1. 能识别本地区林业常见鼠(兔)种类。
2. 能进行森林害鼠(兔)发生情况进行调查。
3. 会根据鼠(兔)种类及林分条件提出防治建议。

知识目标

1. 了解林木害鼠(兔)对林业生产的危害。
2. 掌握本地区害鼠(兔)的生活习性、繁殖习性及危害规律。
3. 掌握林业害鼠(兔)的防治对策与措施。

素质目标

1. 树立保护自然、维护生态安全的意识。
2. 培养吃苦耐劳的工作态度和认真工作精神。
3. 培养防控生物疫情的责任感和使命感。

任务8.1　林业害鼠(兔)识别

8.1.1　鼢鼠类识别

8.1.1.1　概述

鼢鼠类隶属于啮齿目仓鼠科鼢鼠亚科(Myospalacinae)，是适应于温带地下生活的鼠类。体型粗壮，体重200~500 g，吻短，眼和外耳壳极小，耳壳退化为环绕耳孔的皮褶，不突出于毛丛。四肢短而有力，前肢趾爪发达。尾短，无毛或被稀疏短毛，腹面中央有纵沟，背面凸形。门齿粗大，臼齿无齿根，终生生长。

鼢鼠终年营地下生活，取食、繁殖等一切活动均在洞道内进行，只是夜间偶尔出洞。以各种植物的地下根系为食，对多汁肥大的轴根、块根、鳞茎以及含有辣味（如葱、蒜、韭菜等）的根尤为嗜食。在林区，除喜欢取食林下草本（苦菜、剑草、长芒草等）根及幼茎外，最喜食油松、柴松、苹果、杜仲等幼树根系皮层及毛根。鼢鼠取食量很大，约占体重的1/10~1/5。由于采食而形成长而复杂的洞道，并将泥土推出洞外，形成小土丘。一个完整的洞道通常包括地面土丘、食草洞、常洞、盲洞和老窝等部分，洞道是永久性的。鼢鼠听觉、嗅觉灵敏，怕光、怕风、怕水，有堵洞习性。

在林业上造成危害的除以下介绍的种类以外，还有甘肃鼢鼠（*Myospalax cansus* Lyon）和草原鼢鼠（*M. asalas* Pallas）等。

8.1.1.2 中华鼢鼠（*Myospalax fontanieri*）

(1) 分布与危害

中华鼢鼠主要分布于青海、甘肃、宁夏、陕西、山西、河北、内蒙古、四川及湖北等地，主要危害油松，其次是落叶松及杨属、榆属的部分树种，是人工造林和天然林更新的一大害鼠。

(2) 识别特征

中华鼢鼠体长200~250 mm，尾长40~85 mm。体型肥胖，四肢短小，前肢具有镰刀状锐爪，适于地下挖掘活动。眼极小，吻钝圆，额部中央有1个白色斑点，耳壳极度退化。尾细短，有稀疏的毛，几乎裸露。体毛细软浓密，夏毛光亮，背部多呈锈红色。

(3) 生态习性

中华鼢鼠广泛栖息在农田、草原、河谷、山地及丘陵地带的林区，属严格的地下生活类型。洞道结构复杂，地表上常有不规则散布的小土丘。该鼠昼夜活动，但以夜间、晨昏为主。食性杂，常把植物地下部分咬断拖入洞穴贮藏，多危害农作物，有时啃食松树、果树的根部。该鼠有贮粮、堵洞、嗜睡、怕风、怕光及怕水等习性。每年繁殖1次。3~4月发情，5~6月产仔，每胎1~5仔，通常为2~3仔。

8.1.1.3 东北鼢鼠（*Myospalax psilurus*）

(1) 分布与危害

东北鼢鼠主要分布于河北、山东、内蒙古及东北等地，在林区主要危害樟子松、油松及落叶松的根系等。

(2) 识别特征

东北鼢鼠体长186 mm左右，尾长47 mm左右。体形粗短肥胖，吻钝圆，污白色。耳小、眼极小，上门齿露于口外。尾部仅有稀疏的白色短毛，带有光泽。前额和两颊灰白色，腹面浅灰白色或浅灰褐色，背毛灰棕色，毛干浅灰。

(3)生态习性

东北鼢鼠主要栖息于土质松软，腐殖质丰富，地势平坦，缓坡的林地、农田和草甸。常年营地下生活，善于打洞潜土，怕风、怕光，有堵洞习性。洞穴比较复杂，常有迷惑人的洞道和岔道。雄鼠洞系地面土丘呈1条直线排列，雌鼠洞系地面土丘成片分布。该鼠不冬眠，昼夜活动，尤以早晚活动频繁。食性杂，主要取食植物根系，也啃食茎、叶和花，喜食植物块茎，块茎及鲜茎。繁殖在4~6月，每年繁殖1次，每胎2~4仔。

8.1.2 沙鼠类识别

8.1.2.1 概述

沙鼠类隶属于啮齿目仓鼠科沙鼠亚科（Gerbillinae），为典型的沙漠和干草原鼠类，鼠形，但较趋于适应跳跃，后足略趋增长，尾甚大，覆毛茂密。

沙鼠主要以植物种子为食，但也吃绿色部分，有储粮习性。沙鼠多群居，活动半径在100 m以上，洞系一般由4~20个向心排列的洞口和地下纵横交错的洞道组成。老窝位于最深处的干沙层，距地面40~75 cm，垫有杂草或兽毛等物。夏季白天，沙鼠常将洞口堵住。临时洞道结构简单，洞道长度仅1 m左右，无老窝。其洞系周围100~150 m范围内和洞口是投饵灭鼠的最佳场所。

沙鼠主要啃食固沙植物，造成其大片死亡，同时由于洞系密聚，在黄土高原加重了水土流失。与林业有关的除大沙鼠外，还有长爪沙鼠（*Meriones meridianus* Pallas）、子午沙鼠（*M. unguiculatus* Milne-Edwarls）、柽柳沙鼠（*M. tamiriscinus* Pallas）等。

8.1.2.2 大沙鼠（*Rhombomys opimus*）

(1)分布与危害

大沙鼠主要分布于内蒙古、甘肃、新疆和宁夏。在春、秋、冬季危害固沙植物，使很多固沙植物成片死亡，大量盗食固沙植物的种子，对固沙造林影响很大。

(2)识别特征

大沙鼠体长150 mm，尾长几乎与体长相等，尾上被密毛，在尾末端形成毛笔状黑色"毛束"。背部暗黄褐色，腹部毛尖白色，毛基暗灰色，尾毛锈红色。每个上门齿前面有2条纵沟。

(3)生态习性

大沙鼠是典型的荒漠草原类型，主要栖息于山麓和生长有梭梭的灌木和半灌木的低缓沙丘上。洞系庞大而复杂，集中分布于具有锦鸡儿、梭梭等植物的地方。每个洞群一般有洞口10~30个，占地十多平方米甚至更大。洞道结构复杂，分2~3层，第1层距地面约40 cm，每层之间相隔10~30 cm，有"仓库"和"厕所"。巢位于地下2~3 m处。大沙鼠白天活动，不冬眠，温度过高或过低均不出洞。每次出洞前先伸出头窥探四周，确定无敌害后，出洞直立在洞口土台上向四周观望，确定安全时，便以"唧、唧唧唧"的叫声传递信号让同类出洞。遇有敌情发出警叫使地面同伴迅速隐匿洞内。

大沙鼠主要以植物的茎、叶和籽实为食，嗜食梭梭的嫩枝、幼芽和种子，可爬到2~3 m高的梭梭树上取食。可将梭梭嫩枝条咬成5~7 cm长小段贮藏于仓库中。大沙鼠每年繁殖1~2胎，每胎5~8仔，5~7月为繁殖盛期。

8.1.3 田鼠类识别

8.1.3.1 概述

田鼠类隶属于啮齿目田鼠科（Arvicolidae），绝大多数为小型鼠类，体重很少超过100 g，体型显得粗笨，大多数种类尾较短，尾长不及体长之半，眼及耳较小。主要地栖，危害树木枝干。除下面介绍的种类外，危害较重的还有棕色田鼠（Microtus mandarinus）、布氏田鼠（M. brandti）、根田鼠（M. Occonomus）、社田鼠（M. socialis），以及黑腹绒鼠（Eothenomys melanogaster）等。

8.1.3.2 棕背䶄（Clethrionomys rufocanus）

(1) 分布与危害

棕背䶄主要分布于东北及山东、河南、内蒙古、陕西、湖北、四川等地，是典型的森林鼠类，为北方林区主要林木害鼠之一。啃食幼树韧皮部和盗食直播种子，对人工幼林和直播造林危害很大。

(2) 识别特征

棕背䶄体长85~110 mm。体型短粗，四肢短小，足掌上部被毛，背侧毛长至趾端。尾短而细，尾长约为体长的1/3。体背毛棕色，侧毛色淡，腹毛污白色。

(3) 生态习性

棕背䶄主要栖息在针阔混交林中。洞穴多筑于枯枝落叶下、树根和倒木旁，有时利用松树根的空洞作为洞穴。冬季在雪下活动，雪面上留有洞口，雪下有纵横的洞道。昼夜均有活动，以夜间为主。该鼠食性有季节差异，夏季喜食植物绿色部分，春秋季以树木的种子为食，冬季主要啃食树皮。4~5月开始繁殖，5~7月为繁殖高峰，每年2~4胎，每胎4~7仔。

8.1.3.3 红背䶄（Myodes rutilus）

(1) 分布与危害

红背䶄主要分布于黑龙江、内蒙古、吉林、辽宁等地，是林区优势鼠种之一，不仅啃咬树皮，危害林木，而且对天然更新的种源和直播造林危害严重。

(2) 识别特征

红背䶄体长70~110 mm，形似棕背䶄。四肢短小，足掌前部被毛。尾短，约为体长1/3，密生较长的毛，尾比棕背䶄较粗。夏季背毛呈锈红色或棕红色，较鲜艳，体侧为浅赭色，腹毛污白色。

(3) 生态习性

红背䶄栖息于云杉林、混交林、沿河林、台地森林、坡地林缘及森林草原中，喜居湿润处。生活习性与棕背䶄相似。5~7月繁殖，2个月龄的幼鼠可进入繁殖期，一般每年2~3胎，每胎4~9仔。寿命1年半左右。

8.1.3.4　东方田鼠（*Microtus fortis*）

(1) 分布与危害

东方田鼠主要分布于东北，内蒙古、陕西、江苏、浙江、福建、四川、湖北、山东等地。在造林地啃食幼树嫩枝和根以及树木韧皮部，常使树木被环剥而死亡。

(2) 识别特征

东方田鼠体长120~150 mm，尾长一般超过体长的1/3，尾被密毛。全身灰褐色，体侧颜色稍淡，腹面毛基深灰色，毛尖沙黄色，体侧和腹面颜色界限不明显。尾背面黄色，腹面白色（图8-1）。观察东方田鼠标本。

图8-1　东方田鼠

(3) 生态习性

东方田鼠喜栖居于低潮林地，夏天在踏头甸子苔草根丛活动，秋季迁至山坡越冬。能潜水，白天活动频繁，主要以植物的绿色部分为食，冬季改食植物种子，并大量啃食杨柳枝条嫩皮及根系。4月下旬至9月中旬为繁殖期，每月可繁殖1代，一般繁殖3~4胎，每胎5~13仔，一般为4~6仔。

8.1.4　姬鼠类识别

8.1.4.1　概述

姬鼠类主要属于啮齿目鼠科（Muridae），体型较小，体重12~600 g；尾较长，尾被有环状排列的鳞片，鳞间存在稀疏短毛；耳较大，颊部没有颊囊。给林业带来严重危害的种类有大林姬鼠等。

8.1.4.2　大林姬鼠（*Apodemus peninsulae*）

(1) 分布与危害

大林姬鼠分布于东北、华北、西北，以及内蒙古、四川、云南等地。因数量多，喜食种子，对直播造林、苗圃播种危害很大，同时也影响森林天然更新。

(2) 识别特征

大林姬鼠体形细长，体长70~120 mm。尾长稍短于体长，尾毛不发达，尾环比较明显。耳较大，往前拉可达眼部。腹部、四肢内侧为灰白色。足背、颌部和尾下部分为白色。夏毛背部呈褐赭色，冬毛呈黄棕色（图8-2）。

图8-2 大林姬鼠

(3) 生态习性

大林姬鼠栖息于山地林区各种植被类型环境中，但一般喜栖于地形较高、土壤较干的林分中。巢穴在倒木、树根、枝杈堆下的枯枝落叶层中，以枯草树叶作巢，洞口破坏后会修补。冬季在雪被下活动，主要在夜间活动。喜食种子、果实等营养价值高的食物，很少吃植物绿色部分。4月中旬开始繁殖，以5~6月最盛，每胎4~9仔，以5~7仔居多。一年繁殖2~3代，繁殖具有季节性，新旧个体更替甚为明显，数量随季节而变化，4~6月为上升阶段，7~9月为高数量的持续阶段，10月又开始下降。

8.1.5 鼠兔类识别

8.1.5.1 概述

鼠兔类隶属于兔形目鼠兔科（Ochotonidae），体长120~250 mm，体重不超过400 g，无尾或为小的突起，但不伸出毛被之外；耳短而圆，耳长不超过400 mm。除达乌尔鼠兔外，对林业上有较大危害的还有高山鼠兔（*Ochotona alpina*）、藏鼠兔（*O. chibetana*）、托氏鼠兔（*O. thomasi*）、间颅鼠兔（*O. cansus*）及黑唇鼠兔（*O. curzoniae*）等。

8.1.5.2 达乌尔鼠兔（*Ochotona dauurica*）

(1) 分布与危害

达乌尔鼠兔分布于内蒙古、河北、山西、陕西、青海、西藏等地，危害固沙植物及防护林的幼树。

(2) 识别特征

达乌尔鼠兔体长125~190 mm，耳长15~22 mm，体重110~150 g。全身黄褐色，杂有黑色毛，耳壳边缘白色，眼周有极窄的黑色边缘（图8-3）。

(3) 生态习性

达乌尔鼠兔为典型的草原动物。一般栖息于沙质或半沙质的丘陵、山坡草地、平原草场及灌木丛等处。营群栖穴居生活，洞群多在草丛下。洞穴分为夏季洞和冬季洞。夏季洞多数只有1个洞口；冬季洞有3~6个洞口，直径5~9 cm。各洞口间有许多交织的网状跑道，总长度约有3~10 m，在洞道中有1个或多个巢室和仓库。多白天活动，主要取食植物绿色部分，也吃植物的茎和根。不冬眠、秋季贮备食物。繁殖期为5~9月，年产

图8-3 达乌尔鼠兔

2或3胎，妊娠期18~20 d，每胎5~6仔。雌性幼仔21 d即性成熟，繁殖力高。

8.1.6 兔类识别

8.1.6.1 概述

兔类隶属于兔形目兔科（Leporidae），体型较大，体长300~450 mm，体重1400~7000 g。尾短，尾长40~100 mm，伸出毛被之外。耳狭长，一般60~90 mm，耳基呈管状。对林业危害较重的是草兔。

8.1.6.2 草兔（*Lepus capensis*）

(1)分布与危害
草兔主要分布于长江以北的广大地区，主要啃树幼苗幼树给林业造成危害。

(2)识别特征
草兔体长380~480 mm，尾长90~100 mm，耳长80~120 mm。上体黄褐色，耳尖暗褐色。尾背面黑褐色，尾缘及腹面白色。

(3)生态习性
草兔栖息于山坡林地、农田附近、半荒漠地区绿洲、沙丘灌丛等处，独居，无固定巢穴，昼夜都能活动，有固定行走路线。主要以草本植物为食，啃食幼苗和幼树树皮，尤其喜食豆类和麦苗等农作物。在南方冬末发情，早春产仔，妊娠期42 d左右，每年2~4胎，每胎2~6仔，早春出生的幼兔夏末性成熟。

任务8.2 林业鼠（兔）害防治

8.2.1 林业害鼠类防治

根据害鼠生活习性和危害特点可将其分为地上危害类和地下危害类。

①地上危害类害鼠。生活在地上或地下，而只在地上危害，在我国分布很广，主要啃食树干及幼树的嫩枝、嫩叶和南方的竹笋，盗食林木种实。该类害鼠种类较多，主要有鼢鼠、姬鼠、田鼠、大沙鼠、子午沙鼠、红尾沙鼠、圣柳沙鼠、三趾跳鼠、五趾跳鼠和鼠兔。危害树种较多，主要有樟子松、落叶松、红松、油松、云杉、水曲柳、黄菠萝、核桃楸、杨树、梭梭、胡桃、沙棘、沙拐枣等。

②地下危害类害鼠。主要是指鼢鼠，生活、危害皆在地下，主要分布在我国的青藏高原、黄土高原以及西北地区，危害木本植物的根系，导致苗木死亡。该类害鼠主要有中华鼢鼠、甘肃鼢鼠、高原鼢鼠、东北鼢鼠等。危害树种有油松、落叶松、沙棘、柠条、苹果、杏、桃、沙枣以及多种经济林树种。

林业鼠害控制是一项多种措施相结合的系统工程，要依据害鼠分布和数量变化规律以及林业鼠害的发生规律，采取相应的治理对策和技术措施。

8.2.1.1 防治对策

(1) 防治时间与措施选择

鼠害防治一般在春、秋两季进行，具体时间根据各地实际情况而决定。但造林地的鼠害防治应在造林前的10 d进行；未成林造林地和幼林地的鼠害防治，应在霜降上冻后降雪前这一期间进行。

春季调查林木被害株率在3%~10%的地块，可采用不育剂、拒避剂、化学药剂等措施进行防治；被害株率在11%~20%的地块，可采用物理方法、不育剂、拒避剂、化学药剂等措施进行防治；被害株率在21%以上的地块，必须采用化学药剂防治。

秋季在进行害鼠种类和密度标准地调查的地块，100铗日的鼠种捕获率在1%~4%时，可采用天敌控制、营林技术、不育剂、拒避剂等措施进行防治。捕获率在5%~9%时，可采用物理方法、不育剂、拒避剂、化学药剂等措施进行防治。

捕获率在10%以上时，必须先采用化学药剂毒杀，迅速降低鼠害密度，然后再采取上述其他措施巩固防治成果。

(2) 分类施策

根据分类施策的要求，按照林木的平均受害率，将林业鼠害的危害程度划分为3种类型：即轻度发生区、中度发生区和重度发生区。

林木受害株率3%~10%为轻度受害区；11%~20%为中度受害区；21%以上为重度受害区。

不同的发生区，采用不同的治理对策。通过协调运用营林、生物、物理、化学等措施，实行综合治理，以降低鼠口密度，压缩发生面积。

①轻度发生区。以预防工作为主，重视天敌对害鼠的控制作用。保持良好的森林生态环境，实施封山育林、禁猎、禁捕，保护鼠类的天敌，减少人类对森林的干扰和破坏。在人工林内，堆积石头或柴枝、草堆，以利于害鼠天敌的栖息和繁衍。也可以人工饲养和繁殖黄鼬、伶鼬、白鼬、苍鹰及蛇类等老鼠天敌进行灭鼠。

②中度发生区。以保护生态环境为主，加大生物防治比例，通过各种人工、生物、生态防治措施，把危害降低到最低限度。

对于地下鼢鼠区，在植苗造林时深坑深栽、挖掘防鼠阻隔沟，用地箭等物理器械进行人工机械捕打；应用多效抗旱驱鼠剂等进行防治。

在西北荒漠地区，可用封育、营造混交林等营林措施进行以破坏害鼠生境为主的生态控制，用多功能防啃剂等进行防治，用物理机械进行人工捕杀。

其他地区，可在植苗造林时，用拒避剂浸蘸苗茎，用鼠用植物不育剂进行预防性防治；同时，辅之以封育、营造混交林等营林措施或用鼠铗等物理机械进行人工捕杀。

③重度发生区。以压低鼠口密度为主，采用化学、生态、生物等技术措施，进行全面防治，把危害程度降到最低限度。

在地下鼢鼠区；使用C-肉毒素、溴敌隆和多效抗旱驱鼠剂等进行防治。在西北荒漠地区；应用 C-肉毒素、溴敌隆和多功能防啃剂等进行防治。其他地区可应用 C-肉毒素、溴敌隆和多功能防啃剂等进行防治。

8.2.1.2 防治措施

(1) 生态控制

生态控制措施，是指通过加强以营林措施为主的治理措施，破坏鼠类适宜的栖息环境条件，阻止害鼠种群数量的增长，提高林分的生长势，以增强森林的自控能力，形成可持续控制鼠害的生态稳定的林分。

①造林设计方面。在林区对原属于森林植被的林地造林时，要最大限度地保留有培育价值的针叶和阔叶幼树树种，然后在此基础上按针阔混交林设计，人工植入树种，此法既可减少植树量，又能加快森林的形成和恢复，减少鼠害的发生。

造林设计时，应合理搭配树种，适当把易被鼠啃食的树种植在害鼠数量少的造林地；要选择适合当地生长的树种营造针阔混交林和速生丰产林，要加植和保留害鼠厌食树种（西北地区的沙棘、柠条等）、优化林分及树种结构（东北地区，在大林姬鼠、棕背䶄、红背䶄占优势的地区，营造落叶松；在东方田鼠和阿尔泰鼢鼠占优势的地区，多营造樟子松），并合理密植利用灌木和次生林木的发达根系阻止地下害鼠活动，有条件的地方，也可先栽灌木，后栽乔木。造林密度设计要把鼠（兔）害的自然损失计划在内，增加植树密度在 5%~15%。

②整地、造林方面。造林前整地时不要将灌木连根清除，原有灌木根系一旦破坏，地下鼠便会很快侵入造林地危害苗木；要结合鱼鳞坑整地进行深翻，破坏鼠群的洞道；将造林地内的枝丫、梢头、倒木等清理干净，以改善造林地的卫生条件破坏害鼠的栖息环境；如果造林地内鼠密度过大，应投放化学药剂进行毒杀，有效降低鼠密度后再造林。

造林时，要对树苗采取一些保护性措施，如用树木保护剂进行预防性处理；对于有地下鼢鼠活动的地区，要实行深坑栽植，挖掘防鼠阻隔沟。

③幼林抚育方面。要及时清除林内灌木和藤蔓植物，搞好林内环境卫生破坏害鼠的栖息场所和食物资源；控制抚育间伐及修枝强度，合理密植以早日郁闭成林；定点堆积采伐剩余物（树头、枝杈及灌木枝条等）。在害鼠数量高峰年，可采用替代性食物防止鼠类危害，如危害鼠过冬提供应急食物，以减轻对林木的危害。割灌抚育可以考虑在秋季进行，行间保留些灌木，割下的枝条散放在林地内，秋冬季节能保持一定的鲜嫩程度，供害鼠啃食，横放的枝条易被害鼠啃食，以减轻对树木的危害。

④林木采伐方面。害鼠啃食林木的强度与植被状况有很大关系。采伐强度过大，森林乔木层和灌木层发生改变，甚至使植被失去乔木层，地表光照强度增加使草本植物生长良好，为多种鼠类提供了丰富的食物，又增加了鼠类的隐蔽条件。失去乔木层，鼠类某些天敌迁出，有利于鼠类生存。因此，最好采用择伐方式，采伐强度也不宜过大，使乔木层保持一定的郁闭度，这样可避免因环境条件剧烈改变而使鼠类出现暴发性的增长。合理的乔木层郁闭度应在 0.6 以上。

(2) 天敌控制

根据自然界各种生物之间的食物联系，对鼠类天敌要大力进行保护利用，对控制害鼠数量增长和鼠害的发生，具有积极的作用。要停止使用广谱性化学杀鼠剂，多选择器械灭鼠。在使用毒饵时，要根据预测的数量和毒饵的毒力适量投放毒饵，杀灭70%的鼠类，保留30%左右供天敌取食。

林区内要保持良好的森林生态环境，实行封山育林，严格实行禁猎、禁捕等措施，最大限度地减少人类对自然生态环境的干扰和破坏，创造有利于鼠类天敌栖息、繁衍的生活条件。

在人工林内堆积石头堆或枝柴、草堆，以招引鼬科动物；在人工林缘或林中空地，可以保留较大的阔叶树或设置猛禽招引杆及安放带有天然树洞的木段，以利于食鼠鸟类的栖息和繁衍。有条件的地区，可以人工饲养、释放黄鼬、伶鼬、白鼬、鸱鸮及蛇类等天敌。

(3) 物理器械控制

利用物理学原理制成捕鼠器械对害鼠进行人工捕杀，适用于害鼠种群数量低或不宜进行大规模药剂防治的林地。另外也可以采取挖防鼠阻隔沟，在树干基部捆扎塑料、金属网等防护材料的方式保护树体，这些都是物理控制方法。

①平板式鼠夹。是最常用的捕鼠工具。以铁板、木板为主体，架以具弹簧的铁丝压环，将挑杆压住铁丝压环，把端部插入诱饵踏板的插销中，鼠类在踏板上取食时，挑杆脱出插销利用弹簧的强力弹压作用，从而夹住触动诱饵的鼠类。捕鼠夹通常分为大、中、小3个型号，用于捕捉不同大小的鼠类（图8-4）。为防止鼠类将鼠夹拖走，生产上已采用高强度塑料制成的环形捕鼠夹，同时将鼠夹上的金属杆直插入地下15 cm固定即可。很适于捕捉小型鼠类。取平板式和环形捕鼠夹观察期构造。

捕鼠夹应放置在离鼠洞口20~30 cm处，或放在鼠类必经之地和经常活动的场所，每处可连放3~5 d，诱饵宜选用鼠类所喜食的食物。对于夜间活动的种类，可在傍晚布放，清晨取回，已捕获鼠的夹子下次使用前要清洗。

②弓形夹。主要用于捕捉较大型的鼠类。分4种型号，0号和1号较大，适于捕杀鼢鼠和大竹鼠等，2、3号夹较小，适于捕杀黄鼠、沙鼠、绒鼠等较小的鼠类（图8-5）。

弓形夹可布放在洞道或洞口。若布放在洞口，要用诱饵。先在洞口挖一小坑，将弓形夹放在坑内，用绳将夹固定好，再加以伪装，当鼠经过时踏上板即被夹住。若布放在洞道里，则先掘开新洞道，等鼢鼠堵上洞口，在堵住的一侧1.5~2 m处，从洞道顶上开口，掘出漏入的土，使此处畅通无阻，放入支好的弓形夹，用绳将鼠类固定好，再用土把置夹开口盖严。

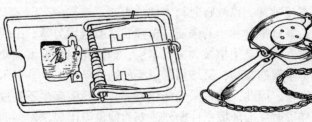

图8-4　铁制平板式捕鼠夹　　图8-5　弓形捕鼠夹

③铁丝索套。此法适于野兔、花鼠以及旱獭等大型地下生活的鼠类。用4根0.7~1 m长的32号细铁丝，拧成一股，把一端弯过来，制成一个像黄豆粒大小的圆圈，把另一端

穿过圆圈，形成一个可以自由滑动的活套，活套直径与鼠洞口相仿或略大于被捕捉对象的头部。将套设在兔子经常走动的路线上，或放在鼠洞口内 3 cm 处，另一端拴在小木桩上。当捕捉对象经过时，身体会被套在铁丝圈内。

(4) 化学药剂灭鼠

在预防措施和其他防治措施不能有效控制害鼠的情况下，可采用化学杀鼠剂灭鼠。为避免化学药剂造成人畜中毒、杀伤天敌、环境污染等问题，应选择无二次中毒的杀鼠剂，并以小包装（5~10 g/袋）施药，必要时可配合毒饵保护器（包括毒饵保护瓶、罐、桶等）投饵灭鼠。"毒饵保护器"（亦称"毒饵站"）是指允许害鼠自由进入并取食，而其他非靶标动物不能进入的一种能盛放毒饵的容器。应用毒饵保护器投饵灭鼠具有以下优点：一是投饵点少，省药、省工，易操作；二是保护环境，减少污染，有利于保护天敌；三是保护毒饵不变质，可常年投饵，使用于所有地上鼠防治。"毒饵保护器"可用塑料瓶或竹筒加工而成，只要能使鼠类自由进入即可；使用时将配制好的毒饵直接或用小纸袋封装后，放入毒饵保护器内，并使其开口尽量向下倾斜。观察毒饵保护器。

林业上应用的化学灭鼠剂主要有溴敌隆等。溴敌隆又称乐万通，为第 2 代抗凝血杀鼠剂，毒理机制主要是拮抗维生素 K 的活性，阻碍肝脏凝血酶原的合成，破坏正常血凝功能，造成内出血死亡，死亡高峰为取食后 4~6 d。该药剂适口性好、毒性大、杀鼠谱广，具有急性杀鼠剂性质，单剂量使用即有良好防鼠效果，同时具有第 1 代抗凝血杀鼠剂作用缓慢，不易引起鼠类警觉，灭鼠彻底的特点。对第 1 代抗凝血杀鼠剂产生抗性的害鼠亦有良好防除效果。适用于防治多种家鼠和野栖鼠。常用剂型有 0.5% 粉剂、0.5% 液剂和 0.005% 颗粒剂。使用时可直接投放 0.005% 颗粒剂毒饵，亦可现配现用，一般配制毒饵的有效成分含量 0.005%~0.15%。该灭鼠剂对人畜剧毒，对鸟类低毒，但有二次中毒问题，使用时应添加具警觉作用的颜料、小塑料袋包装等保护性措施。野外可一次性投放，每 5 m 投 1 堆，每堆 5 g。误服该药剂中毒，可静脉注射 10 mg 维生素 K，每次间隔 8~12 h，重复 2~3 次。观察溴敌隆毒饵。

(5) 生物杀鼠剂

①C-型肉毒素。C-型肉毒素是一种蛋白质毒素，由肉毒梭菌产生的共 7 个毒素型中的 C 型毒素，通过胃肠道或呼吸道黏膜甚至皮肤损伤处侵入后，经血液循环系统作用于鼠类神经系统，使鼠类精神萎靡、肌肉麻痹、全身瘫软，最后出现呼吸麻痹而死亡。常用剂型为 100 万毒价/mL 的水剂。毒性为中等，中毒作用速度介于急性和慢性杀鼠剂之间，其潜伏期为 1~2 d，死亡高峰为 2~4 d。适口性好，无二次中毒现象，适用于室内外各种鼠类和鼠兔等，但容易引起鸟类等动物的死亡，在部分地区被禁用。用药量为 1~2 mL/hm^2，使用时制成药剂含量为 0.1%~0.2% 的毒饵，用饵量为 1123 g/hm^2，采用洞口投饵或等距离投饵法。由于该毒素怕高温和光，配制时不宜用热水，也不宜在阳光下操作。药剂在 −15 ℃ 以下冰箱中保存。人畜误食 C 型肉毒素时可用 C 肉毒梭菌抗血清治疗。

②P-1 拒避剂。P-1 拒避剂是近年来国家林业和草原局森林病虫害防治总站等单位研制的一种多功能拒避剂。它以对鼠类味觉和嗅觉器官有强烈刺激的防腐拒食剂为主剂，辅以对鼠类有毒害作用而拒食的植物浸泡液复合配制而成的液剂。主要成分有烟丝浸泡汁（占 40%）、防腐拒食药剂、大蒜汁、乙醇、麦芽糊精等。使用方法每千克药剂可稀释

1.5~2倍，用于涂干、浸润、喷雾、拌种等，使树体表面形成保护膜，防止鼠类和兔类啃食，有效期可持续2年以上。对人畜都有毒性。

另外，近年来由东北林业大学研制的以动植物原料为主体的多功能防啃剂，加水稀释后涂抹和喷洒林木，可防止牲畜、鼠(兔)及害虫等对林木的啃食。

③莪术醇抗生育剂。鼠类抗生育剂是一种以降低害鼠出生率为目标的药剂，它是通过药剂对鼠类生殖生理起作用，致使单性或两性不育，从而减少后代数或降低子代生殖能力的一种预防性措施。常用剂型为0.2%的饵剂，用50 g、25 g、15 g 3种带孔塑料薄膜包装。有效成分为莪术醇，对雌鼠具有抗早孕、抗着床功效，造成避孕或流产。实验证明，可使雌鼠怀孕率下降50%~60%，产胎率下降30%~40%，鼠类繁殖前一个月施药，用量为1.5 kg/hm^2，15 m×20 m投50 g(1袋)，对各种田鼠、鼷鼠、姬鼠、仓鼠、绒鼠、鼠兔等有明显抗生育效果。该药剂为低毒产品，对天敌安全。

④贝奥雄性不育灭鼠剂。是一种植物源灭鼠剂，主要成分是雷公藤多甙，对环境安全。通过阻断雄鼠的生育过程，降低其怀孕率，以达到压制鼠类种群密度防治鼠害的目的。适于防治地上活动的鼠类。常见剂型为2.5%的颗粒剂。在害鼠繁殖前，每年一次性投药量11.25 kg/hm^2，经济有效。按3 m×5 m设一饵点，每点1袋(15 g)。对半地下活动的大沙鼠等，需自配毒饵，贝奥母粉与饵料(胡萝卜+食用油)混合比例为1.25∶1000，每洞口投药量为3~5块(指胡萝卜块，拇指盖大小)。

(6) 药物毒饵配制与投放

毒饵法灭鼠收效快，效果好，使用方便，适于林区大面积使用。毒饵通常由杀鼠剂和诱饵及附加剂配制而成。

①诱饵的要求。诱饵是灭鼠剂载体，要选择对鼠有高度引诱力的、便于同灭鼠剂混合均匀的、制作毒饵方便的食物，大粒玉米或带皮的谷物不宜做诱饵。鼠类一般喜食低蛋白、高糖、中等脂肪含量的种子，但不喜高蛋白、高糖、低脂肪的豌豆、扁豆和绿豆等。一般可选用鲜薯块、水泡麦粒、大米及玉米面等做诱饵。

②附加剂的要求。附加剂种类很多，按其性质可分为引诱剂、增效剂、防腐剂、黏着剂以及警戒剂等。引诱剂是一种能引诱鼠类接近毒饵的物质，但目前一般是使用味觉增效剂，使鼠类增加摄食量，常用的引诱剂有5%~30%食糖，5%植物油，0.5%~1%食盐，1%谷氨酸等。增效剂主要用于抗凝血剂，如用石蜡油调配毒饵，可阻止维生素K的吸收。黏着剂的作用是使灭鼠剂能均匀地粘在诱饵外面或与诱饵混合，常用的有植物油、糨糊、矿物油、糖浆、米汤等。防腐剂常用的有对硝基苯酚、硫酸钠、苯甲酸等，但一般要少用或不用，以防止鼠类拒食。警戒剂是对人和其他动物如鸟类起警觉作用的，常用红墨水，因鼠类是色盲，分辨不出颜色来。还可加些致吐剂(如酒石酸锑钾)使误食毒饵的其他动物产生呕吐，不致中毒。

③毒饵配制要求。配制毒饵要求诱饵新鲜，灭鼠剂必须符合规格，不含影响适口性的杂质，严格按配方要求，浓度适宜，搅拌要均匀。毒饵的配方主要根据灭鼠对象确定，配制方法应按灭鼠剂的理化性质和诱饵特点而定，常用的有浸泡法、混合法、黏附法及蜡制法。

④毒饵投放要求。在鼠害防治投药前，县、乡人民政府和林业主管部门要做好宣传工

作，利用会议、广播、电视、标语牌等多种形式，做到家喻户晓，详细说明鼠害防治时间、地点，严防群众到施药林地放牧。在施药区要设置严谨放牧的警告牌，以免人畜中毒事件发生。

投饵时要根据林地特点和降雨情况，最好用纸或塑料袋包装，使用毒饵保护器，减少鸟类取食。对营地下生活的鼢鼠，可用削尖的硬木棒在洞道上插一洞口，用勺或漏斗将毒饵投入洞内后将洞口用湿土堵死。每洞所投毒饵的含药量相当于3~5个95%致死量即可。在林内或洞口不易寻找的鼠类，可按5 m×5 m 或5 m×10 m 距离投放1堆，亦可隔行按株投放。投药量也与按洞按放量相同。对于鼠类密度很高的林地，可用人工、机械、飞机均匀地单粒投撒。按1粒毒饵可毒死1只鼠来决定毒饵颗粒的大小和投放量。

另外，杀鼠剂和毒饵由专人保管，不准擅自启动；配制和毒放毒饵时，操作人员要戴口罩、手套，配制包装、投撒毒饵的容器和工具要专用，严谨人畜混用，中毒者要及时抢救。

8.2.1.3 防治质量检查和效果调查

(1)防治质量检查

春、秋两季防治后，都要按药剂的施用说明进行防治作业质量检查。其中，林场(乡、镇)级检查防治地块的100%，县(市、区)级抽查防治地块的10%，市(地、州)级抽查防治地块的2%~3%，省级抽查防治地块的1%。

(2)防治效果检查

防治效果调查一般在秋防时进行，春季防治时因害鼠捕获率较低，一般不进行防治效果调查，只进行防治质量检查。

防治效果调查包括调查害鼠减少率和林木被害减少率两方面内容。前者在防治后4~5 d(急性灭鼠剂)、或10~15 d(抗凝血灭鼠剂)调查，后者在害鼠危害结束后进行。

①鼠害减少率调查。

a. 鼠夹法。灭鼠前，要选择标准地调查害鼠的密度，记载每块标准地的捕鼠率。对同一个生态类型的防治林分，以害鼠捕获率平均值为一个基点，以害鼠平均值与最高捕获率的中间值为一个基点，以害鼠平均值与最低捕获率的中间值为一个基点，再以与上述3个基点鼠密度最相近的防治地块作为调查防治效果的标准地，防治面积在100 hm^{2}以下的地块，选3块标准地；100~500 hm^{2}之间的选6块标准地；500 hm^{2}以上的选9块标准地。每块样地放置100个以上鼠夹，要注意灭鼠前后使用鼠夹的型号、夹数、诱饵等应一致。24 h后检查捕鼠数，计算捕获率。防治效果达85%以上为合格。

$$鼠夹法捕鼠率(\%) = \frac{灭鼠前捕鼠数 - 灭鼠后捕鼠数}{灭鼠前捕鼠数} \times 100\% \qquad (8-1)$$

b. 查洞法。对于洞系明显的鼠类，在灭鼠前，先把标准地里的鼠洞堵严，洞内若有鼠，定会重新掘开，此为有效洞口，统计其有效洞口数量。灭鼠后再次堵洞，调查灭鼠后掘开洞数，计算灭洞率。

$$查洞法捕鼠率(\%) = \frac{灭前掘开洞数 - 灭后掘开洞数}{灭前掘开洞数} \times 100\% \qquad (8-2)$$

另外，对于鼢鼠可用掘洞法，在坡度较大林分可用食饵消耗法。

②林木被害减少率调查。在害鼠危害结束后,对杀鼠剂防治效果、营林技术措施效果和天敌控制措施的效果可用林木被害减少率进行衡量,要调查防治和对照样地相同数量的林木 200 株左右,计算林木受害减少率。以林木被害株率低于 3% 为合格。

$$被害株数计算法捕鼠率(\%) = \frac{对照地被害株数 - 灭鼠地被害株数}{对照地被害株数} \times 100\% \quad (8-3)$$

营林技术措施防治效果调查是在营林技术措施实施后,在第 2 年春季设标准地进行林木被害株率调查。营林措施的质量检查按照营林措施的具体规定执行。考核标准:营林技术防治效果,以林木被害株率低于 3% 为合格。

天敌控制措施防治效果调查是对实施的天敌招引、保护等措施如竖招引杆、堆石头等进行检查。

对天敌控制措施实施前、后的天敌种类、数量及鼠口密度等方面情况进行调查。

天敌控制措施的防治效果以林木被害率低于 3% 为合格。

8.2.2 鼠兔类的防治

8.2.2.1 防治对策

防治对策同害鼠类防治对策。

8.2.2.2 防治措施

(1) 保护利用天敌

保护蛇类、猞猁、豹猫、鼬等食鼠动物。设置猛禽栖止杆招引猛禽栖息停留,密度为 2 个/hm^2。

(2) 物理机械防治

在鼠兔活动期,在林地用大号铁板鼠夹按 10 m×10 m 距离布放,视鼠兔密度确定布放夹日,每月 600~900 夹日,以百夹日捕获率在 30% 以下时为止。

(3) 药剂防治

①春季造林时用 P-1 拒避剂浸润苗木茎干部位。幼林地树木萌动前,用 P-1 拒避剂与水 1:2 稀释后幼树喷雾。

②鼠兔繁殖前,用 0.2% 莪术醇抗生育饵剂或贝奥不育灭鼠剂,按棋盘式投药,用药量 2.5~3.0 kg/hm^2。

③春季以及秋季,用浓度为 0.01%~0.02% 溴鼠隆(大隆)原药配制毒饵,诱饵可用胡萝卜、青草及用草制作的压缩饲料等,用药量 1.5 kg/hm^2。用 0.01% 的溴敌隆毒饵可每洞投放 2 g。

8.2.3 兔类的防治

8.2.3.1 防治对策

野兔的防治以深秋至初春无其他(非林木)自然绿色植物的时期为主。为保证防治效果，应对较大面积或一独立区域进行全面治理。为便于防治工作的开展，野兔危害地区可按照野兔种群密度或林木受害程度划分为3种类型：即重点预防区、一般治理区和重点治理区。

重点预防区是新规划造林地内野兔种群密度每公顷大于50只的区域，可采用人工物理杀灭方法，迅速降低野兔种类密度；同时，在造林时实施包括生态控制、保护驱避和化学防治在内的各种预防性技术措施。一般治理区是野兔危害中度发生区或种群密度每公顷达到25~50只的区域，主要采取保护驱避、生物防治、种植替代植物以及物理杀灭等技术措施。重点治理区是野兔危害重度发生区或种群密度每公顷大于50只的区域，可采取人工物理杀灭方法，迅速降低野兔种群密度；同时，实施包括生态控制、保护驱避和化学防治在内的各种综合性防治技术措施。

8.2.3.2 防治措施

（1）林业技术防治

①改进造林整地方式。工程整地改变土壤结构，破坏了原有地被植物，使得野兔的取食目标更加明确，对林木造成的危害也相对较大。在有野兔危害的地区将全面整地改为穴状整地或带状整地，尽量减少对原有植被的破坏；同时，可采取挖30~50 cm深的鱼鳞坑方式进行预防，野兔一般在视野开阔处活动，不下坑危害。

②优化林分和树种结构。造林设计要营造针阔乔灌混交林，并因地制宜、立足发展乡土树种，这是预防兔害的有效途径；同时，要适当加植野兔厌食树种，优化林分及树种结构，合理密植，使其早日郁闭成林。有条件的地方，应尽量选择苗龄较大或木质化程度较高的苗木造林。

③种植替代性植物。对因食物短缺而引起的林地兔害，可以采取食物替代的方式转移野兔对树木的危害。例如，在种植冬小麦等农作物地区，可在林地条播5%~10%的农作物（如苜蓿等）；在较寒冷地区，可种植耐寒牧草或草坪草。通过有选择地种植野兔喜食植物，为其过冬提供应急食品，可以有效地预防野兔对林木的危害，保护目的树种。

④保护利用天敌。保护鹰隼类、猛禽、狼、狐、黄鼬及猫科动物等天敌。可采取在灌木林或荒漠林区砌筑石堆，设栖止杆等招引措施。在秋季以及春季用灵缇犬（格力犬）捕捉，以4只一组进行围捕，由坡上向下追捕野兔成功率高。

⑤物理机械防治。

a. 由于野兔常以沟壑和侵蚀沟为固定路线行走，可用布夹、拉电网、设索套等方式人工捕捉。用弓形踏板夹，以胡萝卜、水果、新鲜绿色植物为诱饵，设在兔道上捕杀。使用汽车12 V电瓶，加装1个可升至5000 V瞬间电压的升压装置，电网可铺设5000 m，环形封闭布设在兔道上，根据野兔在傍晚至清晨为活动高峰的规律，傍晚开始供电，清晨收回，由专业技术人员操作，要限时、限地、限量地猎杀，并注意巡视和安全。春秋两季自行制作钢（铁）丝索套，用单个或多个索套布放在兔道上捕杀。

b. 入冬前，对1~2年生新植侧柏和刺槐苗等进行高培土、树干基部50 cm以下捆绑木条、塑料薄膜、金属网或用带刺植物覆盖树体防止啃食。

⑥药剂防治。造林前，在幼林地树木萌动前，用P-1拒避剂与水1:2喷雾或药液与

水 1∶1 涂刷树干。造林时用 P-1 拒避剂药液浸润苗木茎干可预防野兔危害。还可在越冬前或造林时用动物血及骨胶溶剂、辣椒蜡溶剂、鸡蛋混合物、羊油与煤油及机油混合物、浓石灰水等进行树干及主茎涂刷，或在苗木附近放置动物尸骨和肉血等物，可起到很好的驱避作用。

8.2.3.3 防治效果调查

按不同的立地条件和林型选择标准地，其中，防治面积在 100 hm^2 以下的地块，选 3 块标准地；100~500 hm^2 之间的，选 6 块标准地；500 hm^2 以上的，选 9 块标准地。每块标准地的面积不得小于 1 hm^2，而且防治前后的调查标准地必须是同一地块。

防治效果的现场调查包括林木被害程度和野兔种群密度两种方法，其中，林木被害程度调查采取先进行线路踏查后设标准地的方式，野兔种群密度调查采取目测法(样带法)或丝套法的方式。

野兔密度指标的防治合格标准：野兔密度降低 50%以上或野兔密度降低到危害临界指标以下(参考标准：0.5 只/hm^2)。

林木被害株率指标的防治合格标准：新增林木被害率在 10%以下。

营造林技术措施的防治效果指标以林木被害株率为主，调查在实施措施后的第 2 年春季末进行，设标准地进行林木被害株率调查。

自测练习

一、填空题

1. 森林害鼠(兔)综合治理措施包括(　　)、(　　)、(　　)和药物控制。
2. 生态学控制森林鼠(兔)害体现在(　　)造林整地、造林施工(　　)和(　　)等生产环节。
3. 常用捕鼠(兔)器械有(　　)、(　　)、(　　)和铁丝索套。
4. 林业上常用生物杀鼠剂有(　　)、(　　)、(　　)和贝奥雄不育剂。
5. 灭鼠毒饵通常由(　　)剂、诱饵和(　　)剂配制而成。
6. 灭鼠后，调查害鼠减少率的方法中(　　)法和(　　)法最常用。
7. 林业鼠害主要有(　　)类、(　　)类、(　　)类和鼠科的林姬鼠类。
8. 给林业造成危害的兔形动物主要有(　　)和(　　)。

二、选择题

1. 物理机械防治森林鼠害的方法有(　　)。
   A. 捕鼠器　　　B. 挖防鼠隔阻沟　　　C. 树干基部绑塑料薄膜　　　D. 罩金属网
2. 化学杀鼠剂会产生(　　)等问题。
   A. 人畜中毒　　　B. 杀伤天敌　　　C. 污染环境　　　D. 防治成本很高
3. 溴敌隆药剂的特点有(　　)。
   A. 适性好　　　B. 起作用快　　　C. 不易引起鼠类察觉　　　D. 毒性大

4. 生物杀鼠剂在林业上常用的有（　　）。
A. 磷化锌　　　B. 莪术醇抗生育剂　　C. 贝奥雄性不育灭鼠剂　　D. C-型肉毒素
5. 鼠类喜欢的食物有（　　）。
A. 豌豆　　　　B. 绿豆　　　　　　　C. 鲜薯块　　　　　　　　D. 大米
6. 常用毒饵中的引诱剂有（　　）。
A. 食糖　　　　B. 植物油　　　　　　C. 食盐　　　　　　　　　D. 谷氨酸
7. 制作灭鼠毒饵的黏着剂有（　　）。
A. 植物油　　　B. 糖浆　　　　　　　C. 米汤　　　　　　　　　D. 生石灰乳
8. 配制毒饵的方法有（　　）。
A. 浸泡法　　　B. 混合法　　　　　　C. 黏附法　　　　　　　　D. 蜡制法

三、简答题

1. 简述如何用鼠夹法调查鼠害防治记录。
2. 简述如何计算林木被害减少率。
3. 简述如何投放灭鼠毒饵。

四、论述题

1. 试述造林环节如何控制鼠害发生。
2. 试述森林鼠害的生物控制。

模块三 拓展提升

林业有害生物防治管理

该模块是在掌握林木有害生物防治技能的前提下，在跟岗实习、顶岗实习以及毕业设计期间，通过参与林业有害生物防治实际工作，结合开展专业调研、专业考察以及交流研讨等活动，进一步学习和提升专业理论水平和职业素养，研究和探索林业有害生物防治的新技术、新方法，提高从事林业有害生物防治的组织、管理与科学创新能力，为未来发展奠定基础。

项目9 林业有害生物防治管理

项目描述

本项目包括两个学习任务,即林业有害生物灾害防治战略和林业有害生物灾害损失评估。教学中,通过拓展学习和参与实践活动,学习林业有害生物防治的新知识、新理念、新战略,提升学生的组织和管理能力。

能力目标

1. 能从战略高度理解林业有害生物防治工作。
2. 会组织协调管理林业有害生物防治工作。

知识目标

1. 了解林业有害生物灾害防治的战略目标及步骤。
2. 了解林业有害生物灾害损失评估的理论与方法。

素质目标

1. 培养职业发展理念和管理意识。
2. 提升从事林业有害生物防治工作的职业素养。

任务9.1 林业有害生物灾害防治战略

9.1.1 林业有害生物灾害防治战略地位

9.1.1.1 林业有害生物防治是林业工作的重要组成部分

(1)加强林业有害生物灾害防治工作是遏制林业有害生物严重发生的迫切需要

林业有害生物灾害是林业发展和生态建设的重要制约因素,不仅具有水灾、火灾那样严重的危害性和毁灭性,还具有生物灾害的特殊性和治理上的长期性、艰巨性。据统计,我国现有林业有害生物 8000 余种,能造成一定危害的近 300 种,年均发生面积超过 1000 万 hm^2,年致死树木 4000 万株。1998-2001 年期间,全国主要林业有害生物灾害造成的年均直接经济损失 145 亿元,生态服务价值损失为 735 亿,总经济损失高达 880 亿,严重制约了我国林业和生态建设步伐。只有加强林业有害生物灾害防治工作,才能有效遏制林业有害生物灾害严重发生势头。

(2) 加强林业有害生物灾害防治工作对促进林业发展具有重要作用

①林业有害生物灾害防治工作发挥着保驾护航的作用。林业有害生物灾害在林业"三害"(林业有害生物灾害、森林火灾、非法砍伐和捕猎)中所造成的损失最大,对六大林业重点工程建设构成最严重威胁,控制林业有害生物灾害已成为当务之急。

②林业有害生物灾害威胁着生态安全。国土生态安全是国家安全的重要内容,以松材线虫病、美国白蛾和红脂大小蠹等为代表的危险性林业有害生物对我国生态安全构成严重威胁。事实说明,在生态安全中,林业有害生物防治工作担负着重要的防患屏护作用。

③建设山川秀美的生态文明社会离不开健康的森林。如果因为有害生物的危害使山川失去绿色,使城市失去色彩,建设生态文明的战略目标就无法实现,因此可见,在生态文明中,林业有害生物灾害防治防治工作发挥着积极的推动、促进作用。

(3) 加强林业有害生物灾害防治工作有利于发挥林业解决"三农"问题中的作用

农民增收是实现生活富裕的前提,也是建设社会主义新农村的最根本的问题。当前,农村集体林权制度的改革,是推进社会主义新农村建设的重大举措,也是调整农业和农村经济结构、促进农民增收的重要途径。随着集体林权制度改革的深入推进,农业和农村经济结构将发生重大变化,林业在大农业中的比例将会大幅度增加,发展竹产业、林果业和林下产业已成为促进农民增收的重要支柱产业。林业有害生物的严重发生,不仅直接制约森林资源的发展,而且影响地方经济的农民切身利益。因此,加强林业有害生物灾害防治工作,有利于保护农民利益和解决相关的"三农"问题,这不仅是广大防治工作者的神圣使命,也是林业工作的重大课题。

9.1.1.2 林业有害生物灾害防治是国家公共危机管理的重要内容

人民群众生命财产安全和国土生态安全是国家公共安全的重要组成部分,与经济社会发展和人民群众切身利益息息相关。林业有害生物不仅危害森林,破坏国土生态安全,而且可因一些种类伤及人类引发公共卫生事件。

(1) 国土安全方面

高度危险的松材线虫侵入以来,已传播扩散 14 个省(自治区、直辖市),严重威胁南方超过 3000 万 hm^2 松林和黄山、张家界等重要风景名胜区,已成为国土生态安全的心腹大患。美国白蛾沿渤海湾快速向京津腹地传播,对首都生态安全构成巨大威胁。日益严重的天然次生林、灌木林和荒漠植被有害生物,对宝贵的天然林资源和稀有的沙生植被造成严重破坏。

(2) 人类健康方面

陕西、四川和甘肃等地因胡峰袭人已经造成多人受伤,甚至死亡。广东等地,因红火蚁叮蜇致伤超过 15 000 人次。在东北、西北林区吸虫蜱螨传播森林脑炎危害人类健康,仅大兴安岭就发生感染 79 例,导致 5 人死亡。林业害鼠作为人类重大疫病的宿主,能传播鼠疫、流行性出血等 30 多种疾病。

（3）经济影响方面

我国作为外来有害生物入侵危害最严重的国家之一，近些年来蒙受了巨大的经济损失，全国每年因外来有害生物造成的经济损失达 560 亿元。我国近年来出口欧美的货物因木质包装材料的光肩星天牛等问题受到限制，严重影响了我国对外贸易。

国家高度重视公共危机安全管理，也十分注意国家形象。林业有害生物防治是国家公共全危机管理的很重要内容，事关国际贸易和国家形象。切实林业有害生物灾害防治工作，不仅可以维护国土安全，有利于保护人类健康，大幅度减轻国家公共安全压力，维护好、实现好最广大人民群众的根本利益，体现以人为本和全面协调可持续发展的要求，也有利于履行国际义务，促进对外贸易，保护国家利益，提高国际地位，体现大国风范。

9.1.1.3　林业有害生物灾害防治是一项基础性公益事业

林业是以广义的森林资源为经营对象，以保护、发展和利用森林资源为主的经营活动，以满足人类日益增长的生态、经济和社会需求为经营目标，兼具生态功能和产业属性的重要的社会公益事业。林业有害生物灾害防治作为林业建设一项极为重要的内容，以保护森林资源和维护生物安全为核心，具有显著的经济外部性和公共物品特性，这一特性决定了林业有害生物灾害防治工作是一项基础性公益事业。从保护森林资源和生态建设成果作用看，林业有害生物灾害防治是通过控制有害生物危害和传播扩散来实现保护森林资源和促进森林健康的目的，从而使森林能更好地发挥调节气候、防风固沙、涵养水源、保持水土、保护生物多样性等多种重要功能。从保障人民生命财产、维护国土生态安全和促进对外贸易的作用看，林业有害生物灾害防治工作事关国计民生，事关国家紧急社会发展全局和人民群众生命财产安全，做好林业有害生物灾害防治工作地全面落实科学发展观，构成社会主义和谐社会具有重要战略意义。

9.1.2　林业有害生物灾害防治战略思想

林业有害生物灾害防治工作要全面落实科学发展观，坚持"预防为主，科学防控，依法治理，促进健康"的方针，实行"政府主导，部门协作，社会参与，市场运作"的管理模式，转变防治理念，加强体系建设，实行分类管理，推行工程防治，为保护森林资源、维护生态安全、促进生态建设、实现林业又好又快发展提供有力保障。

9.1.2.1　以科学发展观指导林业有害生物灾害防治工作

正确认识林业有害生物灾害的本质和特征，遵循林业有害生物发生发展规律，用着眼于维护森林生态系统健康，从经济社会发展、生态文明和现代林业建设的高度来研究林业有害生物灾害防治工作，以科学的态度和方法分析解决防治工作中的各种问题。围绕现代林业建设的重点，突出重大危险性林业有害生物灾害、主要造林树种生物灾害和重点生态区域生物灾害的防治，依靠科学进步，倡导绿色防治，推行节能型和环境友好型防治，促进人与自然和谐发展。以科学发展观指导林业有害生物灾害防治工作，具体体现以下几个方面。

(1)林业有害生物灾害发生原因分析

林业有害生物灾害是由病原微生物、线虫、昆虫、螨类、软体动物、鼠、鸟、兽类和有害植物等有害生物引起的自然灾害,其发生发展有其自身规律,是不以人的主观意识为转移的。因此,从林业有害生物灾害发生原因看,须以科学发展观为指导,客观分析林业有害生物灾害发生的原因,把握发生规律,实行科学防控。

(2)林业有害生物造成危害分析

林业有害生物灾害具有经济、生态和社会属性,一旦发生对森林的生态效益、经济效益和社会效益都将产生严重影响。中共中央、国务院《关于进一步加快林业发展的决定》明确指出,林业工作要坚持生态效益、经济效益和社会效益相统一,生态效益优先的基本方针,林业有害生物灾害不仅造成巨大的经济损失、生态破坏,也能造成严重的社会影响,有时甚至是国际影响。因此,从林业有害生物造成危害看,须以科学发展观为指导,客观评价林业有害生物造成的严重危害,研究经济规律,实行科学救治。

(3)林业有害生物传播途径分析

生物灾害本身具有特定的自身传播规律,但在经济社会高度发达的当今时代,有害生物传播途径受人为因素影响呈现多元化,特别是一些危险性的林业有害生物的传播,更加明显反映出人为传播的特点,体现"人为灾害"的特征,在一定意义上也是一种人为灾害。如松材线虫病作为全球极具危险的林业有害生物,人为因素是造成其传播危害的最主要原因。因此,从林业有害生物传播的途径看,须以科学发展观为指导,探索实物演变规律,提出科学御灾的途径和方法。

(4)林业有害生物灾害防治体系建设分析

须以科学发展观为指导,建设布局既要突出重点,也要充分考虑整体平衡。在设施、设备配置及使用上,尽量缩小东、中、西部的差距,既要积极选用先进的现代化设备,也要注重传统设备和常规手段的应用。

9.1.2.2 坚持"预防为主,科学防控,依法治理,促进健康"防治方针

坚持预防为主,就是要从培育优良抗性品种入手,把有害生物防治工作贯穿到林业生产的各个环节,提高林木自身抵御有害生物侵害的能力。要加强对林分的抚育管理,及时清理受林业有害生物感染的林木和火烧迹地的过火林木。要加强对现有纯林、低产林的改造,优化林种、树种结构,保护生物多样性。要加强测报、检疫、生物防治等预防性工作,在思想认识、工作思路和具体措施上全力推行预防工作,变灾后救治为灾前御灾。

坚持科学防控,就是严格按照客观规律办事,研究科学对策,采取科学措施,正确处理好预防与除治、治标与治本、内部与外部、生态与经济、重点与一般的关系,在遵循自然规律、经济和社会发展规律的前提下,因地适宜地开展林业有害生物灾害防治工作。

坚持依法治理,就是要突出防治工作的法律性,建立健全相关法律法规,坚持依法行政,依靠法律手段,遏制林业有害生物灾害严重发生的局面。在依法治林的总体体框架下,强化行政执法,克服和防止依法行政中的缺位、越位和错位问题,不断提升防治工作的总体水平。

坚持促进健康,就是要牢固树立森林健康理念,以培育健康森林为目标,通过采取针对

森林生态系统的综合措施，促进形成稳定的森林生态系统，让新培育的森林从开始就保持健康，让不健康的森林恢复健康，让健康的森林持续健康，实现有害生物的可持续控制。

9.1.2.3 实行"政府主导，部门协作，社会参与，市场运作"管理模式

林业有害生物灾害防治工作作为一项基础公益事业和国家危机管理，具有公共物品和经济外部性特征，因此，须强化行政干预，实行政府主导、分级负责，并按照属地管理原则，明确各级政府的林业有害生物防治职责。同时，把一些具体的考核指标纳入各级林业主管部门的目标责任制度，提高林业有害生物灾害防治成效。

林业有害生物灾害防治工作是一项跨地区、跨行业、跨部门的工作，涉及的相关部门和利益主体很多，特别是林业检疫执法和重大林业有害生物的应急防控涉及的部门更多，因此，需要各个有关部门的广泛参与，积极配合，并形成有效协调联动机制，协同探索和创新林业有害生物灾害防治新技术，提高林业有害生物防治水平。

林业有害生物灾害防治作为一项公益事业，其防治效益主要为社会服务，需要全社会参与，并适应社会主义市场经济的运行规律，强化防治工作的市场运作模式，引导、鼓励和支持不同所有制的经济组织承担林业有害生物灾害防治和业务咨询，逐步建立和完善市场运行和社会参与机制，提高公民参与的积极性，提高林业有害生物防治绩效。

9.1.2.4 实现防治理念转变

林业有害生物灾害防治，不能局限于针对有害生物的治理，必须以灾害管理的理论为指导，在众多复杂因素中，正确把握灾害链及致灾因素之间的因果关系，强化各项预防措施，从培育健康森林途径入手，推进林业有害生物防治工作向生物灾害管理转变。

推进林业有害生物灾害管理。必须建立风险管理制度。林业有害生物灾害管理是围绕减灾目标，选择科学减灾措施来实现降低灾害风险的一系列活动，包括抗灾、御灾、减灾3个过程。抗灾的重点应放在提高受灾体抵御有害生物入侵和危害能力，减低易损性上，要从提高森林健康的角度去管理。这项工作要以营造林管理部门为主体，森防部门应参与其中，提供技术咨询和服务。御灾的重点应放在有效控制有害生物传播扩散和降低有害生物的危险性上，要从维护国土生态安全的战略高度进行管理。森防部门是这项工作的主体，要严格行使法律法规所赋予的职能，认真履行法律法规所规定的义务，全力做好检疫和测报这两项预防性工作。减灾的重点应该放在最大限度地降低灾害所造成损失和致灾因子数量上，应该采用生态经济学的有关理论来管理，这项工作需要由政府和经营主体来负责，森防部门要准确提供灾情信息，及时提出防治意见，为科学决策提供依据。总之，推进林业有害生物灾害管理，需要行政、专业和社会等3方面参与，只有多方面协调一致，才能运行有效，实现减灾目标。

9.1.3 林业有害生物灾害防治目标和战略布局

9.1.3.1 战略目标

新时期林业有害生物防治工作的战略目标：建立比较完善的林业有害生物监测预警机

制，检疫御灾、防治减灾，实现林业有害生物防治的法制化、科学化、制度化、信息化，使林业有害生物灾害的发生范围和发生程度大幅度下降，危险性有害生物扩散蔓延趋势得到控制，促进森林健康生长，逐步实现现代林业有害生物的可持续控制。

9.1.3.2 战略布局

根据新时代林业有害生物灾害防治的战略目标，以林业重点工程建设为核心，紧紧围绕现代林业、建设生态文明、促进科学发展这一主线，科学规划新时期林业有害生物防治的战略布局。

东部地区森林覆盖率较高，森林资源状况较好，生物多样性比较丰富，森林自我调控能力强，防治工作应以保护现有森林资源、提高森林资源质量为重点，加强抚育管理，营造健康森林，并针对这些地区社会经济较发达，经济贸易活动频繁的特点，加强检疫体系建设，加大外来有害生物的管理，严防外来有害生物的入侵。

西部地区生态环境脆弱，森林覆盖率较低，是我国加速国土绿化的重点区域，防治工作要从营造林措施入手，选择良种壮苗，注意使用乡土树种，营造混交林，注重幼林保护，重点抓好鼠（兔）害和蛀干害虫的防治，并强化检疫措施，防止外来有害生物的传入。

南方发展商品林的区域多，民营林业经济发展迅速，一家一户的经营容易突发生物灾害，防治工作要重点加强应急防治体系建设，提高突发林业有害生物的处置能力。

北方休养生息恢复森林资源的区域，要以保护森林资源为重点，健全监测网络，将资源管理和有害生物监测紧密结合起来，全力做好预防工作，有效保护森林资源。

9.1.3.3 战略途径

面对林业有害生物发生普遍而又严重的现实，在明确战略布局的前提下，按照法制化、科学化、标准化和信息化管理的要求，通过实施促进森林健康、强化体系建设，实行分类管理、推行工程治理防治战略，加强无公害防治，加大科技支撑力度，逐步实现战略目标。

9.1.3.3.1 促进森林健康

森林健康是指森林生态系统具有稳定和谐的森林结构，较强的抗灾能力，并能为人类提供较多的生态服务功能和森林物质产品。其内涵就是通过对森林的科学营造和经营，实现森林生态系统的稳定性、生物多样性，增强森林自身抵抗各种自然灾害的能力。满足现在和将来人类所期望的多目标、多价值、多用途、多产品和多服务的需要。森林健康是针对人工林林分结构单一、抵抗病虫害能力差、水土保持功能薄弱等问题提出的理念，倡导通过合理配置森林结构，实现森林病虫害自控、增强水土保持能力和提高森林资源产值。

林业有害生物的灾害是影响森林健康的重要因素，在我国森林健康状况总体较差的情况下，林业有害生物发生严重对森林健康的影响就显得尤为突出。因此，林业有害生物防治必须实施森林健康策略，用森林健康理念指导防治实践，把森林健康理念贯穿于森林经营的全过程，要从森林规划和森林经营各个环节入手，进行森林生态系统的修复和重建，维护森林系统健康，实现林业有害生物的可持续控制。

9.1.3.3.2 强化体系建设

建立健全林业有害生物监测预警体系,及时掌握林业有害生物发生动态,分析判断其发展趋势,为防治决策提供科学依据。建立健全检疫御灾体系,防止危险性林业有害生物的传播;建立健全防治减灾体系,增强应对能力,提高防治效率,减轻灾害损失,实现林业有害生物可持续控制。

9.1.3.3.3 实行分类管理

根据我国林业有害生物灾害发生特点、森林资源分布现状和生态建设任务,重点突出对重大危险性的有害生物种类的防治,突出对全国主要造林树种的保护,突出对重点区域的防护,选择按有害生物危险性分级管理、按森林资源类型分类施策、按生态区位重要性分类防治的方式。

(1) 分级管理

根据需要,常从不同角度将林业有害生物划分为不同类别。

①从制定防治有害生物策略角度划分。为便于林业有害生物的分级管理、分类施策和分区治理,将各种林业有害生物从发生与分布、潜在危险性、危害情况、寄主情况、检疫和防治难度5个方面对其进行危险性的分析,将其划分为4类:一类危险性林业有害生物,是指对森林、林木和林产品具有极度危险性,造成生态、社会和经济损失可能性极大的林业有害生物,也称极度危险性林业有害生物;二类危险性林业有害生物,是指对森林、林木和林产品具有高度危险性,造成生态、社会和经济损失可能性大的林业有害生物,也称高度危险性林业有害生物;三类危险性林业有害生物,是指对森林、林木和林产品具有较高危险性,造成生态、社会和经济损失可能性较大的林业有害生物,也称中度危险性林业有害生物;四类危险性林业有害生物,是指对森林、林木和林产品具有一定危险性,造成生态、社会和经济损失可能性一般的林业有害生物,也称一般危险性林业有害生物。

根据林业有害生物的来源,可分为从国(境)外传入的外来林业有害生物和本土林业有害生物;根据林业有害生物发生的频次,分为常发性林业有害生物和偶发性林业有害生物。

②从实施防治技术角度划分。为了便于针对不同寄主的危害部位和不同林业有害生物种类的生物学特性采取不同的防治技术,可根据林业有害生物的不同类群划分,如松毛虫类害虫、真菌类病害、害鼠等。根据被危害的器官划分,如叶部害虫、根部病害、果实害虫等。根据林业有害生物的危害方式划分,如食叶害虫、吸汁性害虫、蛀干害虫等。根据林业有害生物传播方式划分,如气传病害、土传病害、虫传病害等。

③从林业有害生物危害的寄主角度划分。为了便于林业有害生物的调查统计和管理,可从危害寄主角度划分。根据树种划分,如杨树害虫、杉木病害等;根据林木发育阶段和林龄划分,如苗木害虫、幼龄林害虫、成熟林病虫害等;根据林种划分,如用材林害虫、经济林害虫等;根据森林起源划分,如人工林病虫害、天然林害虫等。

(2) 分类施策

根据不同森林类型的生物灾害,选择不同的防治策略。

①防护林生物灾害防治要与生态建设任务相结合,因地制宜、因时制宜地强化林分改

造、树种搭配和重灾木清理，全面监测，严格检疫，积极治理，实行动态管理。

②用材林生物灾害防治要围绕人工林健康经营，增强林木自身调控能力，强化预防性措施的运用，重点抓好枝干病害和叶部虫害的防治。

③经济林生物灾害防治要围绕保证产量和质量开展防治工作，把预防措施贯穿于经济林栽培管理的各个环节，开展无公害防治，推进林果业发展。

④薪炭林（能源林）生物灾害防治要围绕能源的开发利用，以健康培育和健康经营为手段，把林业生物灾害管理渗透到能源林建设的各个环节，为其他产业发展提供保障。

⑤特种用途林生物灾害防治要健全管理机制，落实管理责任和各项技术措施，抓好预防和控制，保护珍贵树种和生物多样性。

(3) 分区治理

重点抓好林业重点工程区、著名风景名胜区、重要口岸区和主要中心城市的林业有害生物防治。构建以重点口岸和中心城市为主体，辐射周围若干城镇的"点"状防治区；构建以大江大河、海岸线、主要公路铁路两侧为主体，贯穿不同行政区域和生态区域的"线"状防治区；构建以环京津生态圈、长江黄河两大流域、西北生态脆弱区、东北和南方商品林区、自然保护区、自然历史遗迹区域等为主体的"块"状防治区。

9.1.3.3.4 实施工程治理

实施林业有害生物工程防治战略是适应社会市场经济体制，规范林业有害生物管理，提高防灾减灾的重要手段。包括重点林业有害生物灾害防治基础设施工程和重大林业有害生物防治工程。

防治基础设备建设工程。通过配制必要的设施设备，进一步健全和完善监测预警、检疫御灾和防治减灾三大体系，提高对林业有害生物的防治能力，为工程治理提供坚实的物质基础。

重大林业有害生物方式工程主要是针对发生面积大、危害严重、危险性高的林业有害生物，组织开展的治理工程。根据历年林业有害生物灾害的发生防治情况，结合对未来灾害发生趋势的分析，目前已经实施的有松材线虫病、美国白蛾、森林鼠（兔）害、杨树病虫害、松树病虫害和林业有害植物六大项治理工程。

9.1.4 林业有害生物的防治途径

在森林生态系统中，树木与其周围环境中的其他植物、脊椎动物、昆虫、微生物等生物成分和水、光、气、热、土等非生物成分通过食物链紧密地结合起来，形成相互联系、相互依赖和相互制约的自然协调和相对平衡的自然平衡状态。当有害生物和寄主之间，有害生物和天敌之间的自我调控能力超过维持平衡的最大限度时，有害生物种群数量升高，就会危害树木的正常生长发育。林业有害生物防治就是从寄主、有害生物和环境条件3个方面着手，调节生态系统中的各组分的相对数量，创造不利于有害生物滋生繁衍而有利于天敌生存繁衍的生态环境，将植食性昆虫、林木病原微生物、森林鼠（兔）类等有害生物的数量水平控制在生境、经济、社会能允许的范围内，从而促进森林的可持续经营。

9.1.4.1 环境条件方面

(1) 创造不利于林业有害生物生存繁衍的生态环境

林木处于开放的生态系统中，昆虫和鼠类的生存要有适宜的食物环境、活动环境和繁殖环境，环境中的生态因子如气候、地形等因子是很难人为改变的，但土壤的理化性质、森林树种的组成和树种周围的植被条件是可以通过林业经营措施加以改变的，使之向有利于天敌及目的树种的生长而不利于害虫害鼠的方向发展，从而降低害虫害鼠的种群密度。在森林病害方面，病原物、寄主和适宜环境条件之间，病原物是生态系统中自然存在的成分，寄主能否发病除取决于病原物的生活力和寄主的抗病性外，环境条件也起到重要作用。当环境条件有利于寄主生长而不利于病原物时，病害难以发生发展，反之，林木病害就容易发生。可见，采取林业经营措施创造不利于有害生物发生发展而有利于寄主和天敌生长平衡的生态环境，是控制林业有害生物的重要途径。

(2) 规避有害生物危害

不同的有害生物占据的生态位不同，喜欢寄生的植物不同，危害的时间不同，在长期的自然选择中也形成了不同的趋避性。因此，在林业有害生物防治上，可以采用规避危害时期、危害场所、危害寄主的方式减少或免除有害生物的危害。例如，杉木种子在旬平均气温达 10 ℃ 之前 20~30 d 播种则种子发芽顺利，苗木生长健壮；若推迟播种，苗木生长遇到梅雨季节，苗木很易感病。有些转主寄生的锈病，生活史需在两种寄主上完成，造林时将两种寄主树种尽可能远距离栽植可避免锈病的发生。在苗圃育苗时合理轮作，避免连作都有利于减少病虫害的发生。在苗圃种植驱避害虫的植物，在林中放置替代植物或食物，在树木上涂刷驱避剂，在飞播种子中拌拒避剂等都可防止或减少虫害、鼠害和鸟害的发生。

9.1.4.2 寄主植物方面

在自然界中，同一属内的不同树种之间，甚至同一树种的不同品系、不同个体之间，存在着抗逆性差异。其表现形式主要有 3 种：

(1) 不选择性

由于树木在形态、生理、生化及发育期不同步等原因使有害生物不予危害或很少危害。

(2) 抗生性

即有害生物危害了该树种之后，树木本身分泌毒素或产生其他生理反应等原因使有害生物的生长发育受到抑制或不能存活。

(3) 耐害性

树木本身的再生补偿能力强，对有害生物危害有很强适应性。例如，大多数阔叶树种能耐食叶害虫取食其叶量的 40% 左右。

上述这些性质的存在，使抗性育种成为可能。如中国林业科学研究院通过杂交培育的抗天牛树种，已在江淮地区大面积推广；安徽省林业科学研究院在松材线虫病发生严重的马尾松林分中选择抗性强的单株作为母树，经过进一步的培育和测定选择，从中选出抗病无性系，建立抗松材线虫病马尾松种子园。还可以引进国外或国内其他地区具有优良性状的抗性树种，经驯化后推广利用，也是一条简易有效的途径。

9.1.4.3 有害生物方面

(1) 限制有害生物的传播蔓延

动植物在历史演化中，在一定的地域形成一定的动植物区系，昆虫、鼠类、病原微生物都各自占据着不同的生态位。靠食物链维持着系统的稳定性。一旦外界环境条件发生改变，如适宜的气候、充足的食物、天敌的减少，就会导致有害生物种群数量的上升。给林木造成严重经济损失，对于其中能随植物及产品传播的病虫害实行人工封锁，划定疫区，限定在发生区范围内，防止进一步传播蔓延。另外，从外地传入本地区的有害生物，由于寄主缺乏抗性或缺少天敌抑制，也需要实行人工封锁，防止传播蔓延，将有害生物控制在危害区域内。

(2) 控制有害生物种群数量水平

有害生物是森林生态系统的组成部分，在有足够种群数量时有害生物才能造成显著危害。但有害生物在促进森林演替、物质循环和能量流动，创造野生动物生境等方面也有积极的贡献，而且在森林生态系统发展中，对于生物多样性、土壤肥力、森林的稳定性方面起着重要的作用。因此，可采取恶化有害生物生存繁殖条件，引进天敌，使用选择性的农药种类和施药方法等控制有害生物种群数量，以免造成危害。

(3) 直接消灭有害生物个体

在有害生物种群数量达到一定水平，林业有害生物大发生时，作为应急措施应使用高效低毒、低残留的化学药剂等直接消灭有害生物个体，降低有害生物种群数量，以减少对林木的危害损失。

任务 9.2　林业有害生物灾害损失评估

近年来，森林资源核算已成为人们关注的领域，对森林灾害进行经济损失评估是林业部门及社会普遍关注的问题之一。随着国民经济的发展和可持续发展战略的实施，社会对生态环境关注达到了前所未有的程度，所以林业战略思想也发生了全新的，重大的历史转变。特别是"五大转变"为森林环境资源评估提供了思想前提；森林资源环境评价和核算为森林病虫害经济损失评估提供了理论依据；森林生态资源的无偿使用到有偿使用，为无形商品进入市场，等价交换奠定经济基础；森林生态补偿制度的建立，不但使公益林建设具有推动力，也为有偿使用生态资源提供法律支持。在这样社会大背景下，开始研究森林资源多功能的经济核算，而且也开展了灾害损失评估的研究。

9.2.1　林业有害生物灾害损失评估意义

我国林业有害生物每年发生面积超过1000万 hm^2，造成了巨大的直接经济损失和森林生态功能价值损失。人类的经济行为和社会活动，往往是在不知不觉中以消耗自然资源和以破坏生态环境为代价，无形之中不仅减少了森林环境的物质量，而且制约了自然生态多种功能充分发挥，这就往往引发了生态环境的恶性循环。林业有害生物灾害损失评估从微观角度上论，是检验森林资源再生产活动实际效果，以利于持续发展的需要，从宏观角度上论，更是地区、国家资源、环境、经济、社会可持续发展的需要。开展林业有害生物损失评估，有利于准确把握灾害损失程度；有利于及时采取预防措施控制灾害；有利于提高人们对防治病虫害重要性的认识；有利于加强森防体系建设，提高防治水平。通过灾害经济损失评估，必将会极大激励和加强防治队伍的责任感，促进防治工作更加有的放矢、高效运行，以最低投入确保森林资源再生产活动健康、持续发展。

9.2.2 林业有害生物灾害经济损失计量原则

以往人们对林业有害生物灾害损失往往只是从实物变化出发去认识，概念模糊，既不具体，又不清晰，较为重视自然属性，忽视了社会和经济属性，无法从真正意义上与经济挂钩。其实森林再生产的过程是一个完整的商品生产过程，只不过这种过程是自然生产力与社会生产力交织在一起共同起作用的过程，它具有经济效益、社会效益、生态效益。而森林病虫害所造成的各种损失也是从这3个方面表现出来。科学、严谨地把直接经济、间接经济损失及资源破坏后的恢复费用予以量化，以货币形式展现损失价值，给人们一个直观、明晰的林业有害生物的经济损失量，是经济损失评估的根本目的。在计算过程中，经济损失计算的有效性取决于计量的准确性、概念的规范性，指标的科学性，运算可操作性，因此应坚持的原则：

①必须尊重客观，尊重历史，尊重事实，通过历史演变的客观分析掌握自然特点和病虫灾害特有的规律，建立可操作的评估体系。

②既要重视经济损失，又要重视生态功能损失，计算尽量做到周全、缜密、不漏项。

③计算要科学、求实、准确。根据实际，既要使计算的每个环节科学严谨，又要重视整体性和关联性，环环相接，有机相连，形成一个整体。

④既要有现实性又要有前瞻性。现实性就是根据现有的资料，现有的情况和现有的科学技术水平和现实客观要求，尽量做到概念规范，资料完备，计算准确，操作方便。前瞻性是指要有战略眼光，要着眼未来，把现实与长远，局部与整体结合起来，使评估、计算的全套方法可以在一定时期延用下去。

⑤在计算林业有害生物经济损失时，要采取定性与定量相结合的原则，在研究中能定量的就尽量定量系统分析，不能定量就规范出定性分析要求，并按要求进行定性分析，把定量分析与定性分析的结果纳入总体评估中。

9.2.3 林业有害生物灾害评估内容

9.2.3.1 评估范围

林业有害生物灾害损失评估的时间范围以林业有害生物灾害发生或某特定时间点至某

一评估截止点，通常以年为单位。评估的空间范围应依据灾损调查、损害分析以及致灾生物种类扩散范围确定。

9.2.3.2 评估类型

林业有害生物灾害经济损失评估的类型按照评估的时间阶段一般可分为灾后损失评估、灾中损失评估、灾害损失预评估。按评估范围可设立专项评估。评估类型主要含义体现在以下几方面。

(1) 灾后损失评估

灾后损失评估，是指对林业有害生物灾害发生基本终止或者过去的某一时间点之前灾害损失所进行的评估。评估结论反映的是灾害发生一定时期内，经过人为管理后实际发生的损失。

(2) 灾中损失评估

灾中损失评估，是指对正在发生之中的林业有害生物灾害造成的损失所进行的评估。评估结论反映的是开展评估活动时正在发生的灾害已经造成以及一定时期内必将产生的损失，这个一定时期通常指发生灾害的生长季及其有关联的若干个生长季。

(3) 灾害损失预评估

灾害损失预评估，是指对正在发生和持续发展的灾害在一定时期内可能造成损失所进行的评估。评估结论反映的是灾损发展趋势，通常是在假设不采取防治措施或者采取一定程度防治措施的情况下，通过预测扩散模型模拟分析评估灾害空间范围、灾损程度和灾害损失。

(4) 专项评估

专项评估，是指以特定生物种类或范围的灾害损失为评估目标的评估类型。

9.2.3.3 评估指标

评估指标是为了方便评估操作和保持评估全面性而设置的分级分解评估项目。林业有害生物灾害损失包含直接经济损失、间接经济损失和生态服务价值损失。直接经济损失属于灾害的直接效应，是灾害损失评估中衡量灾害程度的重要标志。本节重点阐述林业有害生物灾害直接经济损失的评估。

林业有害生物灾害的直接经济损失包括森林物质资源损失和防灾救灾投入两部分。在森林物质资源损失评估中，既要包含资源物质量损失，也要包含资源实用性损失。实用性损失指资源物质量还存在，但在功能上部分失去或全部失去实用性价值，这种损失通常在市场价值上有明显体现。防灾救灾投入是指政府、集体、个人投入在灾害发生区域范围内的，为避免灾害发生或阻止灾害加重、扩散而采取预防和治理行为的经济投入，一般不包含灾后恢复重建的费用。防灾救灾投入可以列入直接经济损失范畴，也可以单独作为一种指标反应灾害程度。林业有害生物灾害直接经济损失评估指标体系见表 9-1。

表 9-1 林业有害生物灾害直接经济损失评估指标体系

一级指标	二级指标	三级指标
森林物质资源损失	1. 活立木	1. 立木损失
		2. 生长量损失
		3. 苗木损失
	2. 竹藤	1. 竹材损失
		2. 藤本损失
	3. 木材	1. 圆木
		2. 方材
		3. 板材
		4. 包装材料等
	4. 立木其他产品	1. 种子类(松子)
		2. 果实类(胡桃、枣等)
		3. 插条类(插条、接穗等)
		4. 汁液类(松脂、橡胶、生漆等)
		5. 药材类(根、叶、花、皮等)
	5. 副产品	1. 草本植物
		2. 真菌类
		3. 动物资源
防灾救灾投入	1. 预防投入	1. 材料成本(药剂、助剂、溶剂、天敌、微生物、鸟巢、诱捕器、杀虫器等)
		2. 作业成本(器械、人工、交通、杂费等)
		3. 管理成本(监理、验收、培训、宣传、公告、通告等)
	2. 救灾投入	1. 设计成本(调查、设计)
		2. 救灾成本(检疫、隔离、施药、无害化处置等)
		3. 管理成本(监理、验收、培训、宣传、公告、通告等)

9.2.3.4　评估工作程序

林业有害生物灾害经济损失评估工作包括评估准备、灾情调查、物价调查、损害分析、损害实物量化、损害价值量化、编制评估报告。评估实践中，应根据评估委托事项开展相应的工作，可根据委托事项适当简化工作程序。必要时针对评估中的关键问题开展专题研究。林业有害生物灾害经济损失评估工作程序如图 9-1 所示。

(1)评估准备

通过收集资料、现场踏查、座谈走访、文献查阅、问卷调查、网络调查等方式，掌握灾害发生的致灾因子及其危害基本情况和主要特征，分析、确定评估指标和评估方法，制

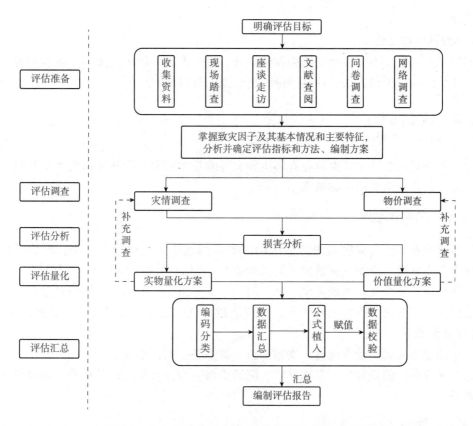

图 9-1　林业有害生物灾害经济损失评估工作程序图

定评估工作方案。

（2）灾情调查

根据评估工作方案，组织开展林业有害生物灾害发生和损害状况调查、救灾投入调查，获取灾情基本情况数据。

（3）物价调查

根据评估工作方案，组织开展林业有害生物灾害受损实物市场价格调查，获取价值量化参数。生态服务价值损失评估应调查收集评估区域生态服务价值核算相关资料。

（4）损害分析

基于林业有害生物损害林木资源事实的调查结果，或者文献资料的研究结果，分析灾害损害因果关系，比较林木损害程度，确定主要或者全部受损资源组成，筛选完善评估指标。必要时开展补充灾损调查和市场调查。

（5）损害实物量化

对比林木资源及其服务现状与基线，确定林木资源损害的范围和程度，计算林木资源损失实物量。

（6）损害价值量化

对比市场调查的结果，依照《森林资源资产评估技术规范》（LY/T 2407—2015），选择其中适合的资源价值计算方法，确定损害物当前价格，或者依据市场流转价格，计算损害物价值量。

(7) 编制评估报告

编制林业有害生物灾害经济损失评估报告。报告内容一般包括前言、报告摘要、评估目标、评估内容、评估方法、评估结论、评估说明及附件。

9.2.4 灾情调查

灾情调查目的是真实掌握林业有害生物灾害的基本情况，为开展损失评估和进一步防灾、减灾、救灾活动提供可靠依据。

9.2.4.1 调查内容

开展林业有害生物灾害损失评估活动需要的信息数据主要分为4类：评估区自然状况、灾害发生状况、资源受害状况、资源价值。4类信息数据调查项目分别包括：

①评估区自然状况。林地类型、林分组成、林分结构、郁闭度、林分用途等。

②灾害发生状况。有害生物种类、病情指数、虫口密度、鼠口密度、盖度、发生（危害）等级及面积等。

③资源受害状况。受害树种、受害部位、被害率、死亡率等。

④资源价值。面积林价、单株林价、流转价格、木材价格、产品价格、恢复成本、物价指数等。

9.2.4.2 调查方法

通过灾害监测、现场踏勘、样方调查、遥感分析、文献查阅、市场调查等调查方法，获取评估所需信息数据。有关灾害发生（危害）程度和等级划分应遵从《林业有害生物发生及成灾标准》（LY/T 1681—2006）、《主要林业有害生物成灾标准》的界定标准。通过灾害监测平台获取有关信息数据，是林业有害生物灾害经济损失评估的重要调查方法之一。航空航天遥感分析则是当前快速获取评估信息数据的有效方法。

9.2.5 评估方法

9.2.5.1 资源损失量化方法

依照林业有害生物灾害直接经济损失评估指标体系，各森林物质资源损失评估指标的计算式如下：

①立木损失。是指林木受到林业有害生物危害后导致林木死亡所造成的资源损失。

$$L_{SE} = AR_D M \tag{9-1}$$

式中：L_{SE}——立木损毁损失，m^3；

A——受灾面积，hm^2；

R_D——立木死亡率，%；

M——单位面积蓄积量，m^3/hm^2。

②生长量损失。是指林木受到林业有害生物危害后导致林木生长量下降所造成的资源损失。

$$L_G = AZ_G \tag{9-2}$$

式中：L_G——森林生长量损失，m^3；

A——受灾面积，hm^2；

Z_G——单位面积年损失生长量，m^3/hm^2。

③苗木损失。是指苗圃地内苗木受到林业有害生物危害后导致苗木产量减少所造成的资源损失。

$$L_{NS} = A_P D R_{NS} \tag{9-3}$$

式中：L_{NS}——苗木损失，株；

A_P——苗木生产面积，hm^2；

D——苗木生产密度，株/hm^2；

R_{NS}——苗木死亡率，%。

④竹藤损失。竹藤损失一般按根计算。

$$L_{BR} = A_{BR} D_{BR} R_{BD} \tag{9-4}$$

式中：L_{BR}——立木损毁损失，m^3；

A_{BR}——竹藤受灾面积，hm^2；

D_{BR}——竹藤出产密度，根/hm^2；

R_{BD}——竹藤损毁率，%。

⑤木材损失。是指贮木场圆木及生产用方才、板材、包装材等其他商品化资源损失按照损毁率折算损失。

$$L_O = MR_O \tag{9-5}$$

式中：L_O——其他木质资源损失，m^3；

M——木材材积，m^3；

R_O——损毁率，%。

⑥其他林产品和副产品资源损失。森林受到林业有害生物危害后导致的除生产立木、木材、苗木以外的其他所有林产品损失。

$$L_Y = A[(Y_N - Y_D) + Y_D(C_N - C_D)C_N^{-1}] \tag{9-6}$$

式中：L_Y——其他林产品和副产品资源损失，kg；

A——受灾面积，hm^2；

Y_N——正常年产量，kg/hm^2；

Y_D——灾害年产量，kg/hm^2；

C_N——产品平均单价，元/kg；

C_D——受灾后产品平均单价，元/kg。

9.2.5.2 资源灾损率确定方法

在调查或试验的基础上，分析总结某一林业有害生物不同发生状态或危害等级对应的资源灾害损失率,是评价灾情影响、评估灾害损失的关键环节。由于林业有害生物危害的隐蔽性、积累性和扩散性,加上林木生长的长周期特点,对大多数有害生物灾害造成的资源损失率通过试验获取是具有很高难度和不确定性。在评估实践中,选择有针对性的折算方法是提高操作性和准确性的有效途径。以下是几种可以参考的资源损失率折算方法:

①**整株计量法**。是以单株作为损失计算单位,按损害等级和株数计算资源损失量。适用于计算林木受害后立木死亡或者立木损害程度容易划分等级的灾害种类的资源损失量计量。如松材线虫病、栗山天牛、华山松大小蠹等灾害种类。

②**蓄积折算法**。是以林地现有蓄积量作为计算单位,通过被害株率、死亡率、品质损失率等指标折算资源损失率。适用于计算林木受灾后不会造成死亡且主要表现为原有蓄积品质降低的灾害种类的资源损失量折算。如蛀干害虫、干部病害、根部病害等灾害种类。

③**面积折算法**。是以灾害发生面积作为计算单位,通过发生面积、被害率等指标折算资源损失率。适用于没有有效蓄积林地的灾害种类资源损失量折算。如未成林地的森林鼠害、病害等灾害种类。

④**生长期望法**。是以灾害发生面积作为计算单位,通过生长期望、生长损失率、产出损失率等指标计算资源损失率。适用于计算林木受灾后一般不会造成死亡,主要表现为阶段性立木生长量减少的灾害种类。如叶部害虫、叶部病害等。

⑤**生产期望法**。是以单位面积或单位蓄积为计算单位,通过生产周期、平均生产期望、产量损失率等指标计算林木阶段生产损失率或年度损失率。适用于已经进入生产期或产出期的受灾林地、未成林造林地、公益林、经济林等多数灾害种类。如病害、虫害、鼠害、有害植物等。

9.2.5.3 防灾救灾投入量化方法

防灾救灾投入包含灾害预防投入和救灾投入两部分,不含灾后恢复费用:

①**灾害预防投入**。即无效预防投入,是指发生在灾害区域内的,以预防灾害发生所支出的预防费用之和。

$$L_P = \sum_{i=1}^{n} AC_{Pi}(1+r)^i \qquad (9\text{-}7)$$

式中:L_P——预防费用损失,元;

A——受灾面积,hm^2;

C_{Pi}——关联年度单位面积投入的预防费用,元/hm^2;

i, n——预防时间,年;

r——利率,%。

②**救灾投入**。按实际已经发生的救灾费用统计计算。救灾行为包括封锁隔离、应急防治、检疫无害化处理等。

9.2.5.4 资源价值量化方法

林业有害生物灾害经济损失评估中,立木主要采用的方法有市场法、收益法、成本法等评估林木资源价值。在实际应用中，应根据林木资源类型、生长状态、产品生产、环境基本条件、树种组成、林龄结构等基本情况，遵照《森林资源资产评估技术规范》(LY/T 2407—2015)执行。

因生物灾害具有较强的复杂性、危害的长期性，种类多样性等特点，评估中应具体情况具体分析，根据有害生物危害部位、危害周期、生产周期、产品生产、功能特点等因素，选用更加趋于合理的价值量化方法。森林资源资产评估中的多种方法均有适用范围，选择价值量化方法时既要考虑条件适用性又要有操作性，不易使用转换过于复杂的方法。不同用途的林种适合的价值量化方法：

①用材林。用材林灾损价值量化核心是活立木价值，除少数立木资源可以在林权流转市场上获得价格外，多数立木资源在市场上直接获取价格，需要运用森林资源资产评估的成熟评估方法计算转换求得。因此，以用材为目的的商品林价值量化方法选择优先次序为：现行市价法>市场价格到算法>重置成本法>收益法。

②商品林。以其他林产品为生产目的商品林(如经济林)，其价值量化核心是尚未采收的产品价值(订单价)，当订单价格不能直接获得时可以使用产地批发价扣除收获成本的价格。当有害生物危害部位是根、枝干，造成树木生长和生产能力弱化甚至死亡时，除产品损失外还包括经济林资产损失。因此，其他林产品损失评估选择有限次序为：现行市价法>收益现值法>重置成本法。

③公益林。公益林以保护和改善人类生存环境、保持生态平衡、保存物种资源、旅游、国土保安等需要为经营目标，通常情况下不参与市场交换，有价值但无价格，但其同时具有经营价值和直接价值。因此公益林价值量化方法选择次序为：重置成本法>现行市价法。

④荒漠林、灌木林等。这类无木材产品的林型(及未成林造林地林木)的价值量一般按重置成本法评估，若具有流转市场价格可以用现行市价法评估。

9.2.6 评估中的两个重要问题

(1)重复累计问题

林业有害生物发生的复杂性和持续性为灾损评估增加了技术性难度，重复累计是其中常见遇到的问题。重复累计问题主要是由于生物灾害持续发生和调查统计活动之间匹配性难移吻合而产生。如多年完成1个世代生物种类发生灾害时，调查统计空间范围前后重叠，新、旧损害难以区分，导致前后评估互相交叉包含，导致评估结果中出现重复计算问题。在评估过程中，应考虑种类的特殊性，应区分重复数据，制定针对性计算方案，排除重复累计问题。

(2)残值计算问题

因发生林业有害生物灾害死亡的林木仍具有实用价值，该部分价值应从灾损林木价值中减除。但是一般情况下此死亡林木属于非生产性经营计划范围，林木残值难以得到有效利用，甚至需要追加抚育等措施额外成本，因此死亡林木残值也可以忽略。在评估中其他某些情形涉及残值减除的情况，应根据具体情况决定，合理减除残值。

模块三 拓展提升 林业有害生物防治管理

自测练习

一、名词解释

1. 灾后损失评估；2. 经济阈值；3. 综合治理。

二、填空题

1. 我国林业有害生物包括（　　）、（　　）、（　　）、（　　）、（　　）、（　　）、（　　）、（　　）及草类等。
2. 我国林业有害生物分类防治的战略（　　）、（　　）、（　　）等。
3. 我国林业有害生物灾害损失评估类型包括（　　）、（　　）、（　　）和（　　）。

三、简答题

1. 简述我国林业有害生物发生的特点。
2. 简述我国林业有害生物防治战略途径。
3. 简述我国林业有害生物分类防治的战略步骤。
4. 简述林业有害生物灾害损失评估的程序。

参 考 文 献

关继东,2014. 林业有害生物控制技术[M]. 2版. 北京:中国林业出版社.
国家林业和草原局,2018. 松毛虫监测预报技术规程:LY/T 3030—2018[S]. 北京:中国标准出版社.
国家林业和草原局,2019. 杨树烂皮病防治技术规程:LY/T 3029—2018[S]. 北京:中国标准出版社.
国家林业和草原局森林和草原病虫害防治总站,2020. 中国林业有害生物(2014-2017年全国林业有害生物普查成果)[M]. 北京:中国林业出版社.
国家林业局,2013. 美国白蛾防治技术规程:LY/T 2111—2013[S]. 北京:中国标准出版社.
国家林业局,2012. 轻型直升机喷洒防治林业有害生物技术规程:LY/T 2024—2012[S]. 北京:中国标准出版社.
国家林业局,2009. 松材线虫病疫木清理技术规范:LY/T 1865-2009[S]. 北京:中国标准出版社.
国家林业局,2014. 松褐天牛携带松材线虫的PCR检测技术规范:LY/T 2350-2014[S]. 北京:中国标准出版社.
国家林业局,2015. 松突圆蚧检疫技术规程:LY/T 2425—2015[S]. 北京:中国标准出版社.
国家林业局森林病虫害防治总站,2015. 林业植物检疫技术[M]. 北京:中国林业出版社.
国家林业局森林病虫害防治总站,2009. 中国林业有害生物灾害防治战略[M]. 中国林业出版社.
侯元兆,1995. 中国森林资源核算研究[M]. 北京:中国林业出版社.
湖南省质量技术监督局,1999,杨树天牛综合防治技术规程:DB43/T 137—1999[S]. 北京:中国标准出版社.
李成德,2007. 森林昆虫学[M]. 北京:中国林业出版社.
苏宏钧,赵杰,尤德康,等,2004. 我国森林病虫害灾害经济损失[J]. 中国森林病虫(05):1-6.
屠豫钦,2001. 农药使用技术标准化[M]. 北京:中国标准出版社.
肖艳,阎殿利,1998. 辽宁省主要森林病虫害预测预报[M]. 沈阳:辽宁民族出版社.
徐梅卿,2020. 我国青杨叶锈病的研究概况和防治策略[J]. 温带林业研究,3(03):1-5,20.
叶建仁,贺伟,2011. 林木病理学[M]. 北京:中国林业出版社.
中国民用航空总局,2012. 航空喷施设备的喷施率和分布模式测定:MH/T 1040-2011[S]. 北京:中国民航出版社.

参考文献

中国民用航空总局，2016. 农业航空作业质量技术指标 第1部分：喷洒作业：MH/T 1002.1—2016[S]. 北京：中国民航出版社.

朱天辉，2002. 苗圃植物病虫害防治[M]. 北京：中国林业出版社.